MECÂNICA
e
CÁLCULO

um curso integrado

Blucher

PAULO BOULOS
Professor Titular do
Departamento de Engenharia de Estruturas e Fundações da
Escola Politécnica da Universidade de São Paulo

DECIO LEAL DE ZAGOTTIS
Professor Titular da Escola Politécnica
da Universidade de São Paulo. Diretor da
Escola Politécnica (1986/89). Ministro de
Estado da Ciência e Tecnologia (1989/90).

MECÂNICA e CÁLCULO

um curso integrado

VOLUME 1

2.ª edição

Mecânica e cálculo - um curso integrado - vol. 1

2ª edição - 2000
4ª reimpressão - 2020
Editora Edgard Blücher Ltda.

Blucher

Rua Pedroso Alvarenga, 1245, 4º andar
04531-934 - São Paulo - SP - Brasil
Tel.: 55 11 3078-5366
contato@blucher.com.br
www.blucher.com.br

Dados Internacionais de Catalogação na Publicação (CIP)
Angélica Ilacqua CRB-8/7057

Boulos, Paulo
Mecânica e cálculo : um curso integrado / Paulo Boulos ; Decio Leal de Zagottis. - 2. ed. - São Paulo : Blucher, 2000.

Bibliografia
ISBN 978-85-212-0270-7

1. Mecânica 2. Cálculo I. Título II, Zagottis, Decio Leal de

16-0377 CDD 531

Índices para catálogo sistemático:
1. Mecânica - Cálculo

DEDICAMOS ESTE LIVRO AO PROFESSOR DR. NELSON ACHCAR, POR SUA VALIOSA COLABORAÇÃO E HONROSA AMIZADE.

Índice

Prefácio à segunda edição

Na presente edição várias incorreções que figuram na primeira edição foram eliminadas, algumas das quais foram apontadas pela ilustre professora Dra. Ivete Openheim, do Instituto de Física da Universidade de São Paulo, a quem muito agradeço.

É com pesar que assino solitariamente este prefácio, lamentando a morte prematura do professor Dr. Decio Leal de Zagottis, ocorrida em 1996.

São Paulo, maio de 2000

Paulo Boulos

Prefácio

A principal dificuldade a enfrentar na organização do conjunto de matérias que formam os dois primeiros semestres dos Cursos de Engenharia reside no ensino do Cálculo Diferencial e Integral.

Em primeiro lugar, a dificuldade se deve à importância dos conceitos e das técnicas do Cálculo para quase todas as demais matérias, tanto básicas quanto aplicadas. Pode-se dizer que é a utilização sistemática e ampla do Cálculo que caracteriza o tratamento dos temas da Ciência e da Engenharia em nível superior.

Estudos sobre o desenvolvimento da Ciência e da Tecnologia, efetuados com base nos recursos humanos envolvidos e no total depurado de publicações, mostram que, ao longo dos últimos 300 anos, o volume de conhecimentos científicos e tecnológicos cresceu exponencialmente, duplicando a cada 15 anos. Tal expansão envolveu, e deve continuar a envolver, simultaneamente, uma complexidade conceitual crescente. Estes fatos mostram que os conceitos e as técnicas da Matemática, em geral, e do Cálculo, em especial, têm também importância cada vez maior na Engenharia.

Em segundo lugar, a dificuldade se deve à concepção do curso de Cálculo a ser adotada.

Uma primeira concepção, dita concepção formal, limita-se a apresentar a matéria em sua versão acabada atual, axiomático-dedutiva, numa sucessão perfeitamente lógica de conceitos primitivos, axiomas, definições e teoremas. Esta concepção liga-se, basicamente, à premissa de que o que é lógico é inteligível (e, eventualmente, de que apenas o que é lógico é inteligível), e é defendida por muitos matemáticos e cientistas.

Uma segunda concepção, dita concepção intuitiva, procura apresentar a matéria claramente, mas não formalmente, mostrando suas ligações com problemas físicos e geométricos, alguns aspectos históricos ligados à sua origem e à sua evolução, e a maneira pela qual se dá sua aplicação nas demais Ciências e na Tecnologia. Esta apresentação exige do professor e do aluno um conhecimento muito amplo, fora da Matemática, o que dificulta o ensino e o aprendizado. Exige também, em uma segunda etapa, uma apresentação mais formal, especialmente quando se pretende formar um engenheiro que possa trabalhar nas proximidades da fronteira dos conhecimentos, mas tanto a primeira quanto a segunda etapas se desenvolvem em condições de motivação e aproveitamento significativamente mais favoráveis. Matemáticos, cientistas e engenheiros de grande renome têm–se pronunciado de forma inequívoca sobre esta questão.

A opinião de Albert Einstein, além do seu interesse intrínseco, tem a qualidade de mostrar a importância desta discussão, e que as dificuldades que os estudantes enfrentam aqui não são triviais [17]:

"Dos doze aos dezesseis anos, familiarizei–me com os elementos da Matemática, incluindo os princípios do cálculo diferencial e cálculo integral. Tive a sorte de encontrar livros que não se preocupavam com o rigor lógico, mas que permitiam a apresentação clara das idéias principais. Era um trabalho verdadeiramente fascinante; certos pontos extremos me impressionavam tanto quanto os da geometria elementar – a idéia básica da geometria analítica, as séries infinitas, os conceitos de derivadas e de integrais. Tive a sorte também de aprender os resultados essenciais e os métodos de todo o campo das ciências naturais, numa excelente obra popular que se limitava quase que exclusivamente aos aspectos qualitativos (Bernstein, 'Popular Books on Natural Science', em cinco ou seis volumes), e que li com absorvente atenção. Já estudara também um pouco de física teórica quando, com dezessete anos, entrei para a Escola Politécnica de Zurique para estudar matemática e física.

Na Escola tive ótimos professores (por exemplo, Hurwitz, Minkowski) e aprendi matemática a fundo. Trabalhei a maior parte do tempo no laboratório de física, fascinado pelo contacto direto com a experiência. O resto do tempo era quase todo utilizado estudando em casa as obras de Kirchhoff, Helmholtz, Hertz, etc.. O fato de ter negligenciado a matemática até certo ponto deve–se não apenas ao meu maior interesse pelas ciências naturais, mas também a uma experiência singular. A matemática dividia–se em numerosas especializações, cada uma delas capaz de absorver o curto tempo de vida que nos é dado. Portanto, vi–me na posição do asno de Buridan, incapaz de se decidir entre vários montes de feno. Talvez minha intuição não fosse tão desenvolvida no campo da matemática a ponto de diferenciar com clareza o que era fundamentalmente importante, realmente básico, do resto da erudição mais ou menos dispensável. Além disso, meu interesse pelo estudo da natureza era sem dúvida mais forte, e não estava ainda bem claro para mim, apenas um jovem estudante, o fato de que acesso ao conhecimento mais profundo dos princípios básicos da física depende dos métodos matemáticos mais complexos. Só vim a reconhecer esse fato gradualmente, depois de anos de trabalho científico independente."

O ensino da Mecânica, por outro lado, exige pesadamente conhecimentos de Cálculo, e é muito difícil coordenar o ensino do Cálculo com o de Mecânica, na sua programação ao longo do tempo.

Para procurar superar tais dificuldades, a partir de 1985, surgiu na Escola Politécnica da Universidade de São Paulo, com o apoio do Instituto de Matemática e Estatística, a idéia de dar um curso integrado de Mecânica e Cálculo, a parte de Cálculo seguindo a concepção intuitiva e restringindo as aplicações e interpretações à Mecânica e à Geometria. Se por um lado as aplicações ficam restritas, por outro lado elas podem ser feitas com todo detalhe e clareza, por serem parte fundamental da finalidade do curso. Não exigem de professores e estudantes conhecimentos amplos demais. Mais ainda, permitem a discussão de quase todos os conceitos básicos do Cálculo. Finalmente, respeitam uma origem histórica, pois o Cálculo e a Mecânica, em boa parte, se desenvolveram integrados, cada um motivando e esclarecendo a formulação do outro.

Paralelamente a este curso, os alunos têm um curso de Cálculo Diferencial e Integral mais formal e completo, que introduz a matéria depois que ela foi vista intuitivamente no curso de Mecânica, e cujo texto é [5].

No curso de Mecânica é introduzido e aplicado, sistematicamente e sem grandes preocupações formais, um tratamento numérico das derivadas, das integrais definidas e das equações diferenciais, e são utilizados programas prontos de computação. Tal procedimento permite também motivar e utilizar o curso de Cálculo Numérico, além de dar ao estudante uma visão mais completa de como a Engenharia enfrenta hoje problemas complexos, utilizando de forma integrada recursos de Cálculo, Cálculo Numérico e Computação.

O texto que agora está sendo editado corresponde ao curso de Mecânica concebido de acordo com as idéias aqui apresentadas. Acreditamos que ele possa ser útil aos estudantes, tanto sendo utilizado da maneira aqui descrita, quanto complementarmente aos cursos tradicionais de Cálculo e de Mecânica.

São Paulo, 2 de agosto de 1990.

Informações para o uso deste livro

1) As matérias precedidas do símbolo ⋆ devem, em condições normais, ser omitidas numa primeira leitura. Os exercícios correspondentes são antecedidas pelo mesmo símbolo.

2) Os exercícios mais difíceis são precedidos por um asterisco. Em alguns capítulos os exercícios propostos são mais numerosos, caso em que o professor poderá eventualmente fazer uma seleção, orientando o leitor.

3) Os conhecimentos sobre vetores que serão admitidos constam, por exemplo, na Parte 1 da seguinte referência:

BOULOS, P. e CAMARGO, I. DE. Geometria Analítica – Um tratamento vetorial. São Paulo, McGraw-Hill, 1987.

Optamos por indicar, no presente livro, um vetor $\vec{v}$ por **v** (em negrito), e um vetor $\overrightarrow{AB}$ por **AB** (em negrito).

Para os alunos da Escola Politécnica a álgebra vetorial é desenvolvida paralelamente ao curso de Mecânica. No entanto, o uso efetivo de vetores neste livro só começa no Cap. 14, e a essa altura já foram ministrados os elementos necessários da álgebra vetorial.

1 Introdução

1.1 – O MÉTODO CIENTÍFICO

Para obtenção de conhecimentos, há dois modos de pensar:

- o *modo concreto*, pelo qual se pensa diretamente sobre os objetos concretos;
- o *modo abstrato*, pelo qual se pensa sobre uma representação mental dos objetos concretos.

Fica estabelecida assim a distinção entre dois mundos: o *mundo concreto*, onde se encontram os elementos naturais, e o *mundo abstrato*, ou *mundo das idéias*, onde se encontram os conceitos.

Associadas ao mundo abstrato têm–se as *Ciências Formais*: A Lógica, que estuda a concatenação correta dos enunciados, e a Matemática, que estuda, com base na primeira, os conceitos e enunciados originários dos conceitos fundamentais de número e de forma. O método científico usado nas Ciências Formais é o *Método Axiomático–Dedutivo*, que, partindo de conceitos admitidos como conhecidos (*conceitos primitivos*) e de proposições admitidas como verdadeiras (*axiomas*), constrói outros conceitos (*definições*) e demonstra outros resultados (*teoremas*). Exemplo típico é a Geometria Euclidiana.

Associadas ao mundo concreto têm–se as *Ciências Naturais* (Física, Química, etc.). O método científico usado é o *Método Hipotético–Dedutivo*, que consiste em se criar um modelo abstrato correspondente à situação concreta, e se aplicar a este modelo o Método Axiomático–Dedutivo. Qualquer resultado matemático obtido se traduz para a situação concreta através das *regras de representação*, que estabelecem correspondência entre os entes reais e os entes do modelo (Fig. 1.1). A experiência deve mostrar se o modelo foi bem escolhido ou não, conforme haja concordância (em nível aceitável) ou não da previsão teórica com os resultados experimentais. Não havendo concordância, a teoria assim construída é rejeitada. No campo das Ciências Naturais, toda teoria nada mais é do que um conjunto organizado de hipóteses sujeitas permanentemente ao julgamento da experiência.

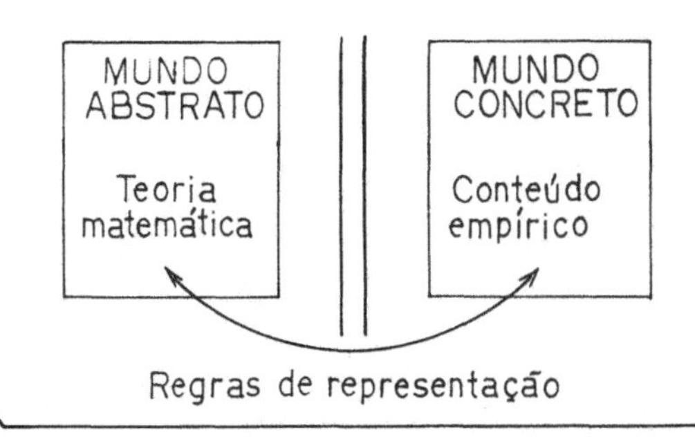

Figura 1.1

As Ciências Naturais apresentam três tipos de axiomas: os *formais*, que são os pressupostos lógicos e matemáticos, os *semânticos*, que definem as regras de representação, e os *físicos*, relacionados com o mundo concreto. Os axiomas semânticos e físicos são chamados de *princípios*.

Por exemplo, se nos interessarmos por estudar o movimento de uma bolinha suspensa por um fio leve, tomamos como modelo abstrato um segmento de reta para representar o fio e a bolinha é representada por um ponto material. Admitindo os princípios da Mecânica pode–se deduzir, por exemplo, o período de oscilação do mesmo. Uma experiência apropriada permite medir esse período, tornando a comparação com o resultado teórico possível.

A *Mecânica* é uma ciência natural que estuda os movimentos, e como tal é parte da Física. A teoria matemática correspondente se chama *Mecânica Racional*. Como exemplo de um princípio da Mecânica temos o seguinte, um dos pilares da Física clássica:

As entidades e propriedades do espaço físico são representadas pelas entidades e propriedades homônimas da Geometria Euclidiana tridimensional.

1.2 – MOVIMENTO

Dois indivíduos, um sentado num banco de jardim, o outro no banco de um automóvel, observam o vôo de um mesmo avião. Ambos vêem em geral movimentos distintos. O conceito de movimento é um conceito eminentemente relativo. Fala–se no movimento do avião em relação ao banco do jardim, em relação ao automóvel, em relação à Lua, etc..

O banco de jardim, o automóvel, a Lua, são exemplos imperfeitos da noção ideal de referencial: um *referencial* é um sólido indeformável (isto é, quaisquer dois pontos do mesmo têm distância invariável com o tempo) com pelo menos quatro pontos não complanares.

Diremos que um ponto move–se em relação a um referencial **R** se a distância desse ponto a algum ponto de **R** se altera com o tempo. Caso contrário diz–se que o ponto está em repouso em relação a **R**. Em geral, diz–se que um corpo move–se em relação a um referencial se pelo menos um ponto do corpo move–se em relação ao referencial.

Ao movimentar–se em relação a um referencial um ponto descreve em geral uma curva, chamada *trajetória* (em relação ao referencial)(*). Qualquer curva que contenha a trajetória será referida como *curva suporte* do movimento (em relação ao referencial).

(*) No caso de repouso, falaremos ainda em trajetória.

1.3 – DESCRIÇÃO DO MOVIMENTO DE UM PONTO

Para descrever o movimento de um ponto P em relação a um referencial **R** podemos usar dois métodos:

1º método. Tomamos um ponto O fixo de **R**, e consideramos o vetor

$$\mathbf{r} = \mathrm{OP}$$

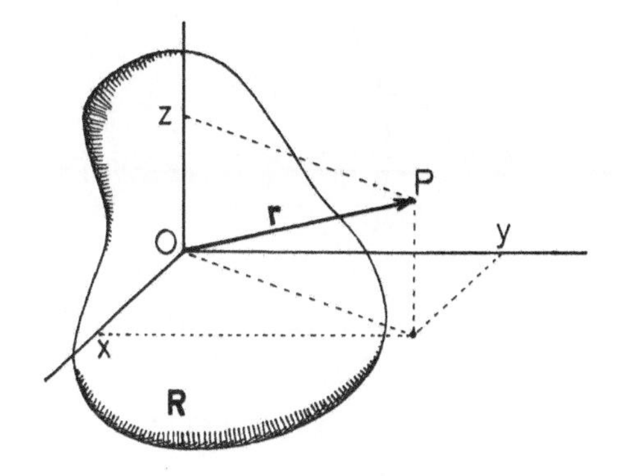

Figura 1.2

Este vetor é referido como vetor de posição, e serve para descrever o movimento.

Na prática toma–se um sistema cartesiano de coordenadas com origem O no referencial **R**. Por exemplo, um sistema cartesiano de coordenadas(*), que pictoricamente se pode visualizar como três retas orientadas (eixos) pintadas em **R**, passando por O (Fig. 1.2).

Para cada P fica determinada, por projeção ortogonal sobre os eixos, uma terna (x,y,z) de números reais, as coordenadas do ponto naquele sistema. Reciprocamente, para cada terna (x,y,z) fica definido um ponto. Desse modo, dando a correspondência que a cada instante t associa a terna de coordenadas do ponto nesse instante, teremos dado o movimento.

2º método. O Método Natural ou Método Intrínseco consiste em se dar uma curva fixa em relação a **R** sobre a qual o ponto vai se mover (portanto tal curva é uma curva suporte do movimento). Sobre tal curva adota–se uma orientação (um sentido sobre ela, dito sentido positivo) e um ponto Ω para servir de origem. Pode–se então estabelecer um "sistema curvilíneo de abscissas" análogo ao sistema retilíneo de abscissas sobre uma reta, conforme se mostra na Fig. 1.3.

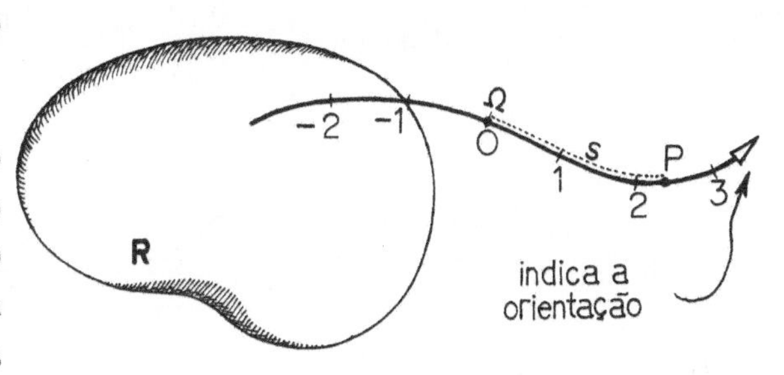

Figura 1.3

Se P está na "parte positiva", sua abscissa curvilínea s é positiva, igual à medida do arco $\widehat{\Omega P}$. Se estiver na "parte negativa", sua abscissa é negativa, igual a menos a medida do arco $\widehat{\Omega P}$(**).

O movimento de um ponto sobre a curva ficará dado se dermos a correspondência que a cada instante t associa sua abscissa curvilínea nesse instante. Para ressaltar a dependência da abscissa curvilínea s do instante t escreve–se $s = s(t)$. A correspondência em questão é a *função horária* do movimento.

(*) Outros sistemas de coordenadas são usados, como o cilíndrico e o esférico.

(**) A situação nem sempre permite uma construção como acima, como é o caso de uma curva que tem autointersecção. O tratamento geral será dado no estudo da Cinemática Vetorial.

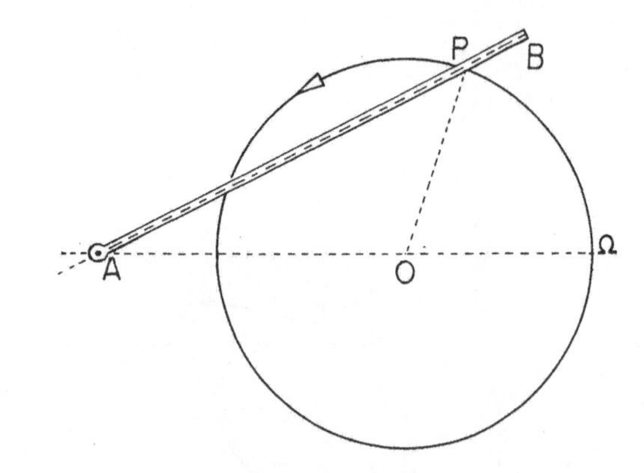

Figura 1.4

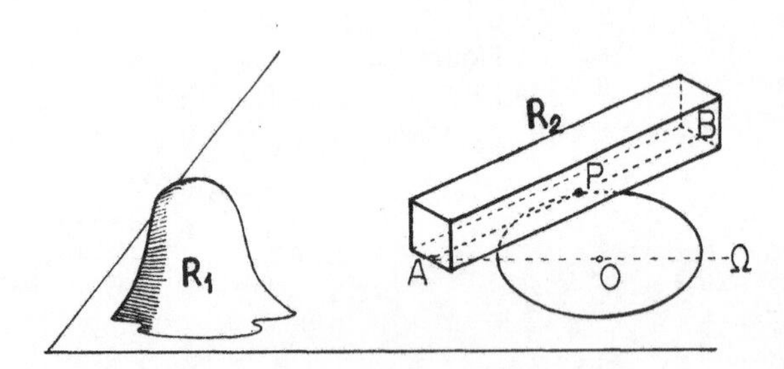

Figura 1.5A

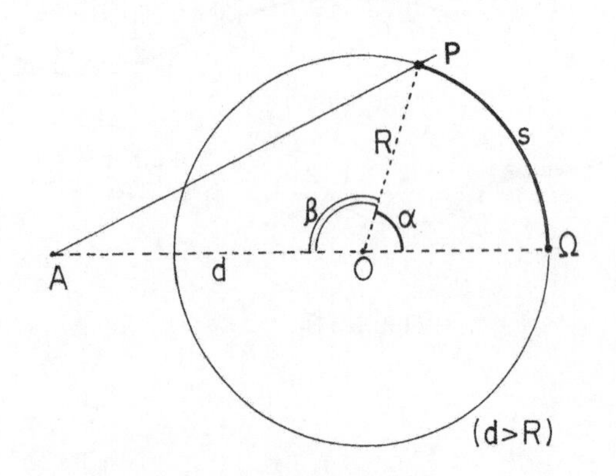

Figura 1.5B

Exemplo 1.3-1 – A Fig. 1.4 mostra uma roda de raio R que gira em torno do seu centro O fixo, movimento este em relação a um referencial $\mathbf{R}_1$ solidário ao plano da figura (quer dizer, rigidamente ligado ao plano da figura). Portanto um pino P da sua periferia tem movimento circular em relação a $\mathbf{R}_1$, ou seja, a circunferência de raio R e centro O é uma curva suporte do movimento de P. O ponto Ω mostrado na figura e a orientação anti-horária nos fornecem um sistema de abscissas curvilíneas. Seja $s = s(t)$ a função horária do movimento. A figura também mostra uma haste fendida AB, a cuja fenda P se vincula, e que pode girar em torno de A (fixo em relação a $\mathbf{R}_1$). Consideremos agora um referencial $\mathbf{R}_2$, solidário à haste AB (Fig. 1.5A).Queremos descrever o movimento de P em relação a $\mathbf{R}_2$ usando o Método Natural.

Observemos inicialmente que como $\mathbf{R}_2$ é solidário a AB então o movimento de P em relação a $\mathbf{R}_2$ é retilíneo, sendo a reta AB uma curva suporte. Escolhendo a orientação de A para B, e A como origem, então $S = AP$ será a abscissa que devemos achar em função de $s = s(t)$. Seja d a distância AO. Aplicando a Lei dos Co-senos no Δ AOP vem (Fig. 1.5B).

$$S^2 = d^2 + R^2 - 2dR\cos\beta$$

Como $s = R\alpha = R(\pi - \beta)$ então $\beta = \pi - s/R$, logo $\cos\beta = -\cos s/R$. Substituindo na expressão de S^2 obteremos S:

$$S = \left(d^2 + R^2 + 2dR\cos\frac{s}{R}\right)^{1/2}$$ ◄

Nota. Estivemos usando nas considerações acima a noção de tempo. Dado o caráter elementar deste livro, tomaremos como primitiva tal noção, evitando discussões a respeito. Se fôssemos entrar nessas considerações, certamente haveria um princípio como o seguinte:

"Os conceitos de simultaneidade, precedência e intervalo de tempo são absolutos, isto é, independentes do observador."

Aqui as noções de simultaneidade, precedência e intervalo de tempo são conceitos primitivos. O postulado acima garante que considerados dois instantes quaisquer o intervalo de tempo medido por qualquer observador é sempre o mesmo. Este princípio não é admitido na Mecânica Relativista.

⋆ 1.4 – LEITURA COMPLEMENTAR

Um panorama claro da filosofia das Ciências Naturais é dado por Einstein [17]:

"O que, exatamente, é o pensamento? Quando, na percepção das impressões sensoriais, emergem figuras de memória, isto ainda não é 'pensar'. E quando esses quadros formam seqüências, cada membro criando o outro, isto também não é 'pensar'. Porém, quando uma certa figura aparece em várias seqüências, nesse caso – precisamente devido a essa recorrência – torna–se um elemento de organização para tais seqüências, no sentido de unir seqüências que por si mesmas não se relacionam entre si. Esse elemento vem a ser um instrumento, um conceito. Creio que a transição da livre associação ou 'sonho' para o pensamento caracteriza–se pelo papel mais ou menos importante representado pelo conceito. Não é de modo algum necessário que o conceito esteja ligado a um signo que possa ser reconhecido e reproduzido pelos sentidos (palavra), mas, quando isto se dá, o pensamento torna–se, por esse meio, capaz de ser comunicado.

Com que direito – perguntará o leitor – o homem opera com tal descuido e de forma tão elementar com idéias, nesse reino tão problematico, sem ao menos tentar provar alguma coisa? Minha defesa: todos os nossos pensamentos têm a natureza do jogo livre dos conceitos; a justificativa desse jogo está no grau de compreensão das sensações que podemos alcançar com a sua ajuda. O conceito de 'verdade' não pode ainda ser aplicado a essa estrutura; na minha opinião, esse conceito só é aplicável quando temos à mão um acordo (convenção que abrange os elementos e as regras do jogo).

Não tenho dúvidas de que o nosso pensamento se processa, na maior parte das vezes, sem o uso dos signos (palavras) e, além disso, em grande parte inconscientemente. Se assim não fosse, como seria possível 'lembrarmos com estranheza' e de forma espontânea uma determinada experiência? Essa 'lembrança inquisitiva' pode ocorrer quando a experiência está em conflito com conceitos bem estabelecidos em nossa mente. Sempre que experimentamos esse conflito aguda e intensamente, ele reage contra nosso mundo mental de modo decisivo. O desenvolvimento desse mundo mental é, em certo sentido, uma fuga constante de 'pensamento de estranheza'.

Aos 4 ou 5 anos, experimentei esse sentimento quando meu pai mostrou–me uma bússola. O fato de a agulha comportar–se de uma certa forma não se encaixava entre os tipos de ocorrências que podiam ser colocados no mundo inconsciente dos conceitos (eficácia produzida pelo 'toque' direto). Lembro–me ainda – ou pelo menos creio que me lembro – que essa experiência causou–me uma impressão profunda e duradoura. Devia haver algo escondido nas profundezas das coisas. Aquilo que o homem conhece desde a infância não provoca esse tipo de reação; não se surpreende com o vento e a chuva, com a lua, nem com o fato de essa mesma lua não cair do céu, ou com as diferenças entre a matéria viva e a matéria sem vida.

Aos doze anos experimentei minha segunda sensação de espanto, de natureza completamente diversa da primeira, provocada por um livrinho de geometria plana de Euclides, que veio ter às minhas mãos no início do ano escolar. Ali estavam afirmações como, por exemplo, a intersecção de três alturas do triângulo num determinado ponto que – embora não fosse evidente – podia ser provada com tal certeza que qualquer dúvida estava fora de cogitação. Esta certeza lúcida impressionou-me profundamente. O fato de os axiomas serem aceitos sem prova não me perturbou. De qualquer forma, era bastante poder basear as provas em proposições cuja validade me parecia livre de qualquer dúvida. Por exemplo, lembro-me que um tio me falou sobre o teorema de Pitágoras antes que eu tivesse lido o livrinho sagrado de geometria. Com muito esforço consegui 'provar' esse terorema, tomando como base a similaridade dos triângulos; parecia-me 'evidente' que as relações dos lados dos triângulos de ângulos retos teriam de ser completamente determinadas por um dos ângulos agudos. Para mim, apenas as idéias que não eram evidentes dessa forma precisavam ser provadas. Além disso, os objetos tratados pela geometria não pareciam diferentes dos objetos de percepção sensorial 'que podem ser vistos e tocados'. Esse conceito primário, que provavelmente está no fundo da conhecida crítica de Kant sobre a possibilidade de 'julgamentos sintéticos a priori', repousa obviamente no fato de que a relação dos conceitos geométricos com os objetos da experiência direta (barra rígida, intervalo finito, etc.) existia no inconsciente.

Assim, se aparentemente é possível chegar-se a um conhecimento dos objetos da experiência por meio do pensamento puro, essa 'estranheza' tinha como base o erro. Contudo, para quem o experimenta pela primeira vez, parece maravilhoso o homem ser capaz de alcançar tal grau de certeza e de pureza de pensamento, como nos demonstram os gregos com sua geometria.

Agora que tomei um desvio, interrompendo o meu obituário apenas iniciado, não hesitarei em apresentar em poucas palavras meu credo epistemológico, embora já tenha dito algo sobre o mesmo nas considerações acima expostas. Na verdade, esse credo desenvolveu-se muito mais tarde, e lentamente, e não corresponde ao meu modo de pensar quando era jovem.

Vejo de um lado a totalidade das experiências sensoriais e, do outro, a totalidade dos conceitos e proposições descritos nos livros. As relações entre os conceitos e as proposições são de natureza lógica e o processo do pensamento lógico é estritamente limitado à efetivação da conexão entre os conceitos e as proposições entre si, de acordo com as regras firmemente estabelecidas, que constituem a matéria da lógica. Os conceitos e proposições adquirem 'sentido' ou 'conteúdo' apenas através das suas conexões com as experiências sensoriais. A conexão destas últimas com os primeiros é puramente intuitiva, e não de natureza lógica em si mesma. O grau de certeza com o qual esta conexão ou ligação intuitiva pode ser admitida é a única diferença entre a fantasia desprovida de conteúdo e a 'verdade' científica. O sistema de conceitos é criação do homem, bem como as regras da sintaxe, que constituem a estrutura dos sistemas conceituais. Embora esses sistemas sejam logicamente arbitrários na sua totalidade, são restritos pelo objetivo de permitir a mais completa e correta coordenação (intuitiva) com a totalidade das experiências sensoriais; em segundo lugar, objetivam a maior escassez possível dos seus elementos logicamente independentes (conceitos básicos e axiomas), isto é, seus conceitos indefinidos e proposições não-derivadas (postuladas).

Uma proposição é correta quando, dentro de um sistema lógico, é deduzida de acordo com as regras aceitas da lógica. Um sistema tem conteúdo de verdade de acordo com a certeza e a inteireza da possibilidade de coordenação com a totalidade da experiência. Uma proposição correta tem a sua 'verdade' adquirida por empréstimo ao conteúdo da verdade do sistema a que pertence."

1.5 – EXERCÍCIOS

1.1 – Por quê um segmento de reta não é conveniente para ser um referencial?

1.2 – Mesma pergunta para um plano.

1.3 – O referencial R_1 se move em relação ao referencial R_2, e este se move em relação ao referencial R_3. Pode-se afirmar que R_1 se move com relação a R_3?

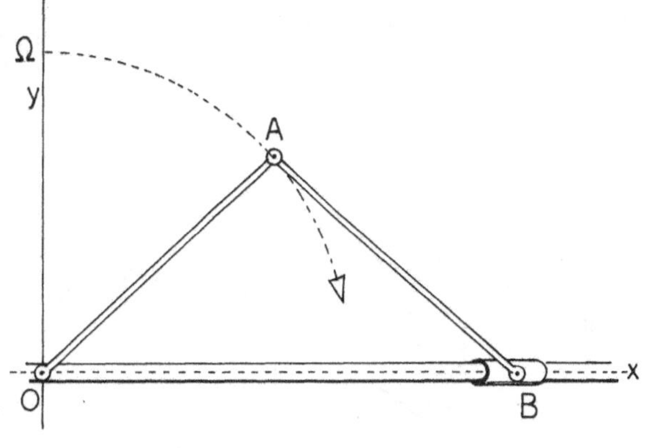

Figura 1.6

1.4 – Uma bicicleta anda sem escorregar sobre um piso retilíneo horizontal, mantendo-se vertical. Considere um ponto P da periferia de uma das rodas. Esboce a trajetória do movimento desse ponto

(a) em relação ao assento da bicicleta;
(b) em relação à roda à qual P pertence;
(c) em relação à Terra;
* (d) em relação à roda que não contém P.

1.5 – No mecanismo mostrado na Fig. 1.6, a haste OA pode girar em torno de O no plano da figura. Em relação a um referencial R_1 solidário ao plano, O está fixo. A haste OA está articulada à haste OB, e esta à luva vinculada ao eixo Ox. É dado que OA = AB. Seja R_2 um referencial solidário a AB. Determinar a função horária do movimento de O em relação a R_2, sendo dada a função horária $s = s(t)$ de A no seu movimento em relação a R_1 (orientação e origem Ω indicados na Fig. 1.6).

Resposta: Com a curva suporte, orientação e origem Ω' mostrados (Fig. 1.7) a resposta é

$$S = 2s .$$

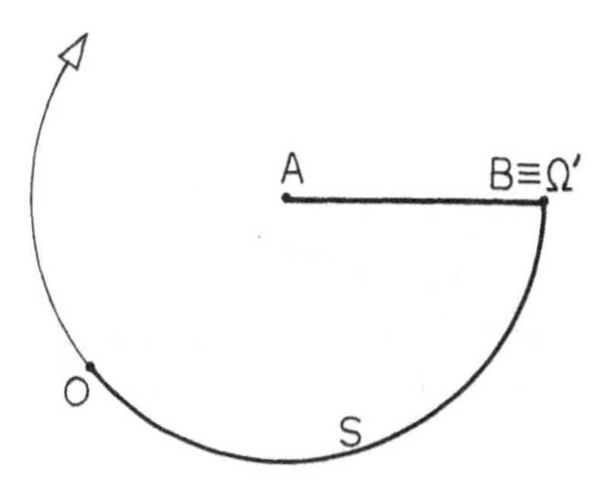

Figura 1.7

2 Funções

2.1 – A NOÇÃO DE FUNÇÃO

Como vimos no capítulo anterior, surge a necessidade de se estudar correspondências que associam números reais a números reais, ou números reais a vetores, ou números reais a ternas de números. Pode–se generalizar, tomando conjuntos A e B e considerando uma correspondência que a cada elemento de A associa um único elemento de B. Tal correspondência recebe o nome de *função* (ou *aplicação*) de A em B. A é chamado *domínio* da função, B *contradomínio* da função. Chamando de f tal função indica–se

$$f : A \longrightarrow B$$

Se x está em A, o único y de B associado a x por f é indicado por f(x). Por comodidade, indicaremos a função pela notação

$$x \longmapsto f(x)$$

A *imagem* de f é o conjunto dos f(x) quando x percorre o domínio A.

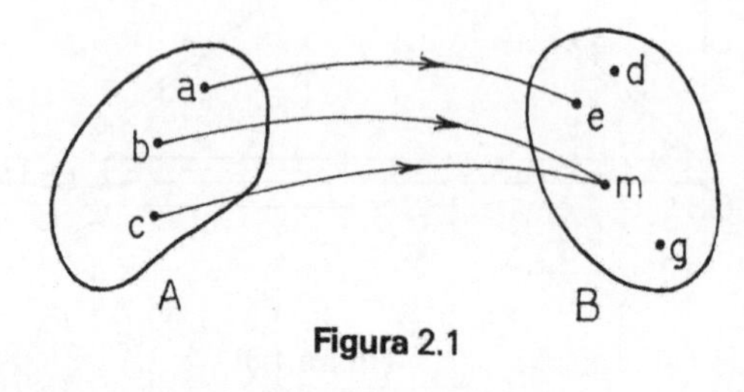

Figura 2.1

Exemplo 2.1-1 – No diagrama da Fig. 2.1 mostra–se uma função f de A em B. A imagem é {e,m}, o domínio é A = {a,b,c}, o contradomínio é B = {d,e,m,g}.

Exemplo 2.1-2 – Nos diagramas da Fig. 2.2 são mostrados dois casos onde *não* se tem uma função de A em B.

No 1º caso ao elemento *b* de A correspondem *dois* elementos *e* e *m* de B; no 2º caso, a *d* de A não corresponde nenhum elemento de B.

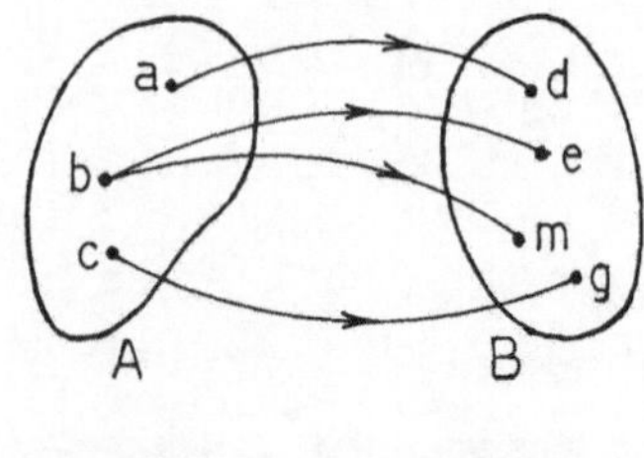

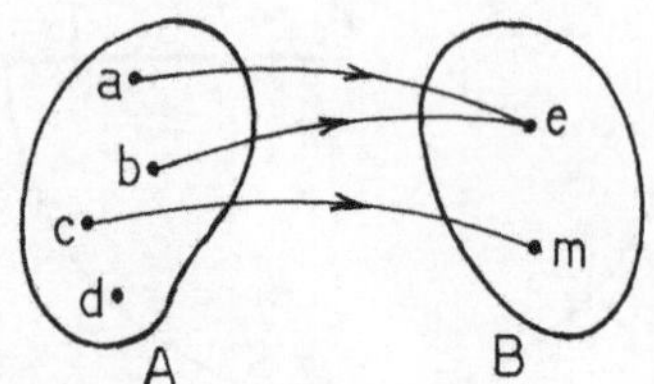

Figura 2.2

Nota. Quando escrevemos y = f(x), x um elemento genérico do domínio de f, consideramos x como variável independente, e y como variável dependente. Na prática é conveniente dizer–se "seja y = y(x) a função" ao invés de "seja f: A → B a função dada por y = f(x)". Trata–se claramente de um abuso, mas que será adotado sempre que possível, por facilitar a linguagem.

2.2 – FUNÇÃO REAL DE VARIÁVEL REAL

Quando o domínio e o contradomínio de uma função são conjuntos de números reais, a função se diz *real de variável real.* Podemos definir uma função desse tipo de várias maneiras.

(1º) **Analiticamente**, isto é, dando sua expressão:

$$y(x) = 3x^2 + x - 3$$

$$y(x) = \frac{x-1}{x^2-4}$$

$$y(x) = \sqrt{\text{sen}^2 x + 1}$$

$$y(x) = \begin{cases} x & \text{se} \quad 0 \leq x \leq 1 \\ x^2 & \text{se} \quad 1 \leq x \leq 2 \\ 10-x & \text{se} \quad x > 2 \end{cases}$$

$$y(x) = |x^{20} - 2x + 1|$$

Aqui vale a pena colocar a seguinte convenção: quando se diz "a função $y(x)$", dando–se a função analiticamente, e não se especificando o domínio, subentende–se que é o maior possível. Por exemplo, se $y = 1/2\sqrt{x}$, o domínio é dado por $x > 0$.

(2º) **Graficamente**(*). A representação gráfica de uma função $y = y(x)$ se faz *desenhando* dois eixos cartesianos $\bar{O}\bar{x}\bar{y}$ (Fig. 2.3), marcando pontos em $\bar{O}\bar{x}$ de "abcissas" proporcionais a x

$$\bar{x} = \beta_x x$$

e "ordenadas" proporcionais a y

$$\bar{y} = \beta_y y$$

Para cada valor de x obtém então, no desenho, um ponto $\bar{P} = (\bar{x},\bar{y})$, dados como acima, sendo $y = y(x)$. Variando x, $\bar{P}$ descreve uma curva, que é a representação gráfica da função $y(x)$, com *escalas gráficas* β_x e β_y . É usual indicar–se nos eixos os valores de x e y, deixando assim implícitas as escalas.

Exemplo 2.2.1 – Supondo que o preço y (expresso em dólares) de um produto depende do peso (expresso em Kgf) através de

$$y(x) = (200 - 20x)x \quad , \quad 0 \leq x \leq 5$$

traçar o gráfico desta função, adotando as escalas $\beta_x = 2\text{cm/Kgf}$ e $\beta_y = 0{,}02\text{cm/dólar}$.

(*)Em Matemática, o gráfico de uma função $f{:}A \to B$ é o conjunto $G_f = \{(x,f(x)) \mid x \in A\}$.

Solução. Lembrando que $\bar{x} = \beta_x x = 2x$ e $\bar{y} = \beta_y y = 0{,}02y$ construímos a tabela

x (Kgf)	$\bar{x}$ (cm)	y (dólares)	$\bar{y}$ (cm)
0	0,0	0	0,0
1	2,0	180	3,6
2	4,0	320	6,4
3	6,0	420	8,4
4	8,0	480	9,6
5	10,0	500	10,0

de onde resulta a seguinte representação gráfica para a função:

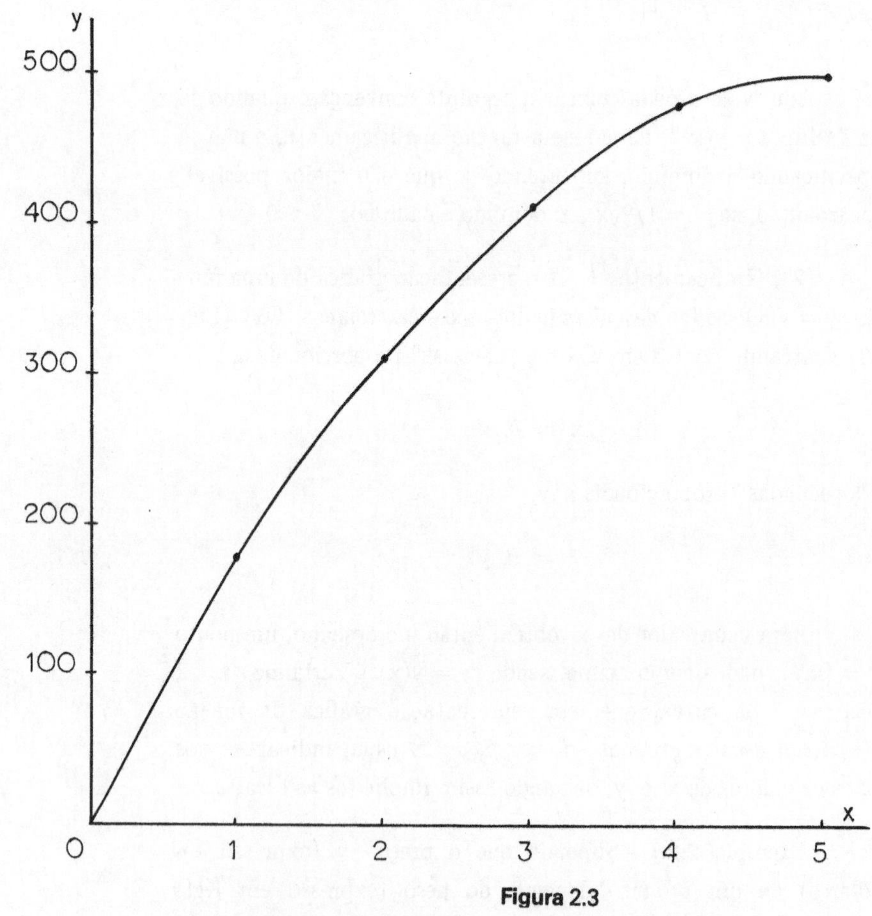

Figura 2.3

Nota. A representação gráfica já teve sua importância, que foi gradualmente perdida em favor da representação numérica (ver adiante), com o advento das máquinas de calcular e posteriormente dos computadores (aqui incluídos os computadores de grande porte, as calculadoras programáveis e os microcomputadores).

(3º) **Numericamente.** Consiste em dar-se uma tabela na qual são dados alguns valores de x e os valores correspondentes de y(x). Essa representação pode surgir quando, num problema de Engenharia, Física, Biologia, etc. a lei envolvida é complexa, sendo apenas possível obter empiricamente, através de medições, alguns valores de y correspondentes a x. Ou então, mesmo que se conheça a expressão $y = y(x)$, ela é tão complicada, que para efeito de manipulá–la convém calcular apenas alguns valores, a manipulação posterior sendo tratada por métodos numéricos. Veremos exemplos deste procedimento em 5.4.

2.3 – INTERPOLAÇÃO

Uma vez obtida uma representação numérica de uma função, pode–se querer achar o valor da função num ponto que não figura na tabela. O que usualmente se faz é escolher funções que se ajustem aos pontos $(x,y(x))$ conhecidos, e utilizá–las para achar o valor buscado.

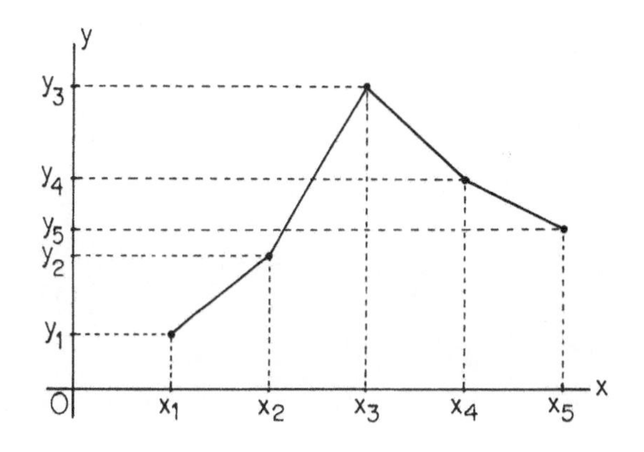

Figura 2.4

(a) **Interpolação linear.** Consiste em adotar polinômios do 1º grau entre cada dois pontos consecutivos, o que, graficamente, equivale a adotar segmentos de reta ligando dois pontos consecutivos do gráfico (Fig. 2.4).

Exemplo 2.3-1 – Dada a função $y = y(x)$ pela tabela, determinar $y(0{,}17)$ através de interpolação linear.

x	0,10	0,15	0,20	0,25
y	0,099833	0,149438	0,198669	0,247404

Solução. Adotando um polinômio do 1º grau $y = a+bx$ no intervalo $0{,}15 \leq x \leq 0.20$ temos

$$y(0{,}15) = a + b \cdot 0{,}15 = 0{,}149438$$

$$y(0{,}20) = a + b \cdot 0{,}20 = 0{,}198669$$

Resolvendo o sistema obtêm–se

$$a = 0{,}001745 \qquad b = 0{,}984620$$

Portanto,

$$y(x) = 0{,}001745 + 0{,}984620x$$

Daí

$$y(0{,}17) = 0{,}169130$$

(b) **Interpolação quadrática** (Fig. 2.5). Consiste em passar uma parábola por três pontos consecutivos (x_1,y_1), (x_2,y_2), (x_3,y_3). Procuramos $y = ax^2+bx+c$ tal que

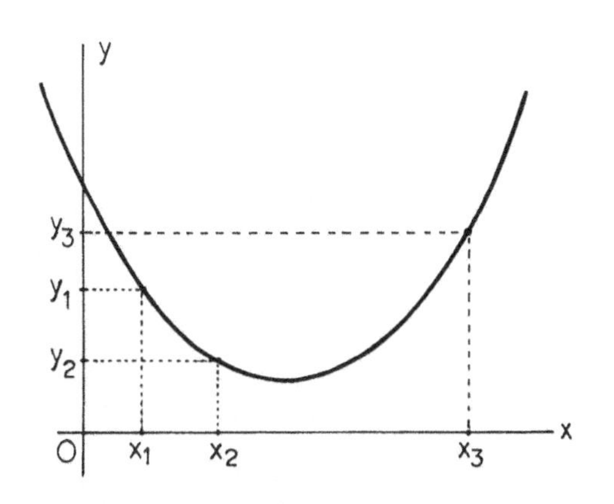

Figura 2.5

$$y_1 = ax_1^2 + bx_1 + c$$

$$y_2 = ax_2^2 + bx_2 + c$$

$$y_3 = ax_3^2 + bx_3 + c$$

Resolvendo o sistema obteremos a, b, c. Ao invés de fazermos isto, vamos ver uma maneira direta de escrever o polinômio buscado.

• Escrevemos o polinômio do 2º grau de coeficiente dominante 1, que se anula em x_2 e x_3: $(x-x_2)(x-x_3)$. Ele assume em x_1 o valor $(x_1-x_2)(x_1-x_3)$. Então o polinômio

$$\frac{(x-x_2)\,(x-x_3)}{(x_1-x_2)(x_1-x_3)}$$

se anula em x_2 e x_3, e assume o valor 1 em x_1. Assim, o polinômio

$$\frac{(x-x_2)\,(x-x_3)}{(x_1-x_2)(x_1-x_3)}\,y_1$$

se anula em x_2 e x_3, e assume o valor y_1 em x_1.

• Analogamente, o polinômio

$$\frac{(x-x_1)\,(x-x_3)}{(x_2-x_1)(x_2-x_3)}\,y_2$$

se anula em x_1 e x_3 e assume o valor y_2 em x_2, e o polinômio

$$\frac{(x-x_1)\,(x-x_2)}{(x_3-x_1)(x_3-x_2)}\,y_3$$

se anula em x_1 e x_2 e assume o valor y_3 em x_3.

Somando os três obteremos o polinômio procurado:

$$p(x) = \frac{(x-x_2)\,(x-x_3)}{(x_1-x_2)(x_1-x_3)}\,y_1 + \frac{(x-x_1)\,(x-x_3)}{(x_2-x_1)(x_2-x_3)}\,y_2 + \frac{(x-x_1)\,(x-x_2)}{(x_3-x_1)(x_3-x_2)}\,y_3 \qquad (1)$$

que é conhecido como *polinômio interpolador de Lagrange.* De fato em x_1 a 1ª parcela vale y_1, a 2ª e a 3ª valem 0, logo $p(x_1) = y_1$. Analogamente $p(x_2) = y_2$, $p(x_3) = y_3$.

Quando $x_2-x_1 = x_3-x_2 = h$ (passo constante) a expressão acima fica

$$p(x) = \frac{(x-x_2)(x-x_3)}{2h^2}\,y_1 - \frac{(x-x_1)(x-x_3)}{h^2}\,y_2 + \frac{(x-x_1)(x-x_2)}{2h^2}\,y_3 \qquad (2)$$

Exemplo 2.3-2 – No exemplo anterior, obter $y(0{,}17)$ através de uma interpolação quadrática entre $x_1 = 0{,}10$, $x_2 = 0{,}15$, $x_3 = 0{,}20$.

Solução. Temos $h = 0{,}05$; $y_1 = y(0{,}10) = 0{,}099833$; $y_2 = y(0{,}15) = 0{,}149438$; $y_3 = y(0{,}20) = 0{,}198669$; $x = 0{,}17$. Aplicando (2) resulta

$$p(0{,}17) = 0{,}169175 \qquad \blacktriangleleft$$

que é o valor buscado.

Notas. (1) Outros procedimentos de interpolação podem ser encontrados em [12].

(2) Pode-se estimar o erro cometido nas interpolações vistas, desde que se conheça analiticamente $y = y(x)$. Veja [12], pág. 74(*).

2.4 – FUNÇÃO REAL DE DUAS VARIÁVEIS REAIS

Tanto em Matemática quanto em Física e Engenharia aparecem grandezas que dependem de duas variáveis. Por exemplo, a área de um retângulo de dimensões x e y é $A = xy$; e a pressão de um gás perfeito é

$$P = K\frac{T}{V}$$

onde V é o volume, T a temperatura, e K uma constante (que só depende da natureza e quantidade do gás).

Somos conduzidos então a considerar uma função f de A em B, onde A é um conjunto de pares ordenados (x,y) de números reais, e B um conjunto de números reais. Tal função é referida como *função real de duas variáveis reais.* Sendo $z = f(x,y)$, costuma-se usar a notação mais livre $z = z(x,y)$.

Como no caso de função real de variável real, a função do tipo em foco pode ser dada analiticamente, como é o caso dos exemplos acima citados, ou dada por uma tabela. Quanto à representação geométrica, podemos esboçar a forma do gráfico do seguinte modo (Fig. 2.6 a). Desenhamos os eixos de um sistema cartesiano Oxyz. Para cada (x,y) do domínio marcamos o representante do ponto $(x,y,z(x,y))$, obtido traçando-se uma

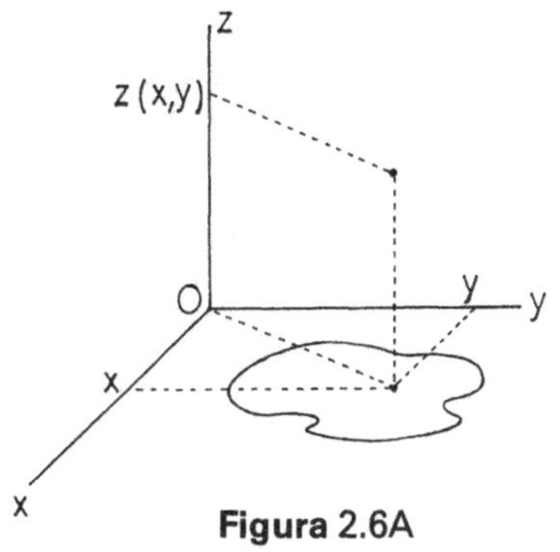

Figura 2.6A

(*) A estimativa envolve a noção de derivada, a ser vista no Cap. 5. Seja $\bar{x}$ tal que $y(\bar{x}) \simeq p(\bar{x})$, p o polinômio interpolador. Na linear: se $|y''(x)| \le M$ para $x_1 \le x \le x_2$ então o erro em módulo é $\le M/2\,|\bar{x}-x_1|\,|\bar{x}-x_2|$. Na quadrática: se $|y'''(x)| \le M$ em $x_1 \le x \le x_3$ o erro em módulo é $\le M/6\,|\bar{x}-x_1|\,|\bar{x}-x_2|\,|\bar{x}-x_3|$.

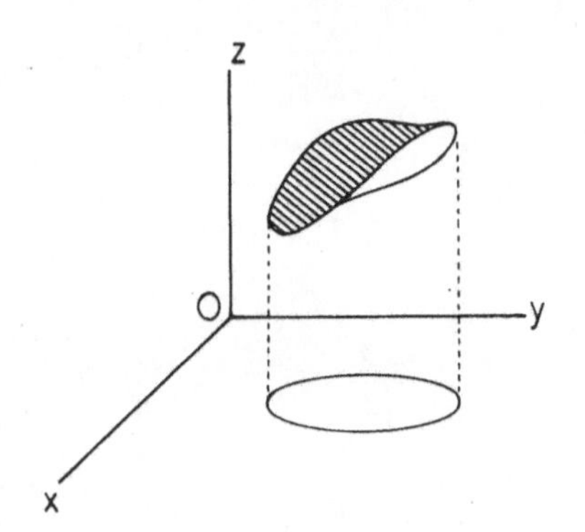

Figura 2.6B

perpendicular ao plano Oxy, e marcando z(x,y) acima ou abaixo desse plano, conforme o sinal de z(x,y).

Quando (x,y) varia no domínio da função, o ponto (x,y,z(x,y)) descreve uma superfície (Fig. 2.6 b).

2.5 – EXERCÍCIOS

2.1 – Achar o domínio e a imagem da função $y(x) = \ln(x^2+x-2)$.
Resposta: Domínio: dado por $x < -2$ ou $x > 1$. Imagem: conjunto dos números reais.

2.2 – Esboçar o gráfico da função dada por $y(x) = x^2 - 2|x| - 3$. Qual a imagem?
Resposta: $-4 \leq y < +\infty$.

2.3 – Ache o domínio da função $y(x) = \dfrac{1}{\sqrt{x + \sqrt{1+x^2}}}$.
Resposta: O conjunto dos números reais.

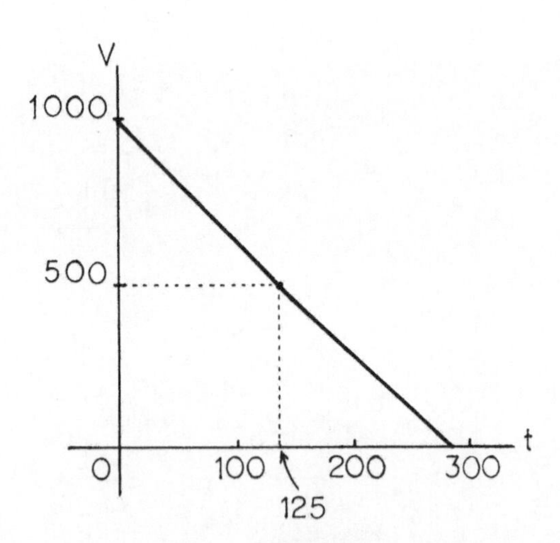

Figura 2.7

2.4 – Um tanque cúbico de 1m de aresta está cheio de água. Dois furos, um no fundo, outro no centro de uma parede lateral, fazem a água jorrar, respectivamente, a uma taxa de 3 litros por hora e 1 litro por hora. Faça o gráfico do volume de água no tanque em função do tempo, adotando as escalas gráficas $\beta_t = \frac{3}{200}$ cm/h; $\beta_V = \frac{1}{250}$ cm/ℓ.

Resposta: $V(t) = \begin{cases} 1000 - 4t & 0 \leq t \leq 125 \\ 875 - 3t & 125 < t \leq 291{,}67 \end{cases}$

(V em litros, t em horas) (Fig. 2.7).

2.5 – Um ponto move–se sobre uma circunferência de raio 2m segundo a função horária $s = \pi(t^2-2t)$, $0 \leq t \leq 1+\sqrt{3}$ (s em metros, t em segundos).

(a) Esboçar o gráfico de s.

(b) Adotando um ponto qualquer da circunferência como origem, e orientando–a no sentido anti–horário, indique sobre a trajetória a posição do ponto para $t = 0$, $t = 1$, $t = 2$, $t = 1+\sqrt{3}$ (segundos).

Resposta: Fig. 2.8 .

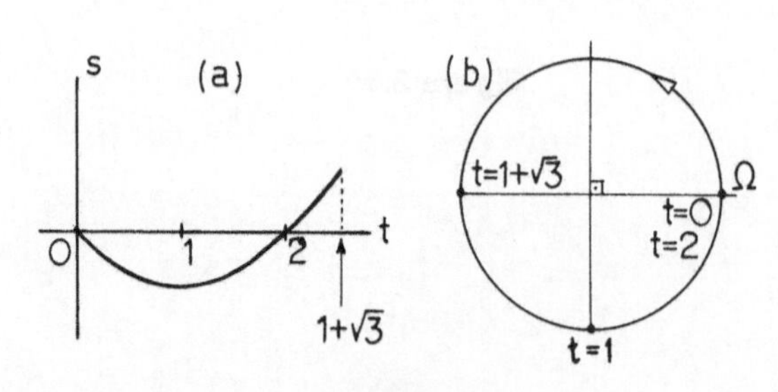

Figura 2.8

2.6 – Dada a tabela de logaritmos na base 10

x	1	2	3
y	0	0,3010	0,4771

(a) calcule $\log_{10} 2{,}5$ usando interpolação linear e quadrática;

(b) calcule aproximadamente $10^{0,3541}$ usando interpolação linear.

Resposta: (a) 0,3890 ; 0,4046 . (b) 2,3015 .

2.7 – Seja $s = \dfrac{\sqrt[3]{1+t} - \sqrt[3]{1-t}}{\sqrt[3]{1+t} + \sqrt[3]{1-t}}$ a função horária do movimento de um ponto.

(a) Para que valores de t ela tem sentido?

* (b) O movimento sendo sobre uma parábola, o ponto pode ocupar uma mesma posição em instantes diferentes?

(c) Em que instantes a abscissa curvilínea s vale 2?

(Unidades no Sistema Internacional)

Resposta: (a) t real. (b) não. (c) $t = \frac{14}{13}$ s .

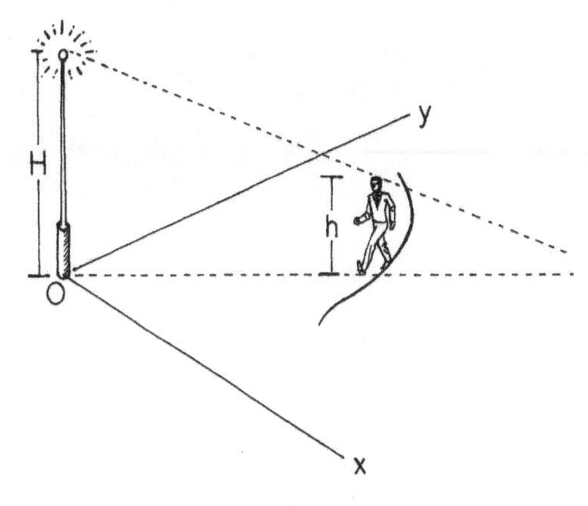

Figura 2.9

2.8 – A Fig. 2.9 mostra um homem de altura h percorrendo uma curva no chão, de equação $y = f(x)$. Qual a curva percorrida pela sombra de sua cabeça, devida à luz do poste de altura H?

Resposta: $y = \frac{H}{H-h} f\left(\frac{(H-h)x}{H}\right)$.

3 Velocidade e aceleração escalares

3.1 – VELOCIDADE ESCALAR MÉDIA

(a) **Conceito.** Conforme vimos no Cap. 1, uma vez dada a curva sobre a qual se move um ponto, munida do devido sistema de abscissas curvilíneas, o movimento fica caracterizado pela função horária $s = s(t)$. Com o intuito de medir a rapidez média no intervalo de tempo de t a $t+\Delta t$ com que o ponto se move, introduzimos a grandeza

$$\boxed{v_m(t,\Delta t) = \frac{\Delta s}{\Delta t} = \frac{s(t+\Delta t) - s(t)}{\Delta t}} \qquad (1)$$

chamada *velocidade escalar média no intervalo de tempo de extremos* t *e* $t+\Delta t$. O número $\Delta s = s(t+\Delta t) - s(t)$ recebe o nome de *deslocamento* de t a $t+\Delta t$.

Observe que v_m depende em geral de t e Δt, como a simbologia acima sugere, sendo pois uma função real de duas variáveis reais.

Exemplo 3.1-1 – Vamos supor que

$$s(t) = b + ct \qquad (2)$$

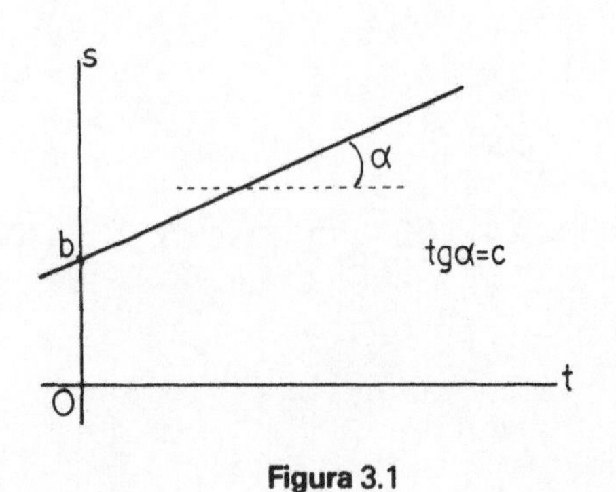

Figura 3.1

b, c constantes, $c \neq 0$, caso em que o movimento é dito *uniforme* (o gráfico de s (Fig. 3.1) é uma reta, de coeficiente angular c).

Neste caso

$$v_m(t,\Delta t) = \frac{s(t+\Delta t) - s(t)}{\Delta t}$$

$$= \frac{b + c(t+\Delta t) - (b+ct)}{\Delta t} = \frac{c\Delta t}{\Delta t} = c \quad ◄$$

A situação é peculiar do movimento uniforme, pois se $\Delta s/\Delta t$ é constante (independente de Δt, para um t fixo) então s é da forma acima (prove isto!), ou seja, o movimento é uniforme.

Esta circunstância torna sugestiva a definição de *velocidade escalar* para este caso como sendo a constante c, que indicaremos por v. Então

$$v = \frac{\Delta s}{\Delta t} \tag{3}$$

Nota. Indicando por $s_0 = s(0)$, (2) fica

$$s = s_0 + vt$$

Exemplo 3.1-2 – Vamos supor que

$$s(t) = b + ct + dt^2 \tag{4}$$

b, c, d constantes, $d \neq 0$, caso em que o movimento é dito *uniformemente variado.* Temos

$$v_m(t,\Delta t) = \frac{s(t+\Delta t) - s(t)}{\Delta t}$$

$$= \frac{b + c(t+\Delta t) + d(t+\Delta t)^2 - (b+ct+dt^2)}{\Delta t}$$

$$= c + 2dt + d\,\Delta t$$ ◀

O gráfico de s (Fig. 3.2) é uma parábola.

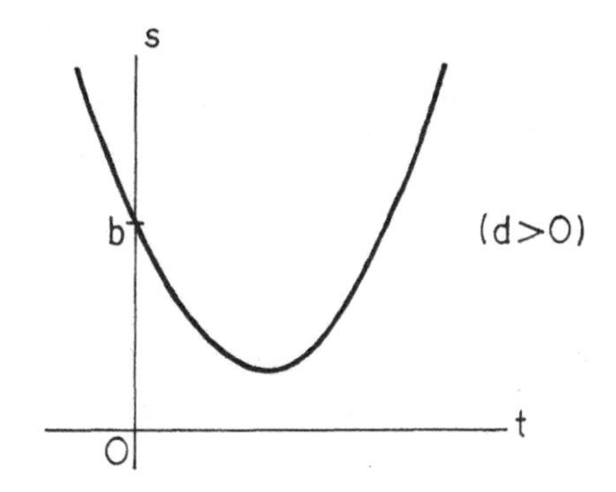

Figura 3.2

(b) **Interpretação física.** Considere o movimento de um ponto P, cuja função horária é $s = s(t)$. Num intervalo de tempo de extremos t e $t+\Delta t$ seja $v_m(t,\Delta t)$ a velocidade média do ponto. Indiquemos por $P(t)$ e $P(t+\Delta t)$ as posições do ponto nos instantes t e $t+\Delta t$, respectivamente (Fig. 3.3).

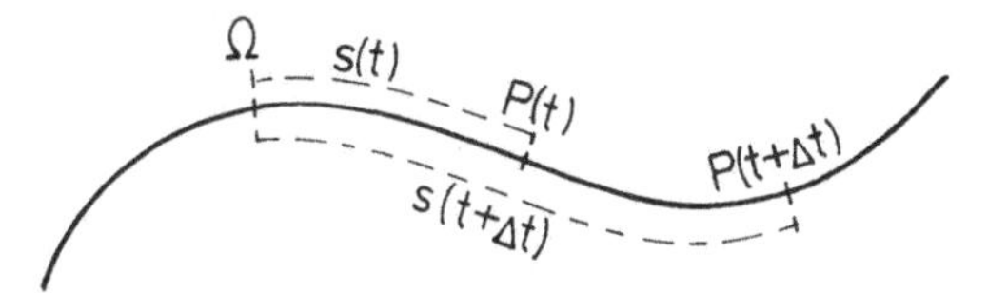

Figura 3.3

Imaginemos agora outro ponto Q, deslocando–se sobre a mesma curva, com movimento uniforme, de modo que no instante t se tenha $Q(t) = P(t)$, e no instante $t+\Delta t$ se tenha $Q(t+\Delta t) = P(t+\Delta t)$. Para Q tem sentido em falar em velocidade escalar, pois o movimento é uniforme. Esta velocidade é dada, de acordo com o Exemplo 3.1–1 e pela característica de Q, por

$$\frac{s(t+\Delta t) - s(t)}{\Delta t} = \frac{\Delta s}{\Delta t}$$

que é exatamente a velocidade escalar média de P no intervalo de extremos t e $t+\Delta t$. Portanto:

> A velocidade média de P no intervalo de extremos t e $t+\Delta t$ é igual à velocidade escalar do movimento uniforme de um ponto Q que se desloca de $P(t)$ a

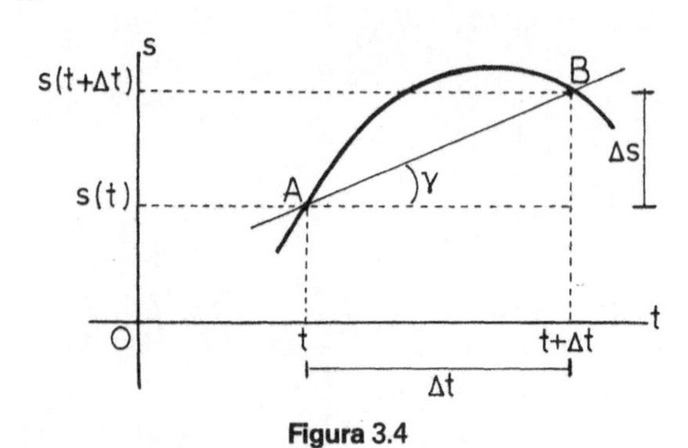

Figura 3.4

$P(t+\Delta t)$ no intervalo de tempo Δt sobre a trajetória de P.

(c) **Interpretação geométrica.** Considere o gráfico da função horária (Fig. 3.4) no qual A representa $(t,s(t))$, e B $(t+\Delta t,\ s(t+\Delta t))$.

Sendo γ como indicado, ou seja, tg γ é o coeficiente angular da reta AB, temos

$$\operatorname{tg}\gamma = \frac{\Delta s}{\Delta t} = v_m(t,\Delta t) \tag{5}$$

que nos fornece uma interpretação geométrica para $v_m(t,\Delta t)$.

Nota. Numa representação gráfica é preciso considerar as escalas gráficas (ver 2.2). Assim, o ângulo medido no desenho (por exemplo através de um transferidor) sendo $\bar{\gamma}$ tem–se

$$\operatorname{tg}\bar{\gamma} = \frac{\Delta\bar{s}}{\Delta\bar{t}} = \frac{\beta_s\Delta s}{\beta_t\Delta t} = \frac{\beta_s}{\beta_t}\operatorname{tg}\gamma$$

logo

$$\operatorname{tg}\gamma = \frac{\beta_t}{\beta_s}\operatorname{tg}\bar{\gamma} \tag{6}$$

(Os significados dos símbolos são óbvios).

3.2 – VELOCIDADE ESCALAR INSTANTÂNEA

(a) **Conceito.** Com o intuito de medir a rapidez média introduzimos o conceito de velocidade média num intervalo de tempo. Queremos agora medir a rapidez num certo instante t. Para isto, lembremos que $v_m(t,\Delta t)$ foi interpretada, na seção anterior, como velocidade de um movimento uniforme. Este movimento pode ser pensado como uma aproximação do movimento real nesse intervalo, e nesse sentido $v_m(t,\Delta t)$ é uma aproximação daquilo que gostaríamos de chamar de velocidade escalar no instante t. À medida que Δt é cada vez mais próximo de 0, espera–se que diminua a discrepância entre o movimento uniforme e o real. Fazendo Δt tender a 0 (t fixo), $v_m(t,\Delta t)$ poderá se aproximar de um certo valor, que será adotado como a velocidade escalar (instantânea) do ponto, no instante t. Indicando–a por $v(t)$, usaremos a seguinte simbologia:

$$\boxed{v(t) = \lim_{\Delta t\to 0} v_m(t,\Delta t)} \tag{7}$$

ou seja

$$\boxed{v(t) = \lim_{t\to 0} v_m(t,\Delta t) = \lim_{\Delta t\to 0}\frac{s(t+\Delta t) - s(t)}{\Delta t}} \tag{8}$$

É claro que estamos falando de modo intuitivo. Esta simbologia tem um significado matemático preciso.

Exemplo 3.2-1 – Consideremos um movimento de função horária $s(t) = t^3$ (s em km, t em horas). Calculemos

$$v_m(2,\Delta t) = \frac{s(2+\Delta t) - s(2)}{\Delta t}$$

$$= \frac{(2+\Delta t)^3 - 2^3}{\Delta t}$$

$$= 12 + 6\Delta t + (\Delta t)^2$$

Podemos construir a tabela

Δt	1	0,1	0,01	0,001	0,0001 ⟶ 0
$v_m(2,\Delta t)$	19,00000	12,61000	12,06010	12,00601	12,00060 ⟶ 12

de onde se infere que

$$v(2) = \lim_{\Delta t \to 0} v_m(2,\Delta t) = 12 \text{km/h} \quad ◀$$

Calculemos $v(t)$ para um t genérico. Temos

$$v_m(t,\Delta t) = \frac{s(t+\Delta t) - s(t)}{\Delta t} = \frac{(t+\Delta t)^3 - t^3}{\Delta t}$$

$$= 3t^2 + 3t\,\Delta t + (\Delta t)^2$$

É fácil intuir que quando $\Delta t \to 0$ temos $v_m(t,\Delta t) \to 3t^2$, logo

$$v(t) = 3t^2 \quad ◀$$

(b) **Interpretação geométrica.** Considere o gráfico da função horária (Fig. 3.5) no qual A representa $(t, s(t))$, e B $(t+\Delta t, s(t+\Delta t))$. Sendo $\gamma = \gamma(t, \Delta t)$ o ângulo mostrado, vimos que

$$v_m(t, \Delta t) = \text{tg}\,\gamma \qquad (9)$$

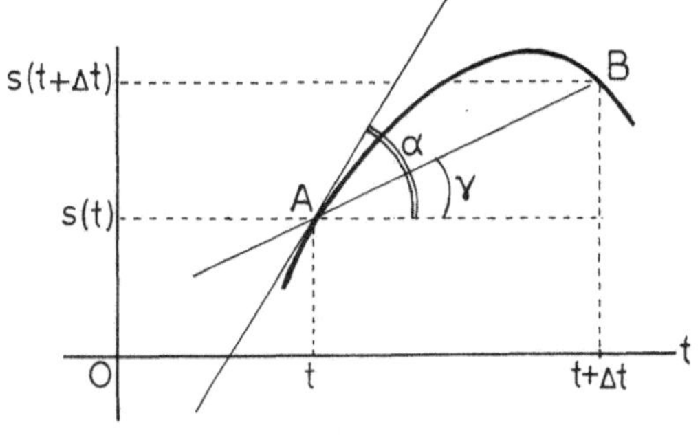

Figura 3.5

Quando $\Delta t \to 0$ a reta "secante" AB tende a ficar tangente ao gráfico da função. Assim, γ tende ao ângulo α que a tangente faz com o eixo Ot, como mostra a figura, e tg γ tende a tg α. Considerando isto, fazendo $\Delta t \to 0$ em (9) resulta que

$$v(t) = \text{tg}\,\alpha \qquad (10)$$

ou seja, $v(t)$ se interpreta como o coeficiente angular da reta tangente ao gráfico da função horária no ponto $(t,s(t))$.

3.3 – ACELERAÇÃO ESCALAR MÉDIA E INSTANTÂNEA

Com a velocidade escalar $v = v(t)$ fazendo o papel que $s = s(t)$ teve na seção anterior, surgem os seguintes conceitos:

- *aceleração escalar média no intervalo de extremos* t *e* $t+\Delta t$:

$$a_m(t,\Delta t) = \frac{v(t+\Delta t) - v(t)}{\Delta t} = \frac{\Delta v}{\Delta t} \tag{11}$$

- *aceleração escalar (instantânea) no instante* t:

$$a(t) = \lim_{\Delta t \to 0} a_m(t,\Delta t) = \lim_{\Delta t \to 0} \frac{v(t+\Delta t) - v(t)}{\Delta t} \tag{12}$$

Geometricamente, $a_m(t+\Delta t)$ é o coeficiente angular da reta por $(t,v(t))$ e $(t+\Delta t, v(t+\Delta t))$, e $a(t)$ é o coeficiente angular da reta tangente ao gráfico da velocidade escalar no ponto $(t,v(t))$. Deixamos a cargo do leitor a representação gráfica correspondente.

Exemplo 3.3-1 – Num movimento a velocidade escalar é dada por $v(t) = 27-3t^2$ (v em m/s, t em segundos). Achar $a_m(1,3)$ e $a(t)$.

Solução. Temos

$$a_m(1,3) = \frac{v(1+3) - v(1)}{3} = \frac{v(4) - v(1)}{3}$$

$$= \frac{27 - 3.4^2 - (27-3.1^2)}{3}$$

$$= -15 m/s^2$$ ◀

$$a(t) = \lim_{\Delta t \to 0} \frac{v(t+\Delta t) - v(t)}{\Delta t}$$

$$= \lim_{\Delta t \to 0} \frac{27 - 3(t+\Delta t)^2 - (27-3t^2)}{\Delta t}$$

$$= \lim_{\Delta t \to 0} (-6t - 3\Delta t)$$

$$= -6t$$ ◀

Exemplo 3.3-2 – O projétil de uma arma tem sua velocidade aumentada de 40m/s após o deslocamento de 0,5m no tubo. Sabendo que a velocidade média correspondente é de 30m/s, ache a aceleração média.

Solução. Temos

$$30 = v_m = \frac{\Delta s}{\Delta t} = \frac{0,5}{\Delta t}$$

logo

$$\Delta t = \frac{1}{60}$$

Então

$$a_m = \frac{\Delta v}{\Delta t} = \frac{40}{\frac{1}{60}} = 2400 m/s^2$$ ◀

3.4 – ASPECTOS COMPLEMENTARES

A idéia da passagem ao limite para se obter a velocidade escalar instantânea consolidou-se com Newton, considerado juntamente com Leibniz, o criador do Cálculo. Uma excelente análise crítica da conceituação de velocidade escalar instantânea estabelecida por Newton é feita por Campbell, que, em [14], analisando um movimento em queda livre em que t e $s(t)$ foram medidos, constrói a tabela mostrada, com t em segundos e s numa unidade de comprimento igual a 4,9m, e tece as seguintes considerações:

t	s(t)
0	0
1	1
2	4
3	9
4	16
5	25
6	36

"O corpo que cai, como todos os demais corpos, possui uma 'velocidade'. Por velocidade de um corpo, queremos dizer a distância percorrida em um certo tempo, e medimos a velocidade dividindo aquela distância por aquele tempo. Mas esta maneira de medir velocidade dá um resultado definido apenas quando a velocidade é constante, isto é, quando a distância percorrida é proporcional ao tempo, e a distância percorrida em qualquer intervalo de tempo é sempre a mesma. Esta condição não é satisfeita em nosso exemplo; a distância de queda no primeiro segundo é 1, no seguinte, 3, no terceiro, 5, no seguinte, 7, e assim por diante. Nós usualmente exprimimos esse fato dizendo que a velocidade cresce à medida que o corpo cai; mas nós devíamos realmente nos perguntar se existe algo como a velocidade neste caso, e, portanto, se a afirmação pode ter algum significado. Pois o que é a velocidade do corpo no fim do terceiro segundo – isto é, no instante denominado 3? Poderíamos dizer que ela deve ser encontrada considerando a distância percorrida no segundo anterior a 3, que é 5, ou no segundo posterior a 3, que é 7, ou no segundo do qual o instante 3 é o centro, que acontece ser 6. Ou, novamente, poderíamos dizer que ela deve ser encontrada considerando metade da distância percorrida nos dois segundos, dos quais 3 é o centro (2 e 4), o que dá novamente 6. Nós obtemos valores diferentes para a velocidade de acordo com qual dessas alterna–

tivas nós adotamos. Existem, sem dúvida, boas razões, neste exemplo, para escolher a alternativa b, pois duas maneiras (e realmente bem mais do que duas, todas elas plausíveis) levam ao mesmo resultado. Mas se considerarmos uma relação mais complicada entre tempo e distância do que aquelas da tabela, nós poderíamos descobrir que essas duas maneiras davam resultados diferentes, e nehuma delas seria obviamente mais plausível do que qualquer alternativa. Atribuímos, então, realmente algum significado à velocidade nesses casos, e se atribuímos, que significado é esse?

É aqui que a Matemática pode nos ajudar. Simplesmente pensando sobre o assunto, Newton, o maior de todos os matemáticos, criou uma regra, através da qual, ele sugeriu, a velocidade poderia ser obtida em todos os casos. É uma regra aplicável a todos os tipos de relações entre tempo e distância que realmente ocorrem; e ela dá o resultado 'plausível' sempre que a relação é suficientemente simples para que uma das alternativas se mostre mais plausível do que outra. Além disso, é uma regra muito bela e engenhosa: ela é baseada em idéias que são atraentes por si mesmas e que, sob todos os aspectos, apelam para o senso estético do matemático. Ela nos habilita, quando conhecemos a relação entre tempo e distância, a medir de maneira única e bem determinada, a velocidade em todos os instantes, qualquer que seja a maneira complicada pela qual a velocidade estiver variando. Tais aspectos, conseqüentemente, sugerem fortemente que adotemos como velocidade o valor obtido de acordo com esta regra.

Mas pode existir alguma dúvida sobre se estamos certos ou errados ao adotar esse valor? pode a experiência mostrar que deveríamos adotar um valor e não outro? Sim, ela pode. Quando a velocidade é constante e podemos medi–la sem ambigüidade, podemos estabelecer leis entre essa velocidade e certas das propriedades dos corpos em movimento. Assim, se fizermos uma bola de aço atingir um bloco de chumbo, ela produzirá uma depressão no mesmo, determinada pela sua velocidade; e quando tivermos estabelecido, por observações deste tipo, a relação entre a velocidade e o tamanho da depressão, poderemos, obviamente, usar o tamanho da depressão para medir a velocidade. Suponhamos agora que o nosso corpo em queda seja uma bola de aço, e que façamos com que ele atinja um bloco de chumbo, após cair através de distâncias diferentes; iremos descobrir que a sua velocidade, calculada pelo tamanho da depressão, concorda exatamente com a velocidade calculada pela regra de Newton, e não com aquelas calculadas por qualquer outra regra (desde que, obviamente, a outra regra não dê os mesmos resultados que a de Newton). Esta, eu espero que o leitor concorde, é uma prova bem definida de que a regra de Newton é a correta.

A regra de Newton, apenas neste contexto, já seria muito importante, mas ela tem outra aplicação mais ampla e muito mais importante. Até agora apresentamoos a regra como dando a velocidade em qualquer instante quando a relação entre tempo e distância é conhecida; mas o problema pode ser invertido. Nós poderíamos conhecer a velocidade em qualquer instante e querer encontrar até onde o corpo terá se movido em qualquer instante dado. Se a velocidade fosse a mesma em todos os instantes, o problema seria fácil; a distância seria a velocidade multiplicada pelo tempo. Mas se a velocidade não for constante, a resposta correta não é, de maneira alguma, fácil de obter; de fato, a única maneira de obtê–la é pelo uso da regra de Newton. A forma daquela regra torna fácil invertê–la e, ao invés de obter a velocidade a partir da distância, obter a distância a partir da velocidade; mas até que a regra fosse formulada o problema não poderia ter sido resolvido; ele teria desconcertado os mais sábios filósofos da Grécia. Este problema particular não é, em si, de muito grande importância, pois seria mais fácil medir experimentalmente a distância percorrida do que medir a velocidade e calcular a distância. Mas existem certos casos muito semelhantes nos quais esta situação se inverte."

Uma vez estabelecida a enorme importância conceitual do processo adotado para a definição de velocidade escalar instantânea, importância esta tanto para a Matemática quanto para a Física, cabe destacar que ela envolve dois conceitos: o de limite, e o de derivação, este fazendo uso do primeiro. Eles serão objetos de maiores considerações em capítulos posteriores.

O conceito de inversão da derivação, denominado integração, a que Campbell faz referência no final da citação acima, também será objeto de estudo em capítulos futuros.

3.5. – EXERCÍCIOS

(As unidades estão no Sistema Internacional.)

3.1 – A função horária de um movimento é dada por $s(t) = 3t^2 - t + 2$.

(a) Determinar $v_m(1,\Delta t)$.

(b) Completar a tabela

Δt	0,1	0,01	0,001 ⟶ 0
$v_m(1,\Delta t)$			⟶

(c) Determinar $v(1)$.

(d) Escrever uma equação da reta tangente ao gráfico de $s(t)$ no ponto de abscissa $t = 1$.

Resposta: (a) $5+3\Delta t$ (b) 5,3 5,03 5,003 ⟶ 5

(c) 5 (d) $s = 5t-1$.

3.2 – Determinar $v_m(t,\Delta t)$ e $v(t)$ sendo dada $s(t)$, nos casos
(a) $s(t) = t^2$ (b) $s(t) = t^4$

Resposta: (a) $2t+\Delta t$; $2t$
(b) $4t^3+6t^2\Delta t+4t(\Delta t)^2+(\Delta t)^3$; $4t^3$.

3.3 – Para um movimento de função horária $s(t) = t^2-3t$ determinar $v_m(t,\Delta t)$, $v(t)$, $a_m(t,\Delta t)$, $a(t)$.
Reposta: $2t-3+\Delta t$; $2t-3$; 2 ; 2 .

3.4 – Num certo intervalo de tempo a velocidade de um ponto passa de 2km/h para 1km/h e o deslocamento correspondente foi de 10km. Achar o quociente entre a aceleração média e a velocidade média no referido intervalo.
Resposta: $-0{,}1h^{-1}$.

3.5 – Considere a seguinte afirmação feita a respeito de um movimento definido para todo t real:
A velocidade média no intervalo de extremos t e $t+\Delta t$ é igual à média das velocidades nos extremos do intervalo, para quaisquer t e Δt.
(a) Mostre que a afirmação é falsa em geral.
(b) Mostre que a afirmação é verdadeira se o movimento for uniforme ou uniformemente variado.

3.6 – Num movimento a função horária $s:[c,d] \longrightarrow \mathbb{R}$ $(c < d)$ é tal que $v_m(t_0,\Delta t)$ é constante para um certo t_0 de $[c,d]$ e todo Δt com $t_0+\Delta t$ em $[c,d]$. Mostre que o movimento é uniforme. ($[c,d]$ é o intervalo dado por $c \leq x \leq d$).

3.7 – Um automóvel faz um percurso com velocidade média v, e um percurso consecutivo de comprimento k vezes o anterior com velocidade média V. Qual a velocidade média do percurso total?

Resposta: $\dfrac{vV(1+k)}{V+kv}$.

3.8 – A aceleração média de um ponto num certo intervalo de tempo é a_1, e no intervalo consecutivo de mesma duração que o anterior é a_2. Ache a aceleração média no intervalo total.
Resposta: $(a_1+a_2)/2$.

3.9 – Mostre que num movimento uniformemente variado a velocidade escalar é da forma

$$\boxed{v = v_0 + \gamma t}$$

(v_0 e γ constantes, $\gamma \neq 0$)

sendo γ a aceleração escalar. Coloque a função horária na forma

$$\boxed{s = s_0 + v_0 t + \frac{1}{2}\gamma t^2}$$

(s_0 constante)

Deduza a *Fórmula de Torricelli*:

$$\boxed{v^2 = v_0^2 + 2\gamma(s - s_0)}$$

3.10 – Sobre uma mesma reta se movem dois pontos luminosos, um com movimento uniforme e outro com movimento uniformemente variado.

(a) Mostre que os pontos podem não se encontrar, ou se houver encontro, haverá no máximo dois.

(b) Em que condições haverá exatamente um encontro?

Resposta: (b) Sendo $S = S_0 + Vt$ e $s = s_0 + v_0 t + \frac{1}{2}\gamma t^2$ deve–se ter

$$(V - v_0)^2 = 2\gamma(s_0 - S_0)\ .$$

3.11 – A Fig. 3.6 esquematiza um veículo empurrando outro através de uma barra de comprimento 1m (visão de cima). O veículo da esquerda, que empurra, tem movimento uniforme. Num determinado instante a barra se rompe, e o veículo da direita passa a ter movimento uniformemente retardado de aceleração -2m/s^2 (em relação ao sistema mostrado, solidário ao solo). Qual a velocidade de A vista por B no instante do choque?

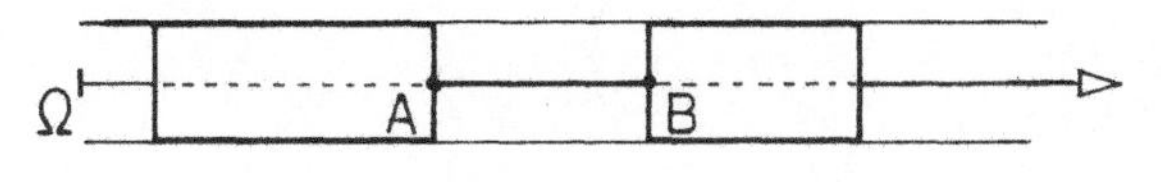

Figura 3.6

Resposta: -2m/s, a orientação sendo de B para Ω.

3.12 – Um reservatório está sendo preenchido por um líquido de modo que seu nível sobre à razão de **4,900m/s**. Da extremidade superior são lançadas pequenas bolas, uma a cada 2 segundos. Uma bolinha atinge o nível do líquido quando este está a 117,649m da extremidade superior. Quanto tempo depois disso a bola seguinte atinge o nível do líquido? Admitir a aceleração de cada bola constante, igual a $9{,}8\text{m/s}^2$.

Resposta: 1,81s .

4 Limite e continuidade

4.1 – LIMITE

(a) **Noção intuitiva.** Falaremos de modo informal sobre o conceito de limite, no sentido de aprimorar a intuição do leitor sobre o mesmo. Consideremos os seguintes gráficos de funções (Fig. 4.1a,b,c,d):

No caso (a) vemos que quando x se aproxima de x_0 pela esquerda (i.e., por valores $x < x_0$) os valores $y(x)$ se aproximam do número L_1. Indicamos tal fato assim:

$$\lim_{x \to x_0^-} y(x) = L_1 \tag{1}$$

Quando x se aproxima de x_0 pela direita (i.e., por valores $x > x_0$) os valores $y(x)$ se aproximam do número L_2 (no caso, $L_2 = y(x_0)$). Indicamos tal fato assim:

$$\lim_{x \to x_0^+} y(x) = L_2 \tag{2}$$

Como $L_1 \neq L_2$ *não* se pode dizer que quando x se aproxima de x_0, $y(x)$ se aproxima de algum número.

Nos outros casos, (b), (c), (d), temos

$$\lim_{x \to x_0^-} y(x) = L \quad , \quad \lim_{x \to x_0^+} y(x) = L$$

Nesta situação dizemos que existe o limite de $y(x)$ para x tendendo a x_0, e vale L. Indicamos o fato assim:

$$\lim_{x \to x_0} y(x) = L \tag{3}$$

ou então assim,

$$y(x) \longrightarrow L \quad \text{para} \quad x \longrightarrow x_0 \tag{4}$$

(leitura: $y(x)$ tende a L se x tende a x_0).

y
y(x₀)=L₂
L₁
(a)
O
x₀
x

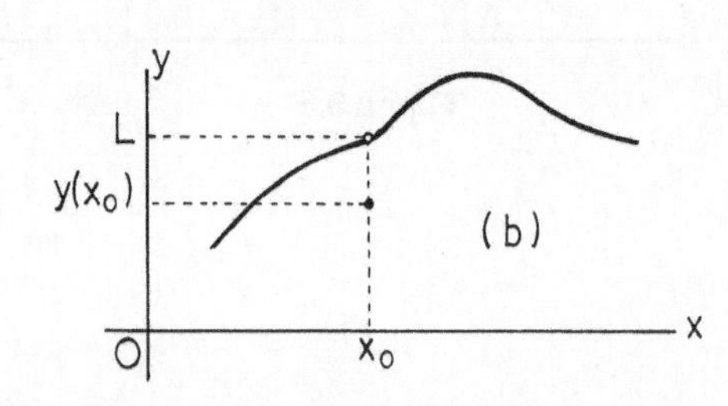

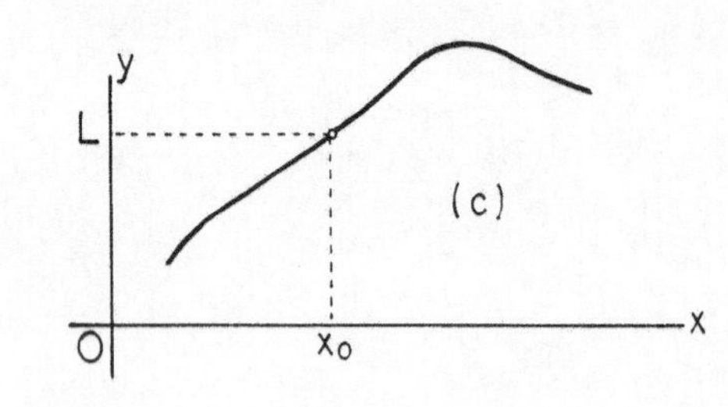

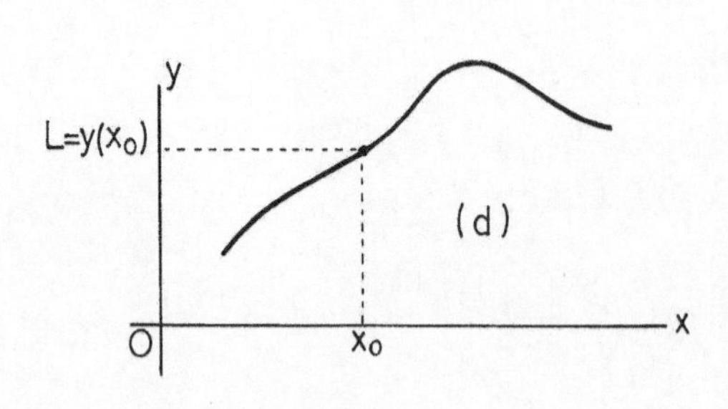

Figura 4.1

É importante frisar que para a noção de limite não importa o que sucede com a função no ponto x_0 para o qual tende x, sendo relevante apenas o que sucede nas vizinhanças de x_0. Em particular, nem é necessário que a função esteja definida em x_0.

Uma outra maneira de exprimir (3) é obtida escrevendo $\Delta x = x - x_0$, logo $x = x_0 + \Delta x$, e notando que $x \to x_0$ equivale a $\Delta x \to 0$. Assim (3) pode ser expressa como segue:

$$\lim_{\Delta x \to 0} y(x_0 + \Delta x) = L \qquad (5)$$

Nota. Nos problemas de Mecânica as funções têm por domínio um intervalo. Se $y(x)$ tem por domínio um intervalo, e x_0 é um extremo dele, digamos inferior, então só tem sentido x tender a x_0 pela direita. Se existir

$$\lim_{x \to x_0^+} y(x) = L$$

diremos ainda que o limite de $y(x)$ para x tendendo a x_0 é L, e a notação (3) será usada com o significado acima. Observação análoga deve ser feita se x_0 for extremo superior do intervalo.

(b) **Propriedades algébricas.** As seguintes propriedades são válidas, desde que existam os limites de $y(x)$ e $z(x)$ para x tendendo a x_0:

$$\lim_{x \to x_0} (y(x) \pm z(x)) = \lim_{x \to x_0} y(x) \pm \lim_{x \to x_0} z(x)$$

$$\lim_{x \to x_0} c = c \qquad \text{(c constante)}$$

$$\lim_{x \to x_0} cy(x) = c \lim_{x \to x_0} y(x) \qquad \text{(c constante)} \qquad (6)$$

$$\lim_{x \to x_0} y(x)\, z(x) = \lim_{x \to x_0} y(x) \lim_{x \to x_0} z(x)$$

$$\lim_{x \to x_0} \frac{y(x)}{z(x)} = \frac{\lim_{x \to x_0} y(x)}{\lim_{x \to x_0} z(x)}$$

supondo, nesta última, o denominador não–nulo.

4.2 – CONTINUIDADE

Intuitivamente falando, uma função é contínua num ponto x_0 *do seu domínio* se o gráfico da função não sofre ruptura no ponto correspondente a x_0. Voltando aos gráficos dados na figura anterior, vemos no caso (a) existe tal ruptura, logo a função não é contínua em x_0. No caso (b) também isto ocorre. No caso (c) nem tem sentido falar-se em continuidade em x_0, pois x_0 não está no domínio da função. Observando o gráfico (b), vemos que para evitar a ruptura, basta "encaixar" o ponto $(x_0, y(x_0))$ no "buraco" da curva. Neste caso teremos $L = y(x_0)$, e é este precisamente o caso do gráfico (d).

Estas considerações nos levam à definição seguinte:

Sendo x_0 um ponto do domínio da função $y = y(x)$, diremos que esta função é *contínua em* x_0 se

$$\lim_{x \to x_0} y(x) = y(x_0)$$

ou equivalentemente,

$$\lim_{\Delta x \to 0} y(x_0+\Delta x) = y(x_0)$$

A função se dirá *contínua* se for contínua em todos os pontos do seu domínio. Se for contínua nos pontos de um conjunto A, diremos que ela é *contínua em* A.

Decorrem imediatamente desta definição e das propriedades algébricas dos limites as seguintes propriedades:

- Toda função constante é contínua.
- Se $y(x)$ e $z(x)$ são contínuas em x_0 também o são $y(x) \pm z(x)$, $cy(x)$ (c constante), $y(x)\,z(x)$; e se $z(x_0) \neq 0$ também $y(x)/z(x)$ (*).

Exemplo 4.2-1 – Citaremos (sem demonstração) os seguintes exemplos de funções contínuas:

- polinômios: $y(x) = 2x^3 - x + 1$, $y(x) = 300x^{100} - 1$
- funções racionais (quocientes de polinômios):

$$y(x) = \frac{x-1}{x+1}, \quad y(x) = \frac{1}{x^2}, \quad y(x) = \frac{x^3-10}{x^2+x-1}$$

- inversas das funções trigonométricas: $y(x) = \text{arcsen } x$, $y(x) = \text{arctg } x$, etc.
- função exponencial: $y(x) = a^x$ $(0 < a \neq 1)$ e sua inversa $y(x) = \log_a x$
- função módulo: $y(x) = |x|$
- função raiz n-ésima: $y(x) = \sqrt[n]{x}$.

Exemplo 4.2-2 – Decorre das informações acima que $(1/2)e^x$ é contínua, de acordo com (2). Também e^{-x} é contínua pois $e^{-x} = 1/e^x$ (quociente de funções contínuas).

(*) Temos por hipótese: $\lim_{x \to x_0} y(x) = y(x_0)$, $\lim_{x \to x_0} z(x) = z(x_0)$. Então $\lim_{x \to x_0} y(x)z(x) = \lim_{x \to x_0} y(x) \lim_{x \to x_0} z(x) = y(x_0)z(x_0)$.

As outras são provadas com a mesma facilidade.

Exemplo 4.2-3 – As funções seno hiperbólico e co-seno hiperbólico são definidas respectivamente por

$$\boxed{\text{sh } x = \frac{e^x - e^{-x}}{2}} \qquad \boxed{\text{ch } x = \frac{e^x + e^{-x}}{2}} \qquad (8)$$

Elas são contínuas, pois por exemplo sh x é diferença de $(1/2)e^x$ e $(1/2)e^{-x}$, que são contínuas.

Exemplo 4.2-4 – Com argumento semelhante aos dados acima a função

$$y(x) = \frac{2 + \text{cossec } x + \sqrt[3]{x}}{(x - \frac{\pi}{2}) \text{ sen } x + e^x}$$

é contínua, logo

$$\lim_{x \to \frac{\pi}{2}} y(x) = y\left(\frac{\pi}{2}\right) = \frac{2 + \text{cossec } \frac{\pi}{2} + \sqrt[3]{\pi/2}}{(\frac{\pi}{2} - \frac{\pi}{2}) \text{ sen } \frac{\pi}{2} + e^{\pi/2}} = \frac{3 + \sqrt[3]{\pi/2}}{e^{\pi/2}}$$ ◀

Um resultado importante sobre continuidade é o seguinte

> TEOREMA DE BOLZANO. A função $y(x)$ é contínua no intervalo $a \leq x \leq b$ e $y(a)$ e $y(b)$ têm sinais contrários. Então existe x_0, $a < x_0 < b$, tal que $y(x_0) = 0$. (9)

Geometricamente o resultado é óbvio, como mostra a Fig. 4.2, em que $y(a) > 0$ e $y(b) < 0$. O gráfico da função deve unir os pontos A e B sem ruptura, logo deve cruzar o eixo Ox.

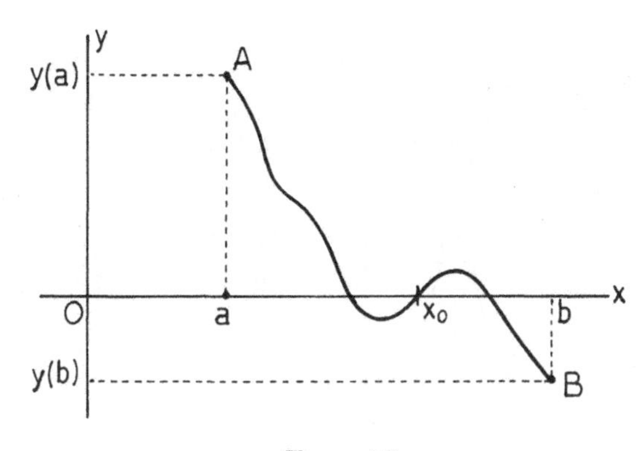

Figura 4.2

Vejamos uma aplicação desse teorema. Em certas situações é importante saber se uma determinada equação tem solução. O Teorema de Bolzano é útil nesses casos, como veremos no exemplo a seguir.

Exemplo 4.2-5 – Verificar que a equação $2^x+x-2 = 0$ tem solução. Indicar um intervalo onde se situa uma raiz.

Solução. Seja $y(x) = 2^x+x-2$, claramente contínua. Como $y(0) = -1 < 0$ e $y(1) = 1 > 0$ existe, pelo Teorema de Bolzano uma raix x_0, com $0 < x_0 < 1$. ◀

Nota. Poderíamos indicar um intervalo menor onde se encontra a raiz. Por exemplo, tomando o ponto médio entre 0 e 1, a saber, 1/2, temos

$$y\left(\frac{1}{2}\right) = \sqrt{2} + 0{,}5 - 2 = 1{,}414 \ldots + 0{,}5 - 2$$

$$= 1{,}914 \ldots - 2 < 0$$

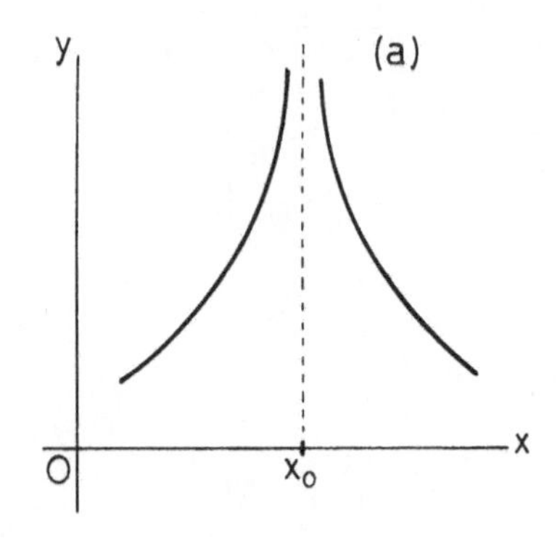

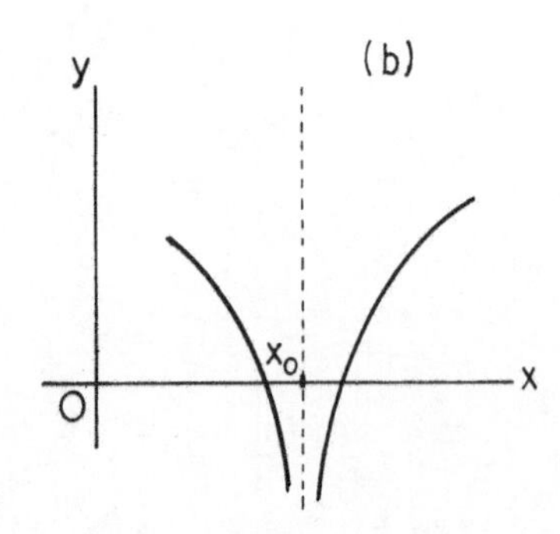

Figura 4.3

logo, pelo Teorema de Bolzano, existe uma raiz entre 1/2 e 1.

Uma conseqüência imediata do Teorema de Bolzano é o

> TEOREMA DO VALOR INTERMEDIÁRIO.
> A função $y(x)$ é contínua no intervalo $a \leq x \leq b$. Se z está entre $y(a)$ e $y(b)$(*) então existe x_0, $a < x_0 < b$, tal que $y(x_0) = z$. (10)

Para provar a afirmação basta considerar a função $w(x) = y(x) - z$. Então $w(a)$ e $w(b)$ têm sinais contrários, logo, pelo Teorema de Bolzano, existe x_0, $a < x_0 < b$, tal que $w(x_0) = 0$, ou seja, $y(x_0) - c = 0$.

4.3 – LIMITES INFINITOS

Consideremos os gráficos de funções mostrados na Fig. 4.3. Claramente *não* existe o limite destas duas funções para x tendendo a x_0. Mas à medida que x se aproxima de x_0 (pela esquerda e pela direita) os valores de $y(x)$ no caso (a) ficam cada vez maiores, ultrapassando qualquer número positivo dado, desde que x fique suficientemente próximo de x_0. Este fato é indicado simbolicamente por

$$\lim_{x \to x_0} y(x) = +\infty$$

(leitura: o limite de $y(x)$ é mais infinito para x tendendo a x_0.)

No caso (b) podemos dizer que dado qualquer número negativo, $y(x)$ fica menor que ele desde que x fique suficientemente próximo de x_0, fato que se indica assim:

$$\lim_{x \to x_0} y(x) = -\infty$$

(leitura: o limite de $y(x)$ é menos infinito para x tendendo a x_0.)

Exemplo 4.3-1 – Observando os gráficos de $y(x) = |\text{tg}\, x|$ e de $y(x) = \ln|x|$ mostrados na Fig. 4.4 ((a) e (b), respectivamente), vemos que

$$\lim_{x \to \frac{\pi}{2}} |\text{tg}\, x| = +\infty \quad , \quad \lim_{x \to 0} \ln|x| = -\infty$$

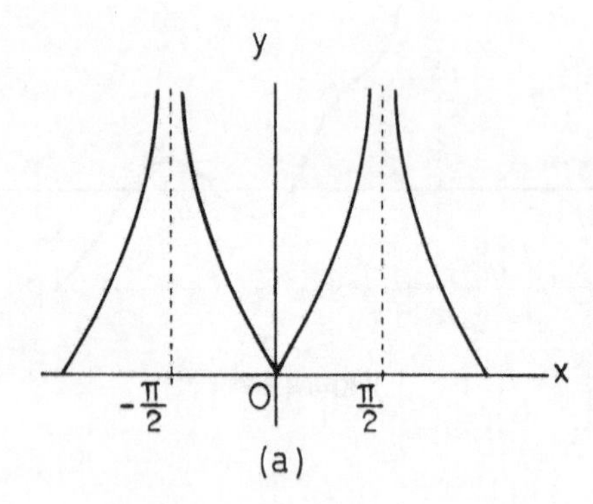

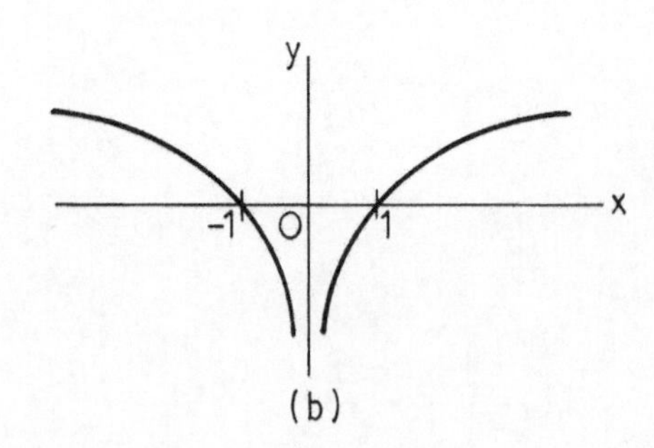

Figura 4.4

(*) $y(a) < z < y(b)$ ou $y(b) < z < y(a)$.

4.4 – LIMITES NO INFINITO

Uma situação que surge em desenvolvimentos teóricos em Física e em Engenharia é ilustrada na Fig. 4.5, que mostra o gráfico de uma função.

À medida que x aumenta, ultrapassando qualquer número positivo dado, o gráfico da função tende a se aproximar da reta pontilhada, ou seja os valores y(x) se aproximam cada vez mais do número L. O fato é indicado simbolicamente por

$$\lim_{x \to +\infty} y(x) = L$$

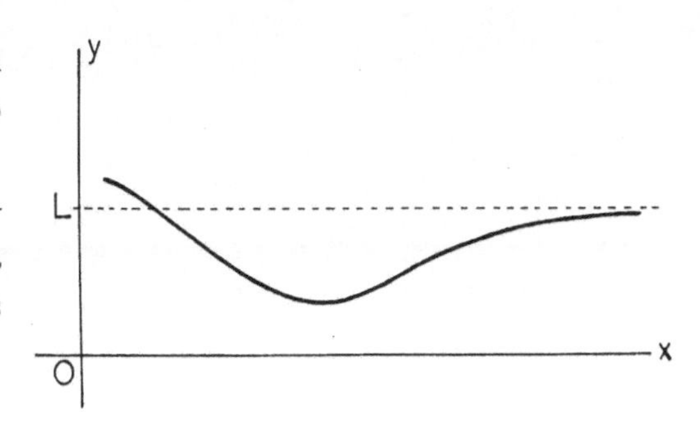

Figura 4.5

(leitura: o limite de y(x) é L para x tendendo a mais infinito).

Deixamos ao leitor a tarefa de desenhar gráfico típico e interpretação do símbolo

$$\lim_{x \to -\infty} y(x) = L$$

bem como o obtido dos dois últimos substituindo L por $+\infty$ e $-\infty$.

Exemplo 4.4-1 – A função gaussiana

$$y(x) = \sqrt{\frac{k}{\pi}}\, e^{-kx^2}$$

k uma constante positiva aparece em Probabilidade. Seu gráfico é da forma mostrada na Fig. 4.6 (k = 2).

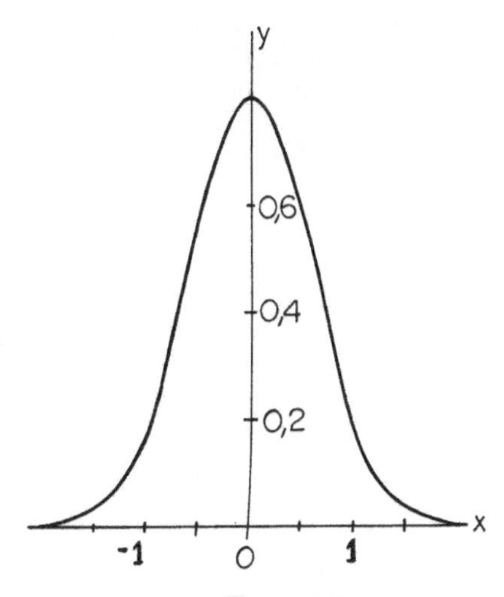

Figura 4.6

Pelo gráfico a impressão que se tem é de que ela se anula, porém isto é apenas aparente, pois a expressão analítica nos diz que $y(x) > 0$. É que para $|x| > 2$ os valores y(x) são muito pequenos. Neste exemplo temos

$$\lim_{x \to -\infty} y(x) = 0 \quad , \quad \lim_{x \to +\infty} y(x) = 0$$

Exemplo 4.4-2 – Observe o Exemplo 4.3-1, parte (b). Então

$$\lim_{x \to +\infty} \ln|x| = +\infty \quad \text{e} \quad \lim_{x \to -\infty} \ln|x| = +\infty$$

⋆ 4.5 – A UM PASSO DA FORMALIZAÇÃO DE LIMITE

Vamos nos ater, no símbolo

$$\lim_{x \to x_0} y(x) = L \tag{11}$$

ao caso em que x_0 e L são números reais. A seguinte interpretação de (11) é um passo importante na formalização do conceito.

(11) significa que $y(x)$ fica *arbitrariamente* próximo de L desde que x fique *suficientemente* próximo de x_0. (12)

Assim

$$\lim_{x \to 1} 4x = 4$$

significa que podemos tornar $4x$ arbitrariamente próximo de 4 desde que x fique suficientemente próximo de 1. Por exemplo, pode–se fazer $4x$ ficar perto de 4 com erro em módulo inferior a 10^{-3}, isto é, $|4x-4| < 10^{-3}$. De fato, isto equivale a $|x-1| < 10^{-3}/4$ ou seja, alcançaremos o objetivo desde que x diste de 1 menos do que $10^{-3}/4$.

4.6 – EXERCÍCIOS

4.1 – (a) Esboçar o gráfico de sh e ch.

(b) Mostrar que

$$\boxed{ch^2x - sh^2x = 1} \qquad (13)$$

(c) Calcular $\lim_{x \to 0} ch\, x$. **Resposta:** 1.

4.2 – Calcular

(a) $\lim_{x \to 0} \dfrac{x^9 - x^8 - sen\, x}{1 + \cos x}$

(b) $\lim_{x \to e} \dfrac{\ln x}{1 + (x-e)^{100}}$ (e: base do logaritmo neperiano)

(c) $\lim_{x \to \ln 2} (sh\, x - ch\, x)$

Resposta: (a) 0. (b) 1. (c) $-1/2$.

4.3 – A função maior inteiro tem gráfico mostrado na Fig. 4.7.

Calcular: (a) $\lim_{x \to 1^-} y(x)$ (b) $\lim_{x \to 1^+} y(x)$ (c) $\lim_{x \to 1} y(x)$

(d) $\lim_{x \to 1/2} y(x)$ (e) $\lim_{x \to 0^-} y(x)$ (f) $\lim_{x \to 0^+} y(x)$

Resposta: (a) 0. (b) 1. (c) não existe. (d) 0. (e) –1. (f) 0.

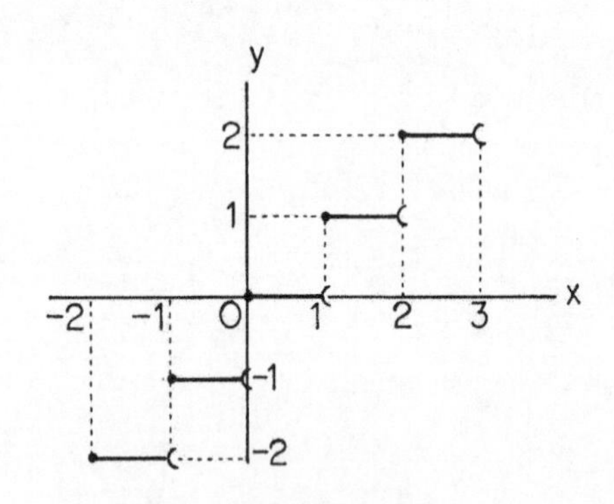

Figura 4.7

4.4 – (a) Esboce o gráfico das funções

$$y_1(x) = \frac{x^2-1}{x-1} \quad (x \neq 1) \qquad e \qquad y_2(x) = x+1 \quad (x \text{ real})$$

Conclua que para $x \to 1$ ambas tendem para 2.

(b) Observe a seguinte seqüência de igualdades:

$$\lim_{x \to 1} \frac{x^2-1}{x-1} = \lim_{x \to 1} \frac{(x-1)\ (x+1)}{x-1} = \lim_{x \to 1} (x+1) = 1 + 1 = 2$$

O que você responderia à seguinte objeção: para a função $(x^2-1)/x-1$ devemos ter $x \neq 1$. Como na 3ª igualdade substituímos x por 1?

4.5 – Convença–se do seguinte:

(a) $\lim_{x \to +\infty} 4x^{20} = +\infty$ (b) $\lim_{x \to -\infty} 4x^{20} = +\infty$

(c) $\lim_{x \to +\infty} 6x^{21} = +\infty$ (d) $\lim_{x \to -\infty} 6x^{21} = -\infty$

(e) $\lim_{x \to +\infty} \frac{41}{x^7} = 0$ (f) $\lim_{x \to -\infty} \frac{41}{x^7} = 0$

(g) $\lim_{x \to +\infty} \operatorname{sh} x = +\infty$ (h) $\lim_{x \to -\infty} \operatorname{sh} x = -\infty$

(i) $\lim_{x \to +\infty} \operatorname{ch} x = +\infty$ (j) $\lim_{x \to -\infty} \operatorname{ch} x = +\infty$

4.6 – Verdadeiro ou falso?
Para qualquer função $y = y(x)$ tem–se

$$\lim_{\Delta x \to 0} y(a+\Delta x) = y(a)$$

4.7 – Mostre que a função

$$y(x) = \frac{1}{v}\left[\frac{x}{\sqrt{x^2+a^2}} - \frac{\ell-x}{\sqrt{(\ell-x)^2+b^2}}\right]$$

tem uma raiz no intervalo $0 < x < \ell$. Aqui v, a, b, ℓ são constantes positivas.

4.8 – Usando o Teorema de Bolzano, mostre que a equação

$$x^4 - 8x^3 + \frac{43}{2}x^2 - 22x + \frac{105}{16} = 0$$

tem quatro raízes reais.

5 Derivadas

5.1 – O CONCEITO. DERIVABILIDADE E CONTINUIDADE

• Em 3.2 e 3.3 surgiram os limites

$$\lim_{\Delta t \to 0} \frac{s(t+\Delta t) - s(t)}{\Delta t} \quad \text{e} \quad \lim_{\Delta t \to 0} \frac{v(t+\Delta t) - v(t)}{\Delta t}$$

que dão a velocidade e a aceleração escalares.

Em geral, para uma função $y = y(x)$ define–se (quando existir) a *derivada no ponto* x como sendo o número, indicado por $y'(x)$, dado por

$$\boxed{y'(x) = \lim_{\Delta x \to 0} \frac{y(x+\Delta x) - y(x)}{\Delta x}} \qquad (1)$$

Neste caso diz–se que a função é *derivável em* x. Obtém–se assim uma função $y' = y'(x)$ cujo domínio é formado pelos pontos onde y é derivável, a qual é chamada (*função*) *derivada* da função $y = y(x)$. Comumente ela é indicada por $(y(x))'$(*).

Assim,

$$(x^3)' = 3x^2$$

Quando $y(x)$ e $y'(x)$ têm mesmo domínio, $y(x)$ se diz *derivável*.

• Geometricamente, $y'(x)$ é o coeficiente angular da reta tangente ao gráfico da função $y = y(x)$ no ponto $(x, y(x))$. Esta interpretação já foi feita quando discutimos o conceito de velocidade, em 3.2.

• Se uma função for derivável em x, então seu gráfico deve ser suave em x, pois admite tangente. Com maior razão, ele não

---

(*) Se $f: A \to \mathbb{R}$, indica–se a derivada por f'. Assim, se for $f(x) = x^3$ temos $f'(x) = 3x^2$. A notação acima, embora não rigorosa, é prática.

pode sofrer ruptura em (x, y(x)), ou seja, y(x) deve ser contínua em x. Este argumento intuitivo pode ser provado: de fato, da identidade

$$y(x+\Delta x) = y(x) + \frac{y(x+\Delta x) - y(x)}{\Delta x} \cdot \Delta x$$

vem, por passagem ao limite com $\Delta x \to 0$:

$$\lim_{\Delta x \to 0} y(x+\Delta x) = \lim_{\Delta x \to 0} y(x) + \lim_{\Delta x \to 0} \frac{y(x+\Delta x)-y(x)}{\Delta x} \lim_{\Delta x \to 0} \Delta x$$

$$= y(x) + y'(x) \cdot 0 = y(x)$$

ou seja, a função é contínua em x.

Nota. A recíproca não vale. Uma função contínua em x tem gráfico sem ruptura no ponto (x, y(x)), mas o gráfico não tem obrigações de ser suave nesse ponto. Veja a Fig. 4.4(a) do Exemplo 4.3-1: a função é contínua em $x = 0$, mas não é derivável nesse ponto.

• Fornecemos a seguir uma tabela de derivadas.

$y(x)$	x^c	a^x	e^x	sen x	cos x	$\log_a x$	ln x
$y'(x)$	cx^{c-1}	$a^x \ln a$	e^x	cos x	− sen x	$\frac{1}{x \ln a}$	$\frac{1}{x}$

(2)

(Omitiremos as deduções).

• Em Mecânica, quando a função em jogo é função do tempo, a derivada no tempo é indicada por um ponto em cima da letra que designa a função. Assim,

$$v = \dot{s} \quad , \quad a = \dot{v} \qquad (3)$$

Exemplo 5.1-1 – Mostrar que $(x^n)' = n\,x^{n-1}$ para n inteiro, $n \geq 1$.

Solução. Temos, sendo $y(x) = x^n$,

$$\frac{y(x+\Delta x) - y(x)}{\Delta x} = \frac{(x+\Delta x)^n - x^n}{\Delta x}$$

Usando a Fórmula do Binômio de Newton, temos

$$(x+\Delta x)^n = x^n + n\,x^{n-1}\,\Delta x + \frac{n(n-1)}{2} x^{n-2}(\Delta x)^2 + \cdots + (\Delta x)^n$$

logo

$$\frac{y(x+\Delta x)-y(x)}{\Delta x} = n\,x^{n-1} + \Delta x\left[\frac{n(n-1)}{2} x^{n-2} + \cdots + (\Delta x)^{n-2}\right] \ (*)$$

(*) A relação vale para $n \geq 2$. Se $n = 1$ o 1º membro vale 1.

Fazendo $\Delta x \to 0$ vem

$$y'(x) = n\,x^{n-1}$$ ◄

Exemplo 5.1-2 – A função horária do movimento de um ponto é dada por $s(t) = \ln t$, $t \geq 1$, (t em segundos, s em metros). Achar a velocidade e a aceleração escalares.

Solução. Temos, usando a tabela (2):

$$v = \dot{s} = (\ln t)^{\cdot} = \frac{1}{t}\,\text{m/s}$$ ◄

$$a = \dot{v} = \left(\frac{1}{t}\right)^{\cdot} = (t^{-1})^{\cdot} = (-1)\,t^{-1-1}$$

$$= -t^{-2} = -\frac{1}{t^2}\,\text{m/s}^2$$ ◄

Exemplo 5.1-3 – A velocidade escalar num certo movimento é dada por $v(t) = \sqrt[5]{t^6}$, $t \geq 1$, (t em segundos, v em m/s). Determinar a aceleração escalar.

Solução. Temos, usando a tabela (2):

$$a = \dot{v} = (\sqrt[5]{t^6})^{\cdot} = (t^{6/5})^{\cdot} = \frac{6}{5}\,t^{6/5-1}$$

$$= \frac{6}{5}\,t^{1/5}\,\text{m/s}^2$$ ◄

Exemplo 5.1-4 – Num movimento a função horária é dada por $s(t) = 2^{t/3}$ (t em segundos, s em metros). Achar os instantes em que a velocidade se anula.

Solução. Temos que

$$s = 2^{t/3} = \left(2^{1/3}\right)^t$$

Então, usando a tabela (2), vem

$$v = \dot{s} = \left(2^{1/3}\right)^t \ln 2^{1/3} = \left(2^{1/3}\right)^t \cdot \frac{1}{3}\ln 2$$

Portanto a velocidade nunca se anula. ◄

Exemplo 5.1-5 – Num movimento a função horária é dada por $s(t) = e^{-t}$ (s em cm, t em segundos). Determinar a abscissa curvilínea quando a velocidade for -1cm/s.

Solução. Temos

$$s(t) = e^{-t} = (e^{-1})^t$$

logo, pela tabela de derivadas acima temos

$$v = \dot{s} = (e^{-1})^t \ln e^{-1} = e^{-t}(-1) = -e^{-t}$$

Então $v = -1$ se e somente se $t = 0$. Assim

$$s(0) = e^{-0} = 1\text{cm}$$ ◄

5.2 – PROPRIEDADES ALGÉBRICAS DA DERIVAÇÃO

As seguintes propriedades são válidas:

- A derivada de uma função constante é (a função) nula. (4)

Supondo $y(x)$ e $z(x)$ deriváveis em x, então

- $(y \pm z)'(x) = y'(x) \pm z'(x)$
- $(cy)'(x) = cy'(x)$ (c constante)
- $(yz)'(x) = y'(x)\,z(x) + y(x)\,z'(x)$
- $\left(\frac{y}{z}\right)'(x) = \frac{y'(x)z(x) - y(x)z'(x)}{z^2(x)}$ $(z(x) \neq 0)$

Em particular, $\left(\frac{1}{z}\right)'(x) = -\frac{z'(x)}{z^2(x)}$ (5)

Verifiquemos por exemplo a regra de derivação da soma. Temos

$$\frac{y(x+\Delta x) + z(x+\Delta x) - (y(x)+z(x))}{\Delta x}$$

$$= \frac{y(x+\Delta x) - y(x)}{\Delta x} + \frac{z(x+\Delta x) - z(x)}{\Delta x}$$

Passando ao limite para $\Delta x \to 0$, como existe o limite de cada parcela do 2º membro então existirá o limite do 1º membro, que é $(y+z)'(x)$. Assim,

$$(y+z)'(x) = \lim_{\Delta x \to 0} \frac{y(x+\Delta x) + z(x+\Delta y) - (y(x)+z(x))}{\Delta x}$$

$$= \lim_{\Delta x \to 0} \frac{y(x+\Delta x) - y(x)}{\Delta x} + \lim_{\Delta x \to 0} \frac{z(x+\Delta x) - z(x)}{\Delta x}$$

$$= y'(x) + z'(x)$$

Exemplo 5.2-1

$$(\text{sen } x + 3\cos x + 5e^x)' = (\text{sen } x)' + (3\cos x)' + (5e^x)'$$

$$= \cos x + 3(\cos x)' + 5(e^x)'$$

$$= \cos x - 3\text{sen } x + 5e^x$$ ◄

Exemplo 5.2–2 – Achar a derivada da função $y = \text{sh } x$ e da função $y(x) = \text{ch } x$.

Solução. Temos por definição

$$\text{sh } x = \frac{e^x - e^{-x}}{2} = \frac{1}{2}(e^x - e^{-x})$$

Então

$$(\text{sh } x)' = \frac{1}{2}(e^x - e^{-x})' = \frac{1}{2}((e^x)' - (e^{-x})')$$

$$= \frac{1}{2}(e^x - (-e^{-x})) = \frac{1}{2}(e^x + e^{-x})$$

logo

$$\boxed{(\text{sh } x)' = \text{ch } x} \qquad (6)$$ ◄

Note que usamos o resultado

$$(e^{-x})' = -e^{-x}$$

que aparece na solução do Exemplo 5.1-5.

Analogamente se chega a que

$$\boxed{(\text{ch } x)' = \text{sh } x} \qquad (7)$$ ◄

Exemplo 5.2-3

$$(x^2 \ln x)' = (x^2)' \ln x + x^2(\ln x)'$$

$$= 2x \ln x + x^2 \cdot \frac{1}{x}$$

$$= 2x \ln x + x$$

Exemplo 5.2-4

$$\left[\frac{x^{20}+x-1}{\text{sen } x}\right]' = \frac{(x^{20}+x-1)' \text{ sen } x - (x^{20}+x-1)(\text{sen } x)'}{\text{sen}^2 x}$$

$$= \frac{(20x^{19}+1) \text{ sen } x - (x^{20}+x-1)\cos x}{\text{sen}^2 x}$$

Exemplo 5.2-5 – A função horária de um movimento é $s = (\text{sen } t + \cos t)^{-1}$. Achar a velocidade escalar.

Solução. Temos

$$s = \frac{1}{\text{sen } t + \cos t}$$

logo

$$v = \dot{s} = -\frac{(\text{sen } t + \cos t)}{(\text{sen } t + \cos t)^2} = -\frac{\cos t - \text{sen } t}{(\text{sen } t + \cos t)^2}$$ ◄

5.3 – DERIVADA DE ORDEM n

Consideremos a função $y = y(x) = x^5-x+2$. Temos $y' = y'(x) = 5x^4-1$. Podemos derivar novamente: $(y')' = 20x^3$. Indica-se $(y')'$ por y''. Assim $y'' = y''(x) = 20x^3$. Esta função também é derivável. Sua derivada é indicada por y'''. Assim, $y''' = 60x^2$.

Estas definições podem ser dadas no caso de uma função $y = y(x)$. Convém introduzir a notação alternativa

$$y^{(1)} = y' \quad , \quad y^{(2)} = y'' \quad , \quad \text{etc.}$$

e a convenção

$$y^{(0)} = y$$

A função $y^{(n)} = y^{(n)}(x)$ é dita derivada de ordem n de $y = y(x)$.

Exemplo 5.3-1 – Sendo $y = \ln x$, então

$$y' = \frac{1}{x} = x^{-1}$$

$$y'' = (x^{-1})' = (-1)x^{-2}$$

$$y''' = (-1)(-2)x^{-3} = 1 \cdot 2 \cdot x^{-3}$$

$$y^{(4)} = 1 \cdot 2 \cdot (x^{-3})' = 1 \cdot 2(-3)x^{-4} = -1 \cdot 2 \cdot 3x^{-4}$$

Em geral, é fácil ver que

$$y^{(n)} = (-1)^{n-1} \frac{(n-1)!}{x^n}$$

5.4 – DERIVAÇÃO NUMÉRICA

O Polinômio Interpolador de Lagrange foi utilizado na seção 2.3 para calcular o valor de uma função num ponto não-tabelado. Vamos utilizá-lo agora para substituir a função (ou porque ela é complicada ou porque desconhece-se sua expressão analítica) para a seguir tomar a derivada do Polinômio Interpolador de Lagrange como uma aproximação da derivada da função.

O Polinômio Interpolador de Lagrange é dado, no caso de passo constante h, por

$$p(x) = \frac{(x-x_2)(x-x_3)}{2h^2} y_1 - \frac{(x-x_1)(x-x_3)}{h^2} y_2 + \frac{(x-x_1)(x-x_2)}{2h^2} y_3$$

Daí resulta(*)

$$p'(x) = \frac{(x-x_3) + (x-x_2)}{2h^2} y_1 - \frac{(x-x_3) + (x-x_1)}{h^2} y_2$$

$$+ \frac{(x-x_2) + (x-x_1)}{2h^2} y_3$$

Fazendo $x = x_1$ e lembrando que $x_1 - x_3 = -2h$, $x_1 - x_2 = -h$, vem

$$\boxed{p'(x_1) = \frac{1}{2h}(-3y_1 + 4y_2 - y_3)} \tag{8}$$

Analogamente chega–se a que

$$\boxed{p'(x_2) = \frac{1}{2h}(y_3 - y_1)} \tag{9}$$

$$\boxed{p'(x_3) = \frac{1}{2h}(y_1 - 4y_2 + 3y_3)} \tag{10}$$

Notas. 1. Seja $M > 0$ tal que para todo x verificando $x_1 \leq x \leq x_2$ se tenha $|y'''(x)| \leq M$. Pode–se provar que

$$|p'(x_1) - y'(x_1)| \leq \frac{Mh^2}{3}$$

$$|p'(x_2) - y'(x_2)| \leq \frac{Mh^2}{6}$$

$$|p'(x_3) - y'(x_3)| \leq \frac{Mh^2}{3}$$

Isto, juntamente com a simplicidade de (9), nos leva a utilizar esta fórmula sempre que possível.

2. Geometricamente (9) tem uma interpretação interes–sante. O 2º membro é o coeficiente angular da reta pelos pontos (x_1,y_1) e (x_3,y_3), e o 1º membro o coeficiente angular da reta tangente ao gráfico do Polinômio Interpolador de Lagrange, no ponto (x_2,y_2). (9) nos diz que estas retas são paralelas. A Fig. 5.1 ilustra isso.

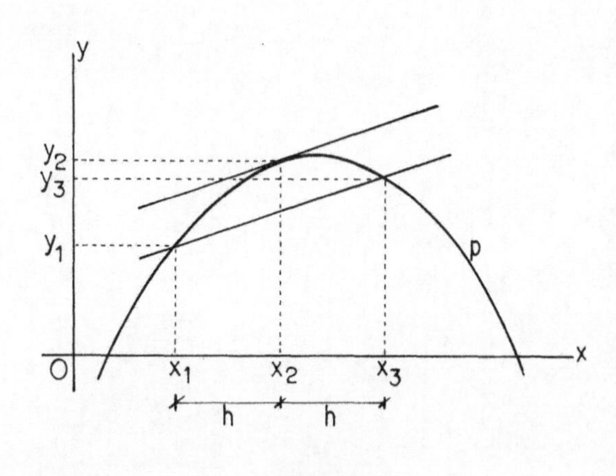

Figura 5.1

Exemplo 5.4-1 – Achar por derivação numérica $y'(0,50)$, $y'(0,60)$, $y'(0,70)$, sendo dada a tabela a seguir.

x	0,50	0,60	0,70
y	0,4794	0,5646	0,6442

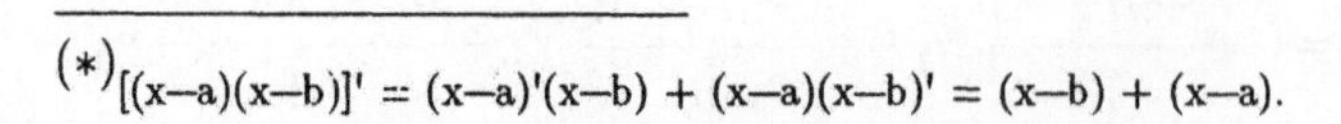
(*) $[(x-a)(x-b)]' = (x-a)'(x-b) + (x-a)(x-b)' = (x-b) + (x-a)$.

Solução. O passo é $h = 0{,}10$; $x_1 = 0{,}50$, $x_2 = 0{,}60$, $x_3 = 0{,}70$, $y_1 = 0{,}4794$, $y_2 = 0{,}5646$, $y_3 = 0{,}6442$. Substituindo em (8), (9), (10) obteremos, respectivamente,

$$p'(0{,}50) = 0{,}8800 \quad ◀$$

$$p'(0{,}60) = 0{,}8240 \quad ◀$$

$$p'(0{,}70) = 0{,}7680 \quad ◀$$

que são os valores aproximados de $y'(0{,}50)$, $y'(0{,}60)$ e $y'(0{,}70)$, respectivamente.

Nota. No exemplo acima trata-se da função $y = \operatorname{sen} x$. Para efeito comparativo damos a tabela a seguir.

x	y = sen x	y' = cos x	p'(x)	erro %
0,50	0,4794	0,8776	0,8800	0,27
0,60	0,5646	0,8253	0,8240	-0,16
0,70	0,6442	0,7648	0,7680	0,42

$$\left(\text{erro } \% = \frac{\text{valor aproximado} - \text{valor "exato"}}{\text{valor "exato"}} \times 100 \right)$$

Exemplo 5.4-2 – Usando a tabela dada no exemplo anterior, calcular numericamente $y''(0{,}50)$, $y''(0{,}60)$, $y''(0{,}70)$.

Solução. Aplicaremos (8)–(10) com y' no papel de y, os valores $y'(0{,}50)$, $y'(0{,}60)$, $y'(0{,}70)$ sendo aproximados respectivamente por $y_1' = 0{,}8800$, $y_2' = 0{,}8240$, $y_3' = 0{,}7680$, valores estes obtidos no exemplo anterior. Então

$$y''(0{,}50) \simeq \frac{1}{2h}(-3y_1' + 4y_2' - y_3') = -0{,}5600$$

$$y''(0{,}60) \simeq \frac{1}{2h}(y_3' - y_1') = -0{,}5600$$

$$y''(0{,}70) \simeq \frac{1}{2h}(y_1' - 4y_2' + 3y_3') = -0{,}5600$$

Nota. Para efeito de comparação fornecemos a tabela a seguir.

x	y = sen x	y'' = - sen x	y'' interpol.	erro %
0,50	0,4794	- 0,4794	-0,5600	-16,8
0,60	0,5646	- 0,5646	-0,5600	0,81
0,70	0,6442	- 0,6442	-0,5600	-13,1

Um comentário final sobre derivação numérica: é um processo sensível, no sentido de que uma pequena variação nos dados pode dar diferenças apreciáveis na derivada. E mesmo que os dados estejam com grande precisão ainda assim os resultados podem ser insatisfatórios, pois os dados em pontos consecutivos não levam em conta o comportamento da função entre esses pontos.

5.5 – EXERCÍCIOS

5.1 – Calcular pela definição a derivada da função $y = 1/x$ no ponto $x = 1$.
Resposta: -1.

5.2 – Idem para $y = \sqrt{x}$, num ponto qualquer.
Resposta: $\frac{1}{2\sqrt{x}}$.

5.3 – A função horária do movimento de um ponto é

$$s(t) = \frac{t^3}{\sqrt[5]{t^2}} + \sqrt[6]{t^7} \qquad (t \geq 1)$$

s em km, t em h. Achar a velocidade escalar.
Resposta: $\frac{13}{5} t^{8/5} + \frac{7}{6} t^{1/6}$ km/h.

5.4 – Ache y' sendo $y = \frac{1}{x} - \frac{5}{x^2} - \frac{1}{x^3}$.
Resposta: $-x^{-2} + 10x^{-3} + 3x^{-4}$.

5.5 – A velocidade escalar de um ponto em movimento é

$$v(t) = \frac{1 + \sqrt{t}}{1 - \sqrt{t}} \qquad (t \geq 2)$$

t em segundos, v em m/s. Verificar que a aceleração escalar é sempre positiva.

5.6 – A velocidade escalar de um ponto sendo

$$v(t) = \frac{\text{sen } t}{2^t}$$

(v em m/s, t em segundos), achar os instantes em que a aceleração escalar se anula.
Resposta: $t = \text{arctg}\left(\frac{1}{\ln 2}\right) + k\pi$, k inteiro.

5.7 – Estabeleça as seguintes fórmulas:

$(\text{tg } x)' = \sec^2 x$ $\qquad$ $(\sec x)' = \sec x \ \text{tg } x$

$(\text{cotg } x)' = -\text{cossec}^2 x$ $\qquad$ $(\text{cossec } x)' = -\text{cossec } x \ \text{cotg } x$

5.8 – Ache a aceleração nos instantes onde se anula a velocidade, dada a função horária, $s = \text{ch } t$ (s em metros, t em segundos).
Resposta: 1m/s^2.

5.9 – Ache y', y'', y''' sendo $y = xe^x$. Descubra $y^{(n)}$.
Resposta: e^x+xe^x ; $2e^x+xe^x$; $3e^x+xe^x$; etc..

5.10 – Calcular numericamente $y'(2)$, dada a tabela a seguir.

x	1,70	1,80	1,90	2,0	2,10
y	0,2304	0,2553	0,2788	0,3010	0,3222

Resposta: 0,2170 .

5.11 – Numa experiência foi obtida a seguinte tabela, para a função horária de um movimento:

t (s)	0	1	2	3	4	5	6
s (m)	0,00	0,10	0,80	2,70	6,40	12,50	21,60

(a) Determinar numericamente a velocidade e a aceleração escalares nos instantes 2, 3 e 4 segundos.

(b) Sabendo que $s(t) = 0{,}1t^3$ achar os valores exatos dos pedidos acima, e os correspondentes erros relativos percentuais.

Resposta:

(a)

t	2	3	4
v	1,30	2,80	4,90
a	1,20	1,80	2,40

(b)

t	2	3	4
v	1,20	2,70	4,80
a	1,20	1,80	2,40

erro %

v	8,33	3,70	2,08
a	0,00	0,00	0,00

6 Diferencial e aplicações

6.1 – O CONCEITO DE DIFERENCIAL

Vamos considerar uma função $y = y(x)$ derivável no ponto x. Chamemos de ε o erro cometido quando aproximamos $y'(x)$ por $\Delta y/\Delta x$ (x fixo), ou seja,

$$\varepsilon = \frac{\Delta y}{\Delta x} - y'(x) \qquad (1)$$

Claramente

$$\lim_{\Delta x \to 0} \varepsilon = 0 \qquad (2)$$

De (1) resulta que

$$\Delta y = y'(x)\,\Delta x + \Delta x \cdot \varepsilon \qquad (3)$$

Chama-se *diferencial* da função dada (no ponto x) relativamente ao acréscimo Δx ao seguinte número, indicado por dy:

$$\boxed{dy = y'(x)\Delta x} \qquad (4)$$

Introduzindo esta notação em (3) vem

$$\Delta y = dy + \Delta x . \varepsilon \qquad (5)$$

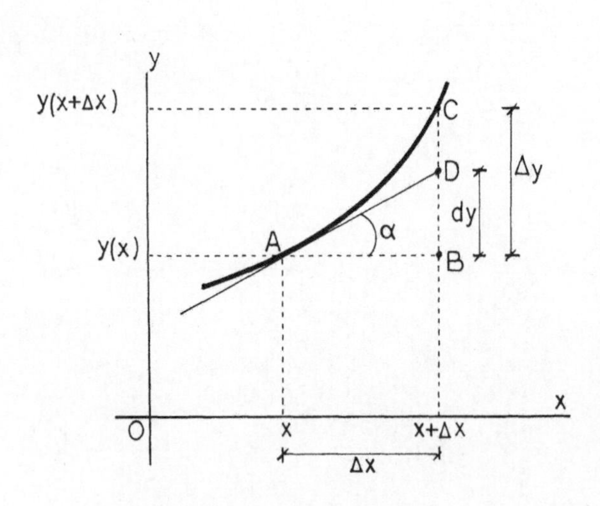

Figura 6.1

dy é também referida como a parte linear ou principal do acréscimo Δy.

Podemos interpretar a diferencial geometricamente. Observando a Fig. 6.1, onde a reta tangente ao gráfico da função no ponto (x, y(x)) é mostrada, vemos que

$$DB = AB \cdot tg\ \alpha = \Delta x\ tg\ \alpha$$

Lembrando a interpretação geométrica da derivada, temos $y'(x) = tg\ \alpha$, logo

$$DB = y'(x)\,\Delta x$$

portanto DB representa dy.

Nota. Como $dy = dy(x,\Delta x)$, podemos imaginar a diferencial dy como função real de duas variáveis reais.

Exemplo 6.1-1 – Achar dy no ponto $x = 2$ relativamente ao acréscimo $\Delta x = 0{,}001$, sendo $y(x) = x^5$.

Solução. Temos $y'(x) = 5x^4$, logo

$$dy = y'(x)\,\Delta x = 5x^4\Delta x$$

Fazendo $x = 2$ e $\Delta x = 0{,}001$ resulta

$$dy = 0{,}080$$ ◄

6.2 – A DERIVADA COMO UM QUOCIENTE

Costuma-se usar, quando se trabalha com diferenciais, o símbolo dx para indicar Δx. Então (4) fica

$$dy = y'(x)\,dx \tag{6}$$

e vemos que a derivada é um quociente:

$$y'(x) = \frac{dy}{dx} \tag{7}$$

Leibniz, considerado com Newton como fundador do Cálculo, denotava a derivada pelo 2º membro de (7).

Neste contexto, usa-se d^2y/dx^2 para designar y'', d^3y/dx^3 para designar y''', etc..

A notação acima, dita de Leibniz, é extremamente útil, como se verá na Regra da Cadeia.

6.3 - APLICAÇÃO EM CÁLCULOS APROXIMADOS

Uma situação de interesse é aquela em que se tem um acréscimo $\Delta x (=dx)$ *pequeno*, e quer-se achar $\Delta y = y(x+\Delta x)-y(x)$. Por exemplo quando y é uma grandeza física que depende de outra grandeza x, esta medida experimentalmente, a um erro Δx cometido na medida, corresponde um erro Δy, que se quer calcular. Quando $y = y(x)$ não é simples, um cálculo aproximado é conveniente. Vamos ver em seguida que a diferencial se presta a aproximar Δy.

Suponhamos $y'(x) \neq 0$. De (3) e (4) resulta que

$$\frac{\Delta y}{dy} = 1 + \frac{\varepsilon}{y'(x)}$$

logo, lembrando (2), vem, fazendo $\Delta x \to 0$:

$$\lim_{\Delta x \to 0} \frac{\Delta y}{dy} = 1 \tag{8}$$

Esta relação nos leva a escrever

$$\Delta y \simeq dy \qquad (9)$$

"para Δx pequeno".

Exemplo 6.3-1 – Calcular $y(2{,}01)$ usando (9), sendo $y(x) = x^8$.

Solução. Temos, escolhendo $x = 2$:

$$dx = \Delta x = 2{,}01 - 2 = 0{,}01$$

$$dy = y'(x)\,dx = 8x^7 dx = 8 \cdot 2^7 \cdot 0{,}01 = 10{,}24$$

$$\Delta y = y(2{,}01) - y(2) = y(2{,}01) - 256$$

De acordo com (9),

$$y(2{,}01) - 256 \simeq 10{,}24$$

de onde resulta

$$y(2{,}01) \simeq 266{,}24 \qquad ◀$$

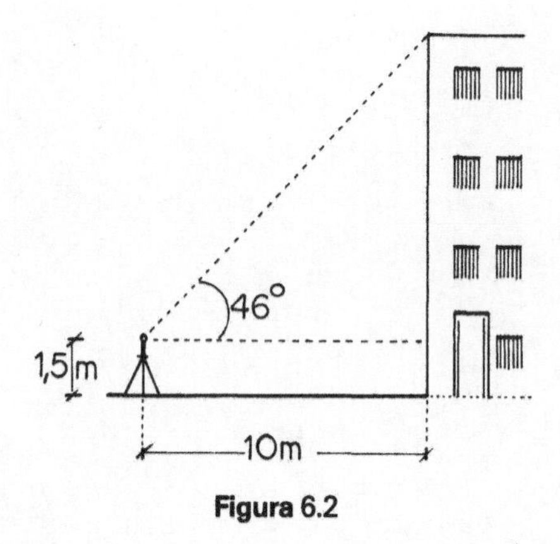

Figura 6.2

Exemplo 6.3-2 – Quer-se medir a altura de um prédio, usando-se um goniômetro (instrumento para medir ângulos), conforme se mostra na Fig. 6.2. Calcular essa altura aproximadamente, usando (9).

Solução. A altura é dada em metros por $h=1{,}5+10 \text{ tg } 46°$. Consideremos a função $y = \text{tg } x$. Queremos achar $\text{tg } 46°$ aproximadamente. Vamos escolher $x = \pi/4$. Temos

$$dx = \Delta x = 1 \text{ grau} = \frac{\pi}{180} \text{rd}$$

$$dy = y'(x)\,dx = \sec^2 \frac{\pi}{4} \cdot \frac{\pi}{180} = \frac{\pi}{90} \quad (*)$$

$$\Delta y = \text{tg } 46° - \text{tg } 45° = \text{tg } 46° - 1$$

Usando (9)

$$\text{tg } 46° - 1 \simeq \frac{\pi}{90}$$

de onde resulta

$$\text{tg } 46° \simeq \frac{90+\pi}{90}$$

Substituindo na expressão de h vem

$$h \simeq 1.5 + \frac{90+\pi}{9} \simeq 11{,}8\text{m} \qquad ◀$$

(*) A passagem de graus para radianos é feita porque as derivadas das funções trigonométricas são as da tabela de derivadas dada na seção 5.1 desde que se interprete o argumento em radianos.

Exemplo 6.3-3 – Um relógio de pêndulo atrasa meio minuto por dia. Qual é aproximadamente a correção a ser feita no comprimento do pêndulo? O período é dado por

$$T = 2\pi\sqrt{\frac{\ell}{g}} \qquad (\alpha)$$

(ℓ, o comprimento do pêndulo, em metros, T em segundos).

Solução. Como o relógio atrasa, devemos diminuir o período de oscilação, logo, pela fórmula acima, diminuir o comprimento do pêndulo. Isto resultará dos cálculos que faremos. De (α) vem

$$dT = \frac{2\pi}{\sqrt{g}}\frac{1}{2\sqrt{\ell}}\,d\ell = \frac{\pi}{\sqrt{\ell g}}\,d\ell$$

logo

$$\frac{dT}{T} = \frac{d\ell}{2\ell}$$

Portanto, lembrando que $d\ell = \Delta\ell$ temos

$$\Delta\ell = \frac{2\ell}{T}dT \simeq \frac{2\ell}{T}\Delta T \qquad (\beta)$$

Tomemos para ℓ o comprimento atual do pêndulo, e seja $\ell_c = \ell + \Delta\ell$ o comprimento do pêndulo "correto". Neste caso T será o período do pêndulo, e $T_c = T + \Delta T$ o período "correto".

Considerando isto em (β) vem

$$\ell_c - \ell \simeq \frac{2\ell}{T}(T_c - T) = 2\ell\left[\frac{T_c}{T} - 1\right]$$

logo

$$\ell_c = \left[2\frac{T_c}{T} - 1\right]\ell \qquad (\gamma)$$

Calculemos T_c/T. Num dia temos $24\cdot 60\cdot 60 = 86400$ segundos. O número de oscilações por dia do pêndulo correto é então $86400/T_c$ (T_c em segundos). O tempo gasto pelo pêndulo dado, para esse número de oscilações, será então $(86400/T_c)T$. Este tempo é $86400+30 = 86430$, pois o relógio atrasa 30s por dia. Assim

$$\frac{86400T}{T_c} = 86430$$

e daí

$$\frac{T_c}{T} = \frac{86400}{86430}$$

Substituindo em (γ) vem

$$\ell_c = \frac{8637}{8643}\ell \simeq 0{,}999306\ell$$

Ou seja o comprimento correto é aproximadamente 0,999306 do comprimento do pêndulo atual. ◀

Nota. Pode–se mostrar que o erro cometido na aproximação $\Delta y \simeq dy$ é em módulo menor ou igual a $M(\Delta x)^2$, sendo M um número positivo tal que

$$|y''(x)| \leq M$$

para todo x no intervalo de extremos x e $x+\Delta x$, supondo y'' contínua.

6.4 – APLICAÇÃO EM DEDUÇÕES TEÓRICAS

Em sua origem histórica, o conceito diferencial ligava–se a acréscimos "infinitamente pequenos", que eram tão pequenos de modo a serem menores em valor absoluto que qualquer número real positivo. Este tipo de conceituação é claramente contraditório, pois um tal acréscimo, à luz da conceituação moderna de número real, deve ser nulo. No entanto o tipo de argumento era usado por Leibniz e resultados corretos eram obtidos. Até hoje é conveniente este tipo de argumento, e é muito comumente usado entre Físicos e Engenheiros. Vejamos um exemplo de como se pode obter um resultado correto em Cálculo, usando a acima referida argumentação. Vamos supor que tenhamos já o conceito de função área sob gráfico de função: dada $y = y(x)$ contínua, não–negativa, definida num intervalo, tomado a do mesmo, a função área A (x) dá a área sob o gráfico da função de a a x se $x \geq a$, e menos a área se $x < a$ (Fig. 6.3a).

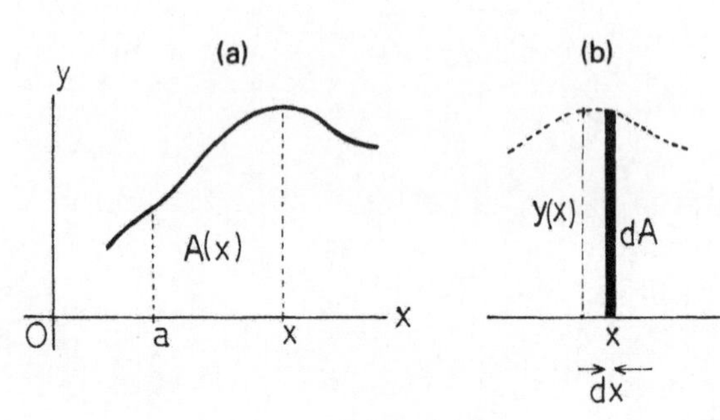

Figura 6.3

A um acréscimo infinitesimal (= infinitamente pequeno) dx dado à variável x, há um correspondente acréscimo dA, infinitesimal, na função área. Como $y = y(x)$ é contínua a Fig. 6.3b nos sugere que

$$dA = y(x)\, dx$$

pois, sendo dx infinitesimal, o segundo membro é a área da "faixa infinitesimal" de altura y(x) e largura dx. Daí

$$\frac{dA}{dx} = y(x)$$ ◀

Este resultado, para ser obtido pelos recursos usuais, demandaria muito maior elaboração. Na verdade este procedimento será indicado quando estudarmos a integral indefinida.

Historicamente, a argumentação do tipo acima foi alvo de extensas discussões, inclusive por parte de Leibniz e Newton. Como, através da Notação de Leibniz, o conceito de infinitamente pequeno entrava em toda a formulação do Cálculo, a dúvida sobre a existência de tal conceito atingia toda a formulação teórica. Por outro lado, todos eram obrigados a reconhecer que os resultados e a conveniência de notação eram inquestionáveis. A questão começou a ser esclarecida quando Cauchy mostrou ser possível, utilizando como base o conceito de limite (como foi feito neste livro), introduzir o conceito de diferencial independentemente de se falar em infinitamente pequeno. Em seguida Weierstrass mostrou ser possível (na linguagem dos ε e δ) construir todo o Cálculo sem introduzir tal noção. Finalmente, com a formulação do conceito de número real feita por Dedekind ficou esclarecida a questão básica: no conjunto dos reais não existem os infinitamente pequenos. Em 1960, A. Robinson mostrou ser possível construir um conjunto, chamado de conjunto de números hiper–reais, que contém o conjunto dos números reais, e no qual os infinitamente pequenos existem. Ele mostrou que todo o Cálculo pode ser construído sobre esse conjunto, de modo que as interpretações clássicas dos infinitamente pequenos pudessem ser corretamente estabelecidas do ponto de vista matemático. Para aqueles que se interessarem, recomendamos:

A. Robinson: Non Standard Analysis
North Holland, Londres, 1966.

Um livro com pretensão de ser usado por estudantes é o seguinte:

H.J. Keisler: Elementary Calculus
Prindle, Weber & Schmidt, Massachussets, 1976.

6.5 – EXERCÍCIOS

(Nos exercícios a seguir, as aproximações são sempre às dadas por (9).)

6.1 – Calcular aproximadamente

(a) $\sqrt{4{,}1}$ (b) sen 31° (c) $\sqrt[4]{15{,}9}$

Resposta: (a) 2,025 (b) 0,5151 (c) 1,9968 .

6.2 – Os lados de um quadrado de lado ℓ sofrem cada um, um acréscimo $d\ell$, mantendo–se quadrado. Calcule a variação ΔA de sua área $A = A(\ell)$, bem como dA. Interprete geometricamente ΔA e dA.

Resposta: $\Delta A = 2\ell\, d\ell + (d\ell)^2$; $dA = 2\ell\, d\ell$.

6.3 – Deduza a seguinte fórmula:

$$\sqrt[3]{x+\Delta x} \simeq \sqrt[3]{x} + \frac{\Delta x}{3\,\sqrt[3]{x^2}}$$

válida para $|\Delta x|$ pequenos. Aplique–a para achar um valor aproximado de $\sqrt[3]{215}$.

Resposta: 5,9907 .

6.4 – Na medida do raio de uma esfera comete–se um certo erro. Verificar que, para erros pequenos, o erro relativo no cálculo do volume é aproximadamente o triplo do erro relativo na medida do raio. Qual a relação exata?

$$(\text{erro relativo} = \frac{\text{valor aproximado} - \text{valor exato}}{\text{valor exato}})$$

Resposta: $\frac{\Delta v}{v} = 3\frac{\Delta r}{r} + 3\left(\frac{\Delta r}{r}\right)^2 + \left(\frac{\Delta r}{r}\right)^3$.

6.5 – O comprimento de um fio de telégrafo é aproximadamente dado por

$$s = 2b\left(1 + \frac{2f^2}{3b^2}\right)$$

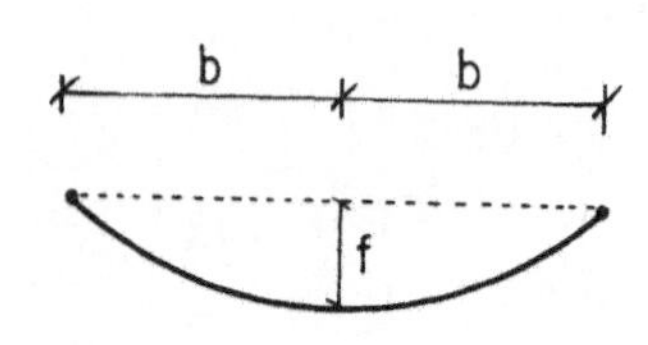

Figura 6.4

(veja a Fig. 6.4). Devido a aquecimento, seu comprimento sofre um aumento ds. Qual é aproximadamente o aumento na flecha f? (Supor b constante).

Resposta: $df = \frac{3b}{8f}\,ds$.

6.6 – Num galvanômetro de tangente usa–se a seguinte fórmula para obter a corrente elétrica i:

$$i = k \operatorname{tg} \varphi$$

sendo k uma constante do aparelho, e φ o ângulo de deflexão do ponteiro. Admitindo–se erro de leitura pequeno, qual é aproximadamente o erro relativo na corrente? Em torno de que posição do ponteiro deve–se esperar mais confiabilidade?

Resposta: $\frac{2d\varphi}{\text{sen}2\varphi}$; $\varphi = 45°$.

6.7 – Um pêndulo tem seu comprimento variado em 1% devido ao aumento da temperatura ambiente. Qual o erro relativo aproximado no período? Se usado como relógio, qual o erro aproximado por dia?

Resposta: 0,5% ; 7,2 minutos.

6.8 – O alcance R de um projétil atirado de um ângulo a com a horizontal é dado por

$$R = \frac{v_0^2}{2g}\,\text{sen}\,2\alpha$$

sendo v_0 a velocidade inicial e g a aceleração da gravidade. Admitindo v_0 e α precisos, mostre que, para pequenas varia–ções de g, o erro relativo em g e em R são em valor absoluto aproximadamente iguais.

6.9 – No triângulo mostrado na Fig. 6.5 tem–se

$$c = a\,\text{sen}\,x \quad , \quad c = b\,\text{tg}\,x$$

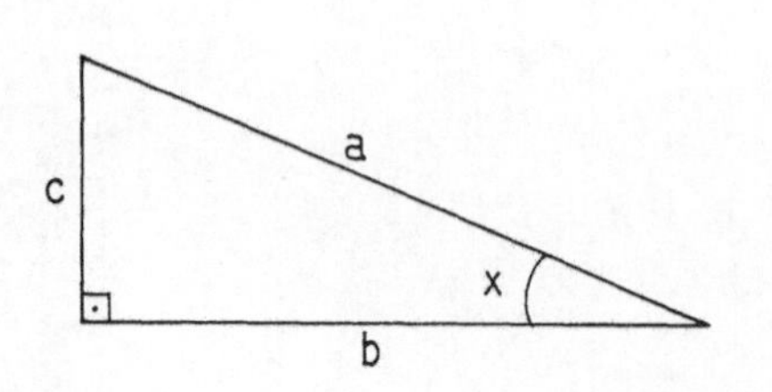

Figura 6.5

Admitindo a e b exatos, qual das duas fórmulas você usaria para calcular c, supondo que haja pequeno erro em x?

Resposta: A primeira.

7 Técnicas de derivação

Já vimos, no Cap. 5, as regras de derivação de soma, produto, e quociente. Examinaremos no presente capítulo a regra de derivação de função composta (regra da cadeia) e da derivação de função inversa.

7.1 – REGRA DA CADEIA

(a) **Função composta.** Vamos supor dadas as funções $y = y(u)$ e $u = u(x)$, tais que quando x varia no domínio A de $u = u(x)$ os valores $u(x)$ caem no domínio B da função $y = y(u)$ (veja a Fig. 7.1).

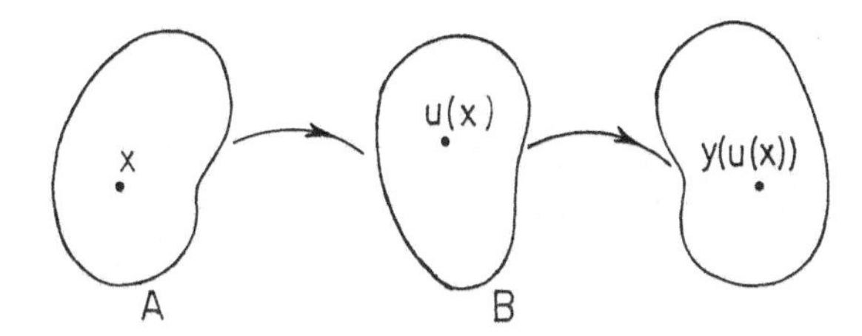

Figura 7.1

Neste caso podemos considerar a função que a cada x de A associa o elemento $y(u(x))$. Este tipo de função é referido como *função composta ou função de função*(*).

Exemplo 7.1-1 – Sendo $y = \text{sen}\, u$ e $u = x^3$ obtemos a função composta $y = \text{sen}\, x^3$.

Exemplo 7.1-2 – Sendo $y = u^3$ e $u = \text{sen}\, x$ obtemos a função composta $y = (\text{sen}\, x)^3$. Esta função é também indicada por $y = \text{sen}^3 x$.(**)

Exemplo 7.1-3 – Por definição, chama-se *Movimento Harmônico Simples* a um movimento cuja função horária é da forma

$$s(t) = A\, \text{sen}(\omega t + \varphi)$$

sendo A, ω, φ constantes, A e ω não-nulas.

(*) Mais precisamente, se $f: A \to B$ e $g: B \to C$ define-se $g \circ f: A \to C$ por $(g \circ f)(x) = g(f(x))$. $g \circ f$ é dita função composta de g e f.

(**) Sendo $f: \mathbb{R} \to \mathbb{R}$ e $g: \mathbb{R} \to \mathbb{R}$ dadas por $f(x) = \text{sen}\, x$, $g(x) = x^3$ temos $(f \circ g)(x) = f(g(x)) = f(x^3) = \text{sen}\, x^3$ e $(g \circ f)(x) = g(f(x)) = g(\text{sen}\, x) = (\text{sen}\, x)^3$. Assim em geral se tem $f \circ g \neq g \circ f$.

Podemos imaginar $s(t)$ como função composta de $s = A \operatorname{sen} u$ e $u = \omega t+\varphi$.

(b) **Regra da Cadeia.** Supondo $y = y(u)$ e $u = u(x)$ deriváveis tem–se que $y(u(x))$ é derivável e

$$\boxed{\frac{dy}{dx} = \frac{dy}{du} \cdot \frac{du}{dx}} \qquad (1)$$

onde no 1º membro dy/dx está por $dy(u(x))/dx$. A regra expressa por (1) é chamada *Regra da Cadeia.* Observe que ela parece uma identidade algébrica, facilitando sua memorização. Esta é uma vantagem da Notação de Leibniz para a derivada.

Uma argumentação que não é geral, mas que pode nos ajudar a aceitar a fórmula acima é a seguinte: a uma variação Δx corresponde uma variação Δu, que por sua vez dá origem a uma variação Δy. Considere a identidade

$$\frac{\Delta y}{\Delta x} = \frac{\Delta y}{\Delta u} \cdot \frac{\Delta u}{\Delta x}$$

(estamos supondo $\Delta u \neq 0$). Quando $\Delta x \to 0$ tem–se que $\Delta u \to 0$ (pois $u = u(x)$ sendo derivável é contínua). Assim, fazendo $\Delta x \to 0$ na relação acima, temos que $\Delta y/\Delta u \longrightarrow dy/du$, $\Delta u/\Delta x \longrightarrow du/dx$, e $\Delta y/\Delta x \longrightarrow dy/dx$, e obtemos (1).

Exemplo 7.1-4 – Achar $d \operatorname{sen} x^3/dx$ (cf. Exemplo 7.1-1).
Solução. Temos $y = \operatorname{sen} u$, $u = x^3$, logo

$$\frac{dy}{du} = \cos u \quad , \quad \frac{du}{dx} = 3x^2$$

e portanto

$$\frac{dy}{dx} = \frac{dy}{du} \cdot \frac{du}{dx} = (\cos u)\, 3x^2 = 3x^2 \cos x^3 \qquad ◀$$

Exemplo 7.1-5 – Achar $d(\operatorname{sen} x)^3/dx$ (cf. Exemplo 7.1–2).
Solução. Temos $y = u^3$, $u = \operatorname{sen} x$, logo

$$\frac{dy}{du} = 3u^2 \quad , \quad \frac{dy}{dx} = \cos x$$

e portanto

$$\frac{dy}{dx} = \frac{dy}{du} \cdot \frac{du}{dx} = 3u^2 \cos x = 3(\operatorname{sen} x)^2 \cos x \qquad ◀$$

Na prática deriva–se uma função composta sem explicitar a substituição. Assim os exemplos anteriores ficariam resolvidos do seguinte modo:

$$(\operatorname{sen} x^3)' = (\cos x^3)(x^3)' = (\cos x^3)\, 3x^2$$

$$[(\operatorname{sen} x)^3]' = 3(\operatorname{sen} x)^2 (\operatorname{sen} x)' = 3(\operatorname{sen} x)^2 \cos x$$

$$= 3\operatorname{sen}^2 x \cos x$$

Exemplo 7.1-6 – Derivar $y = \text{sen}(2x^2+3x+1)$.

Solução. Temos

$$y' = \cos(2x^2+3x+1)\cdot(2x^2+3x+1)'$$
$$= \cos(2x^2+3x+1)\cdot(4x+3)$$

Exemplo 7.1-7 – Derivar $y = \left[(e^x+1)/(e^x-1)\right]^5$.

Solução. Temos

$$y' = 5\left[\frac{e^x+1}{e^x-1}\right]^4\left[\frac{e^x+1}{e^x-1}\right]'$$

$$= 5\left[\frac{e^x+1}{e^x-1}\right]^4\frac{(e^x+1)'(e^x-1)-(e^x+1)(e^x-1)'}{(e^x-1)^2}$$

$$= 5\left[\frac{e^x+1}{e^x-1}\right]^4\frac{e^x(e^x-1)-(e^x+1)e^x}{(e^x-1)^2}$$

$$= -10\,\frac{(e^x+1)^4\,e^x}{(e^x-1)^6} \quad ◀$$

Exemplo 7.1-8 – Achar a velocidade e a aceleração escalares no Movimento Harmônico Simples $s = A\,\text{sen}(\omega t+\varphi)$.

Solução. Temos

$$v = \dot{s} = A\cos(\omega t+\varphi)\cdot(\omega t+\varphi)^{\cdot} = A\omega\cos(\omega t+\varphi) \quad ◀$$

$$a = \dot{v} = A\omega\cdot(-\,\text{sen}(\omega t+\varphi))(\omega t+\varphi)^{\cdot}$$
$$= -\,A\omega^2\,\text{sen}(\omega t+\varphi) \quad ◀$$

Nota. Observemos que da expressão da aceleração e da função horária resulta

$$a + \omega^2 s = 0 \qquad (\omega \neq 0)$$

Pode-se provar (e teremos elementos para isso mais tarde) que todo movimento(*) que verifica tal relação é um Movimento Harmônico Simples (ver Exercício 13.23).

7.2 – DERIVAÇÃO DE FUNÇÃO INVERSA

(a) **O conceito de Função Inversa.** Dada uma função $y = y(x)$ pode suceder que para cada y de sua imagem exista

---

(*)Excluindo $s(t)$ constante (no caso $s = 0$).

um único x do seu domínio. Neste caso podemos considerar a função que a cada y da imagem associa o único x correspondente. Esta função $x = x(y)$ é chamada *função inversa* da função $y = y(x)$.

Exemplo 7.2-1 – Sendo $y = y(x) = 2x - 4$ podemos tirar o valor de x para obter

$$x = \frac{1}{2}(y+4)$$

Portanto existe a função inversa $x = x(y)$ da função $y = y(x)$, e $x(y) = (y+4)/2$.

Exemplo 7.2-2 – Sendo $y = y(x) = x^2$ então $x = \pm\sqrt{y}$, logo a função $y = y(x)$ não tem inversa. Modificando a função dada, por exemplo

$$y = y(x) = x^2 \quad , \quad x \geq 0$$

então esta tem agora inversa, $x = x(y)$, dada por

$$x = x(y) = \sqrt{y} .$$

Figura 7.2

Notas. 1. É habitual indicar–se a variável independente por x e a dependente por y. Para os exemplos acima temos então:

Para $y(x) = 2x - 4$ a função inversa é dada por $y(x) = (x+4)/2$. Para $y(x) = x^2$, $x \geq 0$, a função inversa é dada por $y(x) = \sqrt{x}$.

2. Uma notação mais precisa é a seguinte. Se f é uma função que tem inversa, esta é indicada por f^{-1}. Se $f{:}A \to B$ então $f^{-1}{:}B \to A$.

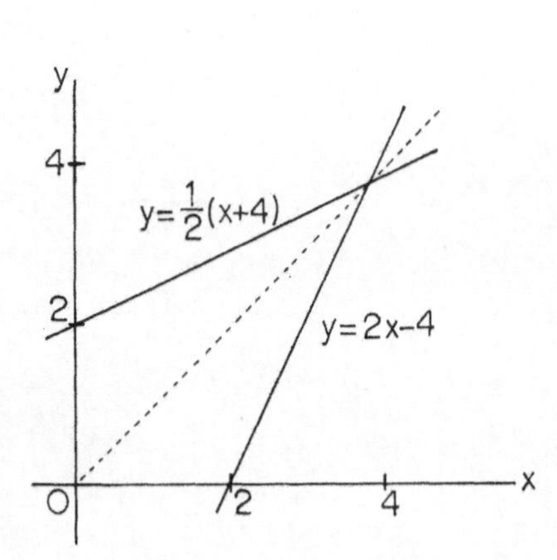

O gráfico de uma função e o de sua inversa são simétricos em relação à reta $y = x$, pois se (x_0,y_0) é um ponto do gráfico de uma, então (y_0,x_0) é um ponto do gráfico da outra (Fig. 7.2).

Na Fig. 7.3 ilustramos os gráficos da função dada e de sua inversa nos casos dos exemplos acima.

Exemplo 7.2-3 – A função $y(x) = a^x$ $(0 < a \neq 1)$ tem como inversa a função $y(x) = \log_a x$. Em particular, a inversa de $y(x) = e^x$ é a função $y(x) = \ln x$.

(b) **Como derivar a inversa.** Seja $y = y(x)$ derivável, com inversa $x = x(y)$. A uma variação Δx de x corresponde uma variação Δy. Consideremos a identidade

$$\frac{\Delta x}{\Delta y} = \frac{1}{\frac{\Delta y}{\Delta x}}$$

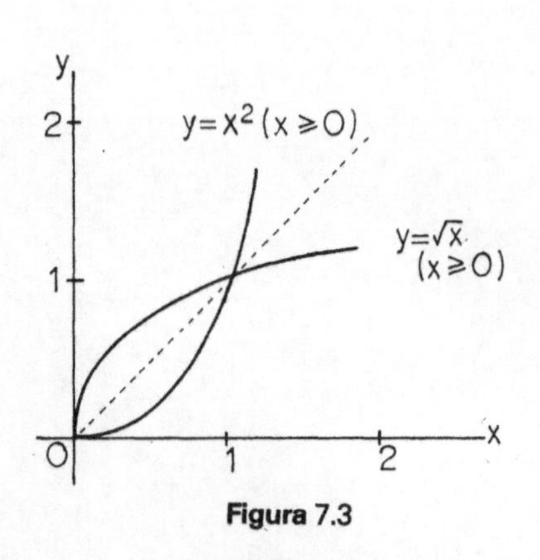

Figura 7.3

A partir dela, sempre em termos intuitivos, podemos chegar à fórmula da derivada da função $x = x(y)$. Como $y(x)$ é contínua (por ser derivável) então seu gráfico não sofre ruptura no seu domínio, logo o gráfico da inversa também não, ou seja, $x = x(y)$ é contínua. Então se $\Delta y \to 0$ temos $\Delta x \to 0$. O 2º membro da identidade acima tende, quando $\Delta x \to 0$, a

$$\frac{1}{\frac{dy}{dx}}$$

(supondo $dy/dx \neq 0$)
e o 1º membro, quando $\Delta y \to 0$, a dx/dy. Assim

$$\boxed{\frac{dx}{dy} = \frac{1}{\frac{dy}{dx}}} \qquad (2)$$

que é a fórmula buscada.

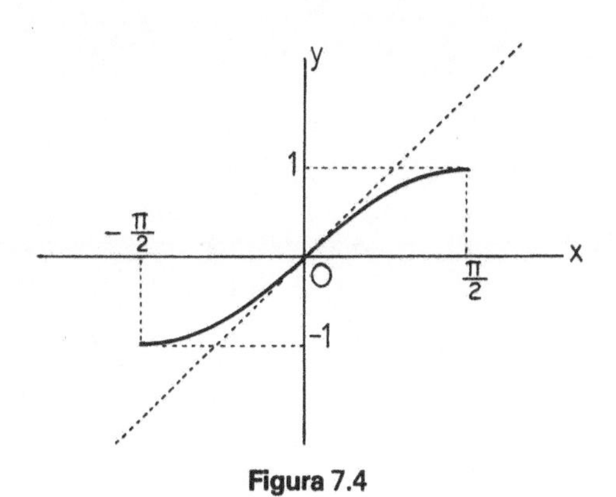

Figura 7.4

Exemplo 7.2-4 – Consideremos a função $y(x) = \text{sen } x$, $-\pi/2 \leq x \leq \pi/2$. Examinando o seu gráfico (Fig. 7.4), vemos que esta função tem inversa. Esta inversa é chamada *arco–seno*. Indica–se

$$x = \text{arcsen } y$$

Usando (2) temos:

$$\frac{d \text{ arcsen } y}{dy} = \frac{dx}{dy} = \frac{1}{\frac{dy}{dx}} = \frac{1}{\cos x}$$

$$= \frac{1}{\sqrt{1-\text{sen}^2 x}} = \frac{1}{\sqrt{1-y^2}} \qquad (-1 < y < 1)$$

Trocando x por y temos

$$\boxed{\frac{d \text{ arcsen } x}{dx} = \frac{1}{\sqrt{1-x^2}}} \qquad (-1 < x < 1) \qquad (3)$$

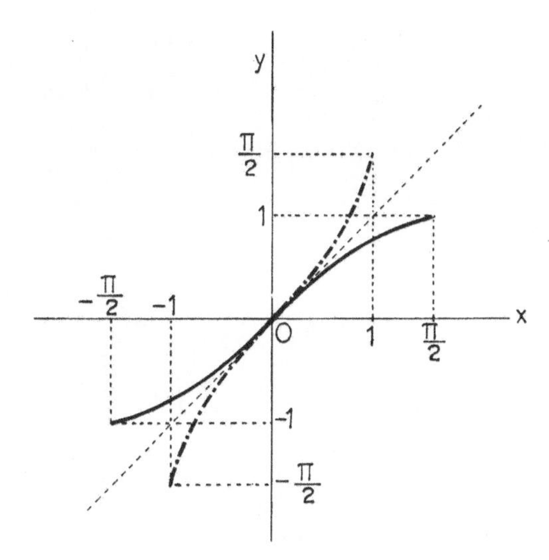

Figura 7.5

Na Fig. 7.5 apresentamos os gráficos da função $y(x) = \text{sen } x$, $-\pi/2 \leq x \leq \pi/2$ (traço cheio) e de $y(x) = \text{arcsen } x$ (traço interrompido).

Exemplo 7.2-5 – Consideremos a função $y(x) = \text{tg } x$, $-\pi/2 < x < \pi/2$. Examinando seu gráfico, vemos que esta função tem inversa. Esta inversa é chamada *arco–tangente*. Indica–se

$$x = \text{arctg } y$$

Na Fig. 7.6 apresentamos os gráficos das duas funções.

Com procedimento semelhante ao usado no exemplo anterior chega–se a

$$\boxed{\frac{d \text{ arctg } x}{dx} = \frac{1}{1+x^2}} \qquad (4)$$

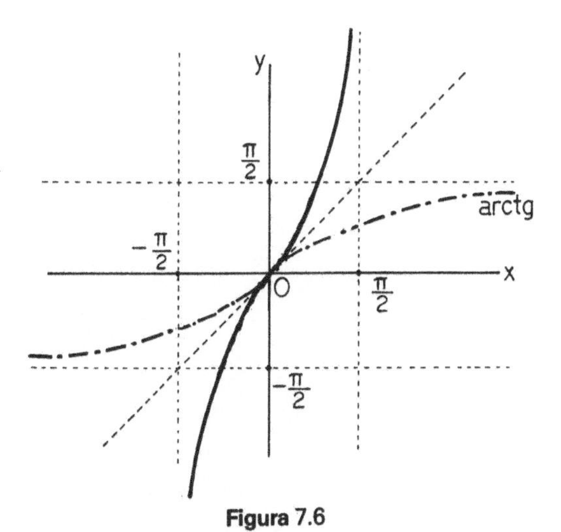

Figura 7.6

Para conveniência do leitor, reuniremos na tabela a seguir derivadas básicas citadas até agora.

$y(x)$	c (const.)	$\sqrt{x}$	x^c	e^x	a^x	$\ln x$	$\log_a x$
$y'(x)$	0	$\frac{1}{2\sqrt{x}}$	cx^{c-1}	e^x	$a^x \ln a$	$\frac{1}{x}$	$\frac{1}{x \ln a}$

$y(x)$	sen x	cos x	tg x	cotg x	sec x	cossec x
$y'(x)$	cos x	– sen x	$\sec^2 x$	$-\operatorname{cossec}^2 x$	sec x tg x	– cossec x · cotg x

$y(x)$	arcsen x	arctg x	sh x	ch x
$y'(x)$	$\frac{1}{\sqrt{1-x^2}}$	$\frac{1}{1+x^2}$	ch x	sh x

7.3 – EXERCÍCIOS

7.1 – Ache a velocidade sendo $s(t) = \sec(t^2+2t-1)$ (s em metros, t em segundos).
Resposta: $2(t+1)\sec(t^2+2t-1)\,\operatorname{tg}(t^2+2t-1)$ m/s .

7.2 – A velocidade escalar sendo $v(t) = (t^2e^t+2)^{1/2}$ (v em m/s, t em segundos), ache a aceleração no instante $t = 0$.
Resposta: 0 .

7.3 – Ache $y'(x)$ sendo $y(x) = \ln(\operatorname{sen}(x^2+1))$.
Resposta: $2x \operatorname{cotg}(x^2+1)$.

7.4 – Um ponto move–se no eixo Ox com movimento dado por $x(t) = e^{-5t} \operatorname{sen} 4t$ (x em metros, t em segundos). Ache a velocidade e a aceleração escalares.
Resposta: $e^{-5t}(-5 \operatorname{sen} 4t + 4 \cos 4t)$m/s
$e^{-5t}(9 \operatorname{sen} 4t - 40 \cos 4t)$m/s² .

7.5 – Ache a derivada de $y(x) = \ln(\ln x)$.
Resposta: $\frac{1}{x \ln x}$.

7.6 – Ache a derivada de $y(x) = \operatorname{sen}(\cos x)$.
Resposta: $-\cos(\cos x) \cdot \operatorname{sen} x$.

7.7 – A função horária sendo $s(t) = 3^{\frac{t}{\ln t}}$ (s em km, t em horas), determinar os instantes em que a velocidade é nula.
Resposta: $t = e = 2{,}71...$ h .

7.8 – Derivar $y(x) = \operatorname{arctg} \ln x$.
Resposta: $\frac{1}{x(1+\ln^2 x)}$.

7.9 – Derivar $y(x) = \text{arcsen}\,\frac{1}{x}$.

Resposta: $-\dfrac{1}{|x|\sqrt{x^2-1}}$.

7.10 – Deduza a fórmula (4).

7.11 – Se $y(x)$ é função inversa de $z(x)$, quem é a função inversa de $y(x)$?

* **7.12** – Mostre que $y(x) = \text{sh}\, x$ tem inversa. Esta é chamada função *área seno hiperbólico*. Indica-se

$$x = \text{Arsh}\, y$$

Mostre que

$$\text{Arsh}\, y = \ln\,(y + \sqrt{y^2+1}\,)$$

e calcule a derivada.

Resposta: $(\text{Arsh}\, x)' = \dfrac{1}{\sqrt{1+x^2}}$.

7.13 – Um ponto percorre a curva $y = y(x)$. Sabe-se que $y'(x) = e^{x^2}$. Se a função horária da projeção do ponto sobre Ox é $x(t) = \text{sen}\, t$ (x em metros, t em segundos), qual é a velocidade da projeção do ponto sobre Oy?

> ATENÇÃO. Quando se tratar de movimento sobre eixo coordenado, subentenderemos, salvo menção explícita em contrário, que a orientação é a do eixo coordenado. Esta convenção será seguida em todo este livro.

Resposta: $e^{\text{sen}^2 t} \cos t$ m/s.

8 Aplicações do cálculo diferencial à cinemática escalar do ponto

8.1 – EXEMPLOS DE APLICAÇÃO

Veremos neste capítulo exemplos de aplicação dos resultados de Cálculo obtidos anteriormente.

Exemplo 8.1-1 – Neste exemplo é dada a função horária e quer–se o espaço percorrido entre dois instantes dados.

A função horária sendo $s(t) = te^{-t}$, determinar o espaço percorrido entre os instantes $t = 0$ e $t = 2$ (s em metros, t em segundos).

Solução. Inicialmente calculamos a velocidade escalar:

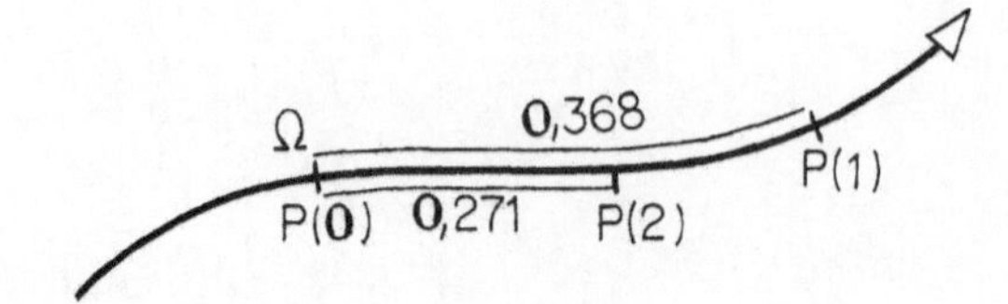

Figura 8.1

$$v = \dot{s} = \dot{t}\, e^{-t} + t(e^{-t})^{\cdot}$$

$$= e^{-t} - t\, e^{-t}$$

$$= e^{-t}(1-t) \qquad (\alpha)$$

Vemos que ela se anula somente em $t = 1$.

Calculamos a abscissa curvilínea do ponto $P(t)$ para $t = 0, t = 1, t = 2$, que são os instantes relevantes:

$$s(0) = 0 \qquad s(1) = e^{-1} \simeq 0{,}368 \qquad s(2) = 2e^{-2} \simeq 0{,}271$$

Com estes dados construímos a Fig. 8.1.

Examinando o sinal de v dado por (α), temos

$$v(t) > 0 \text{ se } t < 1 \quad \text{e} \quad v(t) < 0 \text{ se } t > 1$$

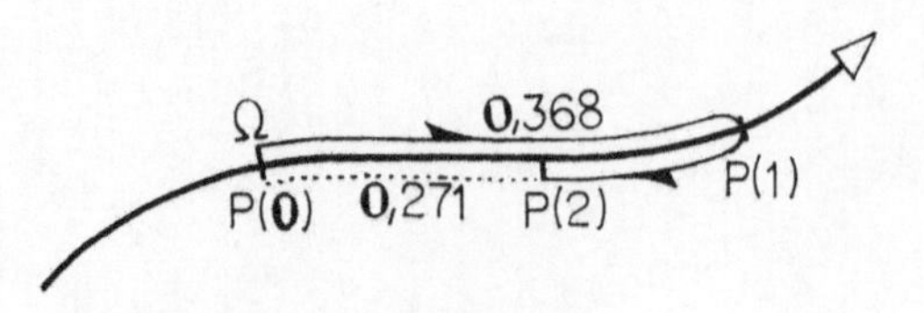

Figura 8.2

Assim o ponto que em $t = 0$ está em Ω vai para a direita até P(1), quando se anula a velocidade, e depois volta (pois a velocidade é negativa para $t > 1$), atingindo P(2). A situação vai indicada na Fig. 8.2.

Portanto o espaço percorrido entre os instantes $t = 0$ e $t = 2$ é

$$0{,}368 + (0{,}368 - 0{,}271) = 0{,}465\text{m} \quad ◀$$

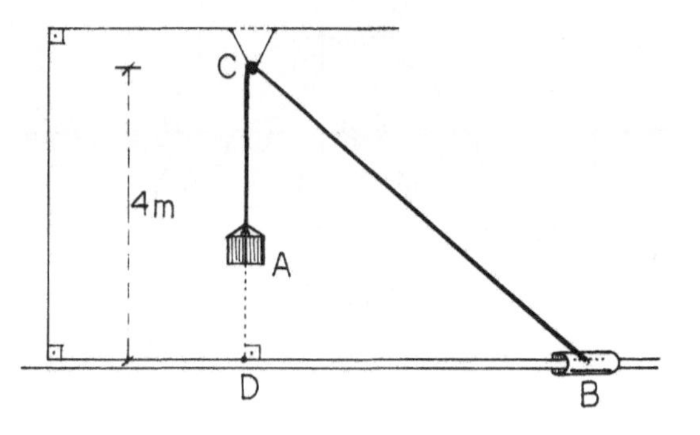

Figura 8.3

Exemplo 8.1-2 – A Fig. 8.3 mostra uma luva B se deslocando para a direita com movimento uniforme de velocidade 1m/s, fazendo com que a carga A se eleve verticalmente, através do cabo BCA. No instante inicial $t = 0$ tem-se $DB = 3$m. Sabendo que $CD = 4$m, achar a velocidade escalar de A em função do tempo (orientação de D para C).

Solução. Seja $s = AD$. Então

$$s = 4 - AC \qquad (\alpha)$$

No Δ CDB temos

$$CB = \sqrt{4^2+(DB)^2}$$

Como o movimento de B é uniforme, então

$$DB = s_0 + vt = 3 + t$$

portanto

$$CB = \sqrt{4^2+(3+t)^2} = \sqrt{25+6t+t^2}$$

Por outro lado, sendo L o comprimento do cabo temos

$$L = AC + CB$$

e daí

$$AC = L - CB = L - \sqrt{25+6t+t^2}$$

Substituindo em (α) vem

$$s = 4 - L + \sqrt{25+6t+t^2}$$

Derivando vem

$$v = \frac{3+t}{\sqrt{25+6t+t^2}} \quad ◀$$

Exemplo 8.1-3 – A peça em forma de parábola mostrada (Fig. 8.4) tem equação $y = -x^2+1$ (x, y em metros) e se desloca para a direita em translação uniforme de velocidade constante 1m/s[(*)], obrigando o pistão a se deslocar verticalmente. Achar a aceleração escalar do ponto A sabendo que no instante $t = 0$ A coincide com a ponta C da peça.

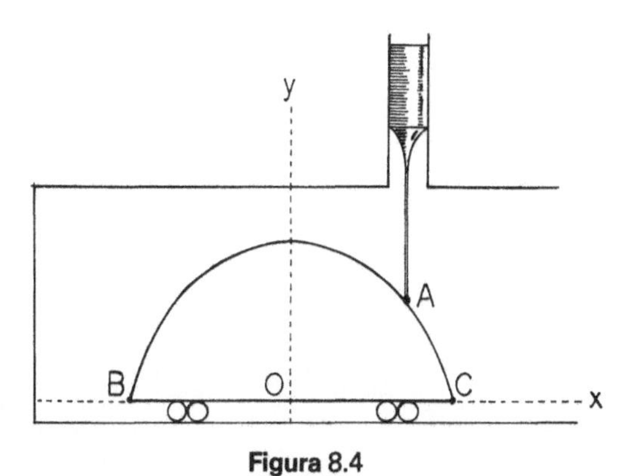

Figura 8.4

[(*)]Quer dizer, qualquer ponto da peça tem movimento uniforme com essa velocidade.

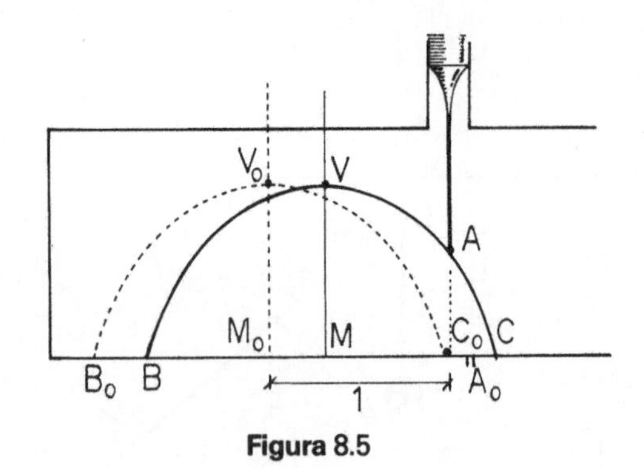

Figura 8.5

Solução. Na Fig. 8.5 a posição inicial é mostrada em linha interrompida. M_0 é o ponto médio de B_0C_0. M_0, B_0, C_0 vão ocupar as posições M, B, C no instante t.

Da equação da parábola resulta imediatamente que $M_0C_0 = 1$. Por outro lado o movimento da peça sendo de translação uniforme de velocidade 1m/s, podemos escrever que $M_0M = t$. Então, usando a equação da parábola, temos que

$$C_0A = -(1-M_0M)^2 + 1$$

$$= -(1-t)^2 + 1$$

$$= 2t - t^2 \quad \text{m}$$

Portanto (com a orientação de C_0 para cima) temos que a velocidade escalar de A é

$$v = (C_0A)^{\cdot} = 2 - 2t \quad \text{m/s}$$

e portanto a aceleração é

$$a = -2 \quad \text{m/s}^2$$

Exemplo 8.1–4 – No sistema biela–manivela mostrado (Fig. 8.6), a haste AB está articulada, através de pinos, à periferia do disco de centro O fixo e à luva vinculada ao eixo OC. Sendo 3cm o comprimento da haste, 1cm o raio do disco, determinar, no instante em que $\theta = 30^\circ$ e $\dot{\theta} = 2\text{rd/s}$, a velocidade escalar do ponto B.

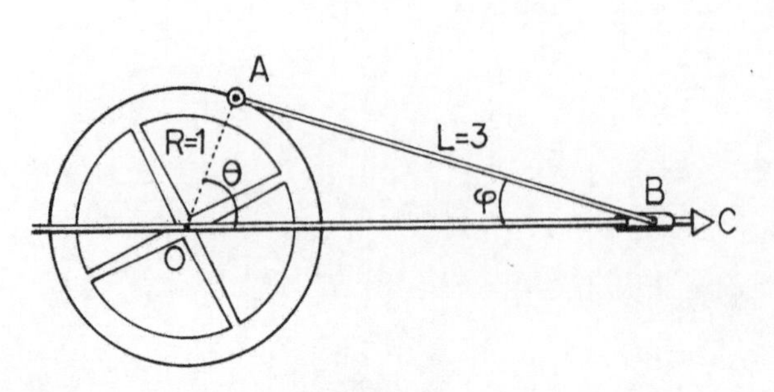

Figura 8.6

Solução. No Δ OAB temos, sendo s = OB:

$$s = OA \cos\theta + AB \cos\varphi$$

$$= \cos\theta + 3\cos\varphi$$

onde φ é a medida em rd de $O\hat{B}A$.

Daí resulta que a velocidade de B é

$$v = \dot{s} = -\text{sen}\theta \cdot \dot{\theta} - 3\text{sen}\varphi \cdot \dot{\varphi} \qquad (\alpha)$$

No Δ OAB temos, pela Lei dos Senos:

$$\frac{\text{sen}\varphi}{1} = \frac{\text{sen}\theta}{3} \quad \therefore \quad \text{sen}\varphi = \frac{1}{3}\text{sen}\theta \qquad (\beta)$$

Derivando no tempo:

$$\cos\varphi\,\dot{\varphi} = \frac{1}{3}\cos\theta\,\dot{\theta}$$

de onde resulta, lembrando que $\cos\varphi = \sqrt{1-\text{sen}^2\varphi} \overset{(\beta)}{=} \sqrt{1-\frac{1}{9}\text{sen}^2\theta}$:

$$\dot{\varphi} = \frac{\cos\theta \cdot \dot{\theta}}{\sqrt{9-\text{sen}^2\theta}} \qquad (\gamma)$$

No instante considerado temos $\theta = 30^o$ e $\dot{\theta} = 2\text{rd/s}$ de modo que (β) e (γ) nos dão

$$\text{sen}\varphi = \frac{1}{6} \ , \quad \dot{\varphi} = \frac{2\sqrt{3}}{\sqrt{35}}$$

Substituindo em (α) resulta que

$$v = -1 - \sqrt{\frac{3}{35}} \simeq -1{,}293 \text{ m/s} \qquad \blacktriangleleft$$

Para os próximos exemplos vamos tentar esclarecer um ponto que invariavelmente é duvidoso para a maioria dos estudantes. Trata–se da frase "vamos supor que a velocidade v seja função de s". Na verdade no domínio de v (bem como no de s e no da aceleração a) a variável é o tempo t. Mas pode suceder algo como no seguinte caso, em que $s = e^{2t}$. Temos $v = \dot{s} = 2e^{2t}$, logo $v = 2s$. Neste caso dizemos que v está em função de s(*), mas cuidado: $v = v(t)$, e $s = s(t)$. Assim, quando calcularmos os dois membros da igualdade $v = 2s$ devemos fazê–lo num t:

$$v(t) = 2s(t)$$

Por um abuso de notação, podemos escrever, quando for o caso em que v é função de s, $v = v(s)$. Mas quando assim fizermos, devemos tomar muito cuidado para não cometermos o seguinte engano:

$$a = \frac{dv}{ds} \qquad \text{(ERRADO!)}$$

Está errado porque $a = dv/dt$, por definição! (No exemplo anterior, em que $s = e^{2t}$, temos $v = \dot{s} = 2e^{2t}$, $a = \dot{v} = 4e^{2t} = 4s$ e como $v = 2s$, temos $dv/ds = 2$. Assim $a \neq dv/ds$).

Do mesmo modo, podemos usar a frase "a é função de s", com interpretação análoga ao caso acima exposto.

Nota. Quando v é função de s, a velocidade é a mesma para todos os instantes que produzirem um mesmo s. Esta observação evidente nos indica que nem sempre $v = v(s)$. Por exemplo isto não ocorre num movimento "de vai e vem", como é o caso do Movimento Harmônico Simples: existe s para o qual a

---

(*) Em geral, dizer que v é função de s significa que existe uma função $h = h(s)$ tal que $v(t) = h(s(t))$. No caso do exemplo, $h(s) = 2s$.

velocidade ora é positiva, ora é negativa. É interessante dizer que embora neste tipo de movimento v não é função de s a aceleração *a* é função de s, pois $a+\omega^2 s = 0$!

Exemplo 8.1-5 – Num movimento vale a seguinte relação para todo t:

$$t = ps^2 + qs$$

(p, q constantes não nulas; t em segundos, s em metros). Calcular v e *a* em função de s.

Solução. Derivando no tempo a relação dada temos

$$1 = p \cdot 2s \cdot \dot{s} + q\dot{s} = (2ps+q)\dot{s}$$

logo,

$$v = \dot{s} = \frac{1}{2ps+q} \quad ◄$$

Derivando no tempo a expressão de v vem

$$a = \dot{v} = -\frac{2p\dot{s}}{(2ps+q)^2}$$

de onde resulta, usando a expressão acima de $\dot{s}$, que

$$a = -\frac{2p}{(2ps+q)^3} \quad ◄$$

Nota. Observemos que neste caso

$$a = -2pv^3$$

ou seja, *a* é função de v.

Vamos supor que $v = v(s)$. Neste caso

$$a = \frac{dv}{dt} = \frac{dv}{ds} \cdot \frac{ds}{dt}$$

pela Regra da Cadeia. Assim,

$$\boxed{a = \frac{dv}{ds} v} \qquad (1)$$

(na hipótese de ser $v = v(s)$).

Exemplo 8.1-6 – A velocidade escalar de um ponto é função da abscissa curvilínea do mesmo. Num certo instante a velocidade vale 20m/s e está sendo reduzida a uma taxa de 8 metros por segundo por metro de deslocamento. Achar nesse instante a aceleração.

Solução. Temos $dv/ds = -8$ e $v = 20$, logo por (1) resulta que

$$a = -160\text{m/s}^2$$

Exemplo 8.1-7 – A velocidade de uma partícula se relaciona com sua abscissa curvilínea do seguinte modo: $v = -e^s$. Determinar a velocidade no instante em que ela for numericamente igual a menos a aceleração.

Solução. Temos por (1):

$$a = \frac{dv}{ds} \cdot v = (-e^s)(-e^s) = e^{2s}$$

Quando $a = -v$ devemos ter $e^{2s} = e^s$ ou seja $s = 0$. Para esse valor de s o valor de v é

$$v = -e^0 = -1$$ ◀

Nota. Mais tarde, quando estudarmos Equações Diferenciais, estaremos em condições de achar os movimentos que verificam a condição dada $v = -e^s$. Eles são da forma

$$s = \ln \frac{1}{t+c}$$

(c constante arbitrária).

Exemplo 8.1–8 – A tabela a seguir foi obtida experimentalmente para o movimento de uma partícula. Durante a experiência observou-se ser v uma função de s. Achar a aceleração quando $s = 20\text{cm}$.

v	8,5	9,0	10,0	11,5	15,0	18,0	22,3
s	4	8	12	16	20	24	28

(v em cm/s, s em cm).

Solução. Temos para $s = 20$

$$\frac{dv}{ds} \simeq \frac{18{,}0 - 11{,}5}{24 - 16} \simeq 0{,}81$$

e da tabela $v = 15{,}0$. Substituindo em (1) vem

$$a = \frac{dv}{ds} v \simeq 12{,}2 \text{ cm/s}^2$$ ◀

8.2 – EXERCÍCIOS

8.1 – Na figura 8.7 se representa o gráfico da função horária de um movimento. Determinar

(a) O deslocamento entre os instantes 5s e 15s.

(b) O espaço percorrido entre os instantes 5s e 15s.

(c) O espaço percorrido entre os instantes 0s e 23s.

(d) Os intervalos de tempo em que $v>0$ e os em que $v<0$.

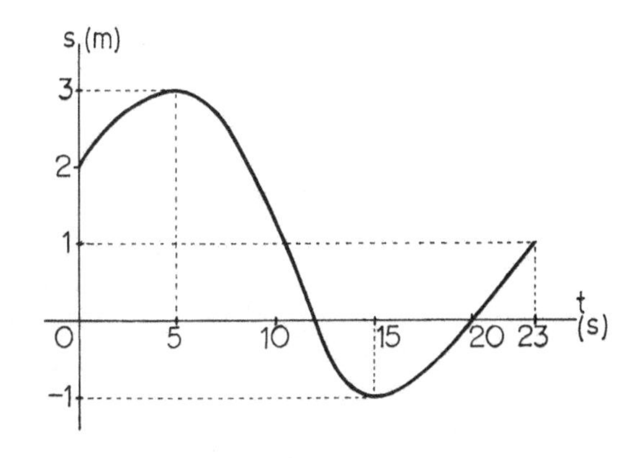

Figura 8.7

Resposta: (a) -4m (b) 4m (c) 7m
(d) $0 \leq t < 5$ e $15 < t \leq 23$; $5 < t < 15$.

8.2 – A função horária do movimento de um ponto é $s(t) = t^2e^{-t}$. Determinar o deslocamento e o espaço percorrido entre os instantes $t = 0$ e $t = 3$ (s em metros, t em segundos).
Resposta: 0,4481m ; 0,6345m .

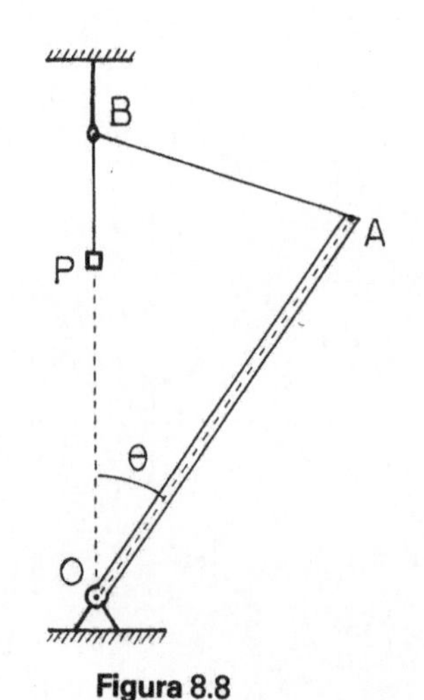

Figura 8.8

8.3 – O movimento de um ponto tem função horária

$$s(t) = \frac{1}{3}t^3 - \frac{3}{2}t^2 + 2t + 10$$

(s em metros, t em segundos). Achar o espaço percorrido entre os instantes $t_1 = 0$ e t_2, nos casos
(a) $t_2 = 0{,}5$s (b) $t_2 = 1$s (c) $t_2 = 1{,}5$s (d) $t_2 = 3$s

Resposta: (a) 0,67m (b) 0,83m (c) 0,91m (d) 1,82m .

8.4 – O movimento de um ponto tem função horária

$$s(t) = t \operatorname{ch} t - \operatorname{sh} t - \operatorname{ch} t$$

(s em metros, t em segundos). Achar o espaço percorrido do instante $t = 0$ ao instante $t = 2$s.
Resposta: 1,49m .

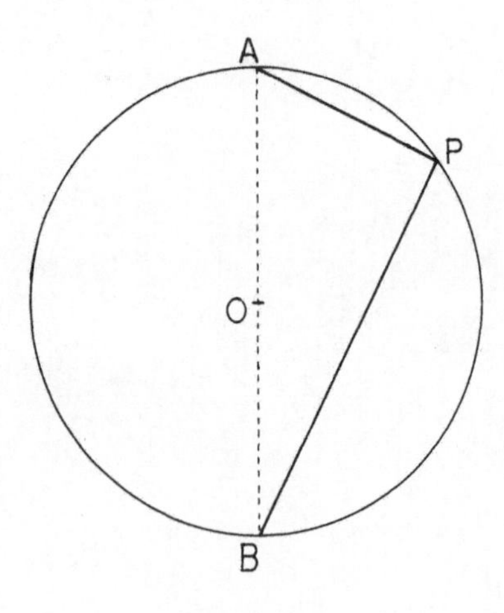

Figura 8.9

8.5 – Repita o Exemplo 8.1-3 substituindo a peça parabólica pelo semidisco $x^2+y^2 \leq 4$, $y \geq 0$, (supondo a distância do pistão a Oy sendo 2).
Resposta: $-4(4t-t^2)^{-3/2}$ m/s^2 .

8.6 – Na Fig. 8.8 a haste OA gira em torno de O (fixo). Em sua extremidade A está preso um fio que passa por um aro B fixo e sustenta uma partícula P. Determinar a velocidade escalar de P no instante em que $\theta = \pi/3$ rd e $\dot\theta = 2$rd/s. É dado que OA = OB = 1m.
Resposta: $\sqrt{3}$ m/s .

8.7 – Na Fig. 8.9 o anel P está vinculado à circunferência de raio R (metros). Um fio elástico está preso nos pontos diametrais A e B, passando pelo anel e mantendo–se sempre esticado. Determinar a taxa de variação temporal de $r = AP$ (i.e., $\dot r$) no instante em que PB = R e $(PB)^{\cdot} = 1{,}732$m/s.
Resposta: $\simeq -1$m/s.

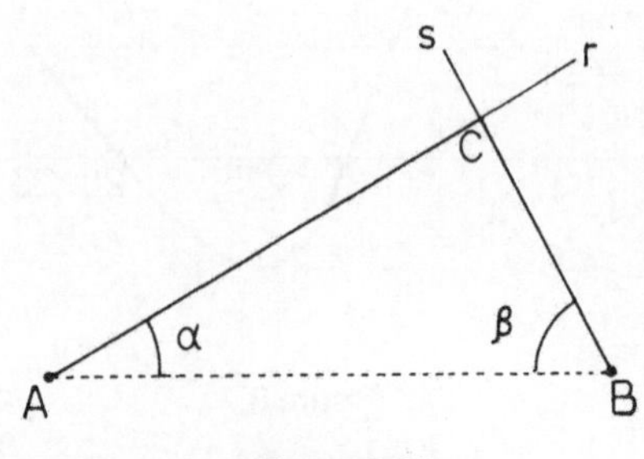

Figura 8.10

8.8 – Na Fig. 8.10, as semi–retas Ar e Bs giram em torno dos pontos fixos A e B, respectivamente, sendo AB = 2m. Num certo instante tem–se

$$\alpha = \frac{\pi}{3}\text{rd} \qquad \beta = \frac{\pi}{6}\text{rd} \qquad \dot\alpha = \dot\beta = 1\text{rd/s}$$

Determinar a velocidade escalar do ponto C, intersecção

das semi–retas, em relação a um referencial que contenha, solidariamente, a semi–reta Bs.

Resposta: 1m/s (orientação da semi–reta Bs).

8.9 – Um aluno apresentou a seguinte resolução do exercício anterior:

Como $\alpha = \pi/3$ rd $= 60^o$ e $b = \pi/6$ rd $= 30^o$ então o triângulo ABC é retângulo. Daí

$$BC = AB\,\text{sen}\alpha = 2\text{sen}\alpha$$

$$\therefore \quad (BC)^{\cdot} = 2\cos\alpha\,\dot{\alpha} = 2\cdot\cos\frac{\pi}{3}\cdot 1 = 1\text{m/s}$$

A resolução acima está correta?

O mesmo aluno, depois de concluir que o triângulo ABC é retângulo, escreveu

$$BC = AB\cos\beta = 2\cos\beta$$

$$\therefore \quad (BC)^{\cdot} = -2\text{sen}\beta\,\dot{\beta} = -2\,\text{sen}\,\frac{\pi}{6}\cdot 1 = -1\text{m/s}$$

Comentar sobre as resoluções.

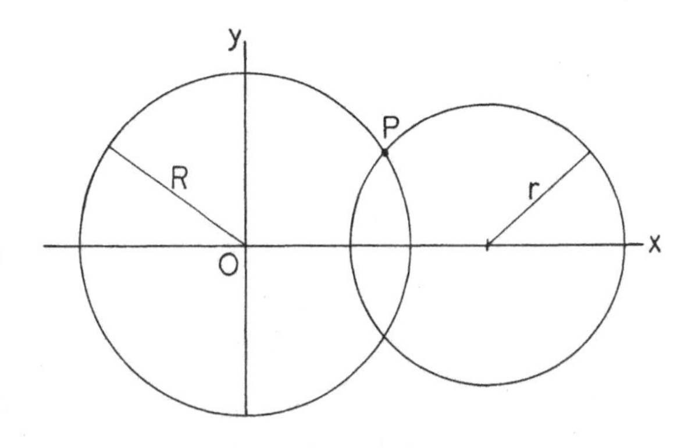

Figura 8.11

8.10 – A Fig. 8.11 mostra duas circunferências de raios variáveis com o tempo, e centros fixos, distando d metros entre si. Num certo instante tem–se:

$$R = \frac{2}{3}d \qquad r = \frac{1}{2}d$$

$$\dot{R} = 4 \qquad \dot{r} = 1 \quad (\text{m/s})$$

Calcular, nesse instante,

(a) a velocidade da projeção de P sobre Ox.

(b) a velocidade da projeção de P sobre Oy, supondo d = 9m.

Resposta: 2,17m/s ; 4,63m/s .

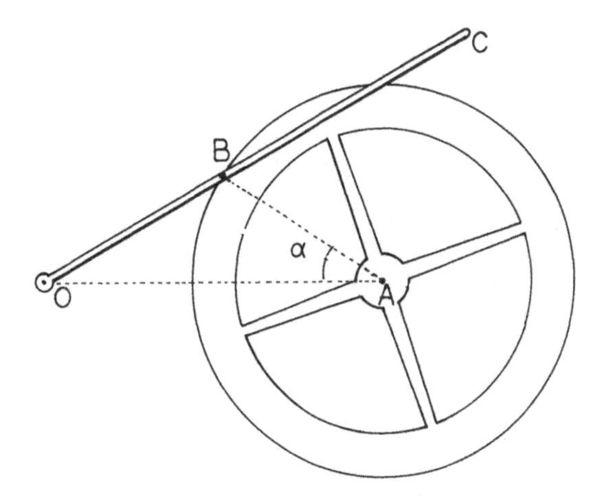

Figura 8.12

8.11 – No mecanismo mostrado na Fig. 8.12, a roda de raio R = 30cm gira em torno do seu centro A fixo e o pino B na sua periferia move a haste fendida OC, a qual pode girar em torno do ponto fixo O. É dado que OA = 40cm. Num certo instante tem–se $\alpha = \pi/2$ rd e $\dot{\alpha} = 2$rd/s, sendo α a medida em rd do ângulo OÂB. Determinar a velocidade escalar de B, no referido instante, em relação a um referencial que contém solidariamente

(a) "o plano da figura"

(b) a haste fendida OC.

Ω 30cm A

Resposta: (a) 60cm/s.

(b) 48cm/s (orientação de O para C).

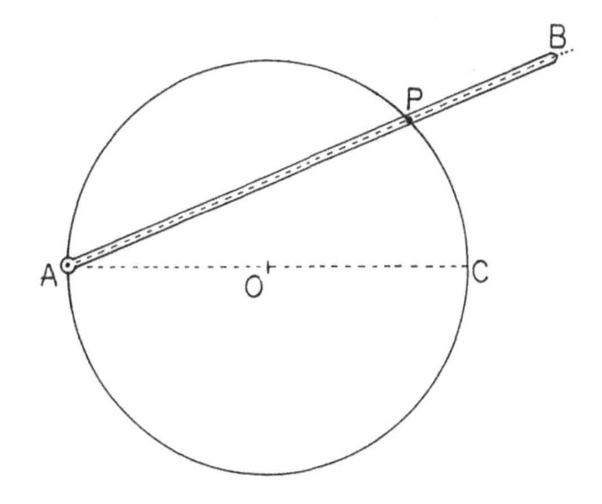

Figura 8.13

8.12 – A haste fendida AB gira, no plano da Fig. 8.13, em torno do ponto A fixo, fazendo o pino P percorrer o sulco circular de raio 2cm e centro O. Quando PÔC mede 60°, a velocidade escalar de P em relação a um referencial solidário ao plano da figura é de 4cm/s (trajetória orientada no sentido anti-horário). Determinar, nesse instante, a velocidade escalar de P em relação a um referencial solidário à haste AB. **Resposta:** –2cm/s.

8.13 – No movimento de um ponto vale a relação $v = s^3$ (v em m/s, s em metros). Determinar a aceleração no instante em que $s = 2m$.
Resposta: $96 m/s^2$.

8.14 – O movimento de um ponto é tal que $v^2 = ps+q$, p e q constantes; sabe–se que a velocidade se anula num único instante. Provar que a aceleração escalar é constante.

8.15 – No movimento de um ponto vale a relação $v^2 = 1+s^2$. Achar as posições do ponto para as quais $a = s^2$.
Resposta: $s = 0$ e $s = 1$.

8.16 – No movimento de um ponto vale a relação $v = \text{tg } s$. Prove que $a = v(1+v^2)$.

8.17 – A tabela seguinte foi levantada experimentalmente:

v (m/s)	1,414	1,416	1,413	1,412	1,410	1,411
s (m)	0,01	0,02	0,03	0,04	0,05	0,06

Determinar a aceleração escalar no instante em que $s = 0{,}03m$.
Resposta: $-0{,}283 m/s^2$.

8.18 – (a) Num certo movimento tem–se $v^2 = f(s)$, f uma função conhecida. Prove que nos instantes em que a velocidade não é nula a aceleração verifica a relação

$$a = \frac{1}{2}\frac{df}{ds}$$

(b) Repita o exercício **8.17** substituindo o símbolo v (m/s) por v^2 (m^2/s^2).
Resposta: $-0{,}1 m/s^2$.

8.19 – Dada a tabela seguinte (s em m, v em m/s), calcular a aceleração escalar para $s = 0{,}3m$ sabendo que para esse valor $v = 0{,}3 m/s$.

s	0,1	0,2	0,3	0,4	0,5
v^3+v	0,101	0,208	0,327	0,464	0,625

Resposta: $\simeq 0{,}302 m/s^2$.

8.20 – Mostre que se a velocidade "é função da abscissa" então o mesmo sucede com a aceleração. Vale a recíproca?

9 Variação das funções. Máximos e mínimos

9.1 - INTERVALOS

Recordemos que os intervalos são conjuntos de números reais definidos por desigualdades, do seguinte modo. Se a e b são números reais, eles podem ser dados por

(1º) $a \leq x \leq b$; $a \leq x < b$; $a < x \leq b$; $a < x < b$.

(2º) $x \leq a$; $x < a$; $x \geq a$; $x > a$.

Nestes casos, a e b são chamados *extremos* do respectivo intervalo.

(3º) $-\infty < x < +\infty$. Aqui trata–se do conjunto dos números reais.

Qualquer intervalo que não contiver o(s) extremo(s) é chamado *aberto.* São os que na definição não comparece o sinal = .

Um *ponto interior* de um intervalo I é um seu ponto que não é extremo. O conjunto de tais pontos é indicado por $\mathring{I}$, e chamado interior de I. Assim, o interior dos intervalos do 1º grupo é dado por $a < x < b$. O interior dos intervalos $x \leq a$ e $x < a$ [respect. $x \geq a$ e $x > a$] é dado por $x < a$ [respec. $x > a$]. O interior do conjunto dos números reais é o próprio conjunto.

EM TODO ESTE CAPÍTULO AS FUNÇÕES TÊM POR DOMÍNIO UM INTERVALO, SÃO CONTÍNUAS, E POSSUEM DERIVADA SEGUNDA NO INTERIOR DO INTERVALO.

9.2 – CRESCIMENTO E DECRESCIMENTO

Suponhamos que durante um intervalo de tempo a velocidade escalar v permanece positiva. Nossa intuição física nos diz que a abscissa curvilínea s deve aumentar quando t aumenta. O gráfico da função s(t) (Fig. 9.1) deve então "subir" à medida que t aumenta (no intervalo):

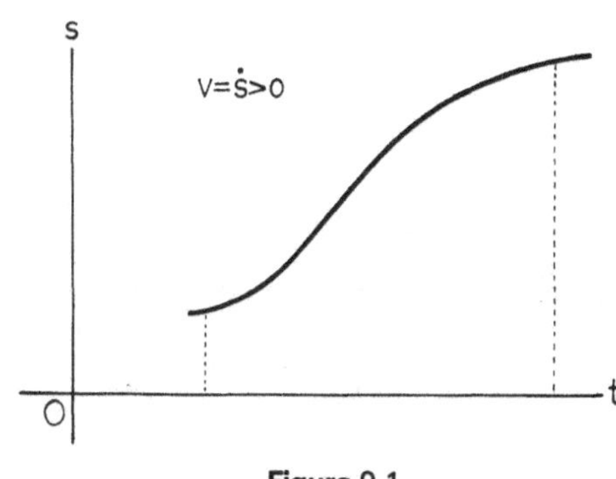

Figura 9.1

Podemos esperar tal fato usando intuição geométrica, já que $\dot{s}(t)$ nos dá o coeficiente angular da tangente ao gráfico de $s(t)$, o qual deve ser > 0 no intervalo, pois $\dot{s} = v$.

Uma função cujo gráfico tem esse comportamento num intervalo é referida como *estritamente crescente* no intervalo. Se o seu gráfico "desce" à medida que a variável independente aumenta, percorrendo um intervalo, fala–se em função *estritamente decrescente* no intervalo(*).

A argumentação acima sugere a validade do seguinte resultado:

> Suponhamos $y(x)$ contínua num intervalo I. Se $y'(x) > 0$ [respect. $y'(x) < 0$] em $\mathring{I}$ então $y(x)$ é estritamente crescente [respect. estritamente decrescente] em I. (1)

Exemplo 9.2-1 – Um movimento é dito *progressivo* [respect. *retrógrado*] num intervalo de tempo se $s(t)$ for estritamente crescente [respect. estritamente decrescente] nesse intervalo. Estudar, desse ponto de vista, o movimento dado por $s(t) = 2t^3–3t^2+5$ (s em metros, t em segundos).

Solução. Temos $\dot{s}(t) = 6t^2 - 6t = 6t(t-1)$, logo

$$\dot{s}(t) > 0 \quad \text{se} \quad t < 0 \quad \text{ou} \quad t > 1$$

$$\dot{s}(t) < 0 \quad \text{se} \quad 0 < t < 1 .$$

Por (1) $s(t)$ é estritamente crescente nos intervalos $t \leq 0$ e $t \geq 1$, logo neles o movimento é progressivo. No intervalo $0 \leq t \leq 1$ $s(t)$ é estritamente decrescente, logo nele o movimento é retrógrado. ◀

9.3 - CONCAVIDADE

Vamos supor que num certo intervalo de tempo a aceleração a se manteve positiva. Como $a = \dot{v}$, então pelo que vimos na seção anterior, v é estritamente crescente no intervalo. Para o gráfico de $s(t)$ (Fig. 9.2) isto significa, por ser $v = \dot{s}$, que quando t cresce o coeficiente angular da tangente deve aumentar, o que obriga tal gráfico a se "curvar para cima":

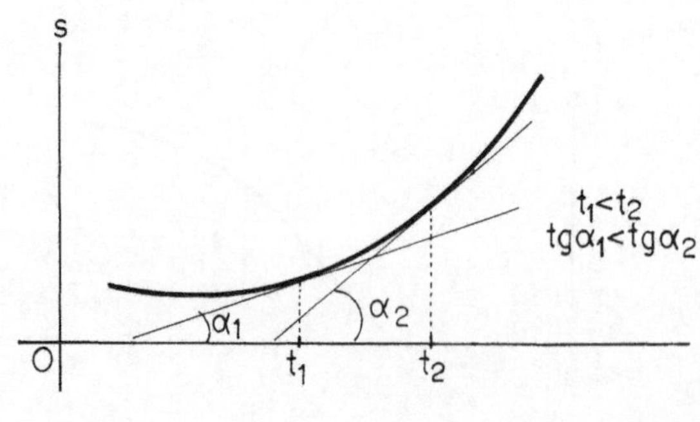

Figura 9.2

Uma função cujo gráfico tem esse comportamento num intervalo é dita ter *concavidade para cima* nesse intervalo. Se o seu gráfico "se curvar para baixo" diz–se que ela tem *concavidade*

(*) Pode–se formalizar. Por exemplo, $y(x)$ é **estritamente crescente** num conjunto I com mais de um elemento no domínio se para quaisquer x_1, x_2 de I com $x_1 < x_2$ se tem $y(x_1) < y(x_2)$. Se nesta última relação substituirmos $<$ por $\leq$, fala–se em **função crescente** em I.

para baixo no intervalo(*). Um ponto x_0 onde a concavidade "muda" é dito *ponto de inflexão* (as Figs. 9.3 ilustram).

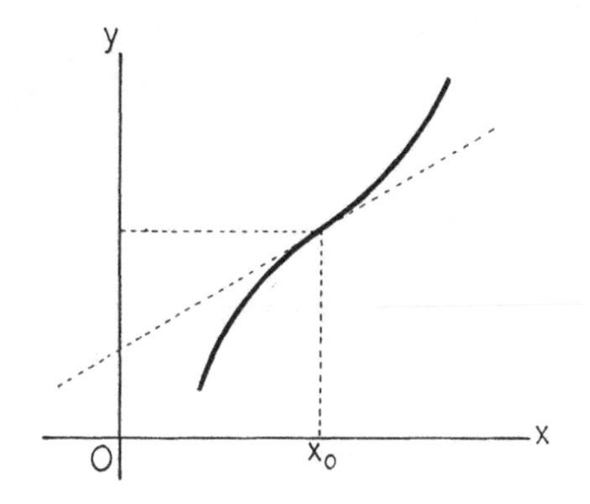

Figura 9.3A

A argumentação de caráter cinemático dada acima sugere a validade do seguinte resultado:

> Se y''(x) > 0 [respect. y''(x) < 0] para todo ponto x de um intervalo aberto I, y(x) tem concavidade para cima [respect. para baixo] em I. (2)

Exemplo 9.3-1 – Sendo $y(x) = 2x^3-3x^2+5$ (cf. o exemplo anterior) determinar os intervalos onde y(x) tem concavidade para cima, e os intervalos nos quais ela tem concavidade para baixo. Quais os pontos de inflexão?

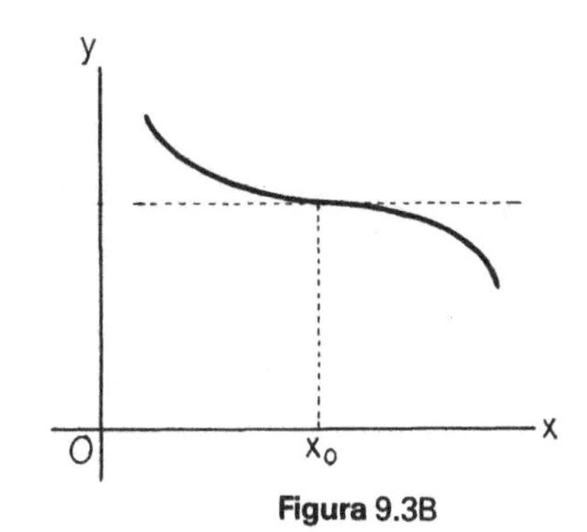

Figura 9.3B

Solução. Como $y'(x) = 6x^2 - 6x$ então $y''(x) = 12x - 6 = 12(x - 1/2)$. Assim,

$$y''(x) > 0 \quad \text{se} \quad x > \frac{1}{2}$$

$$y''(x) < 0 \quad \text{se} \quad x < \frac{1}{2}$$

de modo que por (2) conclui–se que y(x) tem concavidade para cima no intervalo $x > 1/2$ e para baixo em $x < 1/2$. ◀

O único ponto de inflexão é $x = 1/2$. ◀

O gráfico da função focalizada será dado na seção seguinte.

9.4 – ESBOÇO DE GRÁFICO

Com auxílio das informações dadas pelas derivadas primeira e segunda de uma função, do conhecimento do seu comportamento no infinito (quando for o caso) e em pontos onde ela deixa de ser finita, é possível esboçar–se seu gráfico. Um roteiro simples será dado no exemplo a seguir.

Exemplo 9.4-1 – Esboçar o gráfico da função $y(x) = 2x^3-3x^2+5$ (focalizada nos dois exemplos anteriores).

(*)Os conceitos são passíveis de formalização. Por exemplo, y(x) tem concavidade para cima no intervalo aberto I se para cada x_0 de I vale o seguinte:

$$y(x) > T_{x_0}(x) \quad \text{para todo } x \neq x_0 \text{ de } I ,$$

onde T_{x_0} é a função que define a reta tangente ao gráfico de y(x) no ponto $(x_0, y(x_0))$. Geometricamente falando, o gráfico de y(x) fica acima do da tangente em cada x_0 .

Solução. Temos:

• O domínio da função é o conjunto dos números reais.

• De acordo com o exemplo anterior, a função é estritamente crescente nos intervalos $x \leq 0$ e $x \geq 1$, e estritamente decrescente no intervalo $0 \leq x \leq 1$. Estes resultados foram obtidos pela análise de $y'(x) = 6x^2 - 6x$. Temos $y'(x) = 0$ se $x = 0$ ou $x = 1$, logo para esses valores a reta tangente ao gráfico de $y(x)$ é "horizontal".

• De acordo com o exemplo anterior, a função tem concavidade para baixo no intervalo $x < 1/2$ e para cima no intervalo $x > 1/2$. O ponto de inflexão é $x = 1/2$.

• O comportamento no infinito:

$$\lim_{x \to +\infty} (2x^3 - 3x^2 + 5) = \lim_{x \to +\infty} x^3 \left(2 - \frac{3}{x} + \frac{5}{x^3} \right)$$

$$= (+\infty) \cdot 2 = +\infty$$

$$\lim_{x \to -\infty} (2x^3 - 3x^2 + 5) = \lim_{x \to -\infty} x^3 \left(2 - \frac{3}{x} + \frac{5}{x^3} \right)$$

$$= (-\infty) \cdot 2 = -\infty$$

• Para orientação no traçado do gráfico convém tabelar $y(x)$ para alguns valores de x (se possível): valores que anulam a função, que anulam sua derivada, pontos de inflexão, $x = 0$, etc..

No caso presente:

x	− 1	0	1/2	1	2
y(x)	0	5	4,5	4	9

Podemos resumir as informações como segue:

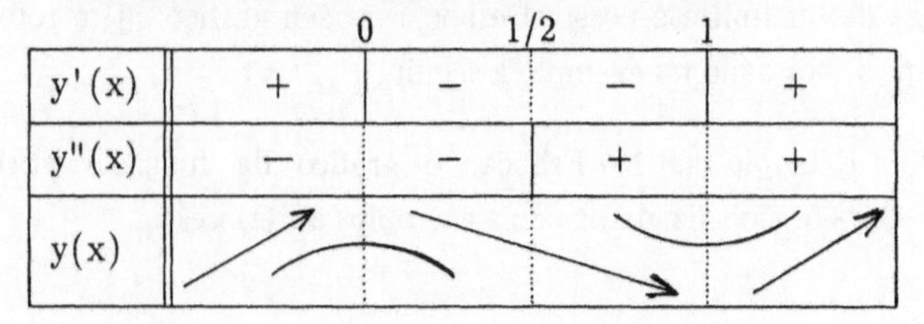

		0	1/2	1	
y'(x)	+		−	−	+
y"(x)	−		−	+	+
y(x)					

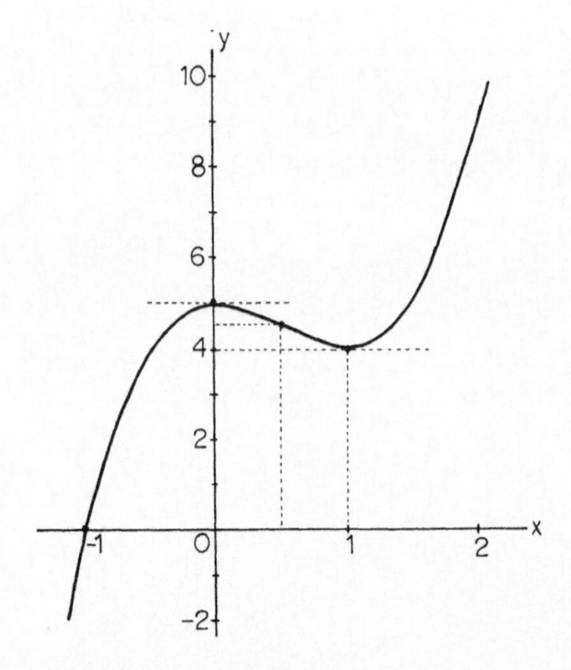

Figura 9.4

O esboço do gráfico de $y(x)$ está na Fig. 9.4 .

9.5 – MÁXIMOS E MÍNIMOS

(a) **Máximos e Mínimos Globais.** Dada uma função $y = y(x)$ interessa muitas vezes achar x_0 tal que, para todo x do domínio, tem-se

$$y(x) \leq y(x_0)$$

Um tal ponto (se existir) é chamado *ponto de máximo global* (ou *absoluto*) da função, e $y(x_0)$ é chamado (*valor*) *máximo global* da função. As noções de *ponto de mínimo global* e (*valor*) *mínimo global* se obtêm trocando $\leq$ por $\geq$ na relação acima. A Fig. 9.5 ilustra.

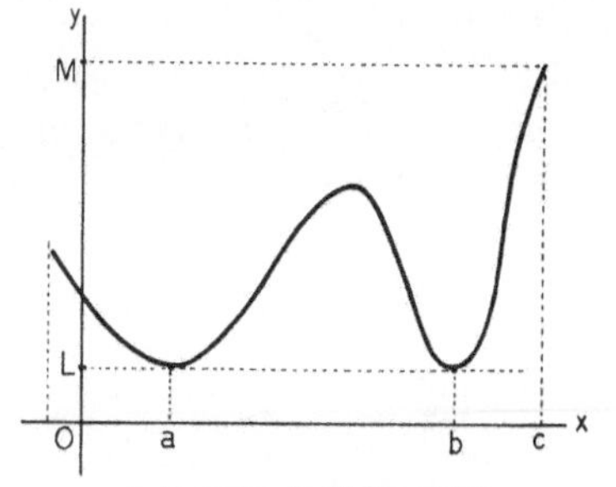

a, b: pontos de mínimo global
c: ponto de máximo global
L = y(a) = y(b): valor mínimo global
M = y(c): valor máximo global

Figura 9.5A

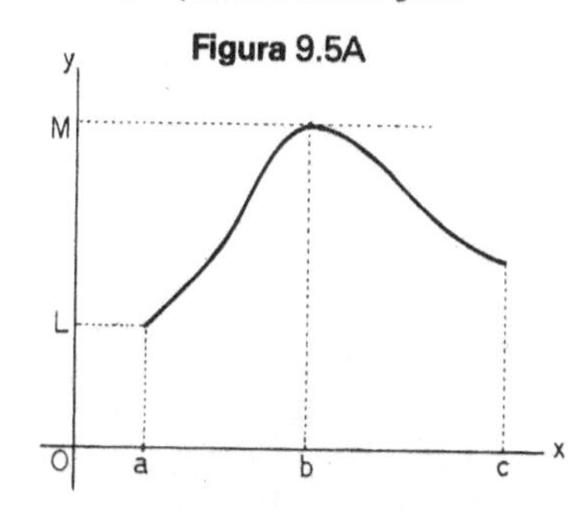

a: ponto de mínimo global
b: ponto de máximo global
L = y(a): valor mínimo global
M = y(b): valor máximo global

Figura 9.5B

Em geral, o problema da determinação de máximos e mínimos globais é difícil. Veremos resultados que nos ajudam em determinados casos.

Começaremos com a seguinte observação:

> Se x_0 é ponto interior do domínio da função $y(x)$, e é ponto de máximo global ou de mínimo global, então
> $$y'(x_0) = 0 \tag{3}$$

Geometricamente, o resultado acima diz que no ponto $(x_0, y(x_0))$ a tangente ao gráfico da função é paralela a Ox (Fig. 9.6).

Um critério útil para se achar pontos de máximo e de mínimo globais é o seguinte:

> Seja I um intervalo, domínio da função $y = y(x)$. Se x_0 é um ponto de $\mathring{I}$ tal que para todo x de $\mathring{I}$ se tem
> (a) $y'(x) < 0$ se $x < x_0$ (4)
> (b) $y'(x) > 0$ se $x > x_0$
> então x_0 é ponto de mínimo global da função. Versão análoga vale para máximo global.

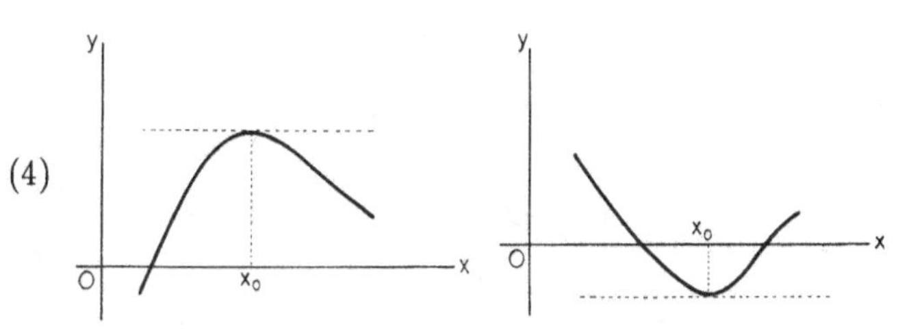

Figura 9.6A Figura 9.6B

O resultado, cujo conteúdo geométrico vai ilustrado na Fig. 9.7, decorre de que em $x \leq x_0$ a função é estritamente decrescente, por (a), e em $x \geq x_0$ ela é estritamente crescente, por (b). Nesta argumentação usamos (1). Estes fatos, junto com a continuidade da função garantem o resultado.

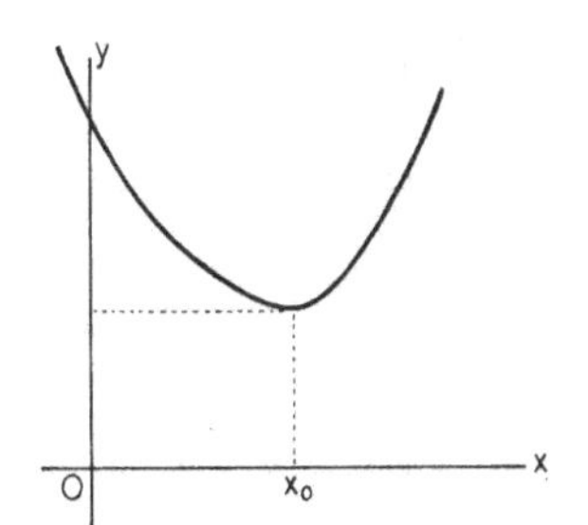

Figura 9.7

Exemplo 9.5-1 – Na Fig. 9.8 representa-se o circuito esquemático de um gerador de força eletromotriz constante E (volt) e resistência interna r_0 (ohm), conectado a uma resistência variável r (ohm). Achar a máxima potência que pode ser despendida em r (supor idealmente que r pode assumir valores quaisquer positivos).

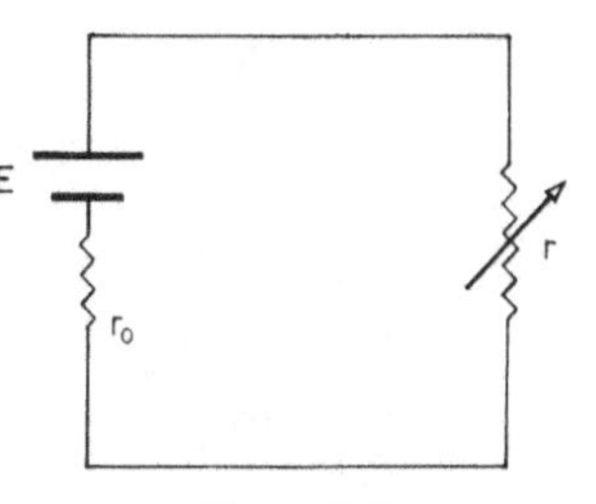

Figura 9.8

Solução. Pela Lei de Ohm, a corrente elétrica que flui no circuito é dada por

$$i = \frac{E}{r + r_0}$$

logo a potência despendida em r é

$$P = P(r) = ri^2 = r\frac{E^2}{(r+r_0)^2} \qquad (r > 0)$$

Calculando dP/dr resulta

$$\frac{dP}{dr} = E^2\frac{r_0 - r}{(r+r_0)^3}$$

de onde se obtém imediatamente:

$$\frac{dP}{dr} > 0 \quad \text{para} \quad r < r_0$$

$$\frac{dP}{dr} < 0 \quad \text{para} \quad r > r_0$$

À vista de (4), r_0 é ponto de máximo global. A potência máxima é

$$P(r_0) = r_0\frac{E^2}{(r_0+r_0)^2} = 0{,}25\,\frac{E^2}{r_0} \text{ (watt)}$$ ◄

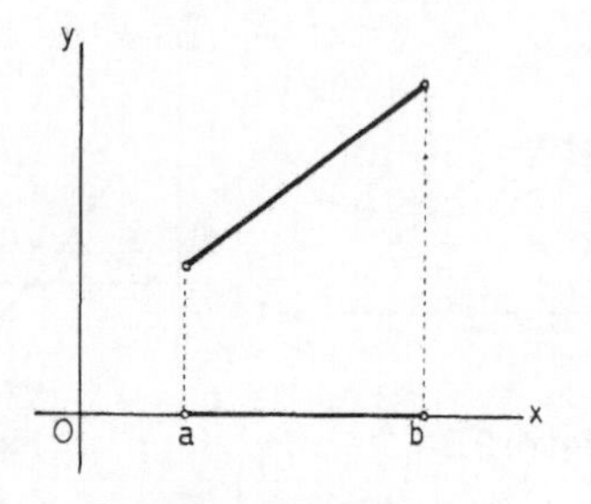

y(x) = px + q, a < x < b
É contínua; não tem nem mínimo nem máximo.

Figura 9.9A

Quando se trata de achar máximos e mínimos globais de uma função y = y(x) cujo domínio é um intervalo *compacto*, isto é, definido por

$$a \leq x \leq b$$

onde a < b, a e b números reais, existe um procedimento a ser seguido.

Em primeiro lugar, destacaremos o seguinte resultado fundamental:

> (*Teorema de Weierstrass*). Uma função contínua cujo domínio é um intervalo compacto assume seu máximo global e seu mínimo global(*). (5)

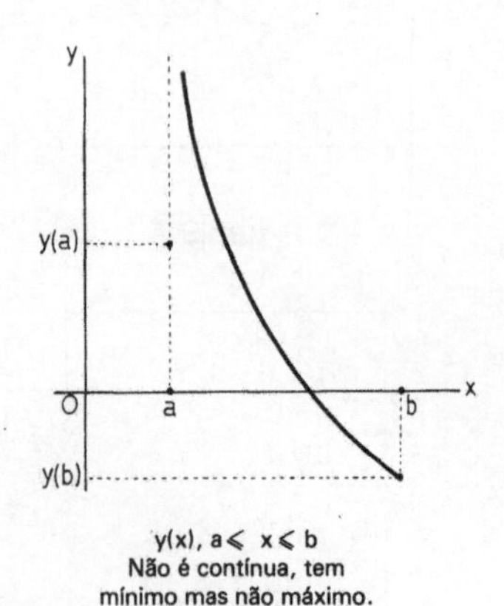

y(x), a ≤ x ≤ b
Não é contínua, tem mínimo mas não máximo.

Figura 9.9B

Este resultado às vezes causa estranheza ao leitor que está se iniciando no Cálculo, mas a Fig. 9.9 mostra que as hipóteses são essenciais, ou seja, se uma delas não se verificar a função pode deixar de assumir ou o seu máximo global ou o seu mínimo global.

Seja y(x) uma função cujo domínio é o intervalo compacto de extremos a e b. Sua continuidade garante, pelo teorema acima, que existem os pontos de máximo e de mínimo globais.

(*) Isto é, existe ponto de máximo global e de mínimo global da função.

Ou eles ocorrem nos extremos do intervalo, ou nos pontos interiores. Nesta última alternativa, a função tem derivada nula nesses pontos, conforme (3). Portanto se as raízes da equação

$$y'(x) = 0$$

que são pontos interiores do domínio forem $x_1, \ldots, x_n$, os candidatos a ponto de máximo global e de mínimo global são $a, b, x_1, \ldots, x_n$. Então dentre os valores $y(a), y(b), y(x_1), \ldots, y(x_n)$, o maior é o máximo global, e o menor o mínimo global.

Exemplo 9.5-2 – Repetir o exemplo anterior, nos casos:

(a) $\frac{r_0}{2} \leq r \leq r_0$ (b) $\frac{r_0}{2} \leq r \leq 4r_0$

Solução. Vimos no exemplo anterior que

$$P = P(r) = r\frac{E^2}{(r+r_0)^2}$$

e

$$\frac{dP}{dr} = E^2\frac{r_0 - r}{(r+r_0)^3}$$

logo dP/dr só se anula em $r = r_0$.

(a) no caso $r_0/2 \leq r \leq r_0$, a raiz r_0 não é ponto interior do intervalo, logo os candidatos a ponto de máximo e de mínimo globais são apenas os extremos $r_0/2$ e r_0. Como

$$P\left(\frac{r_0}{2}\right) \simeq 0{,}22\frac{E^2}{r_0}, \quad P(r_0) = 0{,}25\frac{E^2}{r_0}$$

vemos que o primeiro valor é a potência mínima e o segundo a máxima. ◀

(b) No caso $r_0/2 \leq r \leq 4r_0$, a raiz r_0 é ponto interior do intervalo, logo os candidatos a ponto de máximo e de mínimo globais são este ponto e os extremos $r_0/2$, $4r_0$. Como

$$P\left(\frac{r_0}{2}\right) \simeq 0{,}22\frac{E^2}{r_0}, \quad P(4r_0) = 0{,}16\frac{E^2}{r_0}, \quad P(r_0) = 0{,}25\frac{E^2}{r_0}$$

temos que a potência mínima é o segundo valor, e a máxima o terceiro. ◀

Nota. Para se ter uma visão geral do que está ocorrendo no exemplo acima, é conveniente esboçar o gráfico de $P(r)$, $r > 0$.

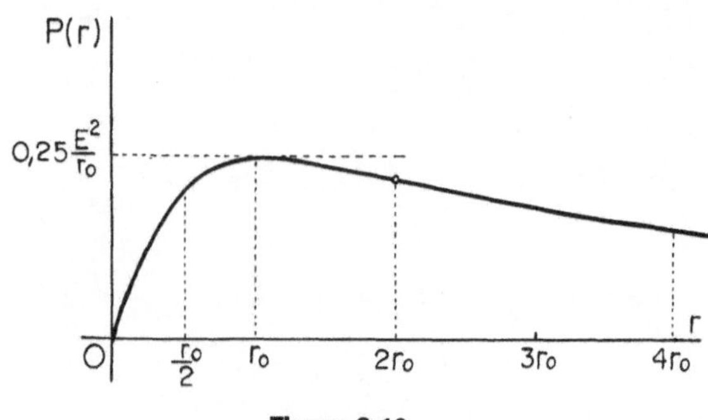

Figura 9.10

Usando as técnicas já vistas (confira!) chega–se ao gráfico mostrado na Fig. 9.10.

(b) **Máximos e Mínimos Locais.** Observemos o gráfico da função y(x) mostrado na Fig. 9.11.

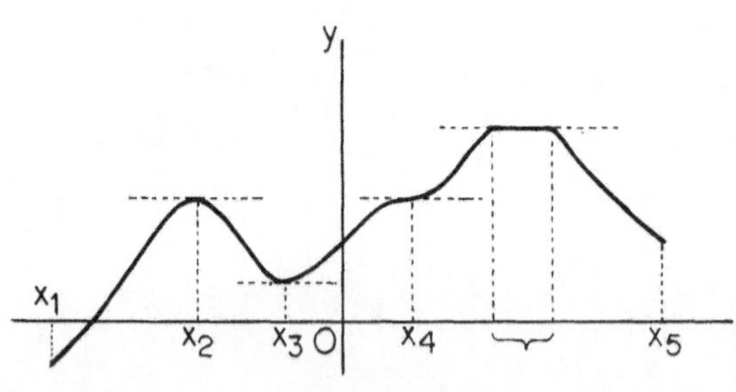

Figura 9.11

Para x num pequeno intervalo em torno de x_2 tem–se $y(x) \leq y(x_2)$. Diz–se que x_2 é um ponto de máximo local. Note que x_2 não é ponto de máximo global. Nesta ordem de idéias, x_3 é ponto de mínimo local. Todos os pontos indicados pela chave na figura são de máximo local. Neste especial caso eles são de máximo global.

Observemos que nos pontos de máximo local ou mínimo local que são pontos interiores a derivada se anula (a reta tangente é "horizontal"). Observemos também que embora isto ocorra em x_4, este não é ponto nem de mínimo local, nem de máximo local.

Formalizemos as noções acima:

Um ponto x_0 do domínio de uma função $y = y(x)$ é *ponto de máximo local*(*) da mesma se existir um intervalo aberto contendo x_0 tal que para todo x do domínio que está nesse intervalo se verifica

$$y(x) \leq y(x_0)$$

Neste caso $y(x_0)$ é chamado (*valor*) *máximo local* da função. As noções de ponto de mínimo local e (*valor*) *mínimo local* se definem de modo análogo.

Notas. 1. De acordo com a definição, x_1 e x_5 na figura anterior são pontos de mínimo local.

2. Um ponto de máximo local ou de mínimo local é, respectivamente, um ponto de máximo global ou de mínimo global da função obtida fazendo x variar numa parte do domínio. Assim, se x_0 é ponto interior do domínio, pode–se usar (3):

> Se x_0 é ponto de máximo local ou de mínimo local de $y(x)$, e é ponto interior do domínio, então
>
> $$y'(x_0) = 0 \qquad (6)$$

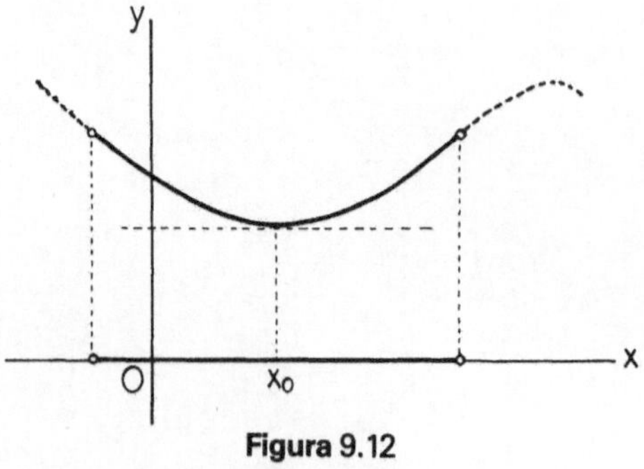

Figura 9.12

Um critério evidente para detecção de pontos de máximo e de mínimo locais é o seguinte: se $y''(x) > 0$ num intervalo contendo x_0, e $y'(x_0) = 0$, então a concavidade seria para cima, e a reta tangente em $(x_0, y(x_0))$ seria "horizontal", e a conclusão óbvia é que x_0 é ponto de mínimo local (Fig. 9.12).

(*) A palavra "relativo" às vezes é usada em lugar de "local".

Acontece que basta exigir que $y''(x_0) > 0$ para a conclusão:

> Suponhamos $y'(x_0) = 0$. Então
> - se $y''(x_0) > 0$, x_0 é ponto de mínimo local de $y(x)$; (7)
> - se $y''(x_0) < 0$, x_0 é ponto de máximo local de $y(x)$.

Exemplo 9.5-3 – Achar os pontos de máximo local e de mínimo local da função

$$y(x) = \frac{1}{41}x^{41} - x + 100$$

Solução. Vamos achar todos os candidatos a ponto de máximo e mínimo local. Por (6) eles são as raízes de $y'(x) = 0$. Como $y'(x) = x^{40}-1$, estas raízes são -1 e 1. Como $y''(x) = 40x^{39}$ então

$$y''(-1) < 0 \quad \text{e} \quad y''(1) > 0$$

logo -1 é ponto de máximo local e 1 é ponto de mínimo local. ◀

9.6 – EXERCÍCIOS

9.1 – Estudar o movimento $s(t) = \text{arctg}\, t - t$, $t \geq 0$ quanto a ser progressivo ou retrógrado.
Resposta: Retrógrado.

9.2 – Idem para $s(t) = t^2(t^2-2)$.
Resposta: Retrógrado: $t \leq -1$ e $0 \leq t \leq 1$; progressivo: $-1 \leq t \leq 0$ e $t \geq 1$.

9.3 – (a) Seja $y(x)$ uma função positiva num intervalo. Então $y(x)$ é estritamente crescente ou estritamente decrescente no intervalo conforme $y^2(x)$ o for. Isto é fácil de provar.
(b) Um movimento é dito *acelerado* num intervalo se $|v|$ for estritamente crescente nesse intervalo, e retardado se $|v|$ for estritamente decrescente. Prove que se num intervalo tivermos $av > 0$ então o movimento é acelerado nesse intervalo; se $av < 0$, é retardado.
(c) Estude o movimento dado no exercício 9.1 quanto aos conceitos em (b).
Resposta: Acelerado.
(d) Idem, para o movimento dado no exercício 9.2.

Resposta: Acelerado: $-1 \leq t \leq -\frac{1}{\sqrt{3}}$; $0 \leq t \leq \frac{1}{\sqrt{3}}$; $t \geq 1$.
Retardado: $t \leq -1$; $-\frac{1}{\sqrt{3}} \leq t \leq 0$; $\frac{1}{\sqrt{3}} \leq t \leq 1$.

9.4 – Esboçar o gráfico da função $y(x) = \frac{1}{1+x^2}$.

9.5 – Idem para $y(x) = 2x^2-x^4+3$.

9.6 – (Método dos Mínimos Quadrados.) Medindo–se n vezes uma mesma grandeza obtiveram–se os números $x_1,x_2,...,x_n$. Admitindo que o valor mais provável da grandeza é aquele que minimiza a soma

$$\sum_{i=1}^{n} (x-x_i)^2 = (x-x_1)^2 + \cdots + (x-x_n)^2 ,$$

determiná–lo.

Resposta: $\frac{(x_1+\cdots+x_n)}{n}$.

9.7 – Um fabricante de vasilhas quer dimensionar uma vasilha cilíndrica (fechada) que tenha volume maior possível para uma dada área superficial. Qual a relação entre a altura e o raio da base?

Resposta: $h = 2r$.

9.8 – Um ponto A move–se sobre o eixo Ox com função horária $x_A(t) = \sqrt{t^2-2t+2}$ e um ponto B sobre o eixo Oy com função horária $y_B(t) = c\sqrt{t^2-2t+3}$ (c constante). Sabe–se que a distância entre A e B é mínima quando y_B vale 4 (comprimentos em metros, tempo em segundos). Determinar c.

Resposta: $c = 2\sqrt{2}$ m.

9.9 – Um ponto move–se com velocidade $v(t) = 99{,}9\, t^e e^{-t}$km/h ($t \geq 0$, em horas). Ele alcançará a velocidade de 100km/h?

Resposta: Não.

9.10 – Uma carreta deve ser conduzida num percurso de 300km com movimento uniforme de velocidade v km/h, sendo que no trecho deve–se ter $30 \leq v \leq 80$. O combustível é consumido na razão de $1+(v^2/600)$ litros por hora, sendo o seu custo de p cruzeiros por litro. O motorista tem salário de q cruzeiros por hora.

(a) Qual a velocidade mais econômica e a menos econômica se $q = 5p$?

(b) Idem para $q = 0{,}01p$.

(c) Idem para $q = 99p$.

(d) Sabendo que o patrão obriga o motorista a andar a 30km/h, afirmando que esta é a velocidade mais econômica, prove que $q \leq 0{,}5p$.

Resposta:

	mais econômica	menos econômica
(a)	60	30
(b)	30	80
(c)	80	30

*** 9.11** – São dados $A = (0,a)$, $B = (\ell,b)$ $(a \geq b > 0;\ \ell > 0)$. Um raio luminoso parte de A em linha reta, atinge o eixo Ox (que representa um espelho), reflete–se e atinge B, como mostrado na Fig. 9.13. Admitindo o Princípio de Fermat, segundo o qual a luz faz o percurso no tempo mínimo, mostrar que o ângulo de incidência i é igual ao de reflexão r.

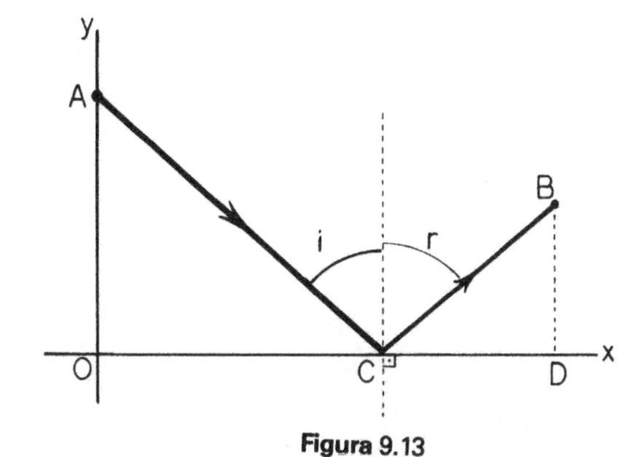

Figura 9.13

Ajuda. Para estudar o sinal da função $y(x) = \frac{x}{\sqrt{a^2+x^2}} - \frac{\ell-x}{\sqrt{b^2+(\ell-x)^2}}$, observar de início que $y(x) < 0$ se $x \leq 0$ e $y(x) > 0$ se $x \geq \ell$. A discussão então se reduz ao caso $0 < x < \ell$. Sendo $y(x) = y_1(x) - y_2(x)$, y_1 e y_2 com significado óbvio, então $y_1(x) > 0$, $y_2(x) > 0$, logo $y_1(x) \lesseqgtr y_2(x)$ equivale a $y_1^2(x) \lesseqgtr y_2^2(x)$, etc..

No Δ OAC calcule sen i.

9.12 – Achar os pontos de máximo local e de mínimo local da função $y(x) = x^4 - 6x^2$.

Resposta: Ponto de máximo local: 0 ;
pontos de mínimo local: $-\sqrt{3}$, $\sqrt{3}$.

9.13 – Idem para $y(x) = \frac{x+2}{x^2+1}$.

Resposta: Ponto de máximo local: $-2 + \sqrt{5}$;
ponto de mínimo local: $-2 - \sqrt{5}$.

9.14 – Idem para $y(x) = \frac{1}{5}x^5 - \frac{1}{4}x^4 - 2x^3$.

Resposta: Ponto de máximo local: –2 ;
ponto de mínimo local: 3 .

9.15 – Achar os máximos e mínimos locais da função $y(x) = x - \text{arctg}\, 2x$.

Resposta: Mínimo local: $\frac{1}{2} - \frac{\pi}{4}$;
máximo local: $\frac{\pi}{4} - \frac{1}{2}$.

10 O teorema do valor médio (TVM)

10.1 – ENUNCIADO E INTERPRETAÇÃO GEOMÉTRICA

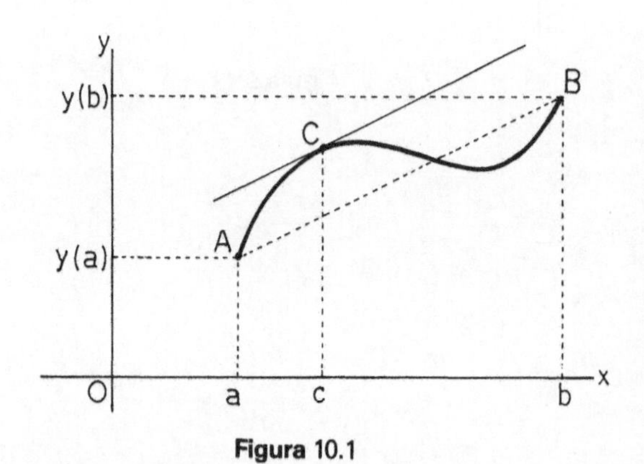

Figura 10.1

O Teorema do Valor Médio é um dos mais importantes do Cálculo. Geometricamente o teorema é bastante evidente. De fato, se $y(x)$ é contínua no intervalo $a \leq x \leq b$ $(a < b)$ e derivável no seu interior $a < x < b$, seu gráfico deve ser sem rupturas e suave no interior, conforme mostra a Fig. 10.1.

Então é de se esperar que exista uma reta tangente ao gráfico, que seja paralela à reta AB, $A = (a,y(a))$, $B = (b,y(b))$ (no caso da figura existem duas). Então a tangente e a reta AB têm mesmo coeficiente angular. O da 1ª é $y'(c)$, c a abscissa do ponto C de tangência, e o da 2ª é

$$\frac{y(b) - y(a)}{b - a}$$

de sorte que devemos ter

$$y'(c) = \frac{y(b) - y(a)}{b - a}$$

Enunciemos:

> *Teorema do Valor Médio* (TVM). Se $y(x)$ é contínua no intervalo $a \leq x \leq b$ e derivável no intervalo $a < x < b$, então existe c, $a < c < b$, tal que (1)
>
> $$y'(c) = \frac{y(b) - y(a)}{b - a}$$

Como conseqüência temos que se $y(x)$ nas condições acima é tal que $y'(x) = 0$ para todo x com $a < x < b$, então para quaisquer dois pontos x_1 e x_2 distintos do intervalo $a \leq x \leq b$ tem–se

$$0 = \frac{y(x_2) - y(x_1)}{x_2 - x_1}$$

logo $y(x_2) = y(x_1)$, ou seja, $y(x)$ é constante. Portanto, se $y(x)$ e $z(x)$ estão nas hipóteses do TVM e verificam $y'(x) = z'(x)$ para todo x com $a < x < b$, então $(y-z)'(x) = 0$ logo, pelo que acabamos de ver, $(y-z)(x)$ é constante em I:

$$y(x) - z(x) = k \qquad \text{em I}$$

Enunciemos:

- Duas funções contínuas num intervalo I com mesma derivada no interior, diferem por uma constante em I.
- Uma função contínua num intervalo I com derivada nula no seu interior é constante em I. (2)

Exemplo 10.1-1 – Achar c como no TVM para a função $y(x) = x^3$

(a) no intervalo $0 \leq x \leq 1$; (b) no intervalo $-2 \leq x \leq 2$.

Solução. (a) Temos $y'(x) = 3x^2$, $y(1) = 1$, $y(0) = 0$. Substituindo na fórmula (1) vem

$$3c^2 = \frac{1-0}{1-0} = 1$$

e daí $c = \frac{1}{\sqrt{3}}$ (já que $0 < c < 1$). ◀

(b) Temos $y(2) = 8$, $y(-2) = -8$. Substituindo na fórmula de (1) vem

$$3c^2 = \frac{8-(-8)}{2-(-2)} = 4$$

Daí

$$c = \pm\frac{2}{\sqrt{3}}$$ ◀

e ambos servem, pois os dois números estão no intervalo $-2 \leq x \leq 2$.

Exemplo 10.1-2 – Em qualquer intervalo de tempo de um movimento a velocidade média é igual à média das velocidades nos extremos do intervalo. Mostrar que a aceleração é constante. Admitir que a função horária é tal que a aceleração é contínua.

Solução. Seja I o intervalo de tempo do movimento. Sejam t e t_0 de $\overset{\circ}{I}$, t_0 fixo. Pelos dados do problema podemos escrever

$$\frac{s(t)-s(t_0)}{t-t_0} = \frac{v(t_0)+v(t)}{2}$$

logo

$$2s(t) - 2s(t_0) = (v(t_0)+v(t))(t-t_0)$$

Derivando vem

$$2\dot{s}(t) = \dot{v}(t)\cdot(t-t_0) + v(t_0) + v(t)$$

ou seja, lembrando que $\dot{s} = v$, $\dot{v} = a$,

$$v(t) = a(t).(t-t_0) + v(t_0)$$

Derivando novamente vem

$$a(t) = \dot{a}(t).(t-t_0) + a(t)$$

de onde resulta que

$$\dot{a}(t).(t-t_0) = 0$$

Esta relação valendo para quaisquer t, t_0 de $\overset{\circ}{I}$ acarreta $\dot{a}(t) = 0$ em $\overset{\circ}{I}$, o que por (2) acarreta que $a(t)$ é constante. ◀

⋆ 10.2 – ASPECTOS COMPLEMENTARES

Pretendemos nesta seção dar uma idéia de como se pode chegar à demonstração do TVM, e como, através dele, se podem provar alguns dos resultados enunciados ao longo dos capítulos precedentes. Não pretendemos rigorizar a apresentação, ao contrário, queremos usar uma linguagem livre. A intenção é dar ao leitor *interessado* uma visão, ainda que tênue, do que seria uma organização de assuntos que foram apresentados.

Como não partiremos de definições e fatos primeiros, o começo será um resultado apoiado em intuição, ilustrado na Fig. 10.2.

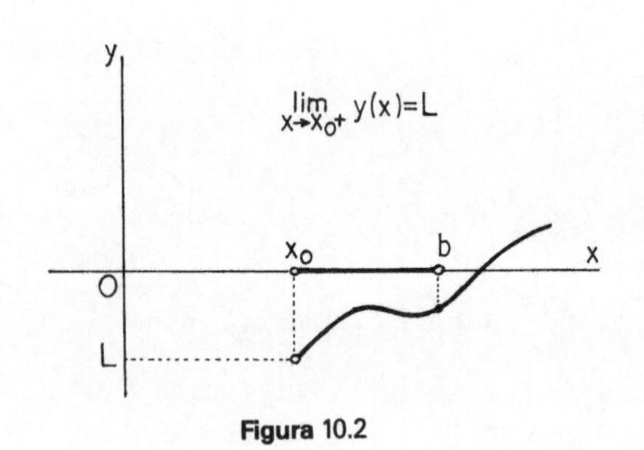

Figura 10.2

FATO 1. Se $y(x) \leq 0$ para $x_0 < x < b$ então

$$\lim_{x \to x_0^+} y(x) \leq 0$$

(admitida a existência do limite à direita).

FATO 2. *Teorema de Weierstrass* ((5) de 9.5). Toda função contínua cujo domínio é um intervalo compacto assume seu máximo global e seu mínimo global.

A demonstração é laboriosa.

FATO 3. Seja x_0 um ponto de máximo (global ou local) de uma função $y(x)$ derivável, cujo domínio é um intervalo aberto. Então $y'(x_0) = 0$. O resultado vale se x_0 é ponto de mínimo.

Vejamos a idéia da demonstração no caso de x_0 ser ponto de máximo. Temos que $y(x_0) \geq y(x_0+\Delta x)$ logo, se $\Delta x > 0$ temos

$$\frac{y(x_0+\Delta x) - y(x_0)}{\Delta x} \leq 0$$

Fazendo $\Delta x \to 0^+$, temos, pelo FATO 1, que

$$\lim_{\Delta x \to 0^+} \frac{y(x_0+\Delta x) - y(x_0)}{\Delta x} \leq 0$$

Como $y(x)$ é derivável em x_0, o 1º membro é $y'(x_0)$, $y'(x_0) \leq 0$. Analogamente, usando $\Delta x < 0$ e uma versão análoga do FATO 1, chega-se a que $y'(x_0) \geq 0$. Portanto, $y'(x_0) = 0$.

FATO 4. *Teorema de Rolle.* Se $y(x)$ é contínua em $a \leq x \leq b$, derivável em $a < x < b$, e $y(a) = y(b)$ então existe c, com $a < c < b$, tal que $y'(c) = 0$.(*)

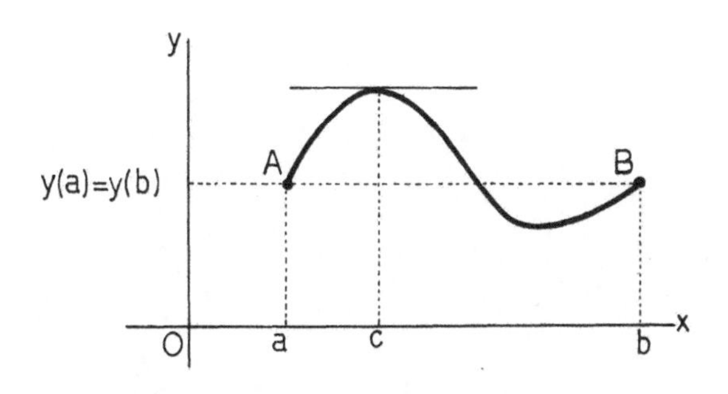

Figura 10.3

O conteúdo geométrico é mostrado na Fig. 10.3.

Vejamos a demonstração. Pelo FATO 2, a função tem ponto de máximo global m e ponto de mínimo global n.

(1º) $a < m < b$. Pelo FATO 3 temos $f'(m) = 0$.

(2º) $a < n < b$. Pelo FATO 3 temos $f'(n) = 0$.

(3º) Excluindo os casos anteriores, suponhamos que m e n ocorrem nos extremos. Como $y(a) = y(b)$, a função é constante, logo $y'(x) = 0$ para $a < x < b$.

O resultado fica assim provado (no 1º caso tomar $c = m$, no 2º $c = n$, e no 3º qualquer c com $a < c < b$). ◀

FATO 5. *Teorema do Valor Médio* ((1) de 10.1). Se $y(x)$ é contínua em $a \leq x \leq b$, derivável em $a < x < b$, então existe c, $a < c < b$, tal que

$$y'(c) = \frac{y(b) - y(a)}{b - a}$$

A demonstração é simples, agora. Observe a Fig. 10.1, que ilustra o TVM. Seja $z(x)$ a função que tem o segmento AB como gráfico. Então claramente

$$z'(x) = \frac{y(b) - y(a)}{b - a}$$

para todo x tal que $a < x < b$.

A função $w(x) = y(x) - z(x)$ verifica as hipóteses do Teorema de Rolle pois $w(a) = 0 = w(b)$, e é diferença de funções contínuas em $a \leq x \leq b$ e deriváveis em $a < x < b$. Então existe c, $a < c < b$, tal que $w'(c) = 0$, logo $y'(c) - z'(c) = 0$. Basta agora fazer $x = c$ na expressão acima de $z'(x)$.

Veremos agora algumas conseqüências do TVM.

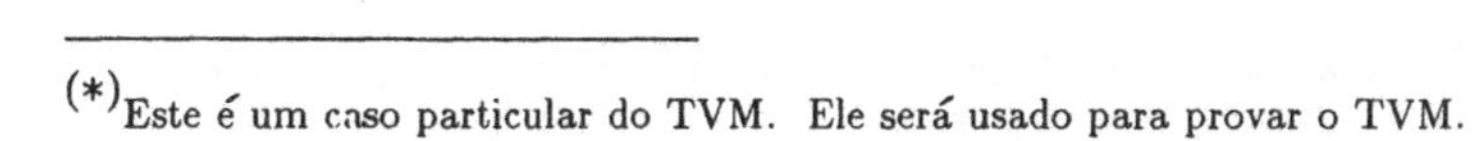

(*) Este é um caso particular do TVM. Ele será usado para provar o TVM.

C1. • Duas funções contínuas num intervalo com mesma derivada no interior do mesmo diferem por uma constante nesse intervalo.

• Uma função contínua num intervalo com derivada nula no seu interior é constante no intervalo.

Este é o resultado expresso em (2) de 10.1, e já foi provado.

Para a próxima conseqüência é preciso ter em mente as definições de função estritamente crescente e estritamente decrescente, dadas em rodapé da seção 9.2.

C2. Uma função contínua num intervalo e de derivada positiva no seu interior é estritamente crescente no intervalo. Se a derivada for negativa a função é estritamente decrescente.

Este é o resultado expresso em (1) da seção 9.2. Vamos prová–lo no caso de $y'(x) > 0$. Sejam x_1 e x_2 do intervalo dado, com $x_1 < x_2$. Pelo TVM existe c com $x_1 < c < x_2$ tal que

$$y(x_2) - y(x_1) = y'(c)(x_2-x_1)$$

Pela hipótese $y'(c) > 0$. Como $x_2-x_1 > 0$, então $y(x_2) > y(x_1)$. Assim $y(x)$ é estritamente crescente no intervalo. ◄

Para a próxima conseqüência é preciso ter em mente as definições relativas a concavidade, dadas em rodapé da seção 9.3. A Fig. 10.4 ilustra a definição no caso de concavidade para cima.

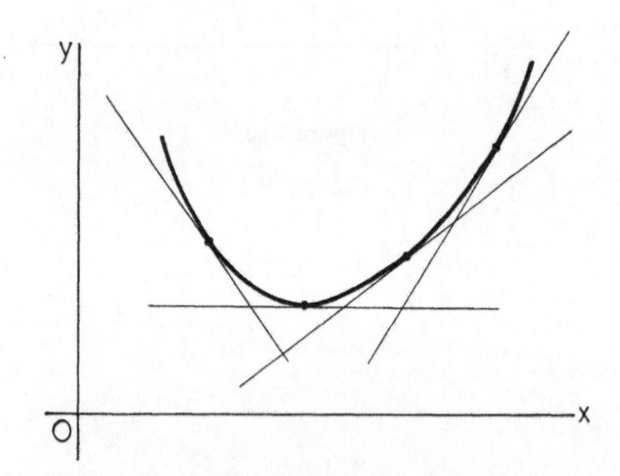

Concavidade para cima: cada reta tangente, excetuando o ponto de tangência, fica abaixo do gráfico da função.

Figura 10.4

C3. Se num intervalo aberto ocorrer $y''(x) > 0$ então $y(x)$ tem concavidade para cima no mesmo. Se for $y''(x) < 0$, a concavidade é para baixo.

Este é o resultado expresso em (2) da seção 9.3. Vamos prová–lo no caso $y''(x) > 0$ (Fig. 10.5). Seja x_0 um ponto do intervalo. A função cujo gráfico é a reta tangente ao gráfico de $y(x)$ no ponto $(x_0,y(x_0))$ é(*)

$$T_{x_0}(x) = y'(x_0)(x-x_0) + y(x_0)$$

Então para todo x do intervalo temos:

$$\begin{aligned} y(x) - T_{x_0}(x) &= y(x) - y(x_0) - y'(x_0)(x-x_0) \\ &= y'(c)(x-x_0) - y'(x_0)(x-x_0) \\ &= (y'(c) - y'(x_0))(x-x_0) \\ &= y''(d)(c-x_0)(x-x_0) \end{aligned}$$

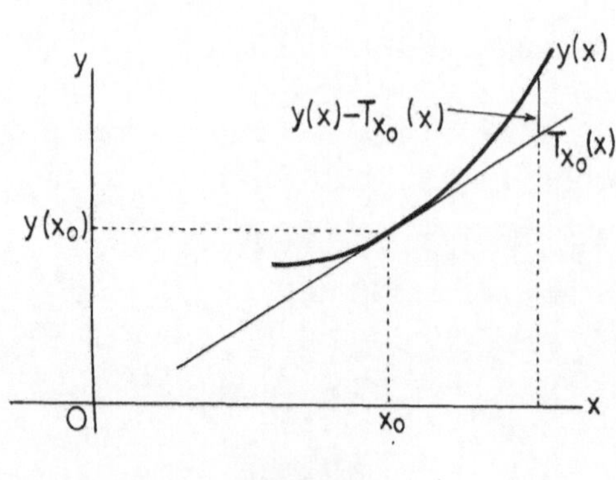

Figura 10.5

(*)Equação da reta por (x_0,y_0), de coeficiente angular m: $y-y_0 = m(x-x_0)$. No caso, $y_0 = y(x_0)$, $m = y'(x_0)$.

onde c está entre x e x_0, d entre c e x_0. Estivemos usando o TVM na 2ª igualdade para y(x), e na 4ª para y'(x).

Como pela hipótese $y''(c) > 0$, e como $(c-x_0)(x-x_0) > 0$ (pois c está entre x e x_0), resulta da expressão acima que

$$y(x) - T_{x_0}(x) > 0$$

para todo $x \neq x_0$ do intervalo. Isto vale para qualquer x_0 do intervalo, logo y(x) tem concavidade para cima nele. ◀

10.3 – EXERCÍCIOS

10.1 – Determinar c como no Teorema do Valor Médio, sendo $y(x) = x + \frac{1}{x} + 10$, no intervalo $\frac{1}{3} \leq x \leq 3$.

Resposta: 1 .

10.2 – Idem para $y(x) = \frac{1}{3}x^3 - \frac{1}{2}x^2$, no intervalo $-1 \leq x \leq 3$.

Resposta: $\frac{1}{2}\left(1 \pm \sqrt{\frac{19}{3}}\right)$.

10.3 – Idem para $y(x) = ax^2+bx+c$ $(a \neq 0)$ no intervalo $p \leq x \leq q$.
Resposta: $\frac{1}{2}(p+q)$.

10.4 – Mostre que, no movimento de um ponto, em qualquer intervalo de tempo existe um instante em que a velocidade escalar iguala a velocidade média no intervalo.

10.5 – Dois pontos têm, nos seus movimentos, a mesma aceleração escalar. Num certo instante suas velocidades coincidem. Mostrar que eles têm a mesma velocidade escalar.

10.6 – Num movimento vale a relação

$$s(t_2) - s(t_1) = v(t_2)(t_2-t_1)$$

para quaisquer instantes t_1 e t_2. Mostrar que a velocidade escalar é constante.

⋆ **10.7** – Estabeleça a estimativa do erro na aproximação $\Delta y \simeq dy$, citada na nota da seção 6.3.

⋆ **10.8** – (a) Fazendo uma figura, convença-se do seguinte *Teorema de Conservação de Sinal*: Se

$$\lim_{x \to x_0} y(x) > 0$$

então existe um intervalo aberto contendo x_0 no qual, exceto possivelmente em x_0, se tem

$$y(x) > 0$$

(Vale versão análoga quando o limite é < 0; supor que o domínio de $y(x)$ é um intervalo.)

(b) Utilizando a parte (a), prove o critério (7) da seção 9.5.

Ajuda.

$$y''(x_0) = \lim_{\Delta x \to 0} \frac{y'(x_0+\Delta x) - y'(x_0)}{\Delta x}$$

Considere $\Delta x > 0$ e $\Delta x < 0$.

11 Primitivas

11.1 – CONCEITO E PROPRIEDADES

Uma pergunta perfeitamente natural é a seguinte: dada a velocidade escalar $v(t)$ achar a função horária $s(t)$. Por exemplo, sendo $v(t) = t^3$, achar $s(t)$. Como $v = \dot{s}$, trata-se então do problema seguinte:

"Dada a derivada de uma função $y'(x)$, achar $y(x)$."

Note que até agora era dada a função e a nossa tarefa era achar sua derivada. Por exemplo, dada a função horária $s(t)$ achar a velocidade escalar $v(t) = \dot{s}(t)$. Ou dada a velocidade escalar $v(t)$ achar a aceleração escalar $a(t) = \dot{v}(t)$. Este processo é o de derivação. O processo de dada a derivada de uma função achar a função recebe o nome de *primitivação*.

Chama-se *primitiva* de uma função $y(x)$ *no intervalo* I a uma função $Y(x)$ que verifica

$$Y'(x) = y(x)$$

para todo x de I.

Se $Y(x)$ é primitiva de $y(x)$ então para uma constante c qualquer $Y(x)+c$ também é uma primitiva de $y(x)$ pois

$$(Y(x)+c)' = Y'(x) = y(x)$$

Por outro lado, se $Y_1(x)$ e $Y_2(x)$ são primitivas de $y(x)$ então

$$Y_1'(x) = y(x) = Y_2'(x)$$

e daí, de acordo com (2) da seção 10.1, elas diferem por uma constante. Assim,

> Se $Y(x)$ é uma primitiva de $y(x)$ num intervalo I qualquer outra é da forma $Y(x)+c$, c uma constante. (1)

Exemplo 11.1-1 – Um ponto tem aceleração escalar $a(t) = e^{-3t} m/s^2$ (t em segundos). Achar a velocidade escalar $v(t)$ sabendo que ela é nula se $t = 0$.

Solução. Como $a = \dot{v}$, então $v(t)$ é um primitiva de $a(t) = e^{-3t}$ no conjunto dos números reais. Lembrando que $(e^x)' = e^x$, não é difícil ver que $-1/3\, e^{-3t}$ é uma tal primitiva, pois

$$\left(-\frac{1}{3}e^{-3t}\right)^{\cdot} = -\frac{1}{3}(e^{-3t})^{\cdot} = -\frac{1}{3}(e^{-3t})(-3)$$

$$= e^{-3t}$$

Portanto qualquer primitiva de $a(t) = e^{-3t}$ é da forma $-1/3\, e^{-3t} + c$, ou seja

$$v(t) = -\frac{1}{3}e^{-3t} + c$$

Como foi dado que $v(0) = 0$, então

$$0 = -\frac{1}{3}e^{-3\cdot 0} + c = -\frac{1}{3} + c$$

logo $c = 1/3$. Substituindo na fórmula de $v(t)$ vem

$$v(t) = \frac{1}{3}(1 - e^{-3t})\ \text{m/s}$$ ◀

As seguintes propriedades são úteis:

> Se $Y(x)$ e $Z(x)$ são primitivas em I de $y(x)$ e $z(x)$, respectivamente, e a um número real, então $Y(x) \pm Z(x)$ é uma primitiva de $y(x) \pm z(x)$ e $aY(x)$ é uma primitiva de $ay(x)$ em I. (2)

De fato, como $Y'(x) = y(x)$, $Z'(x) = z(x)$ em I então

$$(Y \pm Z)'(x) = Y'(x) \pm Z'(x) = y(x) \pm z(x)$$

em I, ou seja, $Y(x) \pm Z(x)$ é primitiva de $y(x) \pm z(x)$ em I. Deixamos o restante a provar para o leitor.

11.2 – TABELA BÁSICA

Podemos construir uma tabela básica de primitivas, usando a tabela básica de derivadas. Por exemplo, como $(\text{sen}\, x)' = \cos x$, então $Y(x) = \text{sen}\, x$ é uma primitiva de $y(x) = \cos x$. Do mesmo modo, como $(\ln x)' = 1/x$, então $Y(x) = \ln x$ é uma primitiva de $y(x) = 1/x$. Note que estamos omitindo o intervalo, prática que adotaremos doravante. Outro exemplo: como $\left(x^{3/2}\right)' = (3/2)x^{1/2}$ então

$$\left[\frac{x^{3/2}}{3/2}\right]' = x^{1/2}$$

logo $Y(x) = \frac{x^{3/2}}{3/2}$ é uma primitiva de $y(x) = x^{1/2}$.(*)

Uma notação usada por Leibniz para designar uma primitiva de $y(x)$ é a seguinte:

$$\int y(x)\, dx \qquad (3)$$

Aqui "dx" não tem nenhum significado no momento, e só aparece na notação porque vai nos ajudar a achar primitivas, conforme veremos na próxima seção.

Quando usamos a notação acima, $y(x)$ é referida como *integrando*.

Neste ponto é bom esclarecermos que a notação (3) tem defeitos. De fato, pelo que vimos acima $\operatorname{sen} x$ é uma primitiva de $\cos x$, logo

$$\int \cos x\, dx = \operatorname{sen} x$$

Por outro lado, $\operatorname{sen} x + 3$ também é uma primitiva de $\cos x$, e também podemos escrever

$$\int \cos x\, dx = \operatorname{sen} x + 3$$

Daí alguém pode se sentir tentado a combinar as duas igualdades acima e concluir que $3 = 0$!

Às vezes nos interessa, ao usar (3), escrever a primitiva mais geral de $y(x)$. No caso acima,

$$\int \cos x\, dx = \operatorname{sen} x + c$$

sendo c uma constante arbitrária.

Usaremos (3) ora para designar uma particular primitiva de $y(x)$, ora a genérica, conforme nos seja conveniente. O leitor verá que isto não vai constituir problema.

Do modo descrito no início desta seção, podemos construir a seguinte tabela básica de primitivas (a e b são números reais):

$$\int b\, dx = bx + c$$

$$\int x^b\, dx = \frac{x^{b+1}}{b+1} + c \qquad (b \neq -1)$$

(*) $\operatorname{sen} x$ é primitiva de $\cos x$ no conjunto dos números reais; $\ln x$ é primitiva de $1/x$ no intervalo $x > 0$; $\frac{x^{3/2}}{3/2}$ é primitiva de $x^{1/2}$ no intervalo $x \geq 0$.

$$\int \frac{1}{x}\,dx = \ln|x| + c\ ^{(*)}$$

$$\int e^x\,dx = e^x + c$$

$$\int a^x\,dx = \frac{a^x}{\ln a} + c$$

$$\int \text{sen}\,x\,dx = -\cos x + c$$

$$\int \cos x\,dx = \text{sen}\,x + c$$

$$\int \sec^2 x\,dx = \text{tg}\,x + c$$

$$\int \text{cossec}^2 x\,dx = -\text{cotg}\,x + c$$

$$\int \sec x\,\text{tg}\,x\,dx = \sec x + c$$

$$\int \text{cossec}\,x\,\text{cotg}\,x\,dx = -\text{cossec}\,x + c$$

$$\int \frac{1}{1+x^2}\,dx = \text{arctg}\,x + c$$

$$\int \frac{1}{\sqrt{1-x^2}}\,dx = \text{arcsen}\,x + c$$

$$\int \text{sh}\,x\,dx = \text{ch}\,x + c$$

$$\int \text{ch}\,x\,dx = \text{sh}\,x + c$$

Nota. Observe que $(-1/2\cos 2x)' = \text{sen}\,2x$, e que $(\text{sen}^2 x)' = 2\text{sen}\,x\cos x = \text{sen}\,2x$. Portanto ambas as funções $-1/2\cos 2x$ e $\text{sen}^2 x$ são primitivas de sen 2x. Assim, podemos escrever

$$\int \text{sen}\,2x\,dx = -\frac{1}{2}\cos 2x + c$$

(*) É $\ln x$ no intervalo $x > 0$ e $\ln(-x)$ no intervalo $x < 0$.

$$\int \text{sen } 2x \, dx = \text{sen}^2 x + c$$

Com a notação de primitiva que introduzimos, a propriedade (2) da seção anterior costuma ser expressa do seguinte modo:

$$\left\| \begin{array}{ll} \int (y \pm z)(x)dx = \int y(x)dx \pm \int z(x)dx & \\ \int by(x)dx = b \int y(x)dx \quad \text{(b constante)} & \end{array} \right. \qquad (4)$$

Exemplo 11.2-1 – A velocidade de um ponto é dada por $v(t) = 4t^3 - \text{sh } t + 2$. Determinar a função horária, sabendo que ela vale 2 para $t = 0$ (t em segundos, v em m/s).

Solução. Como $v = \dot{s}$ então s é uma primitiva de v. Vamos achar a mais geral, para depois determinar aquela que verifica a condição $s(0) = 2$:

$$s(t) = \int v(t)\, dt = \int (4t^3 - \text{sh } t + 2)\, dt$$

$$= \int 4t^3\, dt - \int \text{sh } t\, dt + \int 2dt$$

$$= 4 \int t^3\, dt - \int \text{sh } t\, dt + \int 2dt$$

$$= 4 \cdot \frac{t^4}{4} - \text{ch } t + 2t + c$$

$$= t^4 - \text{ch } t + 2t + c$$

Como $s(0) = 2$, temos

$$2 = 0^4 - \text{ch } 0 + 2.0 + c$$

de onde resulta $c = 3$. Assim,

$$s(t) = t^4 - \text{ch } t + 2t + 3 \text{ m}$$ ◄

Exemplo 11.2-2 – O movimento de um ponto é tal que sua aceleração é constante não nula. Mostre que se trata de um Movimento Uniformemente Variado.

Solução. Temos $a(t) = \gamma$, γ real não–nulo. Então

$$v(t) = \int \gamma\, dt = \gamma t + c$$

Daí

$$s(t) = \int (\gamma t + c)\, dt = \gamma \int t\, dt + c \int dt$$

$$= \gamma \frac{t^2}{2} + ct + d$$

o que mostra a afirmação. ◀

Exemplo 11.2-3 – Num movimento vale a seguinte relação: $v = 1+s^2$. Sabe-se que no instante $t = 0$ s vale 1. Determinar a função horária.

Solução. A relação dada se escreve

$$\frac{ds}{dt} = 1 + s^2$$

Portanto $ds/dt > 0$, logo s é estritamente crescente; daí existe a inversa $t = t(s)$, e da relação acima vem

$$\frac{dt}{ds} = \frac{1}{1+s^2}$$

logo

$$t = \int \frac{ds}{1+s^2} = \text{arctg}\, s + c$$

Como para $t = 0$ $s = 1$ então $0 = \pi/4 + c$ e daí

$$t = \text{arctg}\, s = -\frac{\pi}{4}$$

logo

$$s = \text{tg}\left(t + \frac{\pi}{4}\right)$$ ◀

11.3 – MÉTODOS DE DETERMINAÇÃO DE PRIMITIVAS(*)

Existem essencialmente dois métodos de se achar primitivas de funções a partir da tabela básica de primitivas: o *Método de Substituição* (ou *Método de Mudança de Variável*) e o *Método de Integração por Partes.* O primeiro deles de ramifica em diversos outros. Aqui examinaremos os dois métodos de maneira breve.

(a) **Método de Substituição.** Vamos expor o método formalmente, através de um exemplo. Vamos achar

$$I = \int x\, e^{x^2}\, dx$$

(*) Na literatura fala-se comumente em "Métodos de Integração".

Observando a tabela básica de primitivas dada na seção anterior, vemos que tal primitiva não se encontra nessa tabela. Fazendo a substituição

$$u = x^2$$

temos $du = 2x\,dx$, e daí

$$x\,dx = \frac{1}{2}du$$

Substituindo na expressão de I vem

$$I = \int e^{x^2} x\,dx = \int e^u \cdot \frac{1}{2}du = \frac{1}{2}\int e^u\,du$$

Como uma primitiva de e^u é e^u, pela tabela básica, então

$$I = \frac{1}{2}e^u$$

Como $u = x^2$, vemos que

$$I = \frac{1}{2}e^{x^2}$$

Se quisermos a expressão geral das primitivas de $x\,e^{x^2}$ teremos

$$I = \frac{1}{2}e^{x^2} + c \qquad ◀$$

Deixamos ao leitor a verificação do resultado obtido, ou seja, de que derivando $e^{x^2}/2 + c$ obtém-se o integrando.

A fórmula no caso geral pode ser obtida também formalmente da maneira mostrada a seguir. Aqui a notação de Leibniz revelará sua utilidade.

Em

$$\int y(u)\,du$$

façamos $u = u(x)$. Então $du = (du/dx)dx$, logo

$$\boxed{\int y(u)\,du = \int y(u(x))\,\frac{du}{dx}\,dx}^{(*)} \qquad (5)$$

conhecida como *Fórmula de Mudança de Variável.*

Observemos que no exemplo visto a fórmula foi usada "da direita para a esquerda" isto é, a primitiva procurada está no 2º membro; após a substituição, chegamos ao 1º membro, uma pri–

(*) Esta fórmula como está carece de sentido, pois o 1º membro é função de u, e o 2º de x. É preciso, após achar a primitiva do 1º membro, fazer $u = u(x)$.

mitiva básica. Uma vez achada, volta–se à variável x, substituindo u por u(x).

Vejamos mais exemplos. Neles a escolha de $u = u(x)$ é crucial para a aplicação do método.

Exemplo 11.3-1 – Achar $\int \text{sen } 2x \, dx$.

Solução. Fazendo $u = 2x$, logo $du = 2dx$ e daí $dx = (1/2)du$, resulta

$$\int \text{sen } 2x \, dx = \int \text{sen } u \cdot \frac{1}{2} du$$

$$= \frac{1}{2} \int \text{sen } u \, du = \frac{1}{2}(-\cos u)$$

$$= -\frac{1}{2} \cos 2x$$

Se quisermos a expressão geral das primitivas de sen 2x escrevemos

$$\int \text{sen } 2x \, dx = -\frac{1}{2} \cos 2x + c \qquad ◀$$

Poderíamos neste exemplo efetuar outra substituição: como $\text{sen } 2x = 2\text{sen } x \cos x$, fazendo $u = \text{sen } x$ temos $du = \cos x \, dx$, e assim

$$\int \text{sen } 2x \, dx = \int 2 \text{ sen } x \cos x \, dx$$

$$= \int 2u \, du = 2 \frac{u^2}{2} + c = u^2 + c$$

$$= \text{sen}^2 x + c \qquad ◀$$

Exemplo 11.3-2 – Achar $\int \frac{dx}{x^2+a^2}$ $(a > 0)$

Solução. Na tabela básica consta

$$\int \frac{dx}{x^2+1} = \text{arctg } x + c$$

Tendo isto em vista escrevemos

$$\int \frac{dx}{x^2+a^2} = \int \frac{dx}{a^2\left(\left(\frac{x}{a}\right)^2+1\right)}$$

Fazemos $u = x/a$, logo $du = (1/a)dx$, e daí $dx = a du$.

Então

$$\int \frac{dx}{x^2+a^2} = \int \frac{adu}{a^2(u^2+1)} = \frac{1}{a}\int \frac{du}{1+u^2}$$

$$= \frac{1}{a}\operatorname{arctg} u = \frac{1}{a}\operatorname{arctg}\frac{x}{a}$$

ou seja $(1/a)\operatorname{arctg}(x/a)$ é uma primitiva de $1/(x^2+a^2)$.

O conjunto de todas as primitivas de $1/(x^2+a^2)$ é dado por

$$\int \frac{dx}{x^2+a^2} = \frac{1}{a}\operatorname{arctg}\frac{x}{a} + c$$ ◄

Exemplo 11.3-3 – Achar $\int \frac{x^2dx}{1+x^6}$.

Solução. Tentemos chamar de u uma função cuja diferencial du seja a menos de constante x^2dx. Fazemos $u = x^3$. Então $du = 3x^2dx$, e assim

$$x^2dx = \frac{1}{3}du$$

Quanto ao denominador, $1+x^6 = 1+(x^3)^2 = 1+u^2$, e assim

$$\int \frac{x^2dx}{1+x^6} = \int \frac{\frac{1}{3}du}{1+u^2} = \frac{1}{3}\int \frac{du}{1+u^2}$$

$$= \frac{1}{3}\operatorname{arctg} u = \frac{1}{3}\operatorname{arctg} x^3$$

Para obter a expressão geral basta somar uma constante c. ◄

Exemplo 11.3-4 – Achar $\int \operatorname{tg} x\, dx$.

Solução. Como

$$\int \operatorname{tg} x\, dx = \int \frac{\operatorname{sen} x\, dx}{\cos x}$$

fazendo $u = \cos x$, logo $du = -\operatorname{sen} x\, dx$, vem

$$\int \operatorname{tg} x\, dx = \int \frac{-du}{u} = -\ln|u|$$

$$= -\ln|\cos x|$$ ◄

★ **Nota.** Esta nota se destina ao leitor curioso, que quer ter uma idéia de como se chega à fórmula (5), sem pretensão de rigor.

Seja Y uma primitiva de y. Então podemos escrever

$$Y(u) = \int y(u)\, du \qquad (6)$$

Suponha que $u = u(x)$, e consideremos a função composta $Y(u(x))$. Pela Regra da Cadeia

$$\frac{dY(u(x))}{dx} = \frac{dY}{du}\frac{du}{dx} = y(u(x))\frac{du}{dx}$$

ou seja, $Y(u(x))$ é uma primitiva de $y(u(x))\, du/dx$. Então podemos escrever

$$Y(u(x)) = \int y(u(x))\frac{du}{dx}\,dx \qquad (7)$$

O conteúdo de (5) equivale às equações (6) e (7). Na verdade (5) não tem sentido, a menos que haja uma explicação adicional, como a feita no rodapé que se lhe segue. Esta explicação corresponde a considerar (6) e (7).

Um outro procedimento para se achar primitivas, ainda usando substituição de variáveis, é o seguinte. Queremos achar

$$\int y(x)\,dx$$

Fazemos $x = x(u)$, uma função conveniente. Daí $dx = (dx/du)du$. Então

$$\boxed{\int y(x)dx = \int y(x(u))\frac{dx}{du}\,du} \qquad (8)$$

A primitiva do 2º membro é função de u. Devemos após achá-la, retornar à variável x, através da relação $u = u(x)$, o que pressupõe que $x = x(u)$ tenha inversa.

Vejamos como (8) funciona.

Exemplo 11.3-5 – Achar $\displaystyle\int \frac{e^{2x}}{\sqrt{1+e^x}}\,dx$.

Solução. Fazemos $u = \sqrt{1+e^x}$. Portanto $e^x = u^2-1$, $x = \ln(u^2-1)$, e daí

$$dx = \frac{1}{u^2-1}\cdot 2u\cdot du$$

Assim,

$$\int \frac{e^{2x}dx}{\sqrt{1+e^x}} = \int \frac{(u^2-1)^2}{u}\cdot\frac{1}{u^2-1}\cdot 2u\,du$$

$$= 2\int (u^2-1)\,du$$

$$= 2\left(\frac{u^3}{3} - u\right)$$

$$= 2\left[\frac{(\sqrt{1+e^x})^3}{3} - \sqrt{1+e^x}\right] \blacktriangleleft$$

Exemplo 11.3-6 – Achar $\displaystyle\int \frac{dx}{\sqrt{x^2+1}}$

Solução. Para eliminar a raiz usaremos a mudança $x = \text{sh } u$, pois $x^2+1 = \text{sh}^2u+1 = \text{ch}^2u$ (veja o Exercício 4.1). Então

$$\sqrt{x^2+1} = \text{ch } u \quad , \quad dx = \text{ch } u \, du$$

Assim,

$$\int \frac{dx}{\sqrt{x^2+1}} = \int \frac{\text{ch } u \, du}{\text{ch } u} = \int du = u$$

Se $x = \text{sh } u$ então $u = \ln(x+\sqrt{x^2+1})$, de acordo com o Exercício 7.12. Assim

$$\int \frac{dx}{\sqrt{x^2+1}} = \ln(x + \sqrt{x^2+1}) \blacktriangleleft$$

Exemplo 11.3-7 – Achar $\int \sqrt{1-x^2}\, dx$.

Solução. Observe que $-1 \leq x \leq 1$. Vamos achar uma primitiva de $\sqrt{1-x^2}$ nesse intervalo. Fazemos $x = \text{sen } u$, $-\pi/2 \leq u \leq \pi/2$ (ou seja, $u = \text{arcsen } x$); então $dx = \cos u \, du$. Como $\sqrt{1-x^2} = \sqrt{1-\text{sen}^2u} = |\cos u| = \cos u$ então

$$\int \sqrt{1-x^2}\, dx = \int \cos u \cdot \cos u \, du$$

$$= \int \cos^2 u \, du$$

Lembrando que $\cos^2 u = 1/2 + (1/2)\cos 2u$ então

$$\int \cos^2 u \, du = \frac{1}{2} u + \frac{1}{4} \text{sen } 2u$$

$$= \frac{1}{2} u + \frac{1}{2} \text{sen } u \cos u$$

$$= \frac{1}{2} u + \frac{1}{2} \text{sen } u \sqrt{1-\text{sen}^2 u}$$

Voltando para a variável x vem

$$\int \sqrt{1-x^2}\, dx = \frac{1}{2} \operatorname{arcsen} x + \frac{1}{2} x \sqrt{1-x^2}$$ ◄

★ **Nota.** Esta nota se destina ao leitor curioso, que quer ter uma idéia de como se chega à fórmula (8), sem pretensão de rigor.

Seja Y(u) uma primitiva de y(x(u)) dx/du:

$$Y(u) = \int y(x(u)) \frac{dx}{du}\, du \qquad (9)$$

Temos

$$\frac{d\, Y(u(x))}{dx} = \frac{dY}{du}\frac{du}{dx}$$

$$= y(x(u(x))) \cdot \frac{dx}{du} \cdot \frac{du}{dx} = y(x)$$

ou seja

$$Y(u(x)) = \int y(x)\, dx \qquad (10)$$

(9) e (10) correspondem à (8) e mais o procedimento de retornar à variável x através de u = u(x), conforme instrução após (8).

(b) **Método de Primitivação por Partes.** Este método é baseado no seguinte. Sejam u = u(x) e v = v(x) deriváveis. Então

$$\frac{d(uv)}{dx} = \frac{du}{dx} v + u \frac{dv}{dx}$$

logo

$$u\frac{dv}{dx} = \frac{d(uv)}{dx} - v\frac{du}{dx}$$

Portanto

$$\int u \frac{dv}{dx}\, dx = uv - \int v \frac{du}{dx}\, dx$$

ou usando notação diferencial,

$$\boxed{\int u\, dv = uv - \int v\, du} \qquad (11)$$

Exemplo 11.3-8 – Achar $\int x \operatorname{sen} x\, dx$.

Solução. Escolhendo

$$u = x \qquad \text{logo} \qquad du = dx$$

o restante do integrando deve ser dv:

$$dv = \operatorname{sen} x\, dx \qquad \text{logo} \qquad v = -\cos x$$

Portanto, usando (11), vem

$$\int x \operatorname{sen} x \, dx = -x \cos x - \int (-\cos x) \, dx$$

$$= -x \cos x + \int \cos x \, dx$$

$$= -x \cos x + \operatorname{sen} x \quad ◀$$

Exemplo 11.3-9 – Achar $\int \ln x \, dx$.

Solução. Escolhendo

$$u = \ln x \quad \text{logo} \quad du = \frac{1}{x} dx$$

$$dv = dx \quad \text{logo} \quad v = x$$

resulta, usando (11), que

$$\int \ln x \, dx = x \ln x - \int x \cdot \frac{1}{x} dx$$

$$= x \ln x - \int dx$$

$$= x \ln x - x \quad ◀$$

11.4 – EXERCÍCIOS

Nos exercícios, t está em segundos, v em m/s, e a em m/s^2.

11.1 – Dada a velocidade $v(t) = \operatorname{sh} t + 1/(1+t^2)$, determinar a função horária, sabendo que para $t = 0$ a abscissa curvilínea do ponto vale 2.
Resposta: $s(t) = \operatorname{ch} t + \operatorname{arctg} t + 1$.

11.2 – Dada a aceleração $a(t) = \sqrt[3]{t^4} + e^t + 2$, determinar a velocidade escalar, sabendo que esta vale e+2 quando $t = 1$.
Resposta: $v(t) = \frac{3}{7} t^{7/3} + e^t + 2t - \frac{3}{7}$.

11.3 – No movimento de um ponto vale a relação $v(t) - a(t) = \sec t \operatorname{tg} t$. Sabe–se que a velocidade escalar e a função horária se anulam para $t = 0$. Mostrar que $s(t) = v(t) + \sec t - 1$.

11.4 – (a) Mostrar que se num movimento a velocidade escalar é uma constante não–nula, trata–se de Movimento Uniforme.
(b) Mostrar que se num movimento a aceleração escalar é sempre

nula, trata–se de Movimento Uniforme (supondo s(t) não constante).

11.5 – Um ponto move–se sobre a curva $y = (x-1)e^x$, de modo que sua projeção sobre Ox tem velocidade escalar cos t. No instante $t = 0$ o ponto tem ordenada 0. Determinar a função horária da projeção do ponto sobre Oy.
Resposta: $y(t) = e \text{ sen } t\, e^{\text{sen } t}$.

11.6 – Num movimento vale a relação $a = e^v$. Sabe–se que para $v = 0$ para $t = 1$. Achar v(t).
Resposta: $v(t) = -\ln(2-t)$.

1.7 – Num movimento tem–se $a(t) = 2^t$. Achar a função horária sabendo que nos instantes $t = 0$ e $t = 1$ o ponto se encontra na origem das abscissas curvilíneas.
Resposta: $s(t) = (\ln 2)^{-2} (2^t-t-1)$.

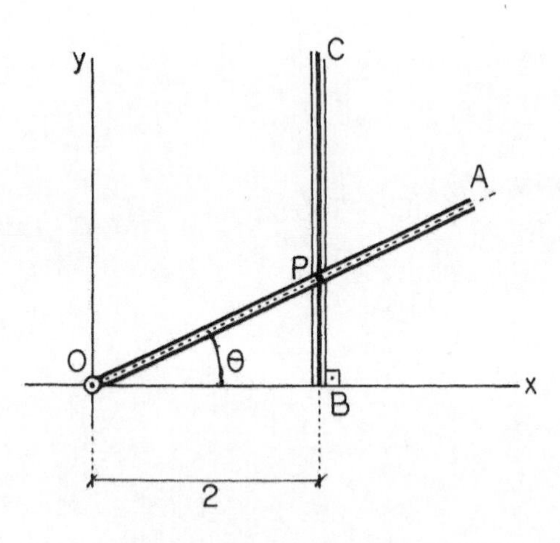

Figura 11.1

11.8 – A velocidade escalar de um ponto é dada por $v(t) = t(1+t^2)^{-1}$. Achar o deslocamento entre os instantes $t = 0$ e $t = 1$.
Resposta: 0,347 .

11.9 – A aceleração escalar de um ponto é dada por $a(t) = t\, e^{3t^2}$. Achar a aceleração média no intervalo $0 \leq t \leq 1$.

Resposta: $\frac{1}{6}(e^3-1) \simeq 3{,}15$.

11.10 – Na Fig. 11.1 a haste fendida OA gira em torno de O (fixo) de modo que $\dot{\theta}(t) = 3(4-9t^2)^{-1/2}$ rd/s. No instante $t = 0$ tem–se $\theta = 0$. O pino P está vinculado à guia BC fixa, sendo OB = 2. Achar a função horária de P.
Resposta: $6t(4-9t^2)^{-1/2}$, orientação de B para C.

11.11 – Repetir o exercício anterior sendo $\dot{\theta}(t) = \frac{\ln t}{t}$, e $\theta(1) = 0$.
Resposta: $2\text{tg}\, \frac{\ln^2 t}{2}$.

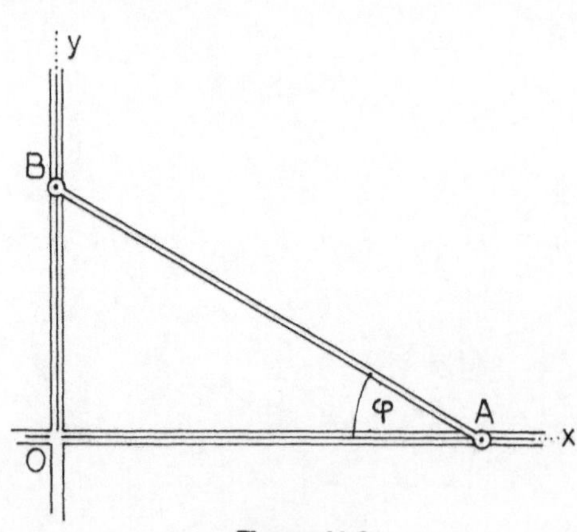

Figura 11.2

11.12 – Na Fig. 11.2 a haste rígida AB tem seus extremos A e B obrigados a percorrerem Ox e Oy respectivamente. Se em cada instante a soma dos quadrados das velocidades escalares de A e B é uma constante positiva, mostrar que A e B executam Movimento Harmônico Simples. Supor $\varphi(t)$ contínua, $\varphi(t)$ a medida em rd do ângulo da semi–reta AB com o semi–eixo negativo das abscissas.

11.13 – No exercício anterior supor AB = 1m, a soma referida sendo $4t^2$, $t \geq 0$, e $\varphi(t)$ estritamente crescente, com $\varphi(0) = 0$. Determinar a função horária de A.
Resposta: $x_A = \cos t^2$.

11.14 – Calcular $\int x^2 \sqrt{1+x}\, dx$, usando $x+1 = u^2$, $u > 0$.

Resposta: $\frac{2}{7}(x+1)^{7/2} - \frac{4}{5}(x+1)^{5/2} + \frac{2}{3}(x+1)^{3/2} + c$.

11.15 – (a) Calcular $\int \text{sen}^2 x\, dx$, usando $\text{sen}^2 x = \frac{1 - \cos 2x}{2}$.

(b) Calcular $\int \frac{x^2}{\sqrt{1-x^2}}\, dx$.

Resposta: (a) $\frac{1}{2}x - \frac{1}{4}\text{sen}\, 2x + c$

(b) $\frac{1}{2}(\text{arcsen}\, x - x\sqrt{1-x^2}) + c$.

11.16 – Calcular $\int \text{arctg}\, x\, dx$ usando primitivação por partes.

Resposta: $x\, \text{arctg}\, x - \frac{1}{2}\ln(1+x^2) + c$.

12 Integral definida

12.1 – O CONCEITO

Numa competição automobilística vão, num carro, dois indivíduos, o piloto e o co–piloto. Este último está munido de um cronômetro. Num certo intervalo de tempo $\alpha \leq t \leq \beta$ o co–piloto tem o seguinte procedimento. Durante o intervalo $\alpha \leq t \leq t_1$ ($t_1 < \beta$) cuja duração $\Delta t_1 = t_1 - \alpha$ é conhecida, ele olha para o velocímetro e anota a velocidade. Sendo c_1 o instante da leitura, então ele lê $v(c_1)$, $\alpha \leq c_1 \leq t_1$. A seguir ele repete o procedimento no intervalo $t_1 \leq t \leq t_2$ ($t_2 < \beta$), obtendo $v(c_2)$. E assim por diante, até obter $v(c_n)$, $t_{n-1} \leq c_n \leq \beta$. Com esses dados, ele pode calcular aproximadamente o deslocamento $s(\beta) - s(\alpha)$ (que neste caso coincide com o espaço percorrido, pois estamos supondo $v \geq 0$), da seguinte maneira. No 1º intervalo, ele supõe que o movimento é aproximadamente uniforme, de velocidade $v(c_1)$. Então o deslocamento nesse intervalo é $v(c_1)\Delta t_1$. No 2º intervalo, raciocina de modo semelhante, para obter $v(c_2)\Delta t_2$, $\Delta t_2 = t_2 - t_1$. E assim por diante. Portanto o deslocamento $s(\beta) - s(\alpha)$ é dado aproximadamente por

$$s(\beta) - s(\alpha) \simeq v(c_1)\,\Delta t_1 + \cdots + v(c_n)\,\Delta t_n$$

$$= \sum_{i=1}^{n} v(c_i)\,\Delta t_i \qquad (1)$$

É plausível que o erro na aproximação tenda a 0 desde que $n \to \infty$ e os Δt_i tendam a 0, quaisquer que sejam os c_i escolhidos. Sendo $\max \Delta t_i$ o maior dos Δt_i em cada subdivisão, a situação é indicada da seguinte maneira:

$$s(\beta) - s(\alpha) = \lim_{\max \Delta t_i \to 0} \sum_{i=1}^{n} v(c_i)\,\Delta t_i \qquad (2)$$

Uma interpretação geométrica interessante pode ser dada para o limite acima. Considerando o gráfico de $v = v(t)$, vemos que cada $v(c_i)\Delta t_i$ representa a área de um retângulo, como mostra a Fig. 12.1, e que a soma (1) representa então uma aproximação da área sob o gráfico de $v(t)$, $\alpha \leq t \leq \beta$. Portanto o limite (2) nos dá esta área.

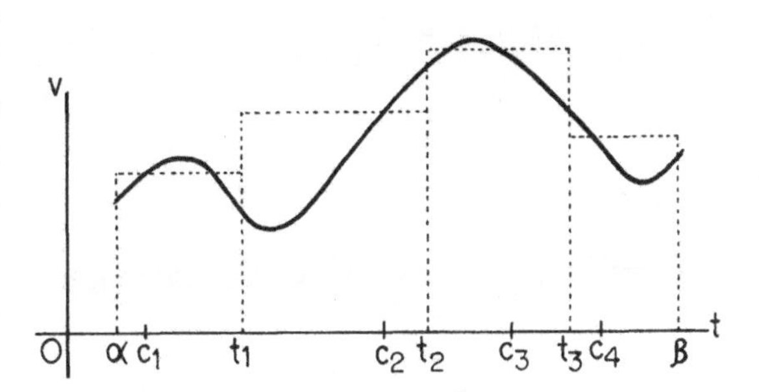

Figura 12.1

A Fig. 12.2 mostra uma subdivisão do intervalo de tempo "mais fina" que a anterior.

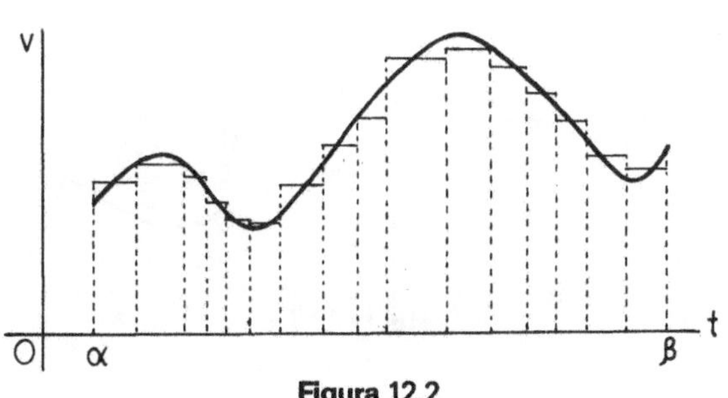

Figura 12.2

O procedimento acima pode ser feito para uma função $y = y(x)$ no intervalo $a \leq x \leq b$, independentemente dela ser positiva, ou contínua. Para cada conjunto P de números $x_0 = a$, $x_1,...,x_n = b$, com $x_1 < \cdots < x_n$, dito *partição* do intervalo dado, e cada escolha c_i, $x_{i-1} \leq c_i \leq x_i$, considera-se o número

$$\sum_{i=1}^{n} y(c_i)\, \Delta x_i \tag{3}$$

sendo $\Delta x_i = x_i - x_{i-1}$, chamado *Soma de Riemann* da função (relativa a P e aos c_i). Chamemos o maior dos Δx_i de *norma* da partição, indicado por $\max \Delta x_i$. Se existir um número do qual as somas de Riemann ficam arbitrariamente próximas, desde que as correspondentes normas sejam suficientemente pequenas, independentemente das escolhas dos c_i, tal número é chamado *integral* de $y(x)$ sobre o intervalo $a \leq x \leq b$, ou *integral definida* de $y(x)$ de a e b, e é indicado por

$$\int_a^b y(x)\, dx \tag{4}$$

ou, para que nos lembremos do processo limite, por

$$\lim_{\max \Delta x_i \to 0} \sum_{i=1}^{n} y(c_i)\, \Delta x_i \tag{5}$$

Os números *a* e *b* são chamados *limites de integração*, *a* o inferior, *b* o superior.

Quando existe (4) diz–se que $y(x)$ é *integrável* no intervalo $a \leq x \leq b$.

Convém definir

$$\int_a^a y(x)\, dx = 0 \tag{6}$$

e

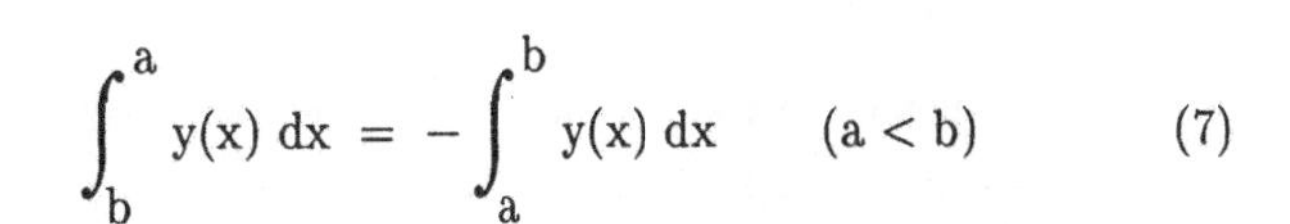

$$\int_b^a y(x)\, dx = -\int_a^b y(x)\, dx \qquad (a < b) \tag{7}$$

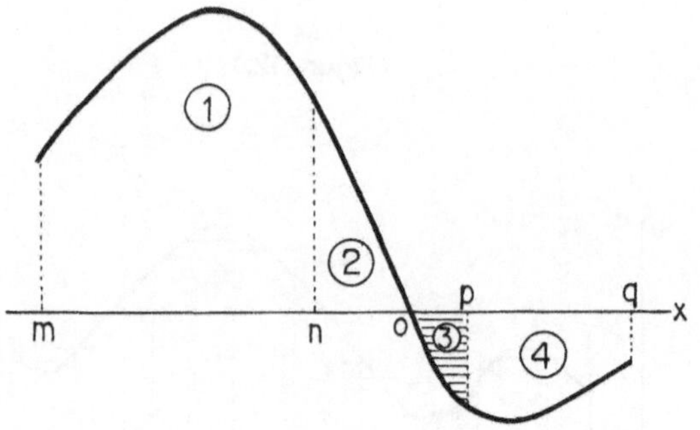

Figura 12.3

Notas. 1. No caso em que $y(x) \geq 0$, uma Soma de Riemann representa a área da reunião dos retângulos construídos sobre os intervalos $x_{i-1} \leq x \leq x_i$; e cada um deles está situado acima de Ox. No caso $y(x) \leq 0$ ela representa *menos* a área da reunião dos retângulos (pois $y(c_i) \leq 0$ e $\Delta x_i > 0$); e neste caso cada retângulo está abaixo do eixo Ox. Quando $y(x)$ muda de sinal em $a \leq x \leq b$, o retângulo sobre o intervalo $x_{i-1} \leq x \leq x_i$ está acima ou abaixo de Ox conforme $y(c_i) \geq 0$ ou $y(c_i) \leq 0$, de modo que a Soma de Riemann correspondente é igual a soma das áreas dos retângulos que estão acima de Ox menos a soma das áreas dos que estão abaixo.

Isto sugere que, para o caso da função apresentada na Fig. 12.3, tenhamos

$$\int_m^n y(x)\,dx = \text{área da região 1}$$

$$\int_m^o y(x)\,dx = \text{área da reunião das regiões 1 e 2}$$

$$\int_o^p y(x)\,dx = -(\text{área da região 3})$$

$$\int_p^q y(x)\,dx = -(\text{área da região 4})$$

$$\int_o^q y(x)\,dx = -(\text{área da reunião das regiões 3 e 4})$$

$$\int_m^q y(x)\,dx = (\text{área da reunião das regiões 1 e 2})$$

$$-(\text{área da reunião das regiões 3 e 4})$$

2. Um comentário sobre a notação (4) se faz necessário. Esta notação é devida a Leibniz, e reflete o seu modo de ver a integral, a saber, entendendo dx como um "acréscimo infinitesimal", logo $y(x)dx$ como área de uma "fatia elementar" (se $y(x) \geq 0$), e $\int_a^b y(x)dx$ como "soma de infinitas parcelas infinitamente pequenas, quando x varia continuamente de *a* a *b*".

3. Com a notação (4), (2) fica

$$s(\beta) - s(\alpha) = \int_{\alpha}^{\beta} v(t)\,dt \tag{8}$$

e o deslocamento fica interpretado como área (com sinal) do gráfico de $v(t)$.

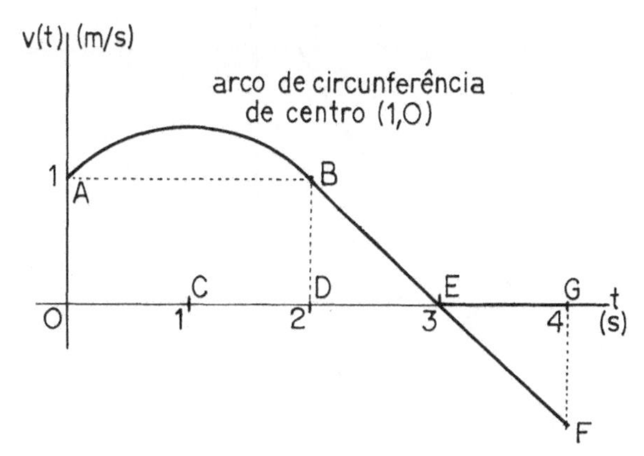

Figura 12.4

Exemplo 12.1-1 – Calcular o deslocamento entre os instantes $t = 0s$ e $t = 4s$ sendo dada $v(t)$ através do seu gráfico, na Fig. 12.4.

Solução. De acordo com a nota 3 acima vamos calcular o "saldo de áreas": área da parte do gráfico acima de Ox menos área da parte abaixo de Ox. A área da parte correspondente a $0 \leq t \leq 2$ pode ser calculada como soma da área do quarto de circunferência de raio $AC = \sqrt{2}$, que é $(1/4)\pi(\sqrt{2})^2 = \pi/2$ com as dos triângulos OAC e CBD, que é $2 \cdot 1.1/2 = 1$. A soma é $\pi/2 + 1$. Somemos a isto a área do triângulo BDE, que é $1/2$, obtendo $\pi/2 + 3/2$. Devemos subtrair a área do Δ EGF. Assim o deslocamento é $\pi/2 + 3/2 - 1/2$ ou seja $s(4) - s(1) = \pi/2 + 1$. ◀

No exemplo acima utilizamos nossos conhecimentos de como calcular áreas de setor circular e de triângulos. Claramente no caso geral não temos à disposição resultados conhecidos. É o caso, por exemplo, de $\int_0^b x^2dx$, que focalizaremos a seguir.

Exemplo 12.1-2 – Vamos achar $\int_0^b y(x)dx$, $0 \leq x \leq b$, sendo $y(x) = x^2$. Tomemos, para cada n, a partição

$$x_0 = 0\ ;\ x_1 = \frac{b}{n}\ ;\ x_2 = 2\,\frac{b}{n}\ ;\ \ldots,\ x_{n-1} = (n-1)\,\frac{b}{n}\ ;\ x_n = b$$

que corresponde a dividir o intervalo em n subintervalos de igual comprimento b/n. Em cada subintervalo escolhamos o extremo inferior do mesmo, ou seja

$$0 \text{ no } 1^{\circ}\ ;\ \frac{b}{n} \text{ no } 2^{\circ}\ ;\ \frac{2b}{n} \text{ no } 3^{\circ}\ ;\ \ldots\ ;\ (n-1)\,\frac{b}{n} \text{ no último}$$

A Soma de Riemann correspondente é

$$\begin{aligned} R_n &= y(0)\,\frac{b}{n} + y\Big(\frac{b}{n}\Big)\frac{b}{n} + y\Big(\frac{2b}{n}\Big)\frac{b}{n} + \cdots + y\Big((n-1)\,\frac{b}{n}\Big)\frac{b}{n} \\ &= 0 + \Big(\frac{b}{n}\Big)^2\frac{b}{n} + \Big(\frac{2b}{n}\Big)^2\frac{b}{n} + \cdots + \Big((n-1)\,\frac{b}{n}\Big)^2\frac{b}{n} \\ &= \frac{b^3}{n^3}\Big(1 + 2^2 + 3^2 + \cdots + (n-1)^2\Big) \end{aligned}$$

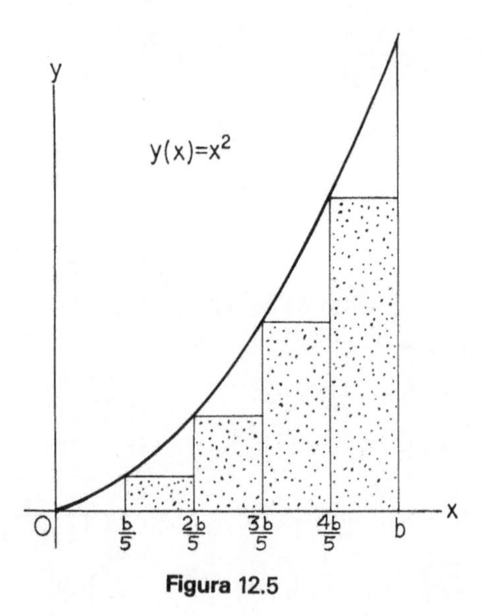

Figura 12.5

Na Fig. 12.5 ilustra-se o procedimento acima para obter R_n, para $n = 5$.

Fazendo $n \to \infty$ na expressão acima de R_n nada se conclui pois a parcela entre parênteses tende a $+\infty$, e o denominador também. Para remediar isto, usaremos o seguinte resultado(*)

$$1^2 + 2^2 + 3^2 + \cdots + (n-1)^2 = \frac{n^3}{3} - \frac{n^2}{2} + \frac{n}{6}$$

Então

$$R_n = b^3 \left[\frac{1}{3} - \frac{1}{2n} + \frac{1}{6n^2} \right]$$

e vemos que quando n aumenta acima de qualquer inteiro positivo R_n se aproxima de $b^3 \cdot 1/3$, uma vez que $1/2n$ e $1/6n^2$ se aproximam de 0.

Indicamos

$$\lim_{n \to \infty} R_n = \frac{b^3}{3}$$

Este procedimento não nos autoriza a afirmar que a integral procurada é $b^3/3$. Isto porque a partição e os pontos escolhidos para formar a Soma de Riemann são de tipo especial. Quem garante que se tormarmos outro tipo de partição e escolhermos outros tipos de pontos chegaremos ao mesmo número?

Felizmente vale o seguinte: se $y(x)$ for contínua em $a \leq x \leq b$ ela é integrável nesse intervalo. Mais ainda, se para cada natural n construirmos uma Soma de Riemann R_n utilizando uma partição P_n cuja norma tenda a 0 quando $n \to \infty$, e uma escolha qualquer em cada subintervalo de P_n, então

$$\lim_{n \to \infty} R_n = \int_a^b y(x)\,dx$$

Este resultado, cuja demonstração omitiremos, nos garante que

$$\int_a^b x^2\,dx = \frac{b^3}{3}$$ ◄

(*)Na identidade $x^3 - (x-1)^3 = 3x^2 - 3x + 1$ fazer sucessivamente $x = 1,2,\ldots,n-1$ e somar as relações para obter

$$\begin{aligned}(n-1)^3 &= 3(1^2+2^2+\cdots+(n-1)^2) - 3(1+2+\cdots+(n-1)) + n - 1 \\ &= 3(1^2+2^2+\cdots+(n-1)^2) - 3\,\frac{n(n-1)}{2} + n - 1\end{aligned}$$

de onde resulta a expressão anunciada.

Nota. A função $n \mapsto R_n$ é um exemplo de *seqüência* de números reais, que é uma função que a cada natural n associa um número real a_n.

Por exemplo, $a_n = 1/n$. Se a_n se aproxima arbitrariamente de um número L desde que n seja suficientemente grande, dizemos que L é o limite da seqüência para n tendendo a infinito, e se indica

$$\lim_{n \to \infty} a_n = L$$

12.2 – PROPRIEDADES

As propriedades que enunciaremos a seguir podem ser demonstradas, coisa que não faremos, dado o espírito do nosso curso. É interessante no entanto tentar torná–las plausíveis, pensando na integral definida ou como área, ou como sendo aproximada por Somas de Riemann.

(a) **Propriedades Algébricas.** Se u(x) e v(x) são integráveis no intervalo $a \leq x \leq b$, e c é uma constante, então

$$\boxed{\int_a^b (u \pm v)(x)\,dx = \int_a^b u(x)\,dx \pm \int_a^b v(x)\,dx} \qquad (9)$$

$$\boxed{\int_a^b (cv)(x)\,dx = c\int_a^b v(x)\,dx} \qquad (10)$$

(b) **Relação de Chasles.** Se u(x) é integrável num intervalo I e a, b, c são pontos de I então

$$\boxed{\int_a^b u(x)\,dx = \int_a^c u(x)\,dx + \int_c^b u(x)\,dx} \qquad (11)$$

(c) **Desigualdades.** • Se $u(x) \geq 0$ no intervalo $a \leq x \leq b$ e é integrável nesse intervalo então

$$\int_a^b u(x)\,dx \geq 0 \qquad (12)$$

• Se $u(x) \geq v(x)$ no intervalo $a \leq x \leq b$ e u(x) e v(x) são integráveis nesse intervalo então

$$\int_a^b u(x)\,dx \geq \int_a^b v(x)\,dx \qquad (13)$$

• Se $u(x)$ é integrável no intervalo $a \leq x \leq b$ então $|u(x)|$ também é e

$$\left| \int_a^b u(x)\,dx \right| \leq \int_a^b |u(x)|\,dx \qquad (14)$$

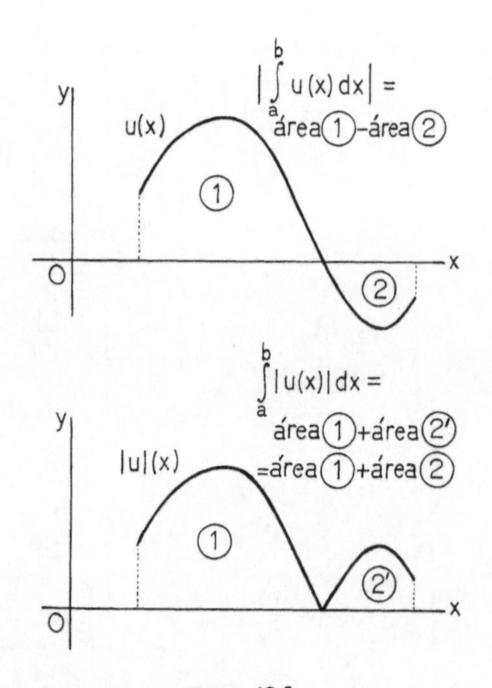

Figura 12.6

A propriedade acima fica aceitável se interpretarmos a integral como área, conforme ilustramos na Fig. 12.6.

Nota. (13) é conseqüência imediata de (12), (9) e (10); como $(u-v)(x) \geq 0$ então

$$\int_a^b (u-v)(x)\,dx \geq 0$$

isto é

$$\int_a^b u(x)\,dx - \int_a^b v(x)\,dx \geq 0$$

Por outro lado, admitindo a integrabilidade de $|u(x)|$, (14) resulta de (13), (10) e da seguinte propriedade: se $m \geq 0$ então

$$|x| \leq m \iff -m \leq x \leq m \qquad (\alpha)$$

De fato, temos claramente

$$-|u(x)| \leq u(x) \leq |u(x)|$$

logo

$$-\int_a^b |u(x)|\,dx \leq \int_a^b u(x)\,dx \leq \int_a^b |u(x)|\,dx$$

ou seja, por (α),

$$\left| \int_a^b u(x)\,dx \right| \leq \int_a^b |u(x)|\,dx$$

Uma questão importante é saber quais funções são integráveis. Existe uma resposta completa a esse respeito. No entanto, contentar–nos–emos com o resultado enunciado a seguir, que é suficiente para os nossos objetivos.

(d) **Condição Suficiente para Integrabilidade.** Se y(x) for contínua no intervalo $a \leq x \leq b$, exceto possivelmente num conjunto finito de pontos, então y(x) é integrável nesse intervalo. (15)

(e) **Teorema da Média.** Se y(x) for contínua no intervalo $a \leq x \leq b$, existe c desse intervalo tal que

$$\boxed{(b-a)\ y(c) = \int_a^b y(x)\,dx} \qquad (16)$$

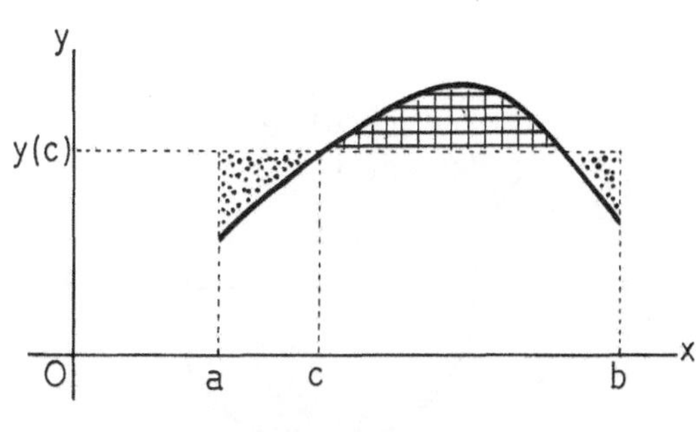

Figura 12.7

Geometricamente este resultado pode ser visualizado facilmente supondo $y(x) \geq 0$, conforme se ilustra na Fig. 12.7.

O 1º membro de (16) é a área do retângulo de altura y(c) construído sobre o intervalo $a \leq x \leq b$, e o 2º membro a área sob o gráfico de y(x), $a \leq x \leq b$. Portanto, a soma das áreas das regiões "pontilhadas" é igual a da região "quadriculada".

⋆ **Demonstração.** Como y(x) é contínua no intervalo $a \leq x \leq b$, pelo Teorema de Weierstrass ((5) da seção 9.5) existem x_1 e x_2 do intervalo tais que para todo x do mesmo se tem

$$y(x_1) \leq y(x) \leq y(x_2)$$

logo

$$\int_a^b y(x_1)\,dx \leq \int_a^b y(x)\,dx \leq \int_a^b y(x_2)\,dx$$

ou seja(*)

$$y(x_1)(b-a) \leq \int_a^b y(x)\,dx \leq y(x_2)(b-a)$$

ou seja

$$y(x_1) \leq \frac{1}{b-a}\int_a^b y(x)\,dx \leq y(x_2)$$

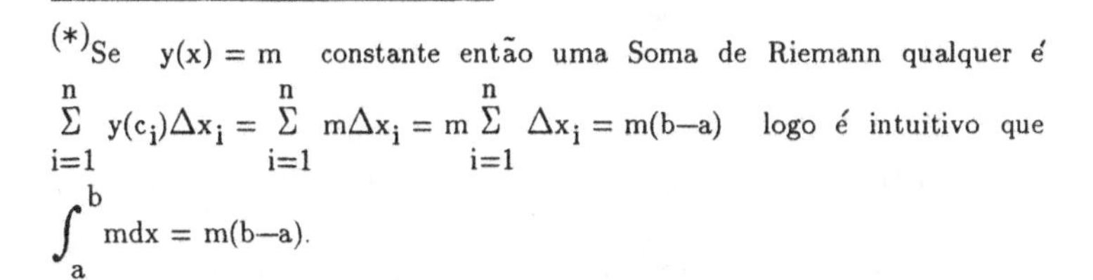

(*)Se $y(x) = m$ constante então uma Soma de Riemann qualquer é $\sum_{i=1}^{n} y(c_i)\Delta x_i = \sum_{i=1}^{n} m\Delta x_i = m\sum_{i=1}^{n} \Delta x_i = m(b-a)$ logo é intuitivo que $\int_a^b m\,dx = m(b-a)$.

Se ocorrer uma das igualdades o teorema está provado. Se não, pelo Teorema do Valor Intermediário ((10) da seção 4.2) existe c do intervalo de extremos x_1 e x_2 tal que

$$y(c) = \frac{1}{b-a} \int_a^b y(x)\, dx \qquad ◀$$

Nota. O 2º membro é chamado *valor médio* de $y(x)$ no intervalo $a \leq x \leq b$.

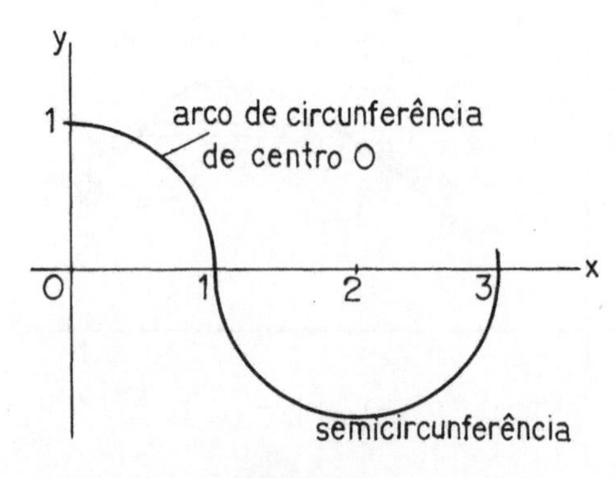

Figura 12.8

Exemplo 12.2-1 – Determinar c como no Teorema da Média sendo $y(x)$ dada pelo seu gráfico, e $a = 0$, $b = 3$ (Fig. 12.8).

Solução. Temos que

$$\int_0^3 y(x)\, dx = \frac{\pi \cdot 1^2}{4} - \frac{\pi \cdot 1^2}{2} = -\frac{\pi}{4}$$

logo, por (16),

$$-\frac{\pi}{4} = y(c)(3-0)$$

e daí

$$y(c) = -\frac{\pi}{12}$$

Como $y(c) < 0$, c está no intervalo $1 \leq x \leq 3$. Neste intervalo temos

$$(x-2)^2 + y^2 = 1$$

logo

$$(c-2)^2 + \left(-\frac{\pi}{12}\right)^2 = 1$$

de onde resulta

$$c = 2 \pm \frac{\sqrt{144-\pi^2}}{12} \simeq \left\langle \begin{matrix} 1{,}035 \\ 2{,}965 \end{matrix} \right. \qquad ◀$$

12.3 – OS TEOREMAS FUNDAMENTAIS DO CÁLCULO

(a) **A Integral Indefinida.** Seja $y(x)$ uma função integrável sobre o intervalo $a \leq x \leq b$. Se x_0 é um ponto desse intervalo então para cada x do mesmo existe $\int_{x_0}^{x} y(x)\, dx$. Podemos então considerar a função $G(x)$ dada por

$$G(x) = \int_{x_0}^{x} y(x)\, dx$$

A fim de evitar erros como o seguinte $G(1) = \int_{x_0}^{1} y(1)\, d1$ (isto definitivamente carece de sentido!) convém escrever

$$G(x) = \int_{x_0}^{x} y(u)\,du \tag{17}$$

A função G é referida como *integral indefinida* de $y(x)^{(*)}$.

Observamos que se $y(x) \geq 0$ e $x \geq x_0$ então $G(x)$ é a área sob o gráfico de $y(x)$, de x_0 a x.

Pode–se provar que

> G(x) (como acima) é contínua no intervalo $a \leq x \leq b$. (18)

(b) **1º Teorema Fundamental do Cálculo** (1º TFC).

> Seja $y(x)$ uma função contínua no intervalo $a \leq x \leq b$, x_0 um ponto desse intervalo, e $G(x)$ dada por
>
> $$G(x) = \int_{x_0}^{x} y(u)\,du \tag{19}$$
>
> Então G é uma primitiva de $y(x)$ no intervalo, isto é
>
> $$G'(x) = y(x)$$
>
> para todo x do intervalo.

Demonstração. (Esboço). Temos

$$G(x+\Delta x) - G(x) = \int_{x_0}^{x+\Delta x} y(u)\,du - \int_{x_0}^{x} y(u)\,du$$

$$= \int_{x_0}^{x+\Delta x} y(u)\,du + \int_{x}^{x_0} y(u)\,du$$

$$= \int_{x}^{x+\Delta x} y(u)\,du = y(c)\,\Delta x$$

para algum c entre x e $x+\Delta x$. Na 1ª igualdade usamos a definição de G, na 2ª usamos (7), na 3ª (11), na 4ª o Teorema da Média (16). Portanto

(*) Este é um ponto de divergência na literatura. Alguns chamam de integral indefinida o que chamamos de primitiva, ou o conjunto de primitivas de uma função.

$$\frac{G(x+\Delta x) - G(x)}{\Delta x} = y(c)$$

Fazendo $\Delta x \to 0$ então $c \to x$ e como $y(x)$ é contínua, $y(c) \to y(x)$. Daí

$$G'(x) = y(x)$$ ◀

Corolário. Seja $Y(x)$ uma primitiva, num intervalo I, da função $y(x)$ contínua em I. Se a e b são pontos de I tem–se (20)

$$\int_a^b y(u)\, du = Y(b) - Y(a)$$

Demonstração. As funções $x \mapsto \int_a^x y(u)du$ e $x \mapsto Y(x)$ são ambas primitivas de $y(x)$, a 1ª pelo teorema acima e a 2ª por hipótese. Então elas diferem por uma constante no intervalo dado ((1) da seção 11.1). Assim

$$\int_a^x y(u)\, du = Y(x) + c$$

Fazendo $x = a$ resulta $0 = Y(a)+c$, logo $c = -Y(a)$, e assim

$$\int_a^x y(u)\, du = Y(x) - Y(a)$$

É só fazer agora $x = b$.

Nota. O resultado acima já havia sido obtido em bases intuitivas em (8), pois $s(t)$ é uma primitiva de $v(t)$.

Costuma–se indicar $Y(a) - Y(b)$ por $Y(u)\Big|_{u=a}^{u=b}$ ou mais brevemente por $Y(u)\Big|_a^b$.

Assim

$$\int_a^b y(u)\, du = Y(u)\Big|_a^b \tag{21}$$

Nesta expressão não há inconveniente em se usar x em lugar de u

$$\int_a^b y(x)\, dx = Y(x)\Big|_a^b \tag{22}$$

O corolário acima é quase o chamado 2º Teorema Fundamental do Cálculo. Ele é enunciado substituindo a hipótese "y(x) contínua" por "y(x) integrável". Registremos o enunciado, omitindo porém a demonstração.

(c) **2º Teorema Fundamental do Cálculo** (2º TFC).

Seja y(x) integrável no intervalo $a \leq x \leq b$, e Y(x) uma primitiva de y(x) nesse intervalo. Então (23)

$$\int_a^b y(x)\,dx = Y(x)\Big|_a^b$$

Portanto, como a velocidade escalar é uma primitiva da aceleração escalar podemos escrever

$$\boxed{v(\beta) - v(\alpha) = \int_\alpha^\beta a(t)\,dt} \qquad (24)$$

Exemplo 12.3-1 – Achar $\int_0^\pi \operatorname{sen} x\,dx$.

Solução. Uma primitiva de sen x é $-\cos x$, logo por (23) (ou (20))

$$\int_0^\pi \operatorname{sen} x\,dx = -\cos x\Big|_0^\pi = -(\cos\pi - \cos 0)$$

$$= -(-1-1) = 2 \qquad ◄$$

Exemplo 12.3-2 – Achar $\int_1^2 x^3 dx$.

Solução. Uma primitiva de x^3 é $x^4/4$, logo

$$\int_1^2 x^3 dx = \frac{1}{4}x^4\Big|_1^2 = \frac{1}{4}(2^4 - 1^4) = \frac{15}{4} \qquad ◄$$

Exemplo 12.3-3 – Num movimento tem-se

$$v(t) = \int_1^t e^{u^3}\,du$$

Achar a(t).

Solução. Como $a(t) = \dot{v}(t)$, temos pelo 1º TFC (19):

$$a(t) = \dot{v}(t) = \frac{d}{dt}\int_1^t e^{u^3}\,du = e^{t^3} \qquad ◄$$

Exemplo 12.3-4 – Num movimento tem-se

$$s(t) = \int_2^{t^3} \operatorname{sen} \sqrt{1+u^2}\, du$$

Achar $v(t)$.

Solução. Seja $G(t) = \int_2^t \operatorname{sen}\sqrt{1+u^2}\, du$. Então $\dot{G}(t) = \operatorname{sen}\sqrt{1+t^2}$, pelo 1º TFC. Como $s(t) = G(t^3)$, então pela Regra da Cadeia,

$$\dot{s}(t) = \dot{G}(t^3)\cdot 3t^2$$

$$= \operatorname{sen}\sqrt{1+(t^3)^2}\cdot 3t^2$$

$$= 3t^2 \operatorname{sen}\sqrt{1+t^6}$$ ◀

12.4 – SUBSTITUIÇÃO E INTEGRAÇÃO POR PARTES NA INTEGRAL DEFINIDA

As fórmulas (5) e (8) da seção 11.3, relativas ao Método de Substituição e a (11) da mesma seção, relativa à primitivação por partes, têm as seguintes versões para integrais definidas:

$$\int_{u(a)}^{u(b)} y(u)\, du = \int_a^b y(u(x))\frac{du}{dx}\, dx \qquad (25)$$

$$\int_a^b y(x)\, dx = \int_{u(a)}^{u(b)} y(x(u))\frac{dx}{du}\, du \qquad (26)$$

$$\int_a^b u\, dv = uv\Big|_a^b - \int_a^b v\, du \qquad (27)$$

Estas fórmulas decorrem de suas correspondentes (5), (8), (11) da seção 11.3 por aplicação de (20) (supondo os integrandos funções contínuas).

Exemplo 12.4-1 – Achar a variação da velocidade escalar nos instantes $t = 2s$ e $t = 2\sqrt{3}\,s$, isto é, achar $v(2\sqrt{3}) - v(2)$, sendo a aceleração escalar dada por

$$a(t) = \frac{1}{t^2+4}\ m/s^2$$

(t em segundos).

Solução. Temos, por (24), que

$$v(2\sqrt{3}) - v(2) = \int_2^{2\sqrt{3}} a(t)\,dt = \int_2^{2\sqrt{3}} \frac{dt}{t^2+4} \qquad (\alpha)$$

Fazendo $u = u(t) = t/2$ (cf. Exemplo 11.3-2) temos $u(2) = 1$, $u(2\sqrt{3}) = \sqrt{3}$, $du = dt/2$, logo, por (25)

$$v(2\sqrt{3}) - v(2) = \int_1^{\sqrt{3}} \frac{2du}{4u^2+4} = \frac{1}{2}\int_1^{\sqrt{3}} \frac{du}{u^2+1}$$

$$= \frac{1}{2}\operatorname{arctg} u\Big|_1^{\sqrt{3}} = \frac{1}{2}\left(\operatorname{arctg}\sqrt{3} - \operatorname{arctg} 1\right)$$

$$= \frac{1}{2}\left[\frac{\pi}{3} - \frac{\pi}{4}\right] = \frac{\pi}{24} \qquad ◀$$

Nota. O exemplo acima poderia ter sido resolvido usando só primitivas, evitando o uso de (25). Assim, poderíamos ter achado *uma* primitiva de $(t^2+4)^{-1}$, usando a substituição $u = t/2$ como acima, e voltando à variável original t, como no Exemplo 11.3–2:

$$\int \frac{dt}{t^2+4} = \frac{1}{2}\operatorname{arctg}\frac{t}{2}$$

e aí usar (α):

$$v(2\sqrt{3}) - v(2) = \int_2^{2\sqrt{3}} \frac{dt}{t^2+4} = \frac{1}{2}\operatorname{arctg}\frac{t}{2}\Big|_2^{2\sqrt{3}}$$

$$= \frac{1}{2}\left(\operatorname{arctg}\sqrt{3} - \operatorname{arctg} 1\right), \text{ etc.}$$

O expediente indicado na nota acima evidentemente pode ser usado com relação as fórmulas (25), (26), (27), de modo que não nos deteremos mais nesse tópico.

12.5 – INTEGRAÇÃO NUMÉRICA

(a) **Introdução.** Quando uma função é dada por uma tabela e quer–se achar a integral definida da mesma entre dois extremos de integração usa–se integração numérica. Veremos dois processos, o dos Trapézios, e o de Simpson. A idéia básica é tomar uma função $p(x)$ que passa pelos pontos dados, e adotar sua integral como uma aproximação da integral da função dada. Antes de abordarmos os dois métodos, ressaltaremos que a integração numérica é usada mesmo que se conheça a expressão analítica da função. Por exemplo $y(x) = e^{x^2}$. Apesar de saber–mos que ela tem primitiva num intervalo, esta não é exprimível em um número finito de funções elementares. Neste caso pode–

mos construir uma tabela dessa função e aplicar integração numérica.

Suporemos então dada uma função $y = y(x)$ através de uma tabela (x_i, y_i), $i = 0,1,\ldots,n$, sendo $y_i = y(x_i)$. Chamaremos x_0 de a, e x_n de b. Vamos supor que os x_i equiespaçados, com passo h, isto é, $x_i - x_{i-1} = h$, para todo i de 0 a n.

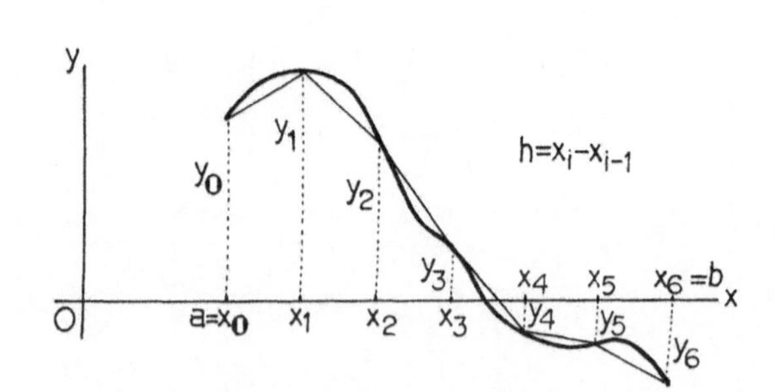

Figura 12.9

(b) **Regra de Trapézios**. A função $p(x)$ é adotada como sendo aquela cujo gráfico é obtido unindo–se pontos consecutivos (x_{i-1}, y_{i-1}) e (x_i, y_i) por segmentos de reta, como mostra a Fig. 12.9.

Neste caso tem–se

$$\int_a^b p(x)\,dx = \frac{y_0+y_1}{2}h + \frac{y_1+y_2}{2}h + \cdots + \frac{y_{n-1}+y_n}{2} \tag{28}$$

$$= \frac{h}{2}\left(y_0 + 2(y_1+\cdots+y_{n-1}) + y_n\right)$$

Assim,

$$\boxed{\int_a^b y(x)\,dx \simeq \frac{h}{2}\left(y_0 + 2(y_1+\cdots+y_{n-1}) + y_n\right)} \tag{29}$$

Notemos que cada parcela de (28) na qual os y_i são positivos é a área de um trapézio. Por exemplo, no caso da figura, $(y_0+y_1)/2\ h$ é a área do trapézio de vértices $(x_0,0)$, $(x_1,0)$, (x_1,y_1), (x_0,y_0). Daí o nome Regra dos Trapézios. Esta observação ainda serve para aceitarmos (28), embora uma verificação analítica seja possível. Indicaremos isto nos exercícios.

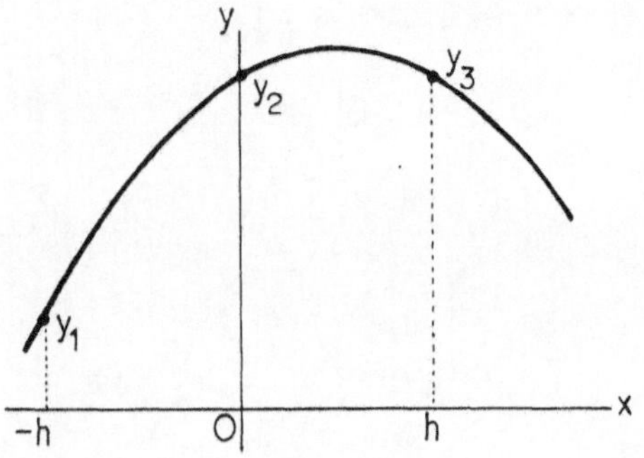

Figura 12.10

(b) **Regra de Simpson**. Vamos supor de início que tenhamos os pontos $(-h, y_1)$, $(0, y_2)$ e (h, y_3) (Fig. 12.10).

Neste caso o polinômio de Lagrange ((2) da seção 2.3) se escreve

$$\pi(x) = \frac{x(x-h)}{2h^2}y_1 - \frac{(x-h)(x+h)}{h^2}y_2 + \frac{(x+h)x}{2h^2}y_3$$

$$= \frac{1}{h^2}\left[\frac{y_1}{2}(x^2-xh) - y_2(x^2-h^2) + \frac{y_3}{2}(x^2+xh)\right]$$

e portanto

$$\int_{-h}^{h} \pi(x)\,dx = \frac{1}{h^2}\left[\frac{y_1}{2}\left(\frac{x^3}{3} - \frac{x^2}{2}h\right)\Bigg|_{-h}^{h} - y_2\left(\frac{x^3}{3} - h^2x\right)\Bigg|_{-h}^{h} + \right.$$

$$\left. + \frac{y_3}{2}\left(\frac{x^3}{3} + \frac{x^2}{2}h\right)\Bigg|_{-h}^{h}\right]$$

$$= \frac{1}{h^2}\left[\frac{y_1}{2}\cdot\frac{2h^3}{3} - y_2\left[\frac{2h^3}{3} - h^2\cdot 2h\right] + \frac{y_3}{2}\cdot\frac{2h^3}{3}\right]$$

logo

$$\int_{-h}^{h} \pi(x)\,dx = \frac{h}{3}(y_1+4y_2+y_3) \qquad (30)$$

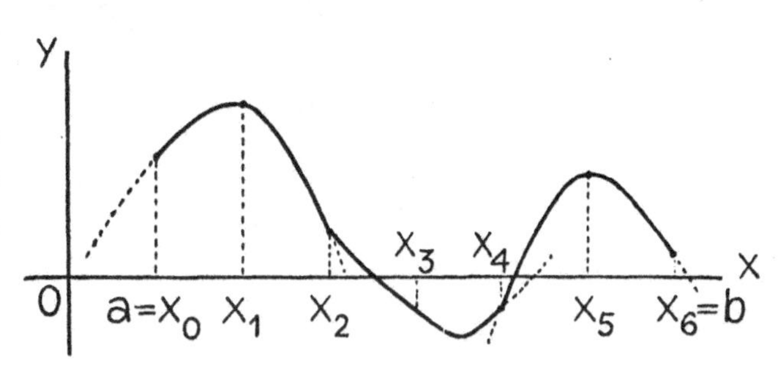

Figura 12.11

Suponhamos agora y(x) dada por uma tabela com número ímpar de pontos: $(x_0,y_0),\ldots,(x_n,y_n)$, $n > 1$. Podemos então usar interpolação quadrática de três em três pontos. Seja p(x) a função resultante (Fig. 12.11).

Então (lembrando que $x_0 = a$, $x_n = b$)

$$\int_a^b p(x)\,dx = \int_{x_0}^{x_2} p(x)\,dx + \int_{x_2}^{x_4} p(x)\,dx + \cdots + \int_{x_{n-2}}^{x_n} p(x)\,dx$$

$$= \frac{h}{3}(y_0+4y_1+y_2) + \frac{h}{3}(y_2+4y_3+y_4)$$

$$+ \cdots + \frac{h}{3}(y_{n-2}+4y_{n-1}+y_n)$$

(na última igualdade usamos (30)).

Assim

$$\int_a^b y(x)\,dx \simeq \int_a^b p(x)\,dx$$
$$= \frac{h}{3}(y_0+4y_1+2y_2+4y_3+2y_4+\cdots+4y_{n-1}+y_n) \qquad (31)$$

Exemplo 12.5-1 – Calcular $\int_0^1 y(x)dx$ sendo y(x) dada na tabela abaixo. Usar a Regra dos Trapézios e a Regra de Simpson.

x	0,0	0,1	0,2	0,3	0,4	0,5
y	1,00000	0,90909	0,83333	0,76923	0,71429	0,66667

x	0,6	0,7	0,8	0,9	1,0
y	0,62500	0,58824	0,55556	0,52632	0,50000

Solução. Temos que $h = 0,1$.

Usando o Método dos Trapézios (fórmula (29)) vem

$$\int_0^1 y(x)\,dx \simeq \frac{0,1}{2}\Big[1,00000 + 2\,(0,90909 + 0,83333 + 0,76923 + 0,71429 + 0,66667 + 0,62500 + 0,58824 + 0,55556 + 0,52632) + 0,50000\Big] \simeq 0,69377$$ ◀

Usando o Método de Simpson (fórmula (31)) temos

$$\int_0^1 y(x)\,dx \simeq \frac{0,1}{3}\Big[1,00000 + 4\cdot 0,90909 + 2\cdot 0,83333 + 4\cdot 0,76923 + 2\cdot 0,71429 + 4\cdot 0,66667 + 2\cdot 0,62500 + 4\cdot 0,58824 + 2\cdot 0,55556 + 4\cdot 0,52632 + 0,50000\Big] \simeq 0,69315$$ ◀

No exemplo acima trata–se da função $y(x) = (1+x)^{-1}$. Então

$$\int_0^1 y(x)\,dx = \int_0^1 \frac{dx}{1+x} = \ln(1+x)\Big|_0^1 = \ln 2 = 0,69314718\ldots$$

Nota. Supondo $y = y(x)$ uma função de expressão dada, a sua integração numérica pelos métodos vistos introduz dois tipos de erro: o de truncamento, que corresponde a substituir $y(x)$ por $p(x)$, e o de arredondamento, que aparece nos cálculos numéricos que devem ser feitos nas fórmulas (29) e (31). Não abordaremos aqui tais questões, esperando que sejam tratadas num curso de Cálculo Numérico.

Por curiosidade, informamos que ([12]):

- se $|y''(x)| \leq M$ $(M > 0)$ para $a \leq x \leq b$, o erro de truncamento em módulo no Método dos Trapézios é menor ou igual a $(b-a)Mh^2/12$;
- se $|y^{(4)}(x)| \leq M$ $(M > 0)$ para $a \leq x \leq b$, o erro de truncamento em módulo no Método de Simpson é menor ou igual a $(b-a)Mh^4/180$.

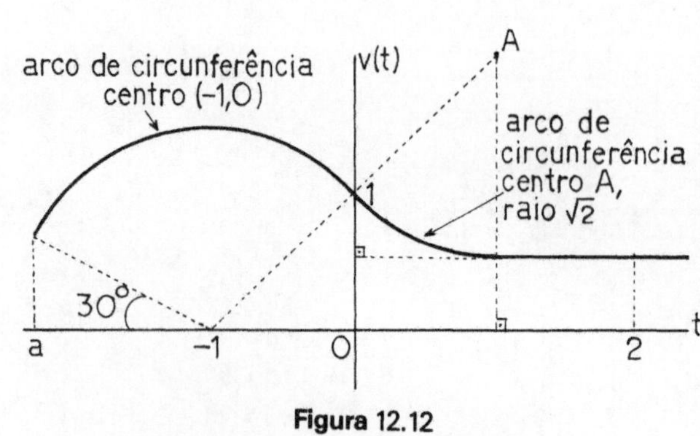

Figura 12.12

12.6 – EXERCÍCIOS

12.1 – Calcular o deslocamento entre os instantes $t = a$ e $t = 2$ (em segundos) sendo dada $v(t)$ (v em m/s, t em segundos) através de seu gráfico (Fig. 12.12). Qual o espaço percorrido?

Resposta: $\frac{\sqrt{3}}{4} + 4 - \sqrt{2} + \frac{\pi}{3} \simeq 4{,}066\text{m}$.

12.2 – O gráfico da aceleração escalar (Fig. 12.13) corresponde a um movimento de um ponto cuja velocidade escalar em $t = 0$ é de 1m/s.

(a) Determinar os valores máximo e mínimo da velocidade escalar.

(b) Fazer o gráfico da velocidade escalar tão bem quanto os dados permitam, indicando os pontos de inflexão e as raízes.

Resposta: (a) 3m/s , – 1m/s (b) 1 e 3 ; raiz: 4 .

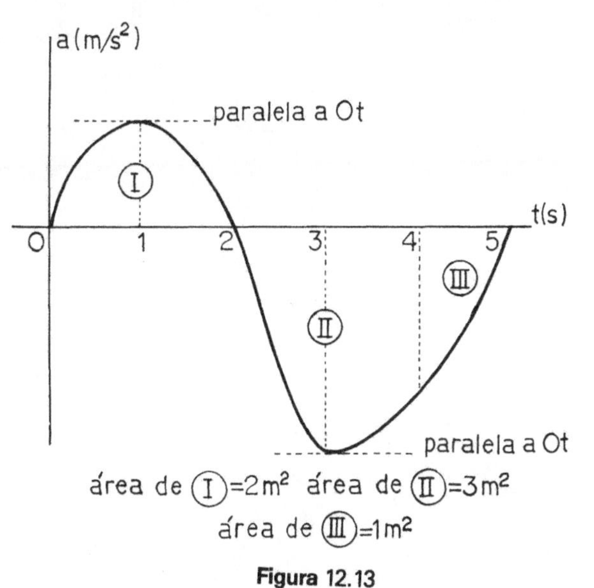

Figura 12.13

12.3 – Determine c como no Teorema da Média sendo

$$y(x) = \begin{cases} x & \text{se} \quad 0 \leq x \leq 1 \\ 1 & \text{se} \quad 1 \leq x \leq 2 \\ x-1 & \text{se} \quad 2 \leq x \leq 3 \end{cases}$$

$a = 0$, $b = 3$.

Resposta: Qualquer ponto do intervalo $1 \leq x \leq 2$.

12.4 – Achar $\int_0^{\pi/2} \text{sen } 2x \, dx$.

Resposta: 1 .

12.5 – Achar $\int_0^{\text{arcsen} \frac{\sqrt{3}}{2}} \text{tg } x \, dx$.

Resposta: ln 2 .

12.6 – Achar $\int_0^1 \frac{11x^{10}+3}{x^{11}+3x+1} dx$.

Resposta: ln 5 .

12.7 – Achar a variação da velocidade de $t = 1\text{s}$ a $t = \sqrt[4]{3}\,\text{s}$, isto é, achar $v(\sqrt[4]{3}) - v(1)$, dada a aceleração

$$a(t) = \frac{2t}{1+t^4} \text{ m/s}^2$$

(t em segundos).

Resposta: $\frac{\pi}{12}$ m/s .

12.8 – Achar o deslocamento de $t = 0\text{s}$ a $t = 1\text{s}$ sendo $v(t) = te^t$ m/s (t em segundos).

Resposta: 1m .

12.9 – Mostre que num movimento qualquer valem as relações

$$|v(\beta) - v(\alpha)| \leq \int_\alpha^\beta |a(t)| \, dt \qquad (\beta \geq \alpha)$$

$$|s(\beta) - s(\alpha)| \leq \int_\alpha^\beta |v(t)| \, dt \qquad (\beta \geq \alpha)$$

(Supor $a(t)$ contínua.)

12.10 – Dois pontos movem–se sobre uma mesma reta tendo velocidades escalares $v_1(t) = t^2$ e $v_2(t) = t^3$ (velocidades em m/s, tempo em segundos). No instante $t = 0$ eles coincidem. Mostrar que no intervalo $0 < t < 1$ a distância entre eles permanece inferior a $1/12$.

12.11 – A velocidade escalar de um ponto verifica, em qualquer instante, a relação

$$0 \leq v(t) \leq \frac{1}{t^2}$$

O movimento se dá para $t \geq 1$, e $s(1) = 1$. Mostrar que o ponto não atinge aquele de abscissa curvilínea 2. (Unidades no Sistema Internacional).

12.12 – Achar a velocidade escalar dada a função horária

$$s(t) = \int_3^t e^{\text{arctg}\, u}\, du$$

(t em segundos, s em metros).
Resposta: $e^{\text{arctg}\, t}$ m/s.

12.13 – Achar a aceleração escalar dada a velocidade escalar

$$v(t) = \int_t^5 \text{sh}^{30} u\, du$$

(t em segundos, v em m/s).
Resposta: $-\text{sh}^{30} t$ m/s^2.

12.14 – Idem, no instante $t = \pi/2$ s, sendo

$$v(t) = \int_{\text{sen}\, t}^{4} e^{\sqrt{u^2+u+1}}\, du$$

(t em segundos, v em m/s).
Resposta: 0.

12.15 – Achar $v(1)$ sendo

$$s(t) = \int_{t^3}^{2t^3} e^{u^2}\, du$$

(s em metros, t em segundos).
Resposta: $3e(2e^3 - 1)$ m/s.

12.16 – Achar o deslocamento de $t = 0{,}01$s a $t = 0{,}07$s dada a tabela a seguir:

t (segundos)	0,01	0,02	0,03	0,04	0,05	0,06	0,07
v (km/s)	10,000	7,000	3,000	1,000	0,000	2,000	3,000

Resposta: 0,195km (Trapézio).

12.17 – Achar a velocidade escalar no instante $t = 4s$, sabendo que ela vale $-4m/s$ quando $t = 0$, a partir da tabela seguinte:

a (m/s²)	1,00000	1,64872	2,71828	4,48169	7,38906
t (s)	0,0	0,5	1,0	1,5	2,0

a (m/s²)	12,18249	20,08554	33,11545	54,59815
t (s)	2,5	3,0	3,5	4,0

Resposta: $\simeq$ 50,71015m/s (Trapézio);
$\simeq$ 49,61582m/s (Simpson).

12.18 – A velocidade escalar é dada por

$$v(t) = \frac{2t}{e^t+1} \text{ m/s} \qquad (t \text{ em segundos})$$

Calcular numericamente o deslocamento entre $t = 0s$ e $t = 3s$, usando o Método de Simpson com passo $h = 0,75s$.
Resposta: 1,255m .

12.19 – (a) Considere a função $z(x)$ cujo domínio é o intervalo $0 \leq x \leq h$ e cujo gráfico é o segmento de extremidades $(0,m)$ e (h,n). Mostre que

$$\int_0^h z(x)\,dx = \frac{m+n}{2}h$$

(b) Prove (28) escrevendo

$$\int_a^b p(x) = \int_{x_0}^{x_1} p(x)\,dx + \int_{x_1}^{x_2} p(x)\,dx + \cdots + \int_{x_{n-1}}^{x_n} p(x)\,dx$$

e aplicando o resultado em (a) a cada parcela.

Nota. Assim como na demonstração de (31), estamos pressupondo, na indicação em (b) para se usar (a) em cada parcela, a propriedade da integral definida que ela não muda se "deslocarmos" o gráfico da função para a esquerda ou para a direita. Mais precisamente

$$\int_a^b y(x)\,dx = \int_{a+d}^{b+d} y(x-d)\,dx \qquad (35)$$

(Aqui a existência de uma das integrais implica a existência da outra.)

Na Fig. 12.14 foi suposto que $d > 0$. Se $d < 0$ o deslocamento se dá para a esquerda.

A validade de (35) é óbvia da definição de integral definida, uma vez que a cada Soma de Riemann de $y(x)$ corresponde uma da função transladada $y(x-d)$ e vice–versa.

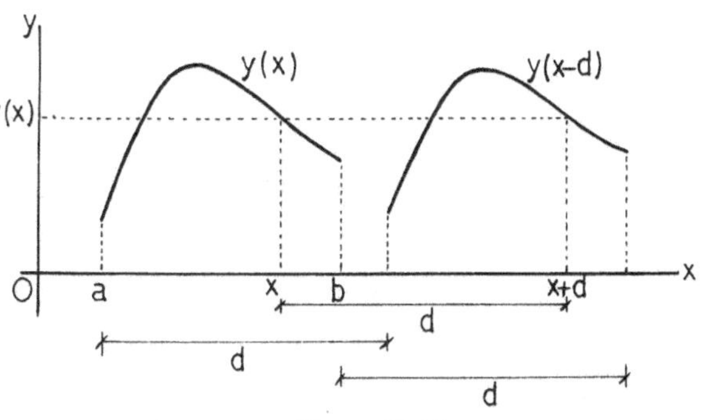

Figura 12.14

13 Aplicações do cálculo integral à cinemática escalar do ponto

13.1 – DESLOCAMENTO, ESPAÇO PERCORRIDO, VARIAÇÃO DA VELOCIDADE

Vimos no capítulo anterior a fórmula da variação de velocidade

$$v(\beta) - v(\alpha) = \int_{\alpha}^{\beta} a(t)\, dt \qquad (1)$$

bem como exemplos a respeito.

Vimos também a fórmula que dá o deslocamento

$$s(\beta) - s(\alpha) = \int_{\alpha}^{\beta} v(t)\, dt \qquad (2)$$

Vejamos agora como exprimir o espaço percorrido entre os instantes $t = \alpha$ e $t = \beta$ em termos da integral definida. Quando $v(t) \geq 0$ para todo t do intervalo $\alpha \leq t \leq \beta$ então o deslocamento coincide com o espaço percorrido, conforme já sabemos. Quando $v(t) \leq 0$ para todo t do intervalo $\alpha \leq t \leq \beta$ então o deslocamento é ≤ 0, e o espaço percorrido neste caso é igual a $-(s(\alpha) - s(\beta))$. Chamando de π o espaço percorrido entre os instantes a e b temos então

$$\pi = \int_{\alpha}^{\beta} v(t)\, dt \qquad \text{se } v \geq 0 \text{ em } \alpha \leq t \leq \beta$$

$$\pi = -\int_{\alpha}^{\beta} v(t)\, dt$$

$$= \int_{\alpha}^{\beta} (-v(t))\, dt \qquad \text{se } v \leq 0 \text{ em } \alpha \leq t \leq \beta$$

Em ambos os casos,

$$\pi = \int_{\alpha}^{\beta} |v(t)| \, dt$$

Se no intervalo $\alpha \leq t \leq \beta$ se tem digamos $v(t) \geq 0$ para $\alpha \leq t \leq \gamma$, e $v(t) \leq 0$ para $\gamma \leq t \leq \beta$ então o espaço percorrido será

$$\pi = \int_{\alpha}^{\gamma} |v(t)| \, dt + \int_{\gamma}^{\beta} |v(t)| \, dt = \int_{\alpha}^{\beta} |v(t)| \, dt$$

As considerações acima foram feitas em bases intuitivas, já que a noção de espaço percorrido até o presente momento não foi definida! Pode-se agora definir tal conceito a partir da noção de integral definida, de modo óbvio:

$$\boxed{\pi = \int_{\alpha}^{\beta} |v(t)| \, dt} \qquad (3)$$

independentemente do sinal de v.

Exemplo 13.1-1 – Retomemos o Exemplo 8.1 do Capítulo 8, no qual se deu $s(t) = te^{-t}$, e foi pedido para calcular o espaço percorrido entre os instantes $t = 0$ e $t = 2$.

Como lá, chegamos a que

$$v(t) = e^{-t}(1-t) \begin{cases} \geq 0 & \text{se } t \leq 1 \\ \leq 0 & \text{se } t \geq 1 \end{cases}$$

Então o espaço percorrido π em questão é dado por

$$\pi = \int_0^2 |v(t)| \, dt = \int_0^1 |v(t)| \, dt + \int_1^2 |v(t)| \, dt$$

$$= \int_0^1 v(t) \, dt + \int_1^2 - v(t) \, dt$$

$$= \int_0^1 v(t) \, dt - \int_1^2 v(t) \, dt$$

$$= s(1) - s(0) - (s(2)-s(1))$$

$$= 2s(1) - s(0) - s(2)$$

$$= 2e^{-1} - 0 - 2e^{-2}$$

$$\simeq 0{,}465$$ ◀

Claramente a situação acima ficaria mais interessante se fosse dada a velocidade.

Exemplo 13.1-2 – Achar o espaço percorrido entre os instantes $t = 0s$ e $t = 2s$ sendo dada

$$v(t) = \frac{t-1}{t+1} \text{ m/s}$$

(t em segundos).

Solução. Temos claramente

$$v(t) \begin{cases} \leq 0 & \text{se } 0 \leq t \leq 1 \\ \geq 0 & \text{se } 1 \leq t \leq 2 \end{cases}$$

logo o espaço percorrido pedido π vale

$$\pi = \int_0^2 |v(t)|\, dt = \int_0^1 -v(t)\, dt + \int_1^2 v(t)\, dt$$

$$= -\int_0^1 v(t)\, dt + \int_1^2 v(t)\, dt \qquad (\alpha)$$

Temos

$$\int v(t)\, dt = \int \frac{t-1}{t+1}\, dt$$

Fazendo $u = t+1$, logo $du = dt$, vem

$$\int \frac{t-1}{t+1}\, dt = \int \frac{u-1-1}{u}\, du = \int \frac{u-2}{u}\, du$$

$$= \int \left(1 - \frac{2}{u}\right) du = u - 2\ln|u|$$

$$= t + 1 - 2\ln|t+1|$$

Podemos então tomar

$$\int v(t)\, dt = t - 2\ln|t+1|$$

Considerando isto em (α) vem que

$$\pi = -(t - 2\ln|t+1|)\Big|_0^1 + (t - 2\ln|t+1|)\Big|_1^2$$

$$= \ln \frac{16}{9} \simeq 0{,}575\text{m}$$ ◀

Exemplo 13.1-3 – A função π dada por

$$\pi(t) = \int_a^t |v(t)|\, dt \qquad (t \geq a)$$

dá o espaço percorrido de a a t. Mostrar que em todo instante τ no qual a velocidade escalar se anula tem-se $\dot{\pi}(\tau) = 0$.

Solução. Temos, pelo 1º Teorema Fundamental do Cálculo, que

$$\dot{\pi}(t) = |v(t)|$$

daí, se $v(\tau) = 0$, claramente $\dot{\pi}(\tau) = 0$.

Nota. Isto ocorre portanto no caso de um movimento em que o ponto "vai e volta", como ilustra a Fig. 13.1; no caso $v(\tau) = 0$.

13.2 – FÓRMULA DE TORRICELLI GENERALIZADA

Observando que

$$\frac{dv^2}{dt} = 2v\frac{dv}{dt} = 2va$$

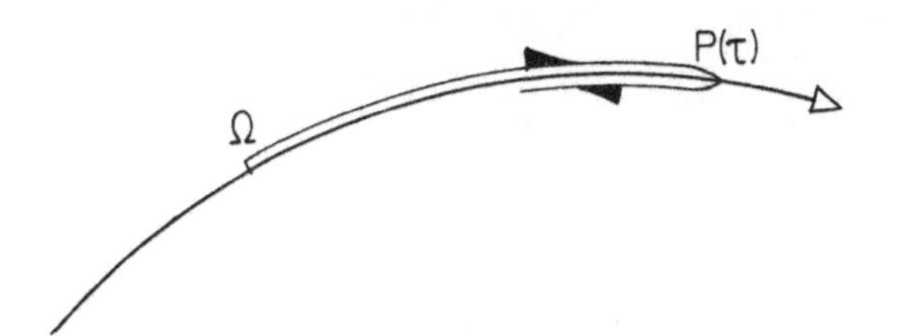

Figura 13.1

podemos escrever, pelo 2º TFC, que

$$\int_{t_1}^{t_2} 2a(t)\, v(t)\, dt = v^2(t)\Big|_{t_1}^{t_2} = v^2(t_2) - v^2(t_1) \qquad (4)$$

Vamos supor agora que a seja função de s (veja as considerações que precedem o Exemplo 8.1-5, Capítulo 8), ou seja, existe $h = h(s)$ tal que

$$a(t) = h(s(t)) \qquad (5)$$

(por exemplo $a = 2s^2-1$, caso em que $h(s) = 2s^2-1$).

Então

$$\int_{t_1}^{t_2} 2a(t)\, v(t)\, dt = 2\int_{t_1}^{t_2} h(s(t))\frac{ds}{dt}\, dt$$

$$= 2\int_{s(t_1)}^{s(t_2)} h(s)\, ds$$

onde usamos, na última igualdade, a Fórmula de Mudança de Variável (25) de 12.4.

Esta última relação e (4) nos fornecem

$$v^2(t_2) = v^2(t_1) + 2 \int_{s(t_1)}^{s(t_2)} h(s)\, ds \qquad (6)$$

que é a *Fórmula de Torricelli Generalizada.*

Escrevendo

$$v(t_1) = v_1\,,\ v(t_2) = v_2\,,\ s(t_1) = s_1\,,\ s(t_2) = s_2 \qquad (7)$$

e permitindo o abuso de notação $a = h(s)$ a fórmula acima fica

$$\boxed{v_2^2 = v_1^2 + 2 \int_{s_1}^{s_2} a\, ds} \qquad (8)$$

Note que se *a* for constante , obteremos a Fórmula de Torricelli, válida para um Movimento Uniformemente Variado (Exercício 3.9).

Exemplo 13.2-1 – Num movimento tem–se $a = 25–3s^2 m/s^2$, s em metros. A velocidade é nula para $s = 0$.

(a) Esboçar a trajetória, indicando o sentido de percurso (escolher uma curva suporte).

(b) Achar a velocidade escalar para $s = 2m$.

Solução. Por (8) temos

$$v^2 = 0^2 + 2 \int_0^s (25 - 3s^2)\, ds$$

$$= 2(25s - s^3) = 2s(25 - s^2) \qquad (\alpha)$$

(a) Para $s = 0$ temos $a = 25 > 0$ e $v = 0$, logo o ponto se desloca no sentido positivo da curva suporte, até que a velocidade de anule novamente. As raízes da equação acima são 0, 5, – 5. Portanto o anulamento se dará para $s = 5m$. Como para esse valor tem–se $a = -50 < 0$, então o ponto passa a se deslocar no sentido negativo, até que se anule a velocidade, ou seja, para $s = 0$ (Fig. 13.2).

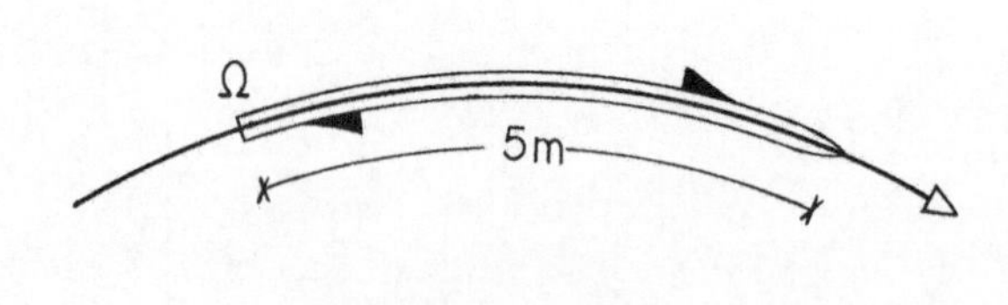

Figura 13.2

Daí a situação se repete. Note então que apesar de $s = -5$ anular v na equação (α), o ponto nunca terá essa abscissa curvilínea.

(b) Fazendo $s = 2$ em (α) resulta $v^2 = 84$, logo

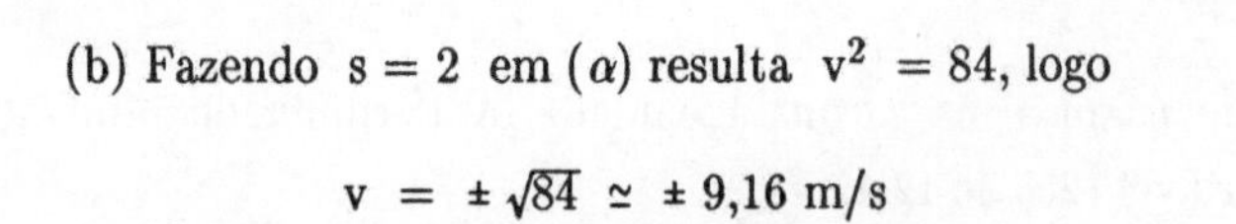

$$v = \pm\sqrt{84} \simeq \pm 9{,}16 \text{ m/s}$$ ◄

e estes valores realmente ocorrem, de acordo com a análise feita em (a).

Exemplo 13.2-2 – Uma partícula é lançada verticalmente a partir da superfície da Terra. Sabendo que a aceleração escalar é dada por

$$a = -\frac{gR^2}{r^2}$$

onde R é o raio da Terra, r a distância da partícula ao centro da Terra, g a aceleração da gravidade ao nível de sua superfície, determinar:

(a) A velocidade de escape V da partícula, isto é, a velocidade inicial mínima para que ela não retorne.

(b) r em função do tempo, supondo que a velocidade inicial seja a de escape.

Solução. Pela Fórmula de Torricelli Generalizada (8) temos, sendo v_0 a velocidade inicial da partícula:

$$v^2 = v_0^2 + 2\int_R^r \left(-\frac{gR^2}{r^2}\right) dr = v_0^2 - 2gR^2\left(-\frac{1}{r}\right)\Big|_R^r$$

$$= v_0^2 + 2gR^2\left(\frac{1}{r} - \frac{1}{R}\right)$$

$$= v_0^2 - 2gR + \frac{2gR^2}{r}$$

(a) Vamos achar os valores de v_0 para os quais v não se anula, qualquer que seja $r > 0$, ou seja, para os quais

$$v_0^2 - 2gR + \frac{2gR^2}{r} > 0 \quad \text{para todo } r > 0 \qquad (\alpha)$$

Fazendo $r \to +\infty$ resulta que

$$v_0^2 - 2gR \geq 0 \;(*)$$

Reciprocamente se esta condição se verifica então (α) claramente se verifica.

Como $v_0^2 \geq 2gR$ então $V^2 = 2gR$ logo

$$V = \sqrt{2gR} \qquad \blacktriangleleft$$

(*) Se $y(x) > 0$ para todo $x > x_0$ então $\lim_{x \to +\infty} y(x) \geq 0$. O símbolo $\geq$ não pode ser substituído por $>$: $y(x) = 1/x > 0$ se $x > 0$ e $\lim_{x \to +\infty} y(x) = 0$.

(b) Pondo $v_0 = V = \sqrt{2gR}$ na expressão de v^2 acima vem que

$$v = \frac{R\sqrt{2g}}{\sqrt{r}}$$

ou seja,

$$\frac{dr}{dt} = \frac{R\sqrt{2g}}{\sqrt{r}} > 0$$

logo $r(t)$ é estritamente crescente; existe então a inversa $t = t(r)$, de modo que

$$\frac{dt}{dr} = \frac{\sqrt{r}}{R\sqrt{2g}}$$

Daí

$$t = \int \frac{\sqrt{r}}{R\sqrt{2g}}\,dr = \frac{1}{R\sqrt{2g}}\int \sqrt{r}\,dr$$

$$= \frac{1}{R\sqrt{2g}}\,\frac{r^{3/2}}{3/2} + c \qquad (\beta)$$

Como para $t = 0$ tem-se $r = R$, obtemos

$$0 = \frac{1}{R\sqrt{2g}} \cdot \frac{R^{3/2}}{3/2} + c$$

de onde resulta $c = -\frac{2}{3}\frac{\sqrt{R}}{\sqrt{2g}}$. Substituindo em (β) e tirando o valor de r resulta que

$$r = \left[\frac{3R\sqrt{2g}}{2}\,t + R\sqrt{R}\right]^{2/3}$$ ◄

Nota. Usando $g = 9{,}8\text{m/s}^2$ e $R = 6370\text{km}$ resulta $V \simeq 40225\text{km/h}$.

Exemplo 13.2-3 – Alguns valores da aceleração de uma partícula em função de sua abscissa curvilínea são dados na tabela a seguir. Sabendo que para $s = 20\text{cm}$ a partícula tem velocidade 12cm/s, determinar a velocidade para $s = 40\text{cm}$, suposta > 0.

s (cm)	20	25	30	35	40	45
a (cm/s²)	8,00	6,00	4,33	3,33	2,66	2,50

Solução: Por (8) temos, para a velocidade v procurada:

$$v^2 = 12^2 + 2\int_{20}^{40} a\,ds$$

Utilizando a fórmula relativa ao Método de Simpson ((31 da seção 12.5), com passo h = 5cm vem

$$\int_{20}^{40} a\,ds \simeq \frac{5}{3}\left[8{,}00 + 4\cdot 6{,}00 + 2\cdot 4{,}33 + 4\cdot 3{,}33 + 2{,}66\right]$$

$$= 94{,}40$$

Substituindo na expressão de v^2 e extraindo a raiz obteremos

$$v \simeq 18{,}24\text{cm/s}$$ ◀

13.3 – EQUAÇÕES DIFERENCIAIS

(a) **Equação Diferencial Ordinária.** Um problema freqüente em Engenharia é a busca de funções $y(x)$ que verificam uma relação de igualdade, na qual comparecem $y'(x),\ldots,y^{(n)}(x)$. Por exemplo

$$y'' - 3y' + xy - 1 = 0$$

Uma relação desse tipo é chamada de *Equação Diferencial Ordinária.* Neste caso específico ela é dita de ordem 2, que é a derivada de maior ordem da função que comparece na equação. Uma *solução* de uma Equação Diferencial Ordinária é uma função definida num intervalo aberto que verifica a equação.

Exemplo 13.3-1 – A equação

$$\dot{x} = 3t^2$$

é uma Equação Diferencial Ordinária de 1ª ordem. Neste caso sabemos achar todas as suas soluções. De fato,

$$x = \int 3t^2\,dt = t^3 + c$$

c uma constante arbitrária.

Uma expressão como a acima, que fornece todas as soluções é referida como *solução geral* da equação diferencial.

Exemplo 13.3-2 – Como o exemplo anterior mostra, já estivemos lidando com equações diferenciais. Quando abordamos um problema no qual a velocidade é dada em função da abscissa curvilínea, como no Exemplo 11.2–3, estamos em presença de uma equação diferencial. No caso citado, temos

$$v = 1 + s^2$$

ou seja

$$\dot{s} = 1 + s^2$$

É uma Equação Diferencial Ordinária de ordem 1. Recordando a solução dada no referido exemplo é fácil ver que a solução geral é dada por

$$s = tg(t+c)$$

Exemplo 13.3-3 – Determinar a solução geral da Equação Diferencial Ordinária de 2ª ordem seguinte:

$$y'' = 3$$

Solução: Como $y'' = (y')'$, então

$$y' = \int 3\,dx = 3x + b$$

b uma constante arbitrária. Daí

$$y = \int (3x+b)\,dx = \frac{3x^2}{2} + bx + c \qquad ◀$$

c uma constante arbitrária.

Exemplo 13.3-4 – Num movimento tem-se $v = -e^s$. Determinar a forma mais geral da função horária (cf. o Exemplo 8.1-7 e a Nota que se lhe segue).

Solução: Temos $ds/dt = -e^s < 0$ logo $s(t)$ é estritamente decrescente, tendo pois inversa $t = t(s)$. Então podemos escrever

$$\frac{dt}{ds} = -e^{-s}$$

e daí

$$t = -\int e^{-s}\,ds = e^{-s} + c$$

de onde resulta

$$s = \ln\frac{1}{t-c} \qquad ◀$$

Notas. 1. Uma Equação Diferencial Ordinária pode ser indicada da seguinte forma:

$$F(x, y, y', y'', ..., y^{(n)}) = 0 \qquad (1)$$

onde F é uma função real de n+1 variáveis reais.

No caso do Exemplo 13.3-1 tem-se $F(t,x,\dot{x}) = \dot{x}-3t^2$, no do Exemplo 13.3-2 tem-se $F(t,s,\dot{s}) = \dot{s}-1-s^2$, no do Exemplo 13.3-3 tem-se $F(x, y, y', y'') = y'' - 3$, no do Exemplo 13.3-4 tem-se $F(t,s,\dot{s}) = \dot{s}+e^s$.

2. A determinação da soluções de uma Equação Diferencial Ordinária é em geral muito difícil. Veremos no item a seguir um

tipo de equação da qual se tem teoricamente um caminho para se achar a solução geral.

(b) **Equação Diferencial de Variáveis Separáveis.** No Exemplo 13.2-2 surgiu a seguinte equação, na solução do item (b):

$$\dot{r} = \frac{R\sqrt{2g}}{\sqrt{r}}$$

Chamemos, por conveniência, $k = R\sqrt{2g}$. Então

$$\frac{dr}{dt} = \frac{k}{\sqrt{r}}$$

Ao invés de proceder como lá, vamos proceder formalmente "separando as variáveis", isto é, colocar num membro tudo que envolve r, e no outro tudo o que envolve t:

$$\sqrt{r}\,dr = k\,dt$$

Daí

$$\int \sqrt{r}\,dr = \int k\,dt$$

ou seja

$$\frac{r^{3/2}}{3/2} = kt + b$$

b uma constante arbitrária. Daí resulta

$$r = \left(\frac{3}{2}kt + d\right)^{2/3}$$

d uma constante arbitrária. (Fazendo $r = R$ para $t = 0$ determina–se d).

O procedimento acima pode ser generalizado e justificado. Considere uma equação de 1ª ordem da forma

$$\dot{x} = y(x)\,z(t) \qquad (2)$$

O domínio de $y(x)$ é um intervalo aberto, bem como o de $z(t)$. Suporemos $y(x)$ derivável e $z(t)$ contínua. Tal equação é chamada Equação Diferencial Ordinária de Variáveis Separáveis. Vamos supor que $y(x)$ tenha um número finito de raízes: $x_1, x_2, x_3, \ldots, x_n$. Então $x(t) = x_i$ $(i = 1,\ldots,n)$ é uma solução de (2) pois sendo constante sua derivada é nula, e por hipótese $y(x_i) = 0$.

Procuremos as soluções $x(t)$ tais que $x(t)$ não assume os valores $x_1, ..., x_n$.(*) Então de (2) segue que

$$\frac{1}{y(x)}\frac{dx}{dt} = z(t)$$

logo

$$\int \frac{1}{y(x)}\frac{dx}{dt}\,dt = \int z(t)\,dt$$

Pela fórmula (5) de 11.3 (Método de Substituição) temos

$$\int \frac{dx}{y(x)} = \int z(t)\,dt \tag{3}$$

que nos fornecerá as soluções buscadas.

Note que (3) corresponde formalmente a: escrever (2) na forma

$$\frac{dx}{dt} = y(x)\,z(t)$$

separar as variáveis

$$\frac{dx}{y(x)} = z(t)\,dt$$

e primitivar.

Exemplo 13.3-5 – Achar a solução da equação

$$\frac{dx}{dt} = (1-x^2)\,t$$

tal que

(a) $x(0) = 0$ (b) $x(0) = 1$ (c) $x(0) = 2$

(d) $x(0) = -1$.

Solução: As raízes de $1-x^2$ são ± 1 . Assim as soluções constantes são $x(t) = 1$ e $x(t) = -1$. As soluções $x(t)$ tais que $x(t) < 1$, ou que $-1 < x(t) < 1$, ou que $x(t) > 1$ são obtidas separando as variáveis:

$$\int \frac{dx}{1-x^2} = \int t\,dt = \frac{t^2}{2} + c \tag{α}$$

(*) Aqui cabe um esclarecimento. Nas condições dadas, pode-se provar que para cada x_0 e t_0 nos respectivos domínios de $y(x)$ e $z(t)$ passa uma solução, isto é, existe uma solução tal que $x(t_0) = x_0$. Mais ainda, e isto é extremamente importante, duas soluções "não se cruzam". Portanto as soluções constantes, cujos gráficos são retas paralelas a Ot, vão "separar" as outras soluções. Por exemplo se $y(x)$ tem apenas uma raiz $\bar{x}$, então as soluções que se procuram são as que verificam $x(t) < \bar{x}$, e as que verificam $x(t) > \bar{x}$.

Observando que

$$\frac{1}{1-x^2} = -\frac{1}{x^2-1} = \frac{1/2}{x+1} - \frac{1/2}{x-1}$$

temos

$$\int \frac{dx}{1-x^2} = \frac{1}{2}\ln|x+1| - \frac{1}{2}\ln|x-1|$$

$$= \frac{1}{2}\ln\left|\frac{x+1}{x-1}\right|$$

logo, substituindo em (α):

$$\frac{1}{2}\ln\left|\frac{x+1}{x-1}\right| = \frac{t^2}{2} + c$$

de onde resulta

$$\left|\frac{x+1}{x-1}\right| = e^{2c}\cdot e^{t^2}$$

e daí

$$\frac{x+1}{x-1} = \pm\, e^{2c}\, e^{t^2} = A\, e^{t^2}$$

logo

$$x = \frac{A\,e^{t^2}+1}{A\,e^{t^2}-1} \qquad (\beta)$$

A uma constante arbitrária não–nula.

(a) Fazendo em (β) $x = 0$ e $t = 0$ obteremos $A = -1$, logo

$$x(t) = \frac{e^{t^2}-1}{e^{t^2}+1} \qquad ◀$$

(b) Neste caso temos a solução constante $x(t) = 1$. ◀

(c) Fazendo em (β) $x = 2$ e $t = 0$ obteremos $A = 3$, logo

$$x(t) = \frac{3e^{t^2}+1}{3e^{t^2}-1} \qquad ◀$$

(d) Neste caso temos a solução constante $x(t) = -1$. ◀

13.4 – CASO DA ACELERAÇÃO COMO FUNÇÃO DA VELOCIDADE

Quando $a(t) = y(v(t))$, como por exemplo $a = 1+v^2$, então

$$\frac{dv}{dt} = y(v(t)) \qquad (4)$$

e daí por separação de variáveis podemos, pelo menos teoricamente, achar $v = v(t)$:

$$\int \frac{dv}{y(v)} = \int dt = t + c$$

Tendo $v(t)$, podemos achar $s(t)$, desde que saibamos achar uma primitava de $v(t)$.

Exemplo 13.4-1 – Uma partícula cai, a partir do repouso, sob a ação da gravidade, num meio que oferece resistência proporcional ao quadrado da velocidade escalar, de forma que a aceleração resultante é dada por

$$a = g - cv^2$$

(a em m/s^2; v em m/s), a orientação sendo "de cima para baixo", sendo $c > 0$ uma constante. Determinar a função horária, medida a partir da posição inicial.

Solução. Temos

$$a = \frac{dv}{dt} = g - cv^2$$

As soluções constantes são $v(t) = \pm\sqrt{g/c}$, que no caso não interessam. Procuremos as outras. Temos

$$\int \frac{dv}{g - cv^2} = \int dt = t + d \qquad (\alpha)$$

Escrevendo

$$g - cv^2 = -c\left(v^2 - \frac{g}{c}\right) = -c\,(v^2 - V^2)$$

onde introduzimos, por conveniência,

$$V = \sqrt{\frac{g}{c}} \quad \therefore \quad c = \frac{g}{V^2} \qquad (\beta)$$

temos

$$\int \frac{dv}{g-cv^2} = -\frac{V^2}{g}\int \frac{dv}{v^2-V^2} = -\frac{V^2}{g}\int \left[\frac{\frac{1}{2V}}{v-V} - \frac{\frac{1}{2V}}{v+V}\right] dv$$

$$= \frac{V}{2g}\ln\left|\frac{v+V}{v-V}\right|$$

Esta relação e (α) fornecem

$$\left|\frac{v+V}{v-V}\right| = e^{\frac{2gd}{V}}\, e^{\frac{2gt}{V}}$$

logo

$$\frac{v+V}{v-V} = \pm\, e^{\frac{2gd}{V}}\, e^{\frac{2gt}{V}} = A\, e^{\frac{2gt}{V}}$$

e daí

$$v = V.\ \frac{A\, e^{\frac{2gt}{V}} + 1}{A\, e^{\frac{2gt}{V}} - 1}$$

Fazendo $v = 0$ para $t = 0$ resulta $A = -1$, logo

$$v = V \frac{e^{\frac{2gt}{V}} - 1}{e^{\frac{2gt}{V}} + 1} \qquad (\gamma)$$

Dividindo numerador e denominador por $e^{gt/V}$ vem

$$v = V \frac{e^{\frac{gt}{V}} - e^{-\frac{gt}{V}}}{e^{\frac{gt}{V}} + e^{-\frac{gt}{V}}} = V \frac{sh(\frac{gt}{V})}{ch(\frac{gt}{V})}$$

portanto

$$s(t) = \int V \frac{sh(\frac{gt}{V})}{ch(\frac{gt}{V})} dt$$

$$= \frac{V^2}{g} \ln \left[ch\left(\frac{gt}{V}\right) \right] + k$$

Para $t = 0$ temos $s = 0$, logo $k = 0$ e daí

$$s(t) = \frac{V^2}{g} \ln \left[ch\left(\frac{gt}{V}\right) \right] \qquad ◀$$

com V dado por (β).

Nota. A expressão (γ) de $v = v(t)$ acima obtida mostra que

$$\lim_{t \to +\infty} v(t) = V$$

(Basta dividir numerador e denominador por $e^{\frac{2gt}{V}}$ para ver isto.)

Na prática, para t grande, a velocidade é praticamente V; esta é chamada velocidade limite. Para o caso de um paraquedas de 5m de raio, sustentando um homem de massa 90Kg tem-se $V \simeq 4{,}4$m/s. Esta velocidade corresponde, no vácuo, a uma queda aproximada de 1m (partindo do repouso).

13.5 – A EQUAÇÃO $\ddot{s} + ps = 0$

Daremos a seguir a regra para se achar a solução geral da equação

$$\ddot{s} + ps = 0 \qquad (5)$$

com $p \neq 0$ (já que para $p = 0$ a solução geral já é de nosso conhecimento).

(1º) Escrevemos a equação algébrica associada a (5), conhecida como *equação característica*:

$$r^2 + p = 0$$

(Note que o expoente de r é igual à ordem da derivada.)

(2º) Achamos as raízes da equação característica. Temos dois casos:

(a) $p > 0$. Neste caso $r = \pm i\sqrt{p} = \pm i\beta$ $(\beta = \sqrt{p})$, e a solução geral é

$$\boxed{s = A \operatorname{sen} \beta t + B \cos \beta t} \quad (6)$$

onde A e B são constantes arbitrárias. Esta solução também pode ser escrita nas formas(*)

$$\boxed{\begin{aligned} s &= C \operatorname{sen}(\beta t + \phi) \\ s &= D \cos(\beta t + \varphi) \end{aligned}} \quad (7)$$

(b) $p < 0$. Neste caso $r = \pm\sqrt{-p} = \pm r_0$ $(r_0 = \sqrt{-p})$, e a solução geral é

$$\boxed{s = A e^{r_0 t} + B e^{-r_0 t}} \quad (8)$$

onde A e B são constantes arbitrárias.

Exemplo 13.5-1 – Num movimento a aceleração escalar verifica a relação

$$a + 4s = 0$$

(a) Achar a expressão mais geral da função horária.

(b) Achar a função horária sabendo que no instante $t = 0$ a abcissa curvilínea vale 1 e a velocidade escalar 2 (Unidades no Sistema Internacional).

Solução. (a) Temos

$$\ddot{s} + 4s = 0$$

A equação característica é $r^2+4 = 0$, cujas raízes são $\pm 2i$. Então por (6) temos

$$s = A \operatorname{sen} 2t + B \cos 2t \quad ◀$$

(b) Para $t = 0$ temos $s = 1$. Substituindo na expressão de s vem $1 = B$. Por outro lado,

---

(*) $C \operatorname{sen}(\beta t+\phi) = C \operatorname{sen} \beta t \cos\phi + C \cos \beta t \operatorname{sen}\phi$. Pondo $A = C \cos\phi$, $B = C \operatorname{sen}\phi$ temos que $C^2 = A^2+B^2$. Escolhendo $C = \sqrt{A^2+B^2}$, basta escolher ϕ tal que $\operatorname{sen}\phi = \dfrac{B}{\sqrt{A^2+B^2}}$, $\cos\phi = \dfrac{A}{\sqrt{A^2+B^2}}$.

$$\dot{s} = 2A \cos 2t - 2B \operatorname{sen} 2t$$

Para $t = 0$ temos $\dot{s} = 2$, logo $2 = 2A$, isto é, $A = 1$. Assim

$$s = \operatorname{sen} 2t + \cos 2t \quad \blacktriangleleft$$

Nota. Vamos colocar s numa das formas (7), digamos na segunda. Temos

$$D \cos(2t+\varphi) = D \cos 2t \cos \varphi - D \operatorname{sen} 2t \operatorname{sen} \varphi$$

que deve ser igual a $s = \operatorname{sen} 2t + \cos 2t$. Tomando

$$D \cos \varphi = 1$$
$$-D \operatorname{sen} \varphi = 1$$

resulta $D^2 = 2$. Escolhamos $D = \sqrt{2}$. Então

$$\cos \varphi = \frac{\sqrt{2}}{2} \qquad \operatorname{sen} \varphi = -\frac{\sqrt{2}}{2}$$

Escolhamos $\varphi = -\frac{\pi}{4}$. Então

$$s = \sqrt{2} \cos\left(2t - \frac{\pi}{4}\right) \quad \blacktriangleleft$$

Exemplo 13.5-2 – Repetir o exemplo anterior no caso em que $a - 4s = 0$.

Solução. (a) Temos

$$\ddot{s} - 4s = 0$$

A equação característica é $r^2 - 4 = 0$, cujas raízes são ± 2. Então por (6) temos

$$s = A e^{2t} + B e^{-2t} \quad \blacktriangleleft$$

(b) Para $t = 0$ temos $s = 1$. Substituindo na expressão de s vem

$$1 = A + B \qquad (\alpha)$$

Por outro lado,

$$\dot{s} = 2A e^{2t} - 2B e^{-2t}$$

Para $t = 0$ temos $\dot{s} = 2$, logo

$$2 = 2A - 2B \qquad (\beta)$$

Resolvendo o sistema formado por (α) e (β) vem $A = 1$, $B = 0$, logo

$$s = e^{2t} \quad \blacktriangleleft$$

A demonstração de que (6) e (7) são as soluções gerais de (5) respectivamente nos casos $p > 0$ e $p < 0$ não será feita aqui, pois estaríamos nos desviando dos nossos objetivos. No entanto poderemos chegar a elas fazendo a hipótese de que num certo intervalo tenhamos $v > 0$. Vamos deixar de lado a única solução constante de (5) (no caso $p \neq 0$) que é a solução nula $s(t) = 0$.

Pela Fórmula de Torricelli Generalizada (8), seção 13.2, temos

$$\dot{s}^2 = v_0^2 + 2\int_{s_0}^{s} (-ps)\, ds$$

$$= v_0^2 + ps_0^2 - ps^2$$

$$= b - ps^2 \tag{9}$$

sendo

$$b = v_0^2 + ps_0^2 \tag{10}$$

Daí, como estamos supondo $v > 0$, temos

$$\dot{s} = \frac{ds}{dt} = \sqrt{b - ps^2}$$

logo

$$\int \frac{ds}{\sqrt{b-ps^2}} = \int dt = t + c \tag{11}$$

Supondo $p > 0$ então $b > 0$ (por quê?) e podemos escrever

$$b - ps^2 = b\left[1 - \left[\sqrt{\frac{p}{b}}\, s\right]^2\right]$$

Fazendo $u = \sqrt{p/b}\, s$ resulta

$$\int \frac{ds}{\sqrt{b-ps^2}} = \frac{1}{\sqrt{p}}\int \frac{du}{\sqrt{1-u^2}}$$

$$= \frac{1}{\sqrt{p}} \operatorname{arcsen} \sqrt{\frac{p}{b}}\, s$$

Levando à fórmula (11), e tirando o valor de s, resulta que

$$s = \sqrt{\frac{b}{p}} \operatorname{sen}\left(\sqrt{p}\, t + c\sqrt{p}\,\right)$$

que é da forma da 1ª. equação de (7).

O caso $p < 0$ é um pouco mais laborioso, mas pode ser tratado de modo semelhante (usar–se–á o Exemplo 11.3-6).

13.6 – EXERCÍCIOS

13.1 – Achar o espaço percorrido entre $t = -1s$ e $t = 2s$ sendo dada a velocidade escalar $v(t) = 4t^3(1+t^4)^{-1}$ m/s (t em segundos).

Resposta: ln 34m .

13.2 – Idem para $v(t) = (t^2-1)(t^2+1)^{-1}$ m/s (t em segundos), entre $t = -2s$ e $t = 2s$.

Resposta: $2\pi - 4$ arctg 2 m . **Ajuda:** para achar a primitiva, efetue a divisão dos polinômios.

13.3 – Dada a tabela seguinte, calcular

(a) A aceleração escalar em $t = 0{,}4s$.

(b) O espaço percorrido entre $t = 0{,}1s$ e $t = 0{,}7s$.

t (s)	0,1	0,2	0,3	0,4	0,5	0,6	0,7
v (m/s)	– 0,0270	– 0,0079	– 0,0099	0,0001	0,0098	0,0080	0,0270

Resposta: (a) 0,0985m/s^2 ;

(b) 0,0063m (trapézios) , 0,0052m (Simpson).

13.4 – Num movimento tem–se

$$a = \frac{3 - 2e^s}{e^{2s}} \text{ m/s}^2$$

(s em metros). A velocidade escalar vale 1/2 m/s para $s = \ln 2$m. Achar

(a) os valores de s para os quais a velocidade é nula;

(b) a velocidade escalar para $s = \ln(3/2)$m.

Resposta: (a) 0 e ln 3m . (b) $\pm\sqrt{3}/3$.

13.5 – Num movimento tem–se $a = \ln s$ (a em m/s^2, s em metros), e a velocidade escalar se anula se $s = e$ m.

(a) Mostrar que $s \geq e$.

(b) Supondo que o movimento se dê no intervalo $t \geq t_0$ e que $s(t_0) = e$, indicar num desenho o sentido do movimento.

(c) Nas hipóteses assumidas no item (b), determinar a velocidade escalar para $s = e^3$.

Resposta: (c) $2e\sqrt{e}$ m/s

13.6 – Um ponto move–se sobre o eixo Ox com aceleração verificando

$$a = -\frac{1}{x^{3/2}} \text{ m/s}^2$$

(x em metros) partindo do ponto de abscissa $x_0 = 1$m. Achar a menor velocidade inicial positiva para que o ponto não retorne à posição de partida. Para esta velocidade inicial determinar a função horária $x(t)$.

Resposta: 2m/s ; $x(t) = \left(\frac{5}{2}t + 1\right)^{4/5}$ m (t em segundos).

13.7 – Um ponto move-se sobre o eixo Ox com aceleração verificando

$$a = -\frac{1}{x^3}\ m/s^2$$

(x em metros) partindo do ponto de abscissa 1m. Achar a menor velocidade inicial positiva para que o ponto não retorne à posição de partida. Para esta velocidade, calcular o tempo gasto para o ponto ir da posição dada por $x = 1m$ àquela dada por $x = 4m$.

Resposta: 1m/s ; 7,5s .

13.8 – Um ponto material é lançado verticalmente da superfície da Terra. Admitindo que a aceleração seja constante e igual a $-g$ (g a aceleração na superfície) seja h a altura alcançada teoricamente. Supondo a Lei da Gravitação Universal, a aceleração é dada por

$$a = -\frac{gR^2}{r^2}$$

onde R é o raio da Terra, r a distância do ponto ao seu centro (cf. o Exemplo 13.2-2). Neste caso seja H a altitude alcançada teoricamente.

(a) Achar a relação entre H e h.

(b) Compare esses valores, sendo a velocidade inicial 7200km/h. Adotar $g = 9{,}8m/s^2$, $R = 6370km$.

Resposta: (a) $H = \frac{hR}{R-h}$ (b) $h \simeq 204km$

$H \simeq 211km$

13.9 – O movimento de um pêndulo simples é regida pela equação

$$\ddot{s} + g \operatorname{sen} \frac{s}{\ell} = 0$$

sendo ℓ o comprimento do mesmo e s medida a partir da posição mais baixa. É dada nesta posição uma velocidade $v_0 > 0$ suficiente para o pêndulo atingir a posição horizontal, com velocidade $v_h \geq 0$. Conhecendo $v_0 - v_h$, achar $v_0 + v_h$.

Resposta: $\frac{2g\ell}{v_0 - v_h}$.

13.10 – Dada a tabela abaixo, relativa ao movimento de um ponto, achar a velocidade escalar para $s = 0{,}60m$, sabendo que ela vale 2m/s para $s = 0{,}10m$, **supondo $a > 0$ sempre** .

s (m)	0,10	0,20	0,30	0,40	0,50	0,60	0,70
a (m/s²)	1,25	1,70	1,95	1,85	1,80	1,79	1,78

Resposta: 2,40m/s (trapézio).

13.11 – Num movimento tem–se $v = s^3$ (v em m/s, s em metros) (cf. o Exercício 8.13). Para $t = 0s$ tem–se $s = 1m$. Achar $s(t)$.
Resposta: $s = (1 - 2t)^{-1/2}$ m.

13.12 – Num movimento tem–se $v = \operatorname{tg} s$ (v em m/s, s em metros) (cf. o Exercício 8.16). Para $t = 0s$ tem–se $s = \pi/6$ m. Achar a função horária.
Resposta: $s(t) = \operatorname{arcsen}\left(\frac{e^t}{2}\right)$ m.

13.13 – Num movimento tem–se $v = st$ (v em m/s, t em segundos, s em metros). Quais as possíveis funções horárias?
Resposta: $s(t) = A\, e^{t^2/2}$ m.

* **13.14** – Uma partícula é lançada verticalmente do solo com velocidade $v_0 > 0$. Admitindo resistência do ar proporcional ao quadrado da velocidade, determinar:

(a) O tempo para a partícula atingir a altura máxima.
(b) A altura máxima.
(c) A relação entre v_0 e a velocidade v_c com que a partícula chega ao solo.
Sendo $c > 0$ a constante de proporcionalidade exprimir as respostas em função de $V = \sqrt{\frac{g}{c}}$.

Resposta: (a) $\frac{V}{g} \operatorname{arctg} \frac{v_0}{V}$

(b) $\frac{V^2}{2g} \ln\left[1 + \left(\frac{v_0}{V}\right)^2\right]$

(c) $|v_c| = v_0 \frac{1}{\sqrt{1 + \left(\frac{v_0}{V}\right)^2}}$.

13.15 – Uma partícula cai, a partir do repouso, sob a ação da gravidade, num meio que oferece resistência diretamente proporcional à velocidade. Determinar

(a) $v(t)$ (b) $s(t)$.

Dar as respostas em termos de $V = g/c$, c a constante de proporcionalidade.

Resposta: (a) $V\left[1 - e^{-\frac{gt}{V}}\right]$ (b) $Vt + \frac{V^2}{g}\left[e^{-\frac{gt}{V}} - 1\right]$.

13.16 – Repita o exercício anterior, supondo uma velocidade inicial $v_0 > 0$ (para baixo), sendo $v_0 < V$.

Resposta: (a) $V - e^{-\frac{gt}{V}}(V - v_0)$

(b) $Vt + \frac{(V-v_0)V}{g}\left(e^{-\frac{gt}{V}} - 1\right)$

13.17 – Uma partícula cai, num certo meio, a partir do repouso, sob a ação da gravidade. Enquanto sua velocidade não atingir

3,5m/s, a resistência é proporcional à velocidade. Após atingir tal velocidade ela passa a ser proporcional ao quadrado da velocidade. Em quanto tempo ela atingirá a velocidade de 5m/s? Adotar $g = 10m/s^2$ e o coeficiente de proporcionalidade 10/49 nos dois casos.

Resposta: $\cong 0,6$ s

Nos exercícios a seguir as unidades estão no Sistema Internacional.

13.18 – Num movimento a seguinte relação se verifica: $a = 16s$. Achar a função horária sabendo que no instante $t = 0$ a abscissa curvilínea vale 0 e a velocidade vale 1.

Resposta: $s(t) = \frac{1}{8}(e^{4t} - e^{-4t})$.

13.19 – Idem, sendo $a = -16s$.

Resposta: $s(t) = \frac{1}{4}\,\text{sen}\,4t$.

13.20 – Num movimento a seguinte relação se verifica: $a = 9s$. Achar a função horária sabendo que $s(1) = v(1) = 0$.

Resposta: $s(t) = 0$.

13.21 – Repetir o exercício anterior no caso em que $s(1) = 0$, $v(1) = 3e^3$.

Resposta: $s(t) = \frac{1}{2}(e^{3t} - e^{6-3t})$.

13.22 – Colocar $s(t) = \frac{5\sqrt{3}}{2}\cos 3t - \frac{5}{2}\,\text{sen}\,3t$ nas formas $A\cos(\beta t+\phi)$ e $B\,\text{sen}(\beta t+\varphi)$. Achar a relação entre a e s.

Resposta: $5\cos\left(3t + \frac{\pi}{6}\right) = 5\cos\left(3t + \frac{2\pi}{3}\right)$; $a+9s = 0$.

13.23 – Um ponto (não em repouso) executa um movimento tal que $a+k^2s = 0$, $k > 0$. Mostrar que se trata de um Movimento Harmônico Simples (cf. a Nota que se segue ao Exemplo 7.1-8).

13.24 – Existe uma curva chamada ciclóide, cujo aspecto é mostrado na figura. Pode-se provar que um ponto material P que escorrega sobre ela sem atrito verifica a relação $a+k^2s = 0$, onde $k > 0$ é uma constante envolvendo g e h (ver a Fig. 13.3). Mostrar que o tempo necessário para que P, partindo do repouso, atinja Ω, independe da abscissa curvilínea inicial s_0. Calcular a velocidade com que o ponto chega em Ω.

Resposta: $-k\,s_0$, $s_0 \geq 0$.

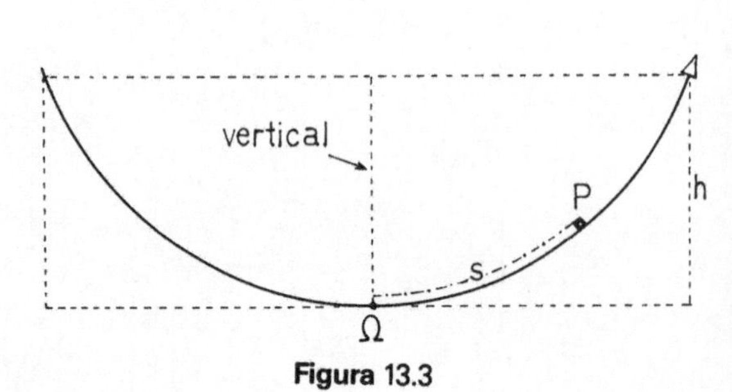

Figura 13.3

13.25 – Mostrar que a solução geral da equação $\ddot{s} - ps = 0$ para $p > 0$ pode ser escrita na forma

$$s(t) = M\,\text{sh}(\sqrt{p}\,t) + N\,\text{ch}(\sqrt{p}\,t)\ ,$$

M, N constantes arbitrárias.

13.26 – Seja $y = y(x)$ uma função para a qual existe $\varphi = \varphi(u)$ contínua verificando

$$y''(x) = \varphi(y(x))$$

para todo x de um intervalo I. Mostrar que, sendo a e b pontos de I, tem-se

$$(y'(b))^2 = (y'(a))^2 + 2\int_{y(a)}^{y(b)} \varphi(u)\,du$$

Aplicação. A Fig. 13.4 mostra uma guia circular sobre a qual se desloca, sem atrito, um anel A. Sabendo que o anel parte de B com velocidade nula, e que durante o movimento vale a relação

$$\ddot{\varphi} = 10\cos\varphi + 5\,\mathrm{sen}\,\varphi \quad \mathrm{rd/s^2}$$

(φ em rd) determinar $\dot{\varphi}^2$ em função de φ.

Resposta: $\dot{\varphi}^2 = 20\,\mathrm{sen}\,\varphi - 10\cos\varphi + 10$.

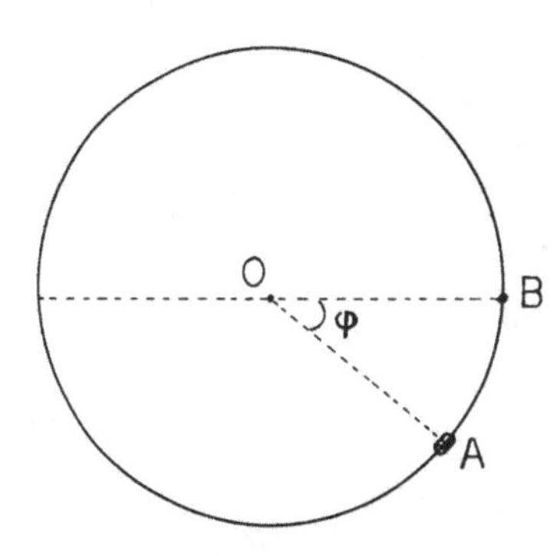

Figura 13.4

14 Análise vetorial

14.1 – FUNÇÃO VETORIAL DE VARIÁVEL REAL

Quando um ponto P se move em relação a um referencial, seu movimento pode ser descrito pelo vetor de posição

$$\mathbf{r} = OP$$

sendo O um ponto fixo em relação ao referencial. Para cada instante t a posição P(t) do ponto nesse instante é dado então pelo vetor de posição nesse instante. Isto nos leva a considerar correspondências que a cada t associa um vetor $\mathbf{r}(t)$. Uma correspondência desse tipo é referida como *função vetorial de variável real*. Como nem sempre estaremos considerando um movimento, usaremos a letra u para indicar a variável real, e $\mathbf{w}(u)$ para indicar o vetor associado a u, de modo que $\mathbf{w}$ indicará a correspondência. O domínio dessa função $\mathbf{w}$ será sempre um intervalo.

14.2 – LIMITE E CONTINUIDADE

Se $\mathbf{w} = \mathbf{w}(u)$ é uma função vetorial de variável real, cujo domínio é o intervalo J, e $\boldsymbol{\ell}$ um vetor, dizemos que *o limite de* $\mathbf{w}(u)$ *para* u *tendendo a* u_0 *é* $\boldsymbol{\ell}$ e indicamos

$$\lim_{u \to u_0} \mathbf{w}(u) = \boldsymbol{\ell} \qquad (1)$$

se $\mathbf{w}(u)$ fica arbitrariamente próximo de $\boldsymbol{\ell}$ desde que u fique suficientemente próximo de u_0, no sentido de que

$$\lim_{u \to u_0} \|\mathbf{w}(u) - \boldsymbol{\ell}\| = 0 \qquad (2)$$

Aqui $\|\mathbf{x}\|$ indica a *norma* (ou *módulo*, ou *comprimento*) do vetor $\mathbf{x}$.

Se $\boldsymbol{\ell} = \mathbf{w}(u_0)$ diremos que $\mathbf{w}(u)$ é *contínua em* u_0, ou seja, se

$$\lim_{u \to u_0} \mathbf{w}(u) = \mathbf{w}(u_0) \qquad (3)$$

Quando (3) ocorrer para todo u do domínio de $\mathbf{w}(u)$ diremos que $\mathbf{w}(u)$ é *contínua.*

Na prática trabalha-se com coordenadas. No caso de uma base ortonormal $(\mathbf{i}, \mathbf{j}, \mathbf{k})$ podemos escrever

$$\mathbf{w}(u) = x(u)\,\mathbf{i} + y(u)\,\mathbf{j} + z(u)\,\mathbf{k} \tag{4}$$

obtendo assim funções reais de variável real $x(u)$, $y(u)$, $z(u)$, referidas como *funções coordenadas*, ou *funções componentes*, de $\mathbf{w}(u)$ na base dada.

Sendo

$$\boldsymbol{\ell} = m\mathbf{i} + n\mathbf{j} + p\mathbf{k} \tag{5}$$

pode-se provar que

(3) equivale a:

$$\lim_{u \to u_0} x(u) = m\,, \quad \lim_{u \to u_0} y(u) = n\,, \quad \lim_{u \to u_0} z(u) = p \tag{6}$$

Daí decorre imediatamente que

"$\mathbf{w}(u)$ contínua em u_0" equivale a:

"$x(u)$, $y(u)$, $z(u)$ contínuas em u_0" (7)

Exemplo 14.2-1 – Seja $\mathbf{w}(u) = \cos u\,\mathbf{i} + \operatorname{sh} u\,\mathbf{j} + 2\mathbf{k}$. Então

$$\lim_{u \to 0} \mathbf{w}(u) = \left(\lim_{u \to 0} \cos u\right)\mathbf{i} + \left(\lim_{u \to 0} \operatorname{sh} u\right)\mathbf{j} + \left(\lim_{u \to 0} 2\right)\mathbf{k}$$

$$= \mathbf{i} + 2\mathbf{k}$$

Por (7), $\mathbf{w}(u)$ é contínua, já que o são suas componentes $\cos u$, $\operatorname{sh} u$, 2.

Sejam $\mathbf{w}$ e $\mathbf{v}$ funções vetoriais de variável real u, ambas tendo por domínio o intervalo J; c um número real, e $f(u)$ uma função real de domínio J. Definimos a funções $(\mathbf{v} \pm \mathbf{w})(u)$, $(\mathbf{v} \cdot \mathbf{w})(u)$, $(\mathbf{v} \wedge \mathbf{w})(u)$(*), $(c\mathbf{w})(u)$, $(f\mathbf{w})(u)$ por

$$(\mathbf{v} \pm \mathbf{w})(u) = \mathbf{v}(u) \pm \mathbf{w}(u) \tag{8}$$

$$(\mathbf{v} \cdot \mathbf{w})(u) = \mathbf{v}(u) \cdot \mathbf{w}(u) \tag{9}$$

$$(\mathbf{v} \wedge \mathbf{w})(u) = \mathbf{v}(u) \wedge \mathbf{w}(u) \tag{10}$$

$$(c\mathbf{w})(u) = c\,\mathbf{w}(u) \tag{11}$$

$$(f\mathbf{w})(u) = f(u)\,\mathbf{w}(u) \tag{12}$$

(*) Supondo uma orientação para o espaço dos vetores livres.

As funções acima definidas são vetoriais, exceto $(\mathbf{v}\cdot\mathbf{w})(u)$, que é real.

Pode-se provar facilmente que:

Se existirem $\lim\limits_{u\to u_0} \mathbf{v}(u)$, $\lim\limits_{u\to u_0} \mathbf{w}(u)$, $\lim\limits_{u\to u_0} f(u)$,

então

$$\lim_{u\to u_0} (\mathbf{v} \pm \mathbf{w})(u) = \lim_{u\to u_0} \mathbf{v}(u) \pm \lim_{u\to u_0} \mathbf{w}(u)$$

$$\lim_{u\to u_0} (\mathbf{v}\cdot\mathbf{w})(u) = \lim_{u\to u_0} \mathbf{v}(u) \cdot \lim_{u\to u_0} \mathbf{w}(u) \qquad (13)$$

$$\lim_{u\to u_0} (\mathbf{v} \wedge \mathbf{w})(u) = \lim_{u\to u_0} \mathbf{v}(u) \wedge \lim_{u\to u_0} \mathbf{w}(u)$$

$$\lim_{u\to u_0} (c\mathbf{w})(u) = c \lim_{u\to u_0} \mathbf{w}(u)$$

$$\lim_{u\to u_0} (f\mathbf{w})(u) = \lim_{u\to u_0} f(u) \lim_{u\to u_0} \mathbf{w}(u)$$

Destas propriedades decorre facilmente a seguinte:

Se $\mathbf{v}(u)$, $\mathbf{w}(u)$, $f(u)$ são contínuas em u_0 então também o são $(\mathbf{v} \pm \mathbf{w})(u)$, $(\mathbf{v}\cdot\mathbf{w})(u)$, $(\mathbf{v} \wedge \mathbf{w})(u)$, $(c\mathbf{w})(u)$, $(f\mathbf{w})(u)$.

Exemplo 14.2-2 – Sejam $\mathbf{v}(u) = -2 \text{ sen } u\mathbf{i} + 2 \cos u\mathbf{j} + 3\mathbf{k}$, $\mathbf{w}(u) = -2 \cos u\mathbf{i} - 2 \text{ sen } u\mathbf{j}$. Achar $(\mathbf{v}+\mathbf{w})(u)$, $(\mathbf{v}\cdot\mathbf{w})(u)$, $(\mathbf{v} \wedge \mathbf{w})(u)$.

Solução. Temos

$$(\mathbf{v}+\mathbf{w})(u) = (-2 \text{ sen } u - 2 \cos u)\mathbf{i} + (2 \cos u - 2 \text{ sen } u)\mathbf{j} + 3\mathbf{k} \quad ◀$$

$$(\mathbf{v}\cdot\mathbf{w})(u) = (-2 \text{ sen } u)(-2 \cos u) + (2 \cos u)(-2 \text{ sen } u) + 3.0 = 0 \quad ◀$$

$$(\mathbf{v} \wedge \mathbf{w})(u) = \begin{vmatrix} \mathbf{i} & \mathbf{j} & \mathbf{k} \\ -2 \text{ sen } u & 2 \cos u & 3 \\ -2 \cos u & -2 \text{ sen } u & 0 \end{vmatrix}^{(*)}$$

$$= 6 \text{ sen } u\mathbf{i} - 6 \cos u\mathbf{j} + 4\mathbf{k} \quad ◀$$

(*) Assumiremos sempre que usarmos tal fórmula, que a base é positiva, sem menção explícita.

Encerraremos esta seção com o seguinte resultado:

$$\text{Se } \lim_{u \to u_0} \mathbf{w}(u) = \boldsymbol{\ell} \text{ então } \lim_{u \to u_0} \|\mathbf{w}(u)\| = \|\boldsymbol{\ell}\| \qquad (15)$$

★ Provaremos este resultado lançando mão de um teorema sobre limite de função real de variável real:

Teorema do Confronto. Se para todo x de um intervalo aberto contendo x_0, exceto possivelmente para x_0, se verifica

$$f(x) \leq y(x) \leq g(x)$$

e, além disso, (16)

$$\lim_{x \to x_0} f(x) = L \ , \quad \lim_{x \to x_0} g(x) = L$$

então

$$\lim_{x \to x_0} y(x) = L$$

Este resultado é muitas vezes referido como *Teorema do Sanduíche*, fato este que é bastante sugestivo quando se olha a Fig. 14.1, a qual ilustra o resultado.

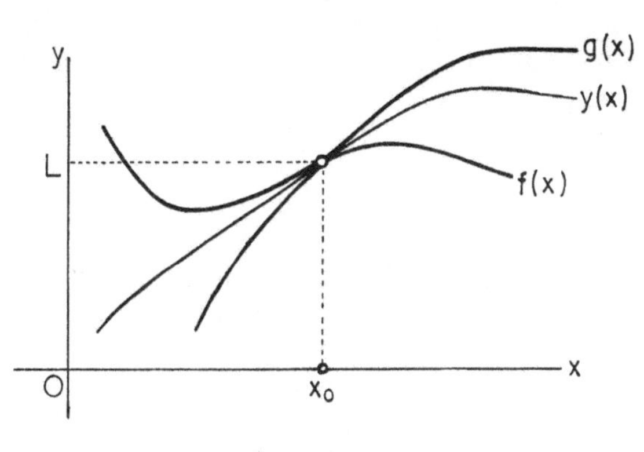

Figura 14.1

Provaremos (15). Uma desigualdade entre vetores é a seguinte:

$$-\|\mathbf{x} - \mathbf{y}\| \leq \|\mathbf{x}\| - \|\mathbf{y}\| \leq \|\mathbf{x} - \mathbf{y}\|$$

Usando–a com $\mathbf{x} = \mathbf{w}(u)$, $\mathbf{y} = \boldsymbol{\ell}$ temos

$$-\|\mathbf{w}(u) - \boldsymbol{\ell}\| \leq \|\mathbf{w}(u)\| - \|\boldsymbol{\ell}\| \leq \|\mathbf{w}(u) - \boldsymbol{\ell}\| \qquad (17)$$

Como por hipótese $\lim_{u \to u_0} \|\mathbf{w}(u) - \boldsymbol{\ell}\| = 0$, segue de (16) e de (17) que

$$\lim_{u \to u_0} \left(\|\mathbf{w}(u)\| - \|\boldsymbol{\ell}\| \right) = 0$$

que é equivalente à nossa tese.

14.3 – DERIVADA

(a) **Definição.** Seja $\mathbf{w}(u)$ função vetorial de variável real, e u_0 um ponto do domínio J (intervalo) da mesma. Chama–se *derivada de* $\mathbf{w}(u)$ *em* u_0 ao vetor

$$\boxed{\mathbf{w}'(u_0) = \lim_{\Delta u \to 0} \frac{\mathbf{w}(u_0 + \Delta u) - \mathbf{w}(u_0)}{\Delta u}} \qquad (18)$$

também indicado por $\left.\frac{dw}{du}\right|_{u=u_0}$, ou $\frac{dw}{du}(u_0)$ (suposto existente o limite).

Neste caso, diz-se que $\mathbf{w}(u)$ é *derivável em* u_0. Se isto ocorrer para todo u_0 de J, $\mathbf{w}(u)$ é dita *derivável.*

(b) **Expressão em componentes cartesianas.** Usando (4) é fácil ver que

$$\frac{\mathbf{w}(u_0+\Delta u) - \mathbf{w}(u_0)}{\Delta u} = \frac{x(u_0+\Delta u) - x(u_0)}{\Delta u}\mathbf{i} +$$

$$+ \frac{y(u_0+\Delta u) - y(u_0)}{\Delta u}\mathbf{j} + \frac{z(u_0+\Delta u) - z(u_0)}{\Delta u}\mathbf{k}$$

o que mostra, de acordo com (6), que

$\mathbf{w}(x)$ derivável em u_0 equivale a $x(u)$, $y(u)$, $z(u)$ deriváveis em u_0 e neste caso

$$\boxed{\mathbf{w}'(u_0) = x'(u_0)\mathbf{i} + y'(u_0)\mathbf{j} + z'(u_0)\mathbf{k}} \tag{19}$$

Exemplo 14.3-1 – Sendo $\mathbf{w}(u) = 2^u\mathbf{i} + \ln u\,\mathbf{j} + \mathbf{k}$ então

$$\mathbf{w}'(u) = 2^u \ln 2\mathbf{i} + \frac{1}{u}\mathbf{j}$$

(c) **Derivabilidade e Continuidade.**

Se $\mathbf{w}(u)$ é derivável em u_0 então $\mathbf{w}(u)$ é contínua em u_0 (20)

De fato, por (19) cada componente é derivável, logo contínua. Por (7) $\mathbf{w}(u)$ é contínua.

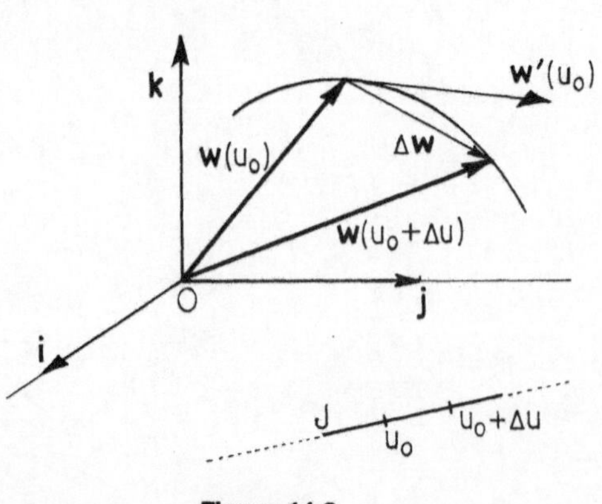

Figura 14.2

(d) **Interpretação Geométrica.** Tomando um ponto O para representar o vetor $\mathbf{w}(u)$ para cada u, vemos, conforme ilustra a Fig. 14.2, que a variação $\Delta\mathbf{w} = \mathbf{w}(u_0+\Delta u) - \mathbf{w}(u)$, representada segundo a regra de subtração de vetores, tende a ficar tangente à curva descrita pela ponta da flecha que representa $\mathbf{w}(u)$, à medida que $\Delta u \to 0$. Como $\Delta\mathbf{w}/\Delta u$ tem a mesma direção que $\Delta\mathbf{w}$, resulta que $\mathbf{w}'(u_0)$ é tangente à referida curva (no sentido de que o seu representante mostrado na figura é tangente à curva).

(e) **Propriedades Algébricas.** As regras algébricas de derivação de funções vetoriais são muito semelhantes às correspondentes de funções reais:

• Se $\mathbf{w}(u)$ for constante então $\mathbf{w}'(u) = \mathbf{0}$	(21)

Sendo $\mathbf{v}(u)$, $\mathbf{w}(u)$, $f(u)$ deriváveis em u, então

$$\begin{aligned}
&\bullet\ (\mathbf{v} \pm \mathbf{w})'(u) = \mathbf{v}'(u) \pm \mathbf{w}'(u) \\
&\bullet\ (\mathbf{v} \cdot \mathbf{w})'(u) = \mathbf{v}'(u) \cdot \mathbf{w}(u) + \mathbf{v}(u) \cdot \mathbf{w}'(u) \\
&\bullet\ (\mathbf{v} \wedge \mathbf{w})'(u) = \mathbf{v}'(u) \wedge \mathbf{w}(u) + \mathbf{v}(u) \wedge \mathbf{w}'(u) \\
&\bullet\ (c\,\mathbf{w})'(u) = c\,\mathbf{w}'(u) \quad (c \text{ constante}) \\
&\bullet\ (f\,\mathbf{w})'(u) = f'(u)\,\mathbf{w}(u) + f(u)\,\mathbf{w}'(u)
\end{aligned} \qquad (22)$$

Nota. É importante notar a ordem nos produtos vetoriais da 3ª fórmula de (22), já que $\mathbf{x} \wedge \mathbf{y} = -\mathbf{y} \wedge \mathbf{x}$.

A título de exemplo, vejamos a demonstração da citada fórmula.

$$\frac{(\mathbf{v}\wedge\mathbf{w})(u+\Delta u) - (\mathbf{v}\wedge\mathbf{w})(u)}{\Delta u} = \frac{\mathbf{v}(u+\Delta u)\wedge\mathbf{w}(u+\Delta u) - \mathbf{v}(u)\wedge\mathbf{w}(u)}{\Delta u}$$

$$= \frac{[\mathbf{v}(u+\Delta u)-\mathbf{v}(u)+\mathbf{v}(u)] \wedge \mathbf{w}(u+\Delta u) - \mathbf{v}(u) \wedge \mathbf{w}(u)}{\Delta u}$$

$$= \frac{(\mathbf{v}(u+\Delta u)-\mathbf{v}(u))\wedge\mathbf{w}(u+\Delta u) + \mathbf{v}(u) \wedge \mathbf{w}(u+\Delta u) - \mathbf{v}(u)\wedge\mathbf{w}(u)}{\Delta u}$$

$$= \frac{\mathbf{v}(u+\Delta u) - \mathbf{v}(u)}{\Delta u} \wedge \mathbf{w}(u+\Delta u) + \mathbf{v}(u) \wedge \frac{\mathbf{w}(u+\Delta u) - \mathbf{w}(u)}{\Delta u}$$

Fazendo $\Delta u \to 0$, e lembrando que

$$\lim_{\Delta u \to 0} \mathbf{w}(u+\Delta u) = \mathbf{w}(u)$$

(por quê?) resulta a fórmula em questão.

(f) **Uma Propriedade Importante.** Suponhamos que $\mathbf{w}(u)$ seja derivável, e que $\|\mathbf{w}(u)\| = c$, $c \geq 0$ uma constante, para todo u do domínio da função. Então tomado um ponto O para representar $\mathbf{w}(u)$, vemos que a ponta da flecha representativa descreve uma curva sobre a superfície esférica de centro O e raio c. Como $\mathbf{w}'(u)$ é tangente a essa curva como vimos em (d), então $\mathbf{w}'(u)$ será tangente à superfície esférica, logo ortogonal ao "raio vetor" $\mathbf{w}(u)$, conforme mostra a Fig. 14.3,ou seja

$$\mathbf{w}'(u) \cdot \mathbf{w}(u) = 0 \qquad (23)$$

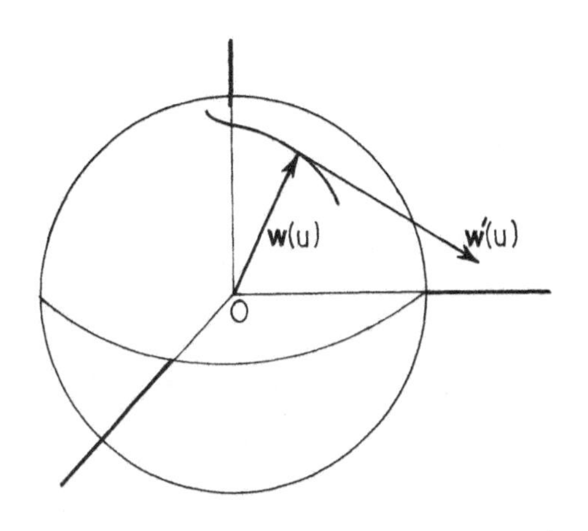

Figura 14.3

Em suma:

> Seja w(u) cujo domínio é o intervalo J, derivável, tal que
>
> $$\|\mathbf{w}(u)\| = c \qquad (c \text{ constante}) \tag{24}$$
>
> para todo u de J. Então
>
> $$\mathbf{w}'(u) \perp \mathbf{w}(u)$$

Uma demonstração analítica desse fato é simples. Como

$$\mathbf{w}(u)\cdot\mathbf{w}(u) = \text{constante}$$

temos, derivando:

$$\mathbf{w}'(u)\cdot\mathbf{w}(u) + \mathbf{w}(u)\cdot\mathbf{w}'(u) = 0$$

(usamos (22)), ou seja

$$2\mathbf{w}(u)\cdot\mathbf{w}'(u) = 0$$

de onde resulta (24).

Exemplo 14.3-2 – Seja

$$\mathbf{w}(u) = \frac{1}{\sqrt{2}}\,\text{sen}\, u\mathbf{i} + \frac{1}{\sqrt{2}}\cos u\mathbf{j} + \frac{1}{\sqrt{2}}\mathbf{k}$$

Então

$$\|\mathbf{w}(u)\|^2 = \frac{1}{2}\,\text{sen}^2 u + \frac{1}{2}\cos^2 u + \frac{1}{2}$$

$$= 1$$

logo, pelo resultado acima deve–se ter $\mathbf{w}'(u) \perp \mathbf{w}(u)$. De fato,

$$\mathbf{w}'(u) = \frac{1}{\sqrt{2}}\cos u\mathbf{i} - \frac{1}{\sqrt{2}}\,\text{sen}\, u\mathbf{j}$$

logo

$$\mathbf{w}'(u)\cdot\mathbf{w}(u) = \frac{1}{\sqrt{2}}\cos u\cdot\frac{1}{\sqrt{2}}\,\text{sen}\, u$$

$$+\left[-\frac{1}{\sqrt{2}}\,\text{sen}\, u\right]\frac{1}{\sqrt{2}}\cos u + 0\cdot\frac{1}{\sqrt{2}}$$

$$= 0$$

(g) **Regra de Cadeia.** A fim de facilitar a aplicação da Regra da Cadeia que daremos as seguir, vamos convencionar que, sendo m um número real e w um vetor, o vetor mw será também indicado por wm.

Se $\mathbf{w}(u)$ é derivável, $u = u(t)$ é uma função real de variável real derivável tal que exista a função composta $\mathbf{w}(u(t))$ então

$$\boxed{\frac{d\mathbf{w}(u(t))}{dt} = \frac{d\mathbf{w}}{du} \cdot \frac{du}{dt}} \tag{25}$$

onde $d\mathbf{w}/du$ é calculada em $u(t)$.

A demonstração, usando coordenadas, é simples: sendo $\mathbf{w}(u) = x(u)\,\mathbf{i} + y(u)\,\mathbf{j} + z(u)\,\mathbf{k}$ então

$$\mathbf{w}(u(t)) = x(u(t))\,\mathbf{i} + y(u(t))\,\mathbf{j} + z(u(t))\,\mathbf{k}$$

e por (19) temos

$$\frac{d\mathbf{w}(u(t))}{dt} = \frac{dx(u(t))}{dt}\,\mathbf{i} + \frac{dy(u(t))}{dt}\,\mathbf{j} + \frac{dz(u(t))}{dt}\,\mathbf{k}$$

$$= \frac{dx}{du}\frac{du}{dt}\,\mathbf{i} + \frac{dy}{du}\frac{du}{dt}\,\mathbf{j} + \frac{dz}{du}\frac{du}{dt}\,\mathbf{k}$$

$$= \frac{d\mathbf{w}}{du}\frac{du}{dt}$$

(h) **Derivada de Ordem n**. A exemplo do que foi feito para função real de variável real em 5.3, pode-se introduzir a noção de derivada de ordem n para uma função vetorial $\mathbf{w}(u)$, tarefa que deixaremos para o leitor, indicando apenas a notação pertinente:

$\dfrac{d^2\mathbf{w}}{du^2}$, ou $\mathbf{w}''(u)$, ou $\mathbf{w}^{(2)}(u)$ (derivada segunda, ou de ordem 2)

$\dfrac{d^3\mathbf{w}}{du^3}$, ou $\mathbf{w}'''(u)$, ou $\mathbf{w}^{(3)}(u)$ (derivada terceira, ou de ordem 3)

Em geral,

$\dfrac{d^n\mathbf{w}}{du^n}$, ou $\mathbf{w}^{(n)}(u)$ (derivada n-ésima ou de ordem n).

14.4 – INTEGRAL

Nesta seção falaremos muito brevemente sobre a integral de uma função vetorial de variável real $\mathbf{w}(u)$.

(a) Uma *primitiva* de $\mathbf{w}(u)$ num intervalo é uma função vetorial $\mathbf{W}(u)$ tal que

$$\mathbf{W}'(u) = \mathbf{w}(u) \tag{26}$$

para todo u do intervalo.

Sendo (**i**, **j**, **k**) base ortonormal, e escrevendo

$$\mathbf{w}(u) = \mathbf{i}\,x(u) + \mathbf{j}\,y(u) + \mathbf{k}\,z(u) \tag{27}$$

$$\mathbf{W}(u) = \mathbf{i}\,X(u) + \mathbf{j}\,Y(u) + \mathbf{k}\,Z(u) \tag{28}$$

então $\mathbf{W}(u)$ é primitiva de $\mathbf{w}(u)$ num intervalo se e somente se o forem $X(u)$, $Y(u)$, $Z(u)$ das funções $x(u)$, $y(u)$, $z(u)$ (demonstração imediata).

Duas primitivas de uma mesma função $\mathbf{w}(u)$ diferem por um vetor: $\mathbf{W}_1'(u) = \mathbf{w}(u) = \mathbf{W}_2'(u)$ acarreta a existência de um vetor $\mathbf{c}$ tal que

$$\mathbf{W}_1(u) = \mathbf{W}_2(u) + \mathbf{c} \tag{29}$$

Como no caso de função real, vamos indicar com

$$\int \mathbf{w}(u)\,du$$

quer uma particular primitiva de $\mathbf{w}(u)$, quer uma genérica.

Exemplo 14.4-1 – Uma primitiva genérica de $\mathbf{w}(u) = \mathbf{i}\,\text{sen}\,u + \mathbf{j}e^u + \mathbf{k}$ é, graças a (29),

$$\mathbf{W}(u) = \int \mathbf{w}(u)\,du = -\,\mathbf{i}\cos u + \mathbf{j}e^u + \mathbf{k}u + \mathbf{c}$$

(b) A Integral Definida de $\mathbf{w}(u)$ no intervalo $a \le u \le b$ é definida por

$$\int_a^b \mathbf{w}(u)\,du = \lim_{\max \Delta u_i \to 0} \sum_{i=1}^{n} \mathbf{w}(c_i)\,\Delta u_i \tag{30}$$

onde $a = u_0 < u_1 < \cdots < u_n = b$, c_i é um ponto escolhido do intervalo $u_{i-1} \le u \le u_i$, $\Delta u_i = u_i - u_{i-1}$, $\max \Delta u_i$ é o maior dos Δu_i na partição dada; o significado do limite acima é semelhante ao visto no caso de função real, no Cap. 12. Quando existe o limite (30), $\mathbf{w}(u)$ é dita *integrável* no intervalo $a \le u \le b$.

Não é difícil aceitar em bases intuitivas que $\mathbf{w}(u)$ integrável sobre $a \le u \le b$ equivale a que as funções componentes $x(u)$, $y(u)$, $z(u)$ o sejam, caso em que

$$\int_a^b \mathbf{w}(u)\,du = \mathbf{i}\int_a^b x(u)\,du + \mathbf{j}\int_a^b y(u)\,du + \mathbf{k}\int_a^b z(u)\,du \tag{31}$$

Definindo como no caso de função real a integral no caso $b \le a$, vale a Relação de Chasles:

$$\int_a^c \mathbf{w}(u)\,du + \int_c^b \mathbf{w}(u)\,du = \int_a^b \mathbf{w}(u)\,du \tag{32}$$

(a, b, c pontos de um intervalo sobre o qual $\mathbf{w}(u)$ é integrável).

As seguintes propriedades valem ($\boldsymbol{\ell}$ é um vetor, c um número real, $\mathbf{v}(u)$ e $\mathbf{w}(u)$ são integráveis) no intervalo $a \leq u \leq b$:

$$\int_a^b (\mathbf{v}\pm\mathbf{w})(u)\,du = \int_a^b \mathbf{v}(u)\,du \pm \int_a^b \mathbf{w}(u)\,du \tag{33}$$

$$\int_a^b (c\mathbf{w})(u)\,du = c\int_a^b \mathbf{w}(u)\,du \tag{34}$$

$$\int_a^b \boldsymbol{\ell} \wedge \mathbf{w}(u)\,du = \boldsymbol{\ell} \wedge \int_a^b \mathbf{w}(u)\,du \tag{35}$$

$$\int_a^b \boldsymbol{\ell} \cdot \mathbf{w}(u)\,du = \boldsymbol{\ell} \cdot \int_a^b \mathbf{w}(u)\,du \tag{36}$$

$$\left\|\int_a^b \mathbf{w}(u)\,du\right\| \leq \int_a^b \|\mathbf{w}(u)\|\,du \tag{37}$$

As versões dos teoremas fundamentais do Cálculo para o caso presente são:

Se $\mathbf{w}(u)$ for contínua em $a \leq u \leq b$, e u_0 for um ponto desse intervalo então

$$\frac{d}{du}\int_{u_0}^{u} \mathbf{w}(\alpha)\,d\alpha = \mathbf{w}(u) \tag{38}$$

Se $\mathbf{w}(u)$ for integrável num intervalo e $\mathbf{W}(u)$ for uma primitiva de $\mathbf{w}(u)$ no mesmo, então

$$\int_a^b \mathbf{w}(u)\,du = \mathbf{W}(b) - \mathbf{W}(a) \tag{39}$$

para quaisquer *a* e *b* do intervalo, ou seja,

$$\int_a^b \mathbf{W}'(u)\,du = \mathbf{W}(b) - \mathbf{W}(a) \tag{40}$$

Exemplo 14.4-2 – Para calcular

$$\int_0^1 (\mathbf{i} \text{ sen } u + \mathbf{j}\, e^u + \mathbf{k})\, du$$

observemos que

$$\mathbf{W}(u) = -\mathbf{i} \cos u + \mathbf{j}e^u + \mathbf{k}u$$

é uma primitiva da função integranda, logo

$$\int_0^1 (\mathbf{i} \text{ sen } u + \mathbf{j}e^u + \mathbf{k})\, du = (-\mathbf{i} \cos u + \mathbf{j}e^u + \mathbf{k}u)\Big|_0^1$$

$$= -\mathbf{i}(\cos 1 - 1) + \mathbf{j}(e-1) + \mathbf{k} \quad ◄$$

É claro que o procedimento acima equivale a usar (31):

$$\int_0^1 (\mathbf{i} \text{ sen } u + \mathbf{j}e^u + \mathbf{k})du = \mathbf{i}\int_0^1 \text{sen } u\, du + \mathbf{j}\int_0^1 e^u\, du + \mathbf{k}\int_0^1 du$$

$$= \mathbf{i}(-\cos u)\Big|_0^1 + \mathbf{j}e^u\Big|_0^1 + \mathbf{k}u\Big|_0^1$$

$$= -\mathbf{i}(\cos 1 - 1) + \mathbf{j}(e-1) + \mathbf{k} \quad ◄$$

Uma palavra sobre as demonstrações. Usando (31) podemos provar facilmente (33) a (39), exceto (37), pois recairemos em propriedades análogas para funções reais. Por exemplo, para (36), escrevemos

$$\boldsymbol{\ell} = m\mathbf{i} + n\mathbf{j} + p\mathbf{k}$$

e daí

$$\boldsymbol{\ell} \cdot \mathbf{w}(u) = m\, x(u) + n\, y(y) + p\, z(u)$$

Portanto

$$\int_a^b \boldsymbol{\ell} \cdot \mathbf{w}(u)\, du = m\int_a^b x(u)\, du + n\int_a^b y(u)\, du + p\int_a^b z(u)\, du$$

$$= (\mathbf{i}m + \mathbf{j}n + \mathbf{k}p) \cdot \left[\mathbf{i}\int_a^b x(u)\, du + \mathbf{j}\int_a^b y(u)\, du + \mathbf{k}\int_a^b z(u)\, du\right]$$

$$= \boldsymbol{\ell} \cdot \int_a^b \mathbf{w}(u)\, du$$

14.5 – EXERCÍCIOS

14.1 – Sendo $\mathbf{w}(u) = \mathbf{i}e^u \operatorname{sen} u + \mathbf{j}e^u \cos u + \mathbf{k}e^u$ calcular

(a) $\lim_{u \to 0} \mathbf{w}(u)$ (b) $\mathbf{w}\left(\frac{\pi}{2}\right)$

Resposta: (a) $\mathbf{j}+\mathbf{k}$ (b) $e^{\pi/2}(\mathbf{i}+\mathbf{k})$.

14.2 – Sendo $\mathbf{v}(u) = \mathbf{i} \operatorname{tg} u + \mathbf{j}u$, $\mathbf{w}(u) = \mathbf{k}u^2$ achar

(a) $(\mathbf{v} \cdot \mathbf{w})(u)$ (b) $(\mathbf{v}+2\mathbf{w})(u)$ (c) $(\mathbf{v} \wedge \mathbf{w})(1)$

Resposta: (a) 0 (b) $\mathbf{i} \operatorname{tg} u + \mathbf{j}u + \mathbf{k}2u^2$

(c) $\mathbf{i} - \mathbf{j} \operatorname{tg} 1$.

14.3 – Sendo $\mathbf{w}(u) = \mathbf{i}e^u + \mathbf{j} \operatorname{sen} u + \mathbf{k} \ln u$ achar

(a) $\mathbf{w}'(u)$ (b) $(\mathbf{w}' \wedge \mathbf{w}'')(u)$

Resposta: (a) $\mathbf{i}e^u + \mathbf{j} \cos u + \mathbf{k} \frac{1}{u}$.

(b) $\dfrac{u \operatorname{sen} u - \cos u}{u^2}\,\mathbf{i} + \dfrac{e^u(1+u)}{u^2}\,\mathbf{j}$

$- e^u(\operatorname{sen} u + \cos u)\,\mathbf{k}$.

14.4 – Provar a 5ª fórmula de (22).

14.5 – Provar que $\mathbf{w}'(u) \perp \mathbf{w}(u)$ sendo

$\mathbf{w}(u) = \mathbf{i}\, 4\operatorname{sen}(\ln(e^u+4)) + \mathbf{j}\, 4\cos(\ln(e^u+4)) + 3\mathbf{k}$.

14.6 – Idem para

$$\mathbf{w}(u) = \mathbf{i} \cos\theta(u) \cos\varphi(u) + \mathbf{j} \cos\theta(u) \operatorname{sen}\varphi(u) + \mathbf{k} \operatorname{sen}\theta(u)$$

($\theta(u)$ e $\varphi(u)$ deriváveis).

14.7 – Idem para

$$\mathbf{w}(u) = \frac{\mathbf{i}\, x'(u) + \mathbf{j}\, y'(u)}{\sqrt{(x'(u))^2 + (y'(u))^2}}$$

($x(u)$, $y(u)$ deriváveis até 2ª. ordem).

14.8 – Seja $\mathbf{w}(u)$ derivável. Suponha que para todo u do domínio (um intervalo) se tenha

$$\mathbf{w}'(u) \perp \mathbf{w}(u)$$

Pode-se concluir que

(a) $u \mapsto \|\mathbf{w}(u)\|$ é constante?

(b) $u \mapsto \|\mathbf{w}'(u)\|$ é constante?

14.9 – Calcular a primitiva genérica de

$$\mathbf{w}(u) = \mathbf{i} \operatorname{sh} u + \mathbf{j} \frac{1}{1+u^2} + \mathbf{k} \sec u \operatorname{tg} u .$$

Resposta: $\mathbf{i} \operatorname{ch} u + \mathbf{j} \operatorname{arctg} u + \mathbf{k} \sec u + \mathbf{c}$.

14.10 – Achar $\displaystyle\int_0^1 \left[\mathbf{i}(2^u+1) + \mathbf{j} \frac{1}{1+u} + \mathbf{k}\right] du$.

Resposta: $\left(\frac{1}{\ln 2} + 1\right) \mathbf{i} + \ln 2\, \mathbf{j} + \mathbf{k}$.

14.11 – Achar a primitiva de $\mathbf{w}(u) = \mathbf{i} u \operatorname{sen} u^2 + \mathbf{k}$ que para $u = 0$ vale $\mathbf{j}$.

Resposta: $\mathbf{i}\frac{1 - \cos u^2}{2} + \mathbf{j} + u\mathbf{k}$.

14.12 – Supondo $\mathbf{w}'(u)$ contínua, mostrar que

$$\int_a^b \mathbf{w}'(u)\, du = \mathbf{w}(b) - \mathbf{w}(a)$$

14.13 – Provar (35).

14.14 – Provar que se $\mathbf{w}(u)$ for contínua então $\|\mathbf{w}(u)\|$ também é.

15 Curvas parametrizadas

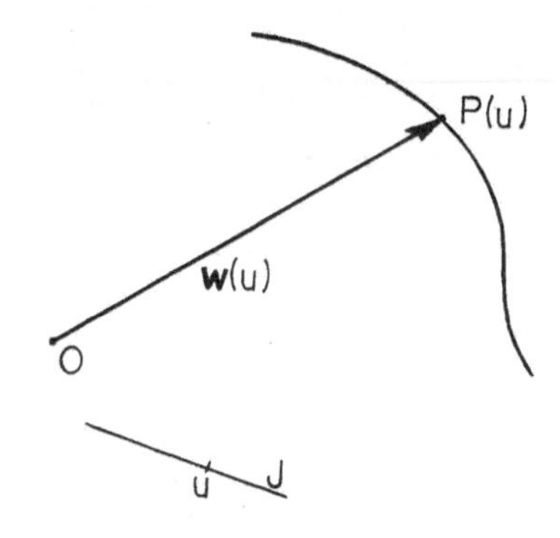

Figura 15.1

15.1. – O CONCEITO

Uma *curva parametrizada* é uma função definida num intervalo J que a cada u associa um ponto P(u). O conjunto dos pontos P(u) quando u percorre J é o *traço* da curva parametrizada; u é referido como *parâmetro.*

Fixando um ponto O e uma base ortonormal (**i**, **j**, **k**) temos um Sistema Cartesiano de Coordenadas. Escrevendo

$$\mathbf{w}(u) = \mathbf{OP(u)} \qquad (1)$$

temos

$$\mathbf{w}(u) = x(u)\,\mathbf{i} + y(u)\,\mathbf{j} + z(u)\,\mathbf{k} \qquad (2)$$

Exemplo 15.1-1 – As funções

$$x = R\cos u \qquad y = R \operatorname{sen} u \qquad z = 0 \qquad (u \text{ real})$$

onde R é um número positivo, definem uma curva parametrizada cujo traço é a circunferência de centro O e raio R, pois

$$x^2 + y^2 = (R\cos u)^2 + (R \operatorname{sen} u)^2 = R^2$$

e u tem a interpretação como medida em rd do ângulo entre as semi–retas OP e Ox.

A flecha no traço indica o sentido segundo o qual se desloca P(u) quando u cresce (Fig. 15.2).

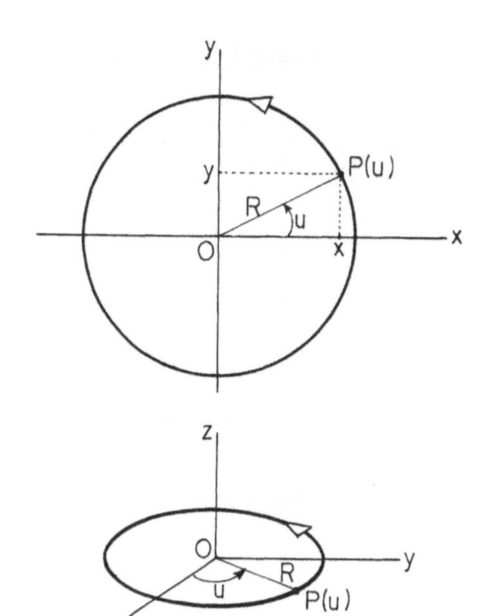

Figura 15.2

Exemplo 15.1-2 – As funções

$$x = R\cos u \qquad y = R \operatorname{sen} u \qquad z = bu \qquad (u \text{ real})$$

onde $R > 0$ e $b \neq 0$ são números reais, definem uma curva parametrizada conhecida como *hélice cilíndrica* (*circular reta*) (Fig. 15.3).

Observe que quando u aumenta, no caso $b > 0$, z aumenta (Fig. 15.3A) e no caso $b < 0$ diminui (Fig. 15.3B),

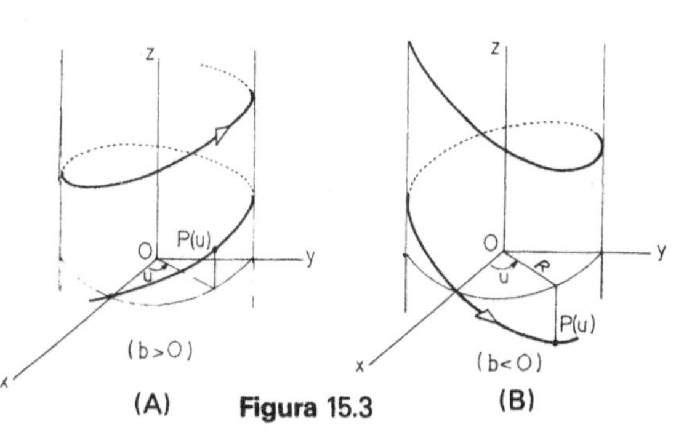

Figura 15.3

mantendo–se $P(u)$ à distância R do eixo Oz. Além disso, quando u varia de 2π, x e y voltam a ter os mesmos valores, ao passo que z varia de $2\pi b$ (este número é chamado *passo* da hélice).

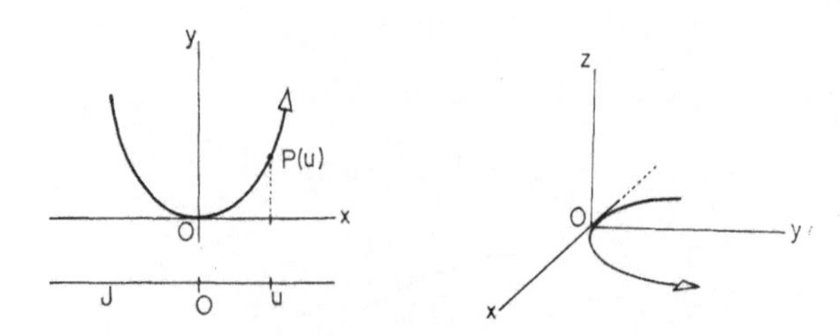

Figura 15.4

Exemplo 15.1-3 – Dada uma função $y = y(x)$ podemos obter uma curva parametrizada plana (isto é, seu traço está num plano) fazendo $u = x$, logo $y = y(u)$, e $z(u) = 0$. Por exemplo se $y(x) = x^2$ obteremos (Fig. 15.4)

$$x = u \ , \quad y = u^2 \ , \quad z = 0$$

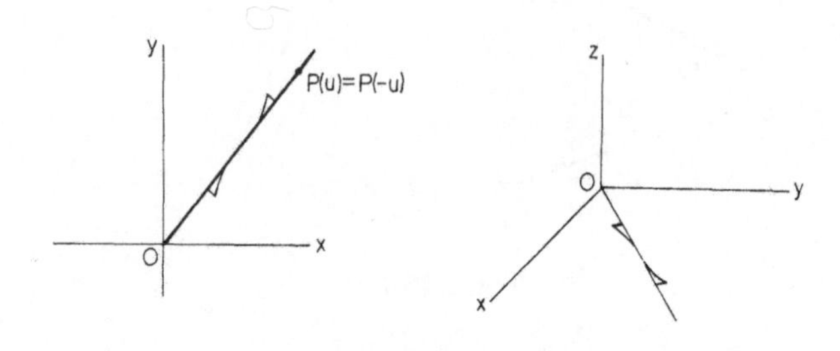

Figura 15.5

Exemplo 15.1-4 – As funções

$$x = u^2 \ , \quad y = u^2 \ , \quad z = 0 \qquad (u \text{ real})$$

definem uma curva parametrizada cujo traço é a semi–reta $y = x$, $x \geq 0$ (Fig. 15.5).

Observar que quando u varia de $-\infty$ a $+\infty$ $P(u)$ se aproxima de O, atinge esse ponto para $u = 0$, e depois se afasta de O.

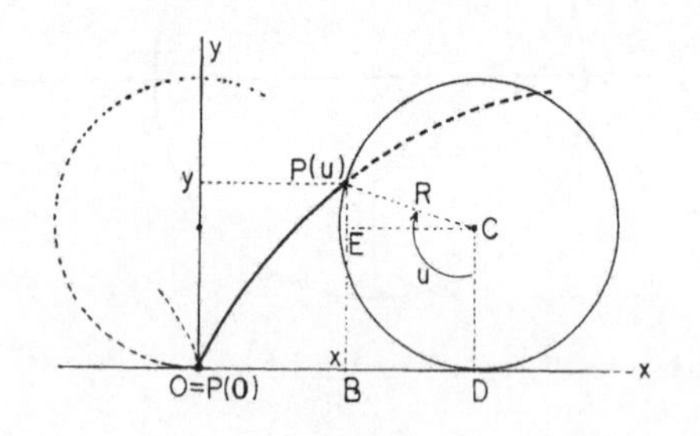

Figura 15.6

Exemplo 15.1-5 – Um disco, num plano, rola sem escorregar sobre uma reta. A curva descrita por um ponto de sua periferia é chamada de *ciclóide*. Vamos obtê–la como traço de uma curva parametrizada.

Observemos a Fig. 15.6.

A circunferência pontilhada é a posição $u = 0$, e $P(0)$ é o ponto de tangência. A outra corresponde a u genérico. O parâmetro u é a medida em rd do ângulo indicado na figura. Temos

$$x = OD - BD = OD - EC = Ru - R\cos\left(u - \frac{\pi}{2}\right)$$

logo

$$x = Ru - R \operatorname{sen} u \qquad \blacktriangleleft$$

onde usamos o fato de que, por não haver escorregamento, a medida do arco $\widehat{P(u)D}$ é igual a OD, ou seja, $Ru = OD$. Analogamente,

$$y = BE + EP = R + R\operatorname{sen}\left(u - \frac{\pi}{2}\right)$$

ou seja

$$y = R - R\cos u \qquad \blacktriangleleft$$

15.2 – COMPRIMENTO DE ARCO PARAMETRIZADO

Sejam a e b, $a < b$, pontos do domínio J de uma curva parametrizada $P(u)$. A curva parametrizada obtida quando u varia no intervalo $a \leq u \leq b$ recebe o nome de *arco parametrizado* (da curva parametrizada dada).

Vejamos o objetivo desta seção. Interpretando u como tempo, quando este varia de a a b, P(u) se desloca sobre a trajetória. Chamemos L o espaço percorrido desde a até b. Queremos achar uma fórmula que nos dê L em termos de P(u). Mais geralmente, sendo $\ell(u)$ o espaço percorrido entre a e u ($u \geq a$), queremos uma fórmula para $\ell(u)$. Neste contexto L será chamado de *comprimento de arco parametrizado.*

A fórmula em questão será obtida por argumentação intuitiva, mas uma demonstração será oferecida posteriormente. Considere a situação ilustrada na Fig. 15.7, onde como sempre O é um ponto fixo,

$$\mathbf{w}(u) = OP(u) \quad , \quad \Delta\mathbf{w} = \mathbf{w}(u+\Delta u) - \mathbf{w}(u)$$

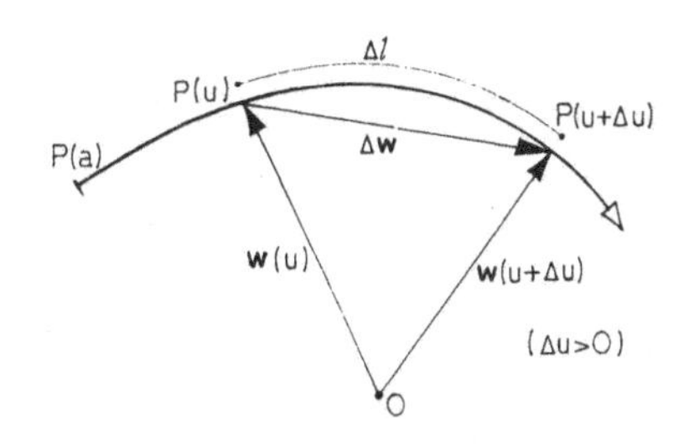

Figura 15.7

É intuitivo que $|\Delta\ell|/\|\Delta\mathbf{w}\|$ se aproxima de 1 quando $\Delta u \to 0$:

$$\lim_{\Delta u \to 0} \frac{|\Delta\ell|}{\|\Delta\mathbf{w}\|} = 1 \qquad (4)$$

Dividindo numerador e denominador do quociente por $|\Delta u|$, e admitindo $\ell(u)$ estritamente crescente (logo $\Delta\ell$ e Δu têm mesmo sinal) vem

$$\lim_{\Delta u \to 0} \frac{\frac{\Delta\ell}{\Delta u}}{\left\|\frac{\Delta\mathbf{w}}{\Delta u}\right\|} = 1$$

ou seja

$$\frac{\ell'(u)}{\|\mathbf{w}'(u)\|} = 1$$

Daí

$$\ell'(u) = \|\mathbf{w}'(u)\| \qquad (5)$$

e como $\ell(a) = 0$ resulta pelo 1º Teorema Fundamental do Cálculo que

$$\boxed{\ell(u) = \int_a^u \|\mathbf{w}'(\nu)\| \, d\nu} \qquad (6)$$

Portanto, como $L = \ell(b)$, temos

$$\boxed{L = \int_a^b \|\mathbf{w}'(\nu)\| \, d\nu} \qquad (7)$$

Demonstraremos posteriormente (6) na suposição de que $\mathbf{w}'(u)$ é contínua.

Exemplo 15.2-1 – Calcular o comprimento do arco parametrizado ($R > 0$)

$$x = R\cos u \qquad y = R\,\text{sen}\,u \qquad z = 0 \qquad a \leq u \leq b$$

nos casos

(a) $a = 0$, $b = 2\pi$

(b) $a = 0$, $b = 6\pi$.

Solução. Temos

$$\mathbf{w}(u) = R\cos u\,\mathbf{i} + R\,\text{sen}\,u\,\mathbf{j}$$

$$\mathbf{w}'(u) = -R\,\text{sen}\,u\,\mathbf{i} + R\cos u\,\mathbf{j}\ , \qquad \|\mathbf{w}'(u)\| = R$$

logo sendo $\ell(u)$ medida a partir de $u = a$ temos

$$\ell(u) = \int_a^b \|\mathbf{w}'(\nu)\|\,d\nu = R\int_a^b d\nu = R(b-a)$$

Resulta imediatamente que

(a) $L = 2\pi R$

(b) $L = 6\pi R$

Trata-se da circunferência de centro O e raio R. No 1º caso $P(u)$ deu uma volta, e no 2º três voltas.

Exemplo 15.2-2 – Calcular $\ell(u)$, $0 \leq u \leq 2\pi$, no caso da ciclóide, vista no Exemplo 15.1-5.

Solução: Temos

$$\mathbf{w}(u) = (Ru - R\,\text{sen}\,u)\,\mathbf{i} + (R - R\cos u)\,\mathbf{j}$$

logo

$$\|\mathbf{w}'(u)\| = R(2 - 2\cos u)^{1/2}$$

Usando $\cos u = 1 - 2\,\text{sen}^2(u/2)$ resulta que

$$\|\mathbf{w}'(u)\| = R\left(4\,\text{sen}^2\frac{u}{2}\right)^{1/2} = 2R\left|\text{sen}\,\frac{u}{2}\right| = 2R\,\text{sen}\,\frac{u}{2}$$

Então

$$\ell(u) = \int_0^u \|\mathbf{w}'(\nu)\|\,d\nu = \int_0^u 2R\,\text{sen}\,\frac{\nu}{2}\,d\nu$$

$$= 4R\left(1 - \cos\frac{u}{2}\right) \qquad ◀$$

Exemplo 15.2-3 – Calcular $\ell(u)$ para a hélice cilíndrica vista no Exemplo 15.1-2, para $u \geq 0$.

Solução. Temos

$$\mathbf{w}(u) = R\cos u\mathbf{i} + R\,\text{sen}\, u\mathbf{j} + bu\mathbf{k}$$

$$\mathbf{w}'(u) = -R\,\text{sen}\, u\mathbf{i} + R\cos u\mathbf{j} + b\mathbf{k}$$

$$\|\mathbf{w}'(u)\| = \left(R^2+b^2\right)^{1/2}$$

logo

$$\ell(u) = \int_0^u \left(R^2+b^2\right)^{1/2} d\nu = \left(R^2+b^2\right)^{1/2} u \quad ◀$$

Exemplo 15.2-4 – Calcular o comprimento do arco parametrizado

$$x = u^2\,, \quad y = u^2\,, \quad z = 0 \qquad (-1 \leq u \leq 1)$$

(cf. o Exemplo 15.1-4).

Solução. Temos

$$\mathbf{w}(u) = u^2\mathbf{i} + u^2\mathbf{j}$$

$$\mathbf{w}'(u) = 2u\mathbf{i} + 2u\mathbf{j}$$

$$\|\mathbf{w}'(u)\| = 2\sqrt{2}\,|u|$$

logo

$$L = \int_{-1}^{1} 2\sqrt{2}\,|u|\,du = \int_{-1}^{0} 2\sqrt{2}\,(-u)\,du + \int_0^1 2\sqrt{2}\,u\,du$$

$$= 2\sqrt{2} \quad ◀$$

Note que $P(-1) = P(1)$. O cálculo acima é confirmado geometricamente, conforme se ilustra na Fig. 15.8.

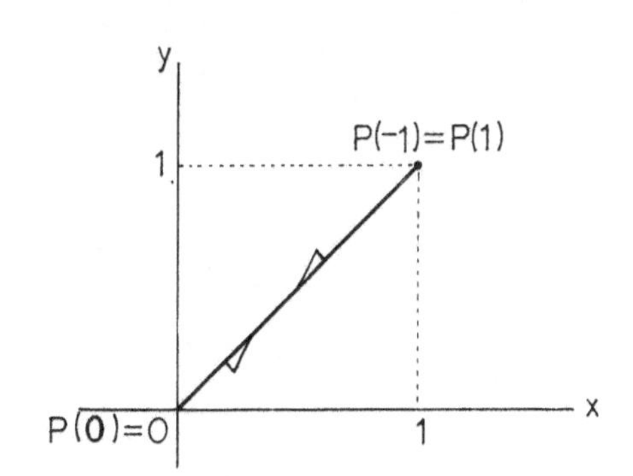

Figura 15.8

⋆ 15.3 – DEMONSTRAÇÃO DA FÓRMULA DO COMPRIMENTO DE ARCO PARAMETRIZADO

Seja $P(u)$, de domínio J, uma curva parametrizada, e a, b pontos de J, com $a < b$. Vamos *definir* comprimento do arco parametrizado $P(u)$, $a \leq u \leq b$.

Através de uma partição Q: $a = u_0 < u_1 < \cdots < u_n = b$ obteremos uma poligonal $P(u_0)\,P(u_1)\,...\,P(u_n)$, cujo comprimento designaremos por L_Q (Fig. 15.9).

Vamos supor que exista um número M tal que

$$L_Q \leq M \tag{8}$$

para *toda* partição Q de $a \leq u \leq b$. Neste caso dizemos que o arco parametrizado $P(u)$, $a \leq u \leq b$, é *retificável*. O menor

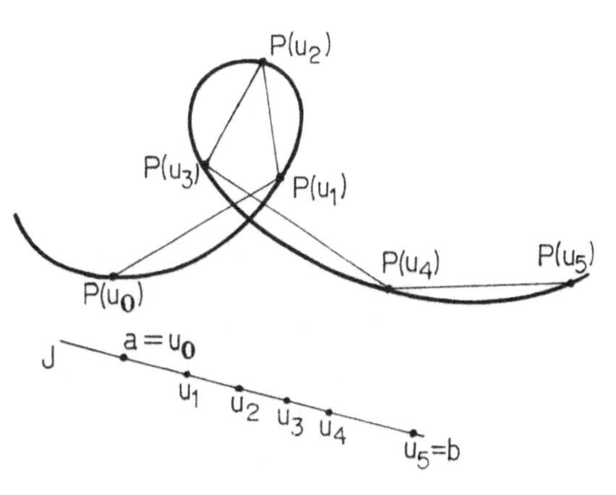

Figura 15.9

número M que verifica esta condição(*) é o *comprimento do arco parametrizado*, que indicamos por L.

Seja *c* tal que $a < c < b$. Sendo L_1 e L_2 os comprimentos dos arcos parametrizados definidos por $a \leq u \leq c$ e $c \leq u \leq b$ respectivamente, provaremos que

$$L_1 + L_2 = L \tag{9}$$

De fato, sejam P_1 e P_2 partições dos intervalos acima, respectivamente. Então, reunindo P_1 e P_2 obteremos uma partição P de $a \leq u \leq b$. Temos

$$L_{P_1} + L_{P_2} = L_P \leq L$$

Daí $L_{P_1} \leq L - L_{P_2}$. Fixando P_2 e variando P_1, esta relação nos diz que pela definição de L_1, que $L_1 \leq L - L_{P_2}$. Daí

$$L_{P_2} \leq L - L_1$$

Variando P_2 de todos os modos, vemos então, pela definição de L_2, que $L_2 \leq L - L_1$, logo

$$L_1 + L_2 \leq L \tag{10}$$

Por outro lado, seja agora Q uma partição de $a \leq u \leq b$, e Q_1 e Q_2 partições de $a \leq u \leq c$, $c \leq u \leq b$, respectivamente, obtidas por acréscimo de *c*. Então

$$L_Q \leq L_{Q_1} + L_{Q_2} \leq L_1 + L_2$$

e como Q é qualquer, pela definição de L resulta que

$$L \leq L_1 + L_2 \tag{11}$$

Por (10) e (11) obtemos (9).

Mostremos agora que

$$L \leq \int_a^b \|\mathbf{w}'(u)\| \, du \tag{12}$$

De fato, sendo $Q\colon a = u_0 < u_1 < \cdots < u_n = b$ então

---

(*) Uma propriedade extremamente importante do conjunto dos números reais garante a existência desse menor número. Dado um conjunto não-vazio A de números reais, um **majorante** de A é um numero M que é maior ou igual a qualquer elemento de A. O **supremo** de A é o menor dos majorantes. A propriedade acima aludida diz que para todo conjunto não-vazio de números reais que tem majorante existe o supremo.

$$L_Q = \sum_{i=1}^{n} \|\mathbf{w}(u_i) - \mathbf{w}(u_{i-1})\| = \sum_{i=1}^{n} \left\| \int_{u_{i-1}}^{u_i} \mathbf{w}'(u)\, du \right\|$$

$$\leq \sum_{i=1}^{n} \int_{u_{i-1}}^{u_i} \|\mathbf{w}'(u)\|\, du = \int_a^b \|\mathbf{w}'(u)\|\, du$$

onde usamos, do Capítulo 15, as fórmulas (40), (37), (32).

Como Q é qualquer, resulta (12), pela definição de L.

Vamos definir agora a *função comprimento de arco parametrizado a partir de a* : é a função que a cada $u \geq a$ associa $\ell(u)$, o comprimento do arco parametrizado obtido quando o parâmetro varia de *a* a *u*.

Provaremos que sendo $\mathbf{w}(u)$ contínua então

$$\ell'(u) = \|\mathbf{w}'(u)\| \tag{13}$$

de onde resultará provada (7) (e (6)), que é o objetivo desta seção.

Observemos que, graças a (9), podemos dizer que $\pm(\ell(u+\Delta u) - \ell(u))$ é o comprimento do arco parametrizado quando o parâmetro varia no intervalo de extremos u e $u+\Delta u$, conforme $\Delta u > 0$ ou $\Delta u < 0$. Por exemplo, no caso $\Delta u < 0$ temos:

a ———— u+Δu ———— u

$$\begin{matrix}\text{comprimento} \\ \text{de } a \text{ a } u+\Delta u\end{matrix} + \begin{matrix}\text{comprimento} \\ \text{de } u+\Delta u \text{ a } u\end{matrix} = \begin{matrix}\text{comprimento} \\ \text{de } a \text{ a } u\end{matrix}$$

ou seja,

$$\ell(u+\Delta u) + \begin{matrix}\text{comprimento} \\ \text{de } u+\Delta u \text{ a } u\end{matrix} = \ell(u)$$

o que equivale ao afirmado.

Temos, para $\Delta u > 0$:

$$\|\mathbf{w}(u+\Delta u) - \mathbf{w}(u)\| \leq \ell(u+\Delta u) - \ell(u) \leq \int_u^{u+\Delta u} \|\mathbf{w}'(\nu)\|\, d\nu$$

onde na última desigualdade usamos (12).

Dividindo por Δu:

$$\left\| \frac{\mathbf{w}(u+\Delta u) - \mathbf{w}(u)}{\Delta u} \right\| \leq \frac{\ell(u+\Delta u) - \ell(u)}{\Delta u}$$

$$\leq \frac{1}{\Delta u} \int_u^{u+\Delta u} \|\mathbf{w}'(\nu)\|\, d\nu$$

Esta mesma desigualdade vale para $\Delta u < 0$ (verificação deixada para o leitor). Fazendo Δu tender a 0, o 1º membro tende a $\|\mathbf{w}'(u)\|$, e o último também (por quê?), de modo que, pelo Teorema do Confronto ((16) do Cap. 14) tem-se

$$\lim_{\Delta u \to 0} \frac{\ell(u+\Delta u) - \ell(u)}{\Delta u} = \|\mathbf{w}'(u)\|$$

que é (13).

15.4 – ABSCISSA CURVILÍNEA

Vamos nos interessar por curvas parametrizadas nas quais não ocorre o fato de $P(u)$ "ir e voltar". De acordo com o Exemplo 13.1-3 e a Nota que se lhe segue, se o ponto vai e volta a função espaço percorrido $\ell(u)$ tem derivada nula no valor do parâmetro onde há a volta. Para evitar isto, lembrando que $\ell'(u) = \|\mathbf{w}'(u)\|$, imporemos $\mathbf{w}'(u) \neq 0$:

> Uma curva parametrizada $P(u)$ é *regular em* u_0 se $\mathbf{w}'(u_0) \neq 0$, sendo $\mathbf{w}(u) = \mathbf{OP}(u)$.(*) Se isto correr para todo u_0 do domínio, ela é dita *regular*.

Vamos considerar a função $u \mapsto \int_a^u \|\mathbf{w}'(\nu)\|\, d\nu$, u e a no domínio J de $P(u)$, a fixo. Para $u \geq a$ ela coincide com a função comprimento de arco parametrizado $\ell(u)$. *Vamos indicar esta função de domínio* J *ainda por* $\ell(u)$. Então

$$\ell(u) = \int_a^u \|\mathbf{w}'(\nu)\|\, d\nu \qquad (u \text{ em J}) \qquad (14)$$

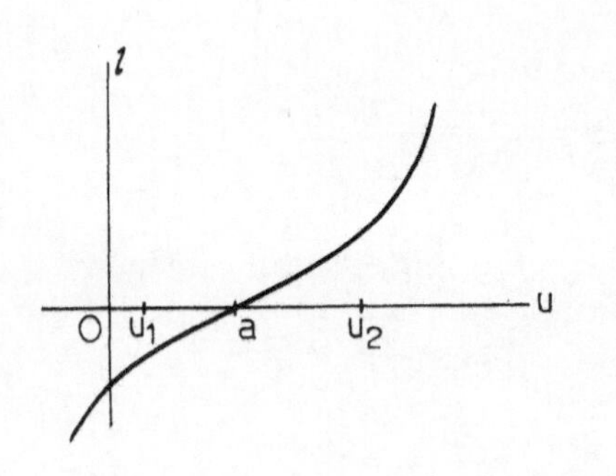

Notas. 1. Como $\ell'(u) = \|\mathbf{w}'(u)\|$ vemos que $\ell(u)$ é estritamente crescente no caso de curva parametrizada regular.

2. Se $u < a$ temos

$$\ell(u) = \int_a^u \|\mathbf{w}'(\nu)\|\, d\nu = -\int_u^a \|\mathbf{w}'(\nu)\|\, d\nu$$

portanto neste caso $\ell(u)$ dá menos o comprimento do arco parametrizado obtido quando o parâmetro varia de u a a (Fig. 15.10).

Podemos agora definir o conceito de abscissa curvilínea, que estivemos usando intuitivamente desde o início.

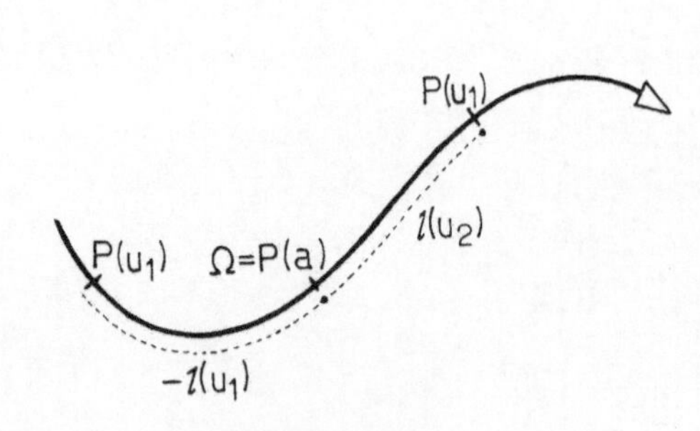

Figura 15.10

(*)A definição independe de O. De fato, escolhido O_1, temos

$$\mathbf{w}_1(u) = \mathbf{O_1P}(u) = \mathbf{O_1O} + \mathbf{OP}(u)$$

logo

$$\mathbf{w}_1'(u) = \mathbf{w}'(u)\,.$$

> Seja P(u) uma curva parametrizada regular, e $\ell(u)$ como em (14). Dado Q do traço, tomemos u_0 tal que $P(u_0) = Q$. Então $\ell(u_0)$ é chamado *abscissa curvilínea de* Q *para* $u = u_0$, *medida a partir de* $\Omega = P(a)$.

Exemplo 15.4-1 – Considere a hélice do Exemplo 15.2-3, dada por

$$x = R\cos u \qquad y = R\,\text{sen}\,u \qquad z = bu \qquad (u \text{ real})$$

e seja $\Omega = P(0) = (R,0,0)$.

(a) Achar a abscissa curvilínea de Q para $u = u_0$, medida a partir de Ω, nos casos

- $Q = \left(\frac{R\sqrt{2}}{2}, \frac{R\sqrt{2}}{2}, b\frac{\pi}{4}\right) \quad , \quad u_0 = \frac{\pi}{4}$
- $Q = \left(\frac{R\sqrt{2}}{2}, -\frac{R\sqrt{2}}{2}, -b\frac{\pi}{4}\right) \quad , \quad u_0 = -\frac{\pi}{4}$

(b) Dada a abscissa curvilínea $\ell(u)$, medida a partir de Ω, achar P(u), nos casos

- $\ell(u) = m\frac{\pi}{2}$ • $\ell(u) = -m\frac{\pi}{2}$

onde $m = (b^2+R^2)^{1/2}$.

Solução. Temos, de acordo com o Exemplo 15.2-3, que

$$\ell(u) = (R^2+b^2)^{1/2}\,u = mu$$

Então

(a) $\ell\left(\frac{\pi}{4}\right) = m\frac{\pi}{4} \quad ; \quad \ell\left(-\frac{\pi}{4}\right) = -m\frac{\pi}{4}$ ◀

(b) Sendo $\ell(u) = m\pi/2$ então $m\pi/2 = mu$ logo $u = \pi/2$, e

$$P\left(\frac{\pi}{2}\right) = \left(0\,,\,R\,,\,b\frac{\pi}{2}\right)$$ ◀

Sendo $\ell(u) = -m\pi/2$ então $-m\pi/2 = mu$ logo $u = -\pi/2$, e

$$P\left(-\frac{\pi}{2}\right) = \left(0\,,-R\,,-b\frac{\pi}{2}\right)$$ ◀

A situação é mostrada na Fig. 15.11.

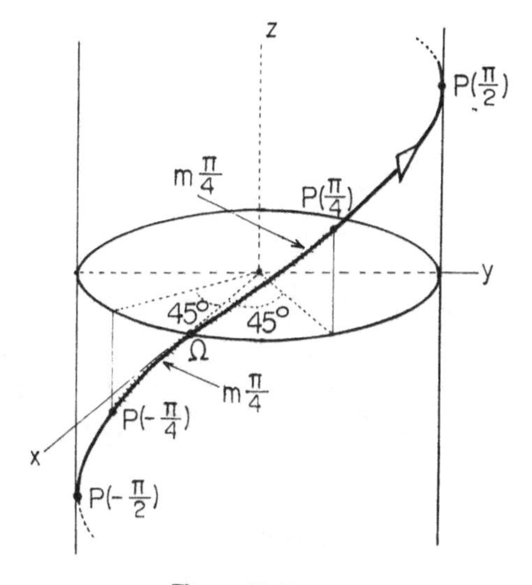

Figura 15.11

Nota. No exemplo acima a cada ponto Q do traço corresponde um único *u* tal que Q = P(u), ou seja, valores dife–

rentes do parâmetro dão pontos diferentes do traço. Ou seja, o traço não se corta. Em casos como este, a cada ponto do traço está associada uma única abscissa curvilínea, e pode-se assim estabelecer uma graduação sobre o traço (um sistema de abscissas curvilíneas sobre o traço): a abscissa associada a P(u) é $\ell(u)$ (Fig. 15.12). *Nestes casos podemos falar em abscissa curvilínea de* Q, *sem mencionar o valor do parâmetro.*

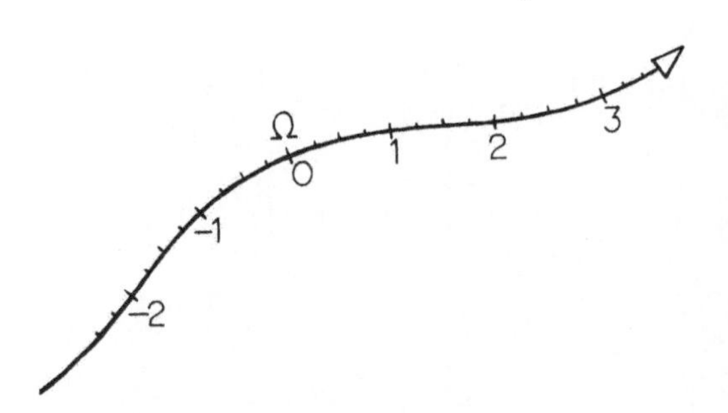

Figura 15.12

Isto não ocorre no caso da circunferência (ou mais geralmente, quando existem valores distintos do parâmetro que dão o mesmo ponto do traço), como mostra o exemplo a seguir.

Exemplo 15.4-2 – Considere a circunferência $x = R \cos u$, $y = R \operatorname{sen} u$, $z = 0$ (u real) e seja $\Omega = P(0) = (R,0,0)$.

(a) Achar a abscissa curvilínea de $Q = \left(R\sqrt{2}/2, R\sqrt{2}/2, 0\right)$ medida a partir de Ω para

- $u = \frac{\pi}{4}$ • $u = \frac{\pi}{4} + 2\pi$ • $u = \frac{\pi}{4} - 2\pi$

(b) Dada a abscissa curvilínea $\ell(u)$, medida a partir de Ω, achar P(u), nos casos

- $\ell(u) = R\frac{\pi}{2}$ • $\ell(u) = -R \cdot \frac{3\pi}{2}$

Solução. Temos

$$\ell(u) = Ru$$

logo

$$\text{(a)}\quad \ell\left(\frac{\pi}{4}\right) = R\frac{\pi}{4}, \quad \ell\left(\frac{\pi}{4} + 2\pi\right) = R\left(\frac{\pi}{4} + 2\pi\right), \quad ◄$$

$$\ell\left(\frac{\pi}{4} - 2\pi\right) = R\left(\frac{\pi}{4} - 2\pi\right) \quad ◄$$

(b) Sendo $\ell(u) = R\pi/2$ então $R\pi/2 = Ru$, logo $u = \pi/2$ e

$$P\left(\frac{\pi}{2}\right) = (0, R, 0) \quad ◄$$

Sendo $\ell(u) = -R\cdot 3\pi/2$ então $-R\cdot 3\pi/2 = Ru$ logo $u = -3\pi/2$ e

$$P\left(-\frac{3\pi}{2}\right) = (0, R, 0) \quad ◄$$

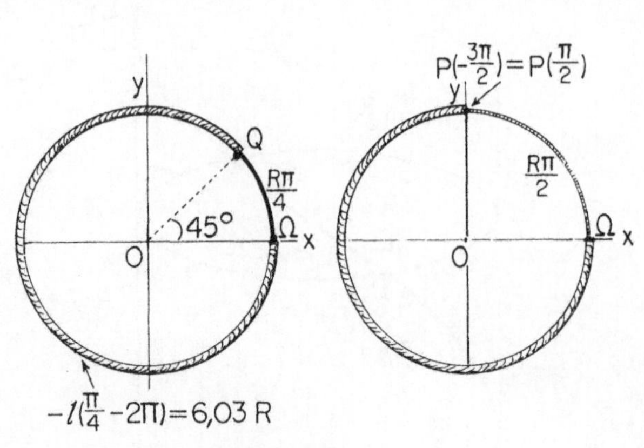

Figura 15.13

A situação é mostrada na Fig. 15.13.

Na figura da direita, para marcarmos o ponto de abscissa curvilínea $-R\cdot 3\pi/2 \simeq -4{,}71R$ imaginamos uma corda de comprimento $R\cdot 3\pi/2$, uma extremidade presa em Ω, ajustada à circunferência no sentido horário. A outra extremidade estará em $P(-3\pi/2)$.

O mesmo expediente é usado para o caso em que $\ell(u) = R\pi/2$. Só que a corda com esse comprimento deve ser ajustada à circunferência no sentido anti–horário. A extremidade da mesma (que não está em Ω) estará em $P(\pi/2)$.

15.5 – TRIEDRO DE FRENET

Dada uma curva parametrizada $P(u)$, de domínio J, vamos construir, para cada u, e sob certas hipóteses, uma base ortonormal positiva, referida como Triedro de Frenet em u. Quando u varia o triedro se move de modo a refletir o andamento de $P(u)$ sobre o traço da curva parametrizada, conforme se verá.

Seja $\mathbf{w}(u) = \mathbf{OP}(u)$, O fixo. Supondo $P(u)$ regular (relembremos: $\mathbf{w}'(u) \neq \mathbf{O}$ para todo u em J) definimos *versor tangente* por

$$\boxed{\tau = \frac{\mathbf{w}'}{\|\mathbf{w}'\|} = \frac{\mathbf{w}'}{\ell'}}^{(*)} \qquad (15)$$

e supondo $\tau'(u) \neq \mathbf{0}$ para todo u em J, definimos a *normal principal* por

$$\boxed{\mathbf{n} = \frac{\tau'}{\|\tau'\|}} \qquad (16)$$

Como $\|\tau(u)\| = 1$ então, de acordo com (24) do Cap. 14, temos que $\tau' \perp \tau$, logo como $\mathbf{n} \,//\, \tau'$ resulta que

$$\boxed{\mathbf{n} \perp \tau} \qquad (17)$$

Nota. Existem infinitos versores normais a $\tau(u)$, para cada u; $\mathbf{n}(u)$ é um deles, e está bem determinado por (16).

Supondo o espaço dos vetores livres orientado, definimos a *binormal* por

$$\boxed{\mathbf{b} = \tau \wedge \mathbf{n}} \qquad (18)$$

Temos então para cada u a base ortonormal positiva $(\tau(u), \mathbf{n}(u), \mathbf{b}(u))$. A terna $(\tau, \mathbf{n}, \mathbf{b})$ é chamada *Triedro de Frenet* da curva parametrizada dada (Fig. 15.14).

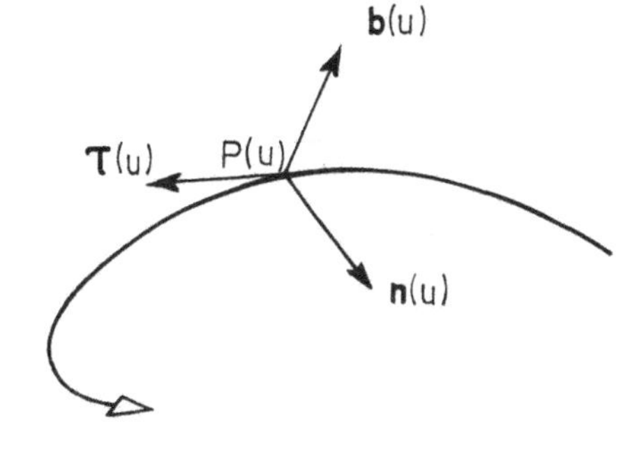

Figura 15.14

Exemplo 15.5-1 – Determinar o Triedro de Frenet para

$$x = R\cos u \qquad y = R\,\text{sen}\, u \qquad z = 0 \qquad (u \text{ real}) \ (R > 0).$$

(*) $\|\mathbf{w}'\|$ é a função que a cada u associa $\|\mathbf{w}'(u)\|$. Por (14), $\ell' = \|\mathbf{w}'\|$.

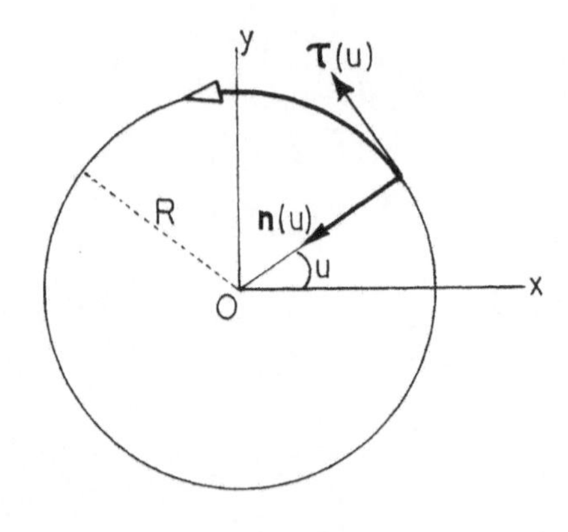

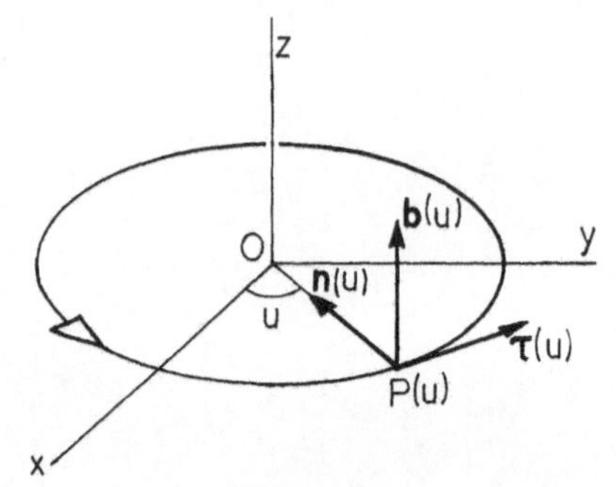

Figura 15.15

Solução. Temos

$$\mathbf{w}(u) = R\cos u\,\mathbf{i} + R\,\text{sen}\,u\,\mathbf{j}$$

$$\mathbf{w}'(u) = -R\,\text{sen}\,u\,\mathbf{i} + R\cos u\,\mathbf{j}\ , \quad \|\mathbf{w}'(u)\| = R$$

$$\tau(u) = \frac{\mathbf{w}'(u)}{\|\mathbf{w}'(u)\|} = -\text{sen}\,u\,\mathbf{i} + \cos u\,\mathbf{j}$$

$$\tau'(u) = -\cos u\,\mathbf{i} - \text{sen}\,u\,\mathbf{j}\ , \quad \|\tau'(u)\| = 1$$

$$\mathbf{n}(u) = \frac{\tau'(u)}{\|\tau'(u)\|} = -\cos u\,\mathbf{i} - \text{sen}\,u\,\mathbf{j}$$

$$\mathbf{b}(u) = \tau(u) \wedge \mathbf{n}(u) = \mathbf{k} \qquad \text{(Fig. 15.15)}$$

Notas. 1. Nos desenhos que fizemos o versor tangente em u, $\tau(u)$, tem seu sentido concordando com o sentido de percurso de $P(u)$. Isto pode ser intuído geometricamente. Como por (15) $\tau(u)$ e $\mathbf{w}'(u)$ têm mesmo sentido, basta concluirmos o fato para $\mathbf{w}'(u)$. Temos

$$\mathbf{w}'(u) = \lim_{\Delta u \to 0} \frac{\Delta \mathbf{w}}{\Delta u}$$

Tomemos $\Delta u > 0$. A situação é indicada na Fig. 15.16.

Fazendo $\Delta u \to 0^+$ vemos através da figura que o sentido $\Delta\mathbf{w}/\Delta u$ é tal que, quando este quociente tender a $\mathbf{w}'(u)$, este vetor terá sentido concordante com o de $P(u)$.

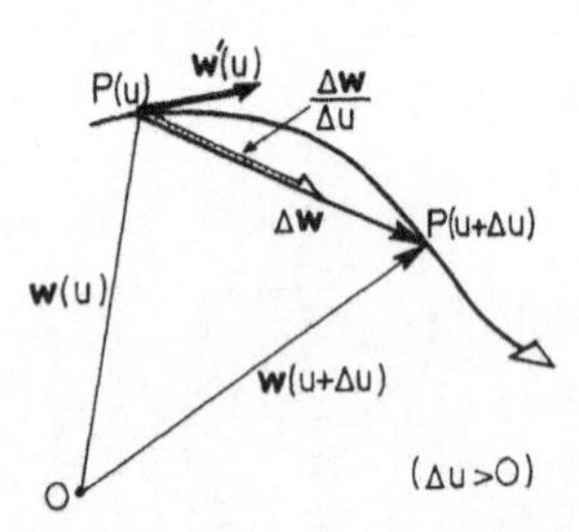

Figura 15.16

2. A Fig. 15.17 mostra o traço de uma curva parametrizada plana, isto é, seu traço está num plano. Uma vez desenhado $\tau(u)$ queremos desenhar $\mathbf{n}(u)$. Não é difícil ver que $\mathbf{n}(u)$ "está" no plano do traço. Como este vetor é ortogonal a $\tau(u)$, temos duas possibilidades em princípio para desenhar $\mathbf{n}(u)$. (Note que queremos desenhar $\mathbf{n}(u)$ sem fazer os cálculos.)

Para decidir isto observemos que por (16) $\mathbf{n}(u)$ e $\tau'(u)$ têm mesmo sentido. Mas

$$\tau'(u) = \lim_{\Delta u \to 0} \frac{\Delta \tau}{\Delta u}$$

onde $\Delta\tau = \tau(u+\Delta u) - \tau(u)$. Tomando $\Delta u > 0$, Δu próximo de 0, a figura nos mostra o sentido de $\Delta\tau$, que é o mesmo de $\Delta\tau/\Delta u$. Observe que ele "aponta" para a concavidade, o que nos faz esperar isto de $\tau'(u)$ (fazendo $\Delta u \to 0^+$), e por conseguinte $\mathbf{n}(u)$ deve apontar para a concavidade (Fig. 15.18).

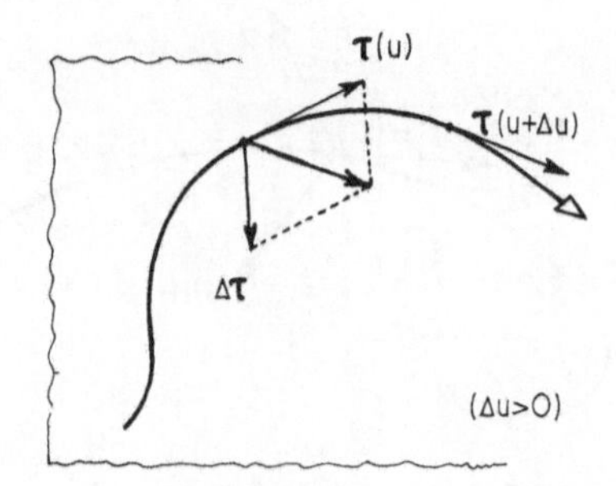

Figura 15.17

3. Para se achar o Triedro de Frenet não se usam via de regra as definições, pois o cálculo de τ' é em geral trabalhoso. Para obter um caminho melhor observemos o seguinte: de (15) vem

$$\mathbf{w}' = \|\mathbf{w}'\|\,\tau = \ell'\,\tau \tag{19}$$

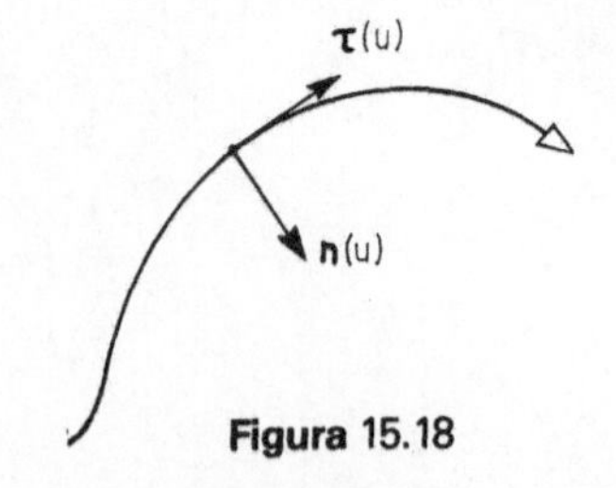

Figura 15.18

logo

$$\mathbf{w}'' = \ell'' \tau + \ell' \tau' = \ell'' \tau + \ell' \|\tau'\| \mathbf{n}$$

(usamos (16)). Então

$$\mathbf{w}' \wedge \mathbf{w}'' = \ell'^2 \|\tau'\| \tau \wedge \mathbf{n} = \ell'^2 \|\tau'\| \mathbf{b}$$

(usamos (18)). Então

$$\|\mathbf{w}' \wedge \mathbf{w}''\| = \ell'^2 \|\tau'\| \qquad (20)$$

Utilizando as duas últimas relações vem

$$\boxed{\mathbf{b} = \frac{\mathbf{w}' \wedge \mathbf{w}''}{\|\mathbf{w}' \wedge \mathbf{w}''\|}} \qquad (21)$$

Recomendamos o seguinte roteiro para achar o Triedro de Frenet:

(1º) Calcular $\mathbf{w}'$ e $\|\mathbf{w}'\|$.
(2º) Calcular $\tau = \mathbf{w}'/\|\mathbf{w}'\|$.
(3º) Calcular $\mathbf{w}''$, $\mathbf{w}' \wedge \mathbf{w}''$, $\|\mathbf{w}' \wedge \mathbf{w}''\|$, e $\mathbf{b}$ usando (21).
(4º) Calcular $\mathbf{n} = \mathbf{b} \wedge \tau$.

Exemplo 15.5-2 – Achar o Triedro de Frenet da curva parametrizada

$$x = u, \quad y = u^2, \quad z = u^3 \quad (u \text{ real})$$

Solução. Temos, de acordo com o roteiro acima:

$$\mathbf{w}(u) = u\mathbf{i} + u^2\mathbf{j} + u^3\mathbf{k}$$

$$\mathbf{w}'(u) = \mathbf{i} + 2u\mathbf{j} + 3u^2\mathbf{k}, \quad \|\mathbf{w}'(u)\| = (1+4u^2+9u^4)^{1/2}$$

$$\tau(u) = \frac{\mathbf{i} + 2u\,\mathbf{j} + 3u^2\mathbf{k}}{(1+4u^2+9u^4)^{1/2}} \qquad \blacktriangleleft$$

$$\mathbf{w}''(u) = 2\mathbf{j} + 6u\mathbf{k}$$

$$\mathbf{w}'(u) \wedge \mathbf{w}''(u) = \begin{vmatrix} \mathbf{i} & \mathbf{j} & \mathbf{k} \\ 1 & 2u & 3u^2 \\ 0 & 2 & 6u \end{vmatrix} = 6u^2\mathbf{i} - 6u\mathbf{j} + 2\mathbf{k}$$

$$\|\mathbf{w}'(u) \wedge \mathbf{w}''(u)\| = 2(9u^4+9u^2+1)^{1/2}$$

$$\mathbf{b}(u) = \frac{3u^2\,\mathbf{i} - 3u\,\mathbf{j} + \mathbf{k}}{(9u^4+9u^2+1)^{1/2}} \qquad \blacktriangleleft$$

$$n(u) = \frac{1}{[(1+4u^2+9u^4)(9u^4+9u^2+1)]^{1/2}} \begin{vmatrix} \mathbf{i} & \mathbf{j} & \mathbf{k} \\ 3u^2 & -3u & 1 \\ 1 & 2u & 3u^2 \end{vmatrix}$$

$$= \frac{-(9u^3+2u)\mathbf{i} + (1-9u^4)\mathbf{j} + (6u^3+3u)\mathbf{k}}{[(1+4u^2+9u^4)(9u^4+9u^2+1)]^{1/2}} \blacktriangleleft$$

15.6 – CURVATURA. 1ª FÓRMULA DE FRENET

A fim de motivar o conceito de curvatura, que pretende medir o quanto o traço de uma curva parametrizada "se curva" no espaço, consideremos as situações ilustradas na Fig. 15.19, onde supusemos $\Delta u > 0$:

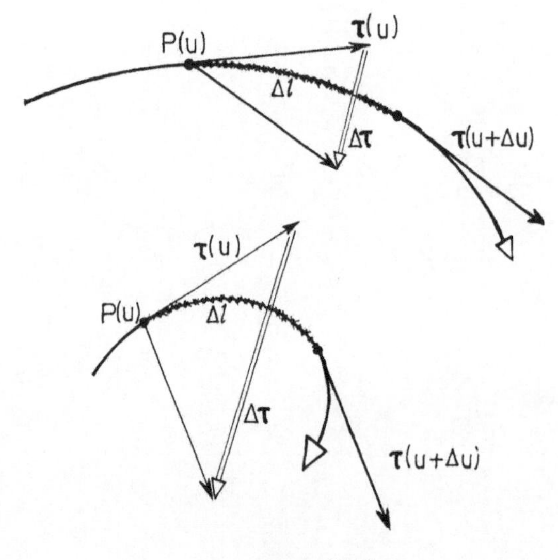

Figura 15.19

Nas duas situações tomamos o mesmo $\Delta\ell$. Observe que no 1º caso a "curvatura" é menor do que a no 2º caso, curvatura esta considerada próxima de P(u), isto é, para Δu próximo de 0 (logo $\Delta\ell$ próximo de 0). Este fato é seguido por $\|\Delta\tau\|$.

Por isso parece razoável tomar o quociente

$$\left\| \frac{\Delta\tau}{\Delta\ell} \right\|$$

como uma aproximação do que gostaríamos que fosse uma medida da curvatura em P(u).

A fim de fazer intervir o parâmetro, escrevemos o quociente acima na forma

$$\left\| \frac{\frac{\Delta\tau}{\Delta u}}{\frac{\Delta\ell}{\Delta u}} \right\| = \frac{\left\| \frac{\Delta\tau}{\Delta u} \right\|}{\frac{\Delta\ell}{\Delta u}}$$

Como queremos a medida em P(u), fazemos $\Delta u \to 0$, o que nos leva a definir a (função) *curvatura* por

$$\boxed{\kappa = \frac{\|\tau'\|}{\ell'}} \qquad (22)$$

e a (função) *raio de curvatura* por

$$\boxed{\rho = \frac{1}{\kappa}} \qquad (23)$$

É fácil obter uma fórmula para κ em termos de $\mathbf{w}(u)$. De fato, substituindo $\|\tau'\|$ tirada de (22) em (20) resulta, lembrando que $\ell' = \|\mathbf{w}'\|$:

$$\boxed{\kappa = \frac{\|\mathbf{w}' \wedge \mathbf{w}''\|}{\|\mathbf{w}'\|^3}} \qquad (24)$$

Exemplo 15.6-1 – Achar a curvatura e o raio de curvatura para a curva parametrizada

$$x = R\cos u\ ,\quad y = R\,\mathrm{sen}\,u\ ,\quad z = bu \qquad (u \text{ real})\ (R > 0).$$

Solução. Temos

$$\mathbf{w}(u) = R\cos u\,\mathbf{i} + R\,\mathrm{sen}\,u\,\mathbf{j} + bu\mathbf{k}$$

$$\mathbf{w}'(u) = -R\,\mathrm{sen}\,u\,\mathbf{i} + R\cos u\,\mathbf{j} + b\mathbf{k}\ ,$$

$$\|\mathbf{w}'(u)\| = (R^2+b^2)^{1/2}$$

$$\mathbf{w}''(u) = -R\cos u\,\mathbf{i} - R\,\mathrm{sen}\,u\,\mathbf{j}$$

$$(\mathbf{w}' \wedge \mathbf{w}'')(u) = Rb\,\mathrm{sen}\,u\,\mathbf{i} - Rb\cos u\,\mathbf{j} + R^2\mathbf{k}$$

$$\|(\mathbf{w}' \wedge \mathbf{w}'')(u)\| = R\,(R^2+b^2)^{1/2}$$

Usando (24) resulta que

$$\kappa = \frac{R}{b^2+R^2} \quad ◀$$

$$\rho = \frac{b^2+R^2}{R} \quad ◀$$

Em particular, se $b = 0$ (circunferência) temos

$$\kappa = \frac{1}{R}\ ,\qquad \rho = R$$

Deixamos ao leitor o estabelecimento das seguintes fórmulas:

(a) Se $z(u) = 0$ para todo u do domínio da curva parametrizada tem-se

$$\boxed{\kappa = \frac{|x'y'' - x''y'|}{(x'^2+y'^2)^{3/2}}} \qquad (25)$$

(b) Se a curva parametrizada provém de uma função $y = y(x)$ fazendo $x = u$ e $z(u) = 0$ tem-se

$$\boxed{\kappa = \frac{|y''|}{(1+y'^2)^{3/2}}} \qquad (26)$$

Exemplo 15.6-2 – Achar o raio de curvatura da parábola $y = ax^2$ $(a \neq 0)$.

Solução. Temos $y' = 2ax$, $y'' = 2a$, logo por (26)

$$\rho = \frac{(1+y'^2)^{3/2}}{|y''|} = \frac{(1+4a^2x^2)^{3/2}}{2|a|}$$ ◀

Encerramos esta seção com o estabelecimento da 1ª Fórmula de Frenet, que nos será útil na Cinemática Vetorial do Ponto, a ser vista no próximo Capítulo.

De acordo com a definição de $\mathbf{n}$ (fórmula (16)) temos

$$\tau' = \|\tau'\| \, \mathbf{n}$$

e de acordo com a definição de κ (fórmula (22)) temos

$$\|\tau'\| = \kappa \ell'$$

logo

$$\boxed{\tau' = \kappa \ell' \mathbf{n}} \qquad (27)$$

que é a 1ª *Fórmula de Frenet.*

★ 15.7 – ASPECTOS COMPLEMENTARES

Um maior desenvolvimento das questões deste capítulo deve ser procurado num texto de Geometria Diferencial de Curvas, por exemplo

Struik, D.J., *Geometría Diferencial Clásica.* Madrid, Aguilar, 1966.

O'Neill, B., *Elementary Differential Geometry.* New York, Academic Press, 1969.

No entanto daremos aqui algumas informações.

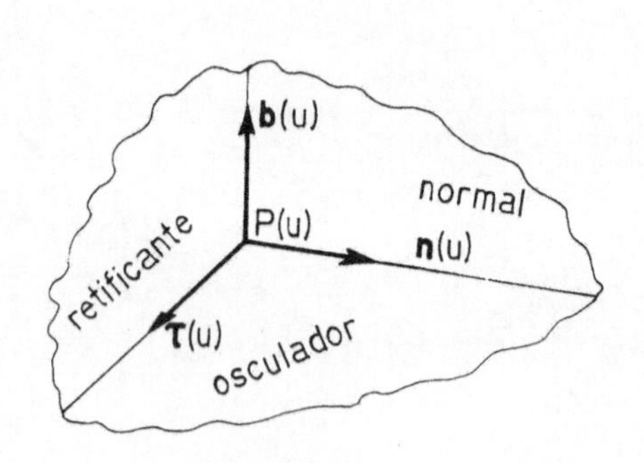

Figura 15.20

• **Nomenclatura:**

$C(u) = P(u) + \rho(u)\,\mathbf{n}(u)$: centro de curvatura

plano osculador : o determinado por $P(u)$, $\tau(u)$, $\mathbf{n}(u)$

plano normal : o determinado por $P(u)$, $\mathbf{n}(u)$, $\mathbf{b}(u)$

plano retificante : o determinado por $P(u)$, $\tau(u)$, $\mathbf{b}(u)$.

Circunferência osculatriz : circunferência no plano osculador, cujo centro é o centro de curvatura e cujo raio é o raio de curvatura.

• **Interpretação geométrica do raio de curvatura.** Admitamos $k(u) > 0$. Então, para Δu próximo de 0, $P(u)$, $\tau(u)$, $P(u+\Delta u)$ determinam um plano. Neste plano, consideremos a circunferência que passa por $P(u+\Delta u)$ e é tangente em $P(u)$ à reta determinada por $P(u)$ e $\tau(u)$. Seja $r(\Delta u)$ o seu raio. Fazendo $\Delta u \to 0$, o plano tende ao plano osculador, e a circunfe–

rência tende a uma circunferência no plano osculador,que é a circunferência osculatriz, portanto $r(\Delta u)$ tende a $\rho(u)$ (Fig. 15.21).

No caso de uma curva parametrizada plana o plano acima desenhado coincide com o plano do traço. Na Fig. 15.22 ilustramos a situação no caso de uma parábola

$$x = u \ , \quad y = u^2 \ , \quad z = 0 \qquad (u \text{ real})$$

(cf. o Exemplo 15.6-2).

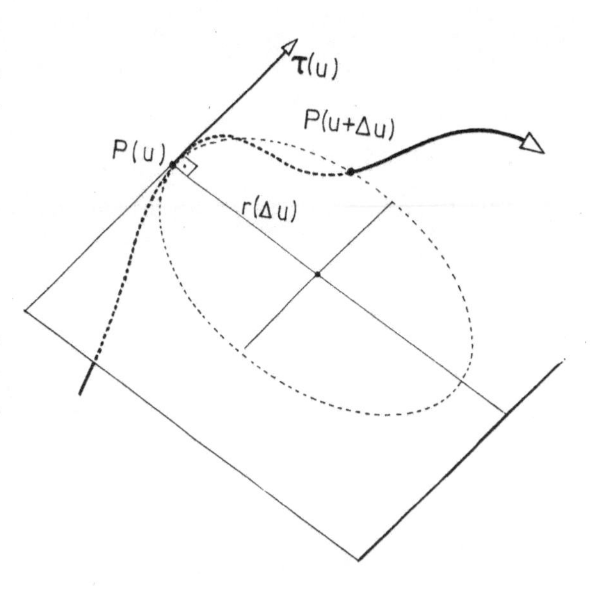

Figura 15.21

• **Torção:** é a medida de quanto o traço "se torce" no espaço, no sentido de que é a medida de quanto o plano osculador "se torce". Para isto considera–se a variação de um versor normal ao plano, no caso **b**.

De $\mathbf{b} \cdot \mathbf{t} = 0$ resulta por derivação que

$$\mathbf{b}' \cdot \tau + \mathbf{b} \cdot \tau' = 0$$

Como $\tau' = k\,\ell'\,\mathbf{n}$ (por (27)) resulta

$$\mathbf{b}' \cdot \tau = 0 \tag{28}$$

Por outro lado, como $\|\mathbf{b}\| = 1$ então

$$\mathbf{b}' \cdot \mathbf{b} = 0 \tag{29}$$

((23) do Cap. 14). Portanto decompondo $\mathbf{b}'$ segundo τ, $\mathbf{n}$, $\mathbf{b}$ temos, usando (28) e (29):

$$\begin{aligned} \mathbf{b}' &= (\mathbf{b}' \cdot \tau)\,\tau + (\mathbf{b}' \cdot \mathbf{n})\,\mathbf{n} + (\mathbf{b}' \cdot \mathbf{b})\,\mathbf{b} \\ &= (\mathbf{b}' \cdot \mathbf{n})\,\mathbf{n} \end{aligned} \tag{30}$$

A *torção* $\mathscr{T}$ é definida por

$$\boxed{\mathscr{T} = -\frac{\mathbf{b}' \cdot \mathbf{n}}{\ell'}} \tag{31}$$

de modo que (30) fica

$$\boxed{\mathbf{b}' = -\ell'\,\mathscr{T}\,\mathbf{n}} \tag{32}$$

conhecida como 3ª *Fórmula de Frenet.*

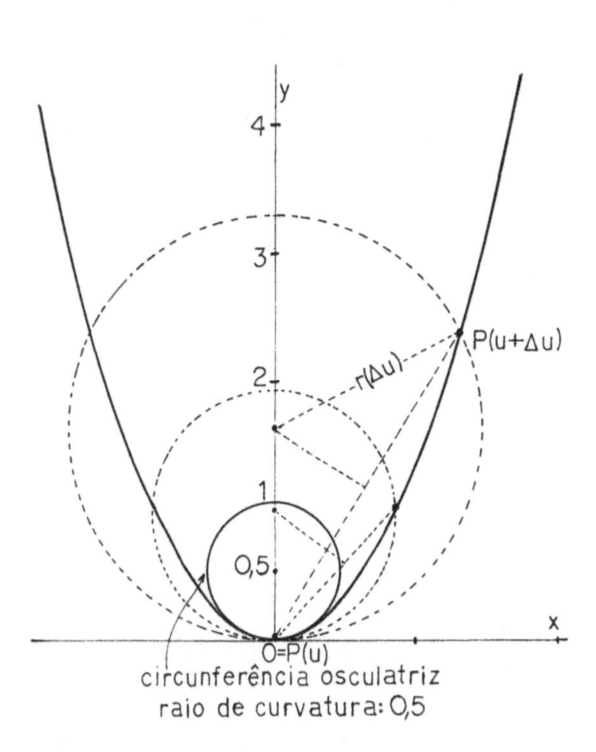

Figura 15.22

Para obter a 2ª Fórmula de Frenet decompomos $\mathbf{n}'$ segundo τ, $\mathbf{n}$, $\mathbf{b}$:

$$\mathbf{n}' = (\mathbf{n}' \cdot \tau)\,\tau + (\mathbf{n}' \cdot \mathbf{n})\,\mathbf{n} + (\mathbf{n}' \cdot \mathbf{b})\,\mathbf{b} \tag{33}$$

Mas $\mathbf{n}' \cdot \mathbf{n} = 0$ (por quê?); de $\mathbf{n} \cdot \tau = 0$ resulta por derivação que

$$\begin{aligned} \mathbf{n}'\cdot\tau &= -\mathbf{n}\cdot\tau' = -\mathbf{n}\cdot(\kappa\,\ell\,'\,\mathbf{n}) \\ &= -\kappa\,\ell\,' \end{aligned} \tag{34}$$

(usamos (27)); e de $\mathbf{n}\cdot\mathbf{b} = 0$ resulta por derivação que

$$\begin{aligned} \mathbf{n}'\cdot\mathbf{b} &= -\mathbf{n}\cdot\mathbf{b}' = -\mathbf{n}\cdot(-\,\ell\,'\,\mathcal{T}\mathbf{n}) \\ &= \ell\,'\,\mathcal{T} \end{aligned} \tag{35}$$

Substituindo (34) e (35) em (33) obteremos a 2ª Fórmula de Frenet:

$$\boxed{\mathbf{n}' = -\,\kappa\,\ell\,'\,\tau + \mathcal{T}\ell\,'\,\mathbf{b}} \tag{36}$$

Reunamos as *Fórmulas de Frenet*:

$$\boxed{\begin{aligned} \tau' &= \qquad\kappa\,\ell\,'\,\mathbf{n} \\ \mathbf{n}' &= -\kappa\,\ell\,'\,\tau \qquad\qquad + \mathcal{T}\ell\,'\,\mathbf{b} \\ \mathbf{b}' &= \qquad -\,\mathcal{T}\ell\,'\,\mathbf{n} \end{aligned}} \tag{37}$$

Nota. As fórmulas (37) em geral são deduzidas para curvas parametrizadas tais que $\ell\,' = 1$. Elas são também chamadas Fórmulas de Frenet–Serret.

Pode–se deduzir uma fórmula para a torção $\mathcal{T}$ em termos de $\mathbf{w}(u) = \mathbf{OP}(u)$:

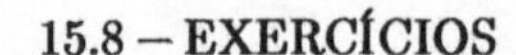

$$\boxed{\mathcal{T} = \frac{[\mathbf{w}'\,,\ \mathbf{w}''\,,\ \mathbf{w}''']}{\|\mathbf{w}'\wedge\mathbf{w}''\|^{2}}} \tag{38}$$

onde o numerador indica o produto misto $\mathbf{w}'\wedge\mathbf{w}''\cdot\mathbf{w}'''$. Embora não seja difícil, omitiremos a demonstração.

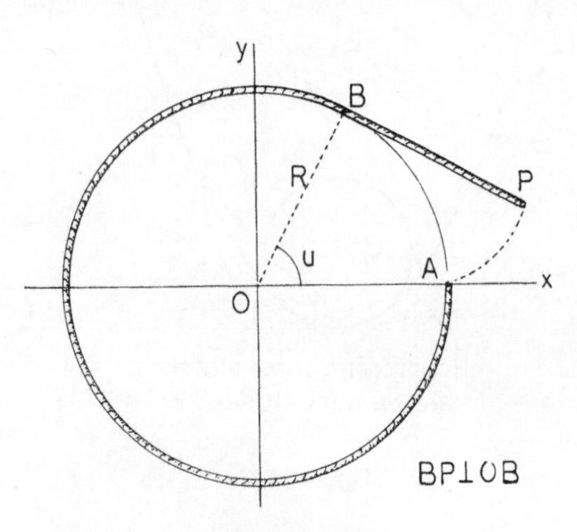

Figura 15.23

15.8 – EXERCÍCIOS

15.1 – Esboce o traço das curvas parametrizadas

(a) $x = u$, $y = 1-u$, $z = u$ (u real)

(b) $x = u^2$, $y = u^2$, $z = u$ (u real)

(c) $x = \cos u$, $y = \operatorname{sen} u$, $z = u^2$ $(u > 0)$

15.2 – A Fig. 15.23 mostra uma circunferência fixa de raio R e um fio ideal enrolado nela, uma extremidade do mesmo fixado na circunferência, no ponto A. Desenrola–se o fio, mantendo o fio sempre esticado. A outra extremidade P do fio descreve uma curva conhecida como *envolvente* (da circunferência dada). Parametrize–a, usando u mostrado na figura.

Resposta: $x = R(\cos u + u \operatorname{sen} u)$, $y = R(\operatorname{sen} u - u \cos u)$, $z = 0$, $0 \leq u \leq 2\pi$.

15.3 – A Fig. 15.24 mostra a intersecção de um cilindro com uma superfície esférica. Parametrize a curva intersecção usando u como indicado, $0 \leq u \leq \pi$. A superfície esférica tem raio 2R e centro na origem. A cilíndrica tem raio R e eixo passando por (R,0,0).

Resposta: $x = R(1 + \cos u)$, $y = R \operatorname{sen} u$, $z = 2R \operatorname{sen} \frac{u}{2}$.

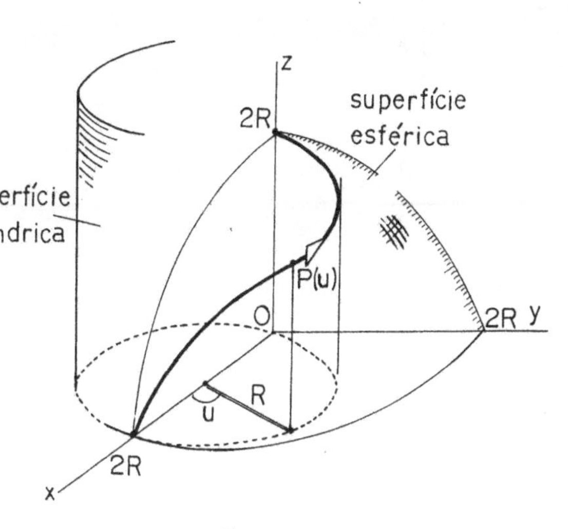

Figura 15.24

15.4 – Calcular $\ell(u)$ para o arco parametrizado do Exercício 15.2, medida a partir de A.
Resposta: $Ru^2/2$.

15.5 – A *catenária* é a curva gráfico da função $y = a\,\mathrm{ch}(x/a)$ $(a > 0)$. Ela é aproximadamente a forma de toma um cabo sujeito ao próprio peso, suposto uniformemente distribuído. Achar o comprimento do arco $x = u$, $y = a\,\mathrm{ch}(u/a)$, $z = 0$, $0 \leq u \leq b$.
Resposta: $L = a\,\mathrm{sh}\,\frac{b}{a}$.

15.6 – Calcular o comprimento do arco parametrizado $x = u$, $y = u^2$, $z = 0$ (parábola), $0 \leq u \leq 1$.

Resposta: $\frac{\sqrt{5}}{2} + \frac{1}{4} \ln (2 + \sqrt{5})$. **Ajuda:**

$$\int (x^2+a^2)^{1/2}\, dx = \frac{x}{2}(x^2+a^2)^{1/2} + \frac{a^2}{2} \ln \left(x + (x^2+a^2)^{1/2}\right).$$

15.7 – Achar o comprimento do arco parametrizado $x = e^u \operatorname{sen} u$, $y = e^u \cos u$, $z = 0$, $0 \leq u \leq \pi/2$.
Resposta: $\sqrt{2}\,(e^{\pi/2} - 1)$.

15.8 – Achar o comprimento do arco parametrizado $x = 4\cos u + \cos 4u$, $y = 4\operatorname{sen} u - \operatorname{sen} 4u$, $z = 0$, $0 \leq u \leq \pi/5$.
Resposta: $16/5$.

15.9 – Mostrar que o comprimento do arco parametrizado $x = u$, $y = y(u)$, $z = 0$, $a \leq u \leq b$, é dado por

$$\int_a^b (1+y'^2(u))^{1/2}\, du$$

15.10 – Achar o comprimento do arco parametrizado $x = u$, $y = u^3$, $z = 0$, $0 \leq u \leq 1$, usando integração numérica pelo Método de Simpson com passo 0,1.
Resposta: 1,54786.

15.11 – Verificar que a ciclóide do Exemplo 15.5-2 é regular em todos os valores do parâmetro, exceto em $u = 0$ e $u = 2\pi$ (*). Ainda em casos como este falaremos em abscissa curvilínea (generalizando assim a definição dada em 15.4). Achar a abscissa curvilínea de

$$Q = \left(\frac{R\pi}{4} - \frac{R\sqrt{2}}{2},\ R - \frac{R\sqrt{2}}{2},\ 0\right)$$

medida a partir de $\Omega = (0,0,0)$.

Resposta: $4R\left(1 - \cos\frac{\pi}{8}\right)$.

15.12 – Verificar que a envolvente de circunferência do Exercício 15.2 é regular em todo u exceto $u = 0$ (*). Vale a mesma observação feita no exercício anterior. Achar a abscissa curvilínea de

$$Q = \left(\frac{R\pi}{2}, R, 0\right)$$

medida a partir de $A = (R,0,0)$.

Resposta: $R\pi^2/8$.

15.13 – Verificar que a curva parametrizada $x = u$, $y = y(u)$, $z = 0$ é regular.

15.14 – Consideremos a curva parametrizada $x = u$, $y = \text{ch}\, u$, $z = 0$ (u real). Determinar as abscissas curvilíneas, medidas a partir de $\Omega = (0,1,0)$ dos pontos

(a) $\left(\ln 2, \frac{5}{4}, 0\right)$ (b) $\left(\ln\frac{1}{3}, \frac{5}{3}, 0\right)$

Resposta: (a) $\frac{3}{4}$ (b) $-\frac{4}{3}$.

15.15 – Dada a curva parametrizada $x = \cos(\pi u/2)$, $y = \text{sen}(\pi u/2)$, $z = 0$, $-1 < u < 4$, achar os valores de u que correspondem ao ponto $Q = (\sqrt{3}/2, -1/2, 0)$, e as respectivas abscissas curvilíneas, medidas a partir de $\Omega = (0,1,0)$.

Resposta: $-\frac{1}{3}$ e $\frac{11}{3}$; $-\frac{2\pi}{3}$ e $\frac{4\pi}{3}$.

15.16 – Dada a curva parametrizada

$x(u) = 1$, $y(u) = u$, $z(u) = 0$ se $-3 < u \leq 0$

$x(u) = \cos u$, $y(u) = \text{sen}\, u$, $z(u) = 0$ se $0 < u \leq \frac{3\pi}{2}$

$x(u) = u - \frac{3\pi}{2}$, $y(u) = -1$, $z(u) = 0$ se $u > \frac{3\pi}{2}$

repetir o exercício anterior, o ponto Q sendo $(1, -1, 0)$ e $\Omega = (1, -2, 0)$.

Resposta: $u = -1$, $\ell(-1) = 1$; $u = \frac{3\pi}{2} + 1$, $\ell\left(\frac{3\pi}{2} + 1\right) = 3 + \frac{3\pi}{2}$.

Ajuda. Desenhar o traço, com o sentido de percurso; indicar Ω e Q. Calcular geometricamente.

(*) Neste caso $P(u)$ "só vai" como é fácil perceber.

15.17 – Achar o Triedro de Frenet para $u = 1$, sendo a curva parametrizada dada por

$$x = u \quad , \quad y = u \quad , \quad z = u^2 \qquad (u \text{ real})$$

Resposta: $\tau(1) = \frac{1}{\sqrt{6}}(\mathbf{i} + \mathbf{j} + 2\mathbf{k})$

$\mathbf{n}(1) = \frac{1}{\sqrt{3}}(-\mathbf{i} - \mathbf{j} + \mathbf{k})$

$\mathbf{b}(1) = \frac{1}{\sqrt{2}}(\mathbf{i} - \mathbf{j})$

15.18 – Achar o Triedro de Frenet para a hélice

$$x = R \cos u \; , \; y = R \operatorname{sen} u \; , \; z = bu \qquad (u \text{ real})$$

Resposta: $\tau(u) = \frac{R}{(R^2+b^2)^{1/2}}\left(-\operatorname{sen} u\mathbf{i} + \cos u\mathbf{j} + \frac{b}{R}\mathbf{k}\right)$

$\mathbf{n}(u) = -\cos u\mathbf{i} - \operatorname{sen} u\mathbf{j}$

$\mathbf{b}(u) = \frac{b}{(R^2+b^2)^{1/2}}\left(\operatorname{sen} u\mathbf{i} - \cos u\mathbf{j} + \frac{R}{b}\mathbf{k}\right)$.

15.19 – Achar o Triedro de Frenet em $u = 0$, para a curva parametrizada

$$x = u \cos u \; , \; y = u \operatorname{sen} u \; , \; z = \frac{4}{3} u \qquad (u \text{ real})$$

Resposta: $\tau(0) = \frac{3}{5}\mathbf{i} + \frac{4}{5}\mathbf{k}$

$\mathbf{n}(0) = \mathbf{j}$

$\mathbf{b}(0) = -\frac{4}{5}\mathbf{i} + \frac{3}{5}\mathbf{k}$.

15.21 – Achar a curvatura em $u = 0$ da curva parametrizada dada no exercício anterior.

Resposta: 20/27

15.21 – Achar a curvatura em $u = 0$ da curva parametrizada dada no exercício anterior.

Resposta: 18/25 .

15.22 – Achar o raio e o centro de curvatura da ciclóide (Exemplo 15.1-5) para $u = \pi/2$. O centro de curvatura é dado por

$$C(u) = P(u) + \rho(u)\,\mathbf{n}(u)$$

Resposta: $2\sqrt{2}\,R$; $\left((2+\pi)\frac{R}{2}, -R, 0\right)$.

15.23 – Provar (25) e (26).

15.24 – Achar a "curvatura de uma elipse" de semieixos a e b no ponto $(0,b)$.

Resposta: b/a^2 .

15.25 – Mostre que o raio de curvatura da curva parametrizada

$$x = u \quad , \quad y = \text{ch}\, u \quad , \quad z = 0$$

verifica a relação

$$\rho(u) = y^2(u) \, .$$

15.26 – Achar o raio de curvatura da curva parametrizada

$$x = 2\cos^3 u \quad , \quad y = 2\text{sen}^3 u \quad , \quad z = 0$$

Resposta: $3|\text{sen}\, 2u|$.

15.27 – Achar o menor raio de curvatura da curva parametrizada dada por

$$\mathbf{w}(u) = \left(u - \frac{1}{3}u^3\right)\mathbf{i} + u^2\mathbf{j} + \left(u + \frac{1}{3}u^3\right)\mathbf{k} \qquad (u \text{ real})$$

Resposta: 1 .

15.28 – São dadas duas curvas parametrizadas através de $\mathbf{w}_1 = OP_1(u)$ e $\mathbf{w}_2 = OP_2(u)$. Sabendo que

$$\mathbf{w}_1 = m\, \mathbf{w}_2$$

m um número real, qual a relação entre os triedros de Frenet e as curvaturas?

15.29 – Consideremos a envolvente da circunferência apresentada no Exercício 15.2. Mostrar que a tangente à circunferência em B é normal à envolvente em P (notação da figura relativa ao citado exercício).

15.30 – Para o ciclóide (Exemplo 15.1-5), achar o ângulo, para $u = \pi/3$, entre a normal principal e **i** .

Resposta: 30° .

15.31 – Mostrar que para qualquer parametrização regular de uma reta, a curvatura é sempre nula.

16 Velocidade e aceleração vetoriais

16.1 – CONCEITOS E EXPRESSÕES EM COMPONENTES CARTESIANAS

Consideremos o movimento de um ponto P em relação a um referencial. Seja I o intervalo de tempo durante o qual se dá o movimento.(*) Fixado um ponto O do referencial, o movimento pode ser descrito pelo *vetor de posição*

$$\mathbf{r}(t) = \mathbf{OP}(t) \qquad (t \text{ em } I) \tag{1}$$

sendo P(t) a posição ocupada pelo ponto no instante t. O conjunto dos P(t) quando t percorre I é a *trajetória* do movimento (Fig. 16.1).

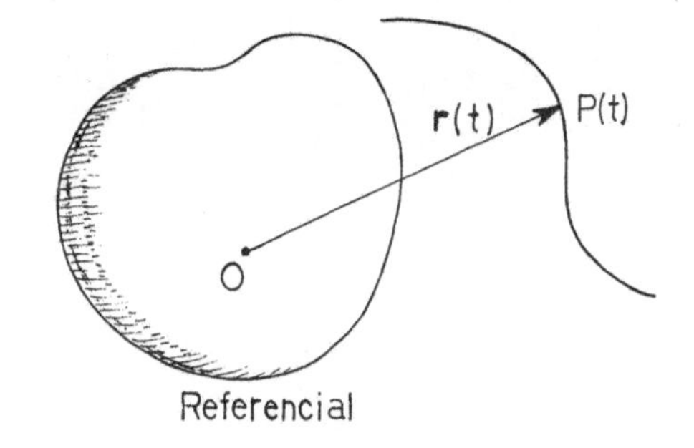

Figura 16.1

Nota. Suporemos que $\mathbf{r}$ é contínua no que segue.

Chama–se *velocidade vetorial média* do movimento no intervalo de extremos t e t+Δt ao vetor

$$\boxed{\mathbf{v}_m(t,\Delta t) = \frac{\Delta \mathbf{r}}{\Delta t} = \frac{\mathbf{r}(t+\Delta t) - \mathbf{r}(t)}{\Delta t}} \tag{2}$$

$\Delta\mathbf{r}$ é o *vetor deslocamento* entre t e t+Δt .

Chama–se *velocidade vetorial* do movimento no instante t ao vetor

$$\boxed{\mathbf{v}(t) = \lim_{\Delta t \to 0} \mathbf{v}_m(t,\Delta t) = \dot{\mathbf{r}}} \tag{3}$$

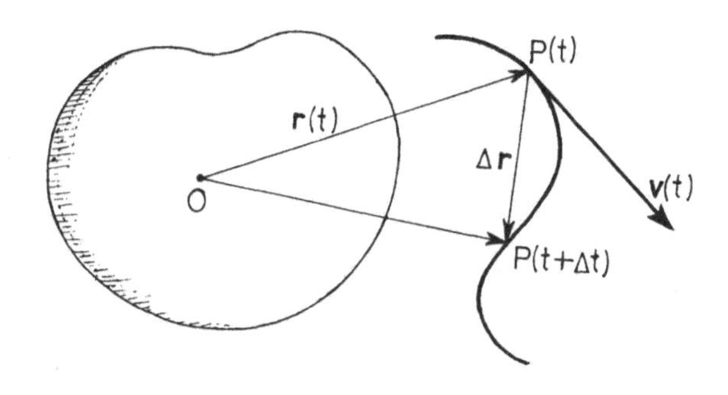

Figura 16.2

Na Fig. 16.2 ilustramos geometricamente os elementos envolvidos na definição acima, destacando o fato de v(t) ser

(*) Suporemos I com interior não–vazio.

tangente à trajetória, o que deve ser compreensível ao leitor familiarizado com o que foi feito na seção 14.3.

A *aceleração vetorial média* do movimento no intervalo de extremos t e t+Δt é

$$\boxed{\mathbf{a}_m(t,\Delta t) = \frac{\Delta \mathbf{v}}{\Delta t} = \frac{\mathbf{v}(t+\Delta t) - \mathbf{v}(t)}{\Delta t}} \qquad (4)$$

a *aceleração vetorial* no instante t é

$$\boxed{\mathbf{a}(t) = \lim_{\Delta t \to 0} \mathbf{a}_m(t,\Delta t) = \dot{\mathbf{v}}(t)} \qquad (5)$$

Claramente

$$\boxed{\mathbf{a} = \ddot{\mathbf{r}}} \qquad (6)$$

Tomando um sistema cartesiano de coordenadas no referencial, de origem O, podemos escrever

$$\boxed{\mathbf{r}(t) = x(t)\,\mathbf{i} + y(t)\,\mathbf{j} + z(t)\,\mathbf{k}} \qquad (7)$$

logo

$$\boxed{\mathbf{v}(t) = \dot{x}(t)\,\mathbf{i} + \dot{y}(t)\,\mathbf{j} + \dot{z}(t)\,\mathbf{k}} \qquad (8)$$

$$\boxed{\mathbf{a}(t) = \ddot{x}(t)\,\mathbf{i} + \ddot{y}(t)\,\mathbf{j} + \ddot{z}(t)\,\mathbf{k}} \qquad (9)$$

que são expressões em componentes cartesianas. As equações

$$x = x(t) \ , \quad y = y(t) \ , \quad z = z(t) \qquad (t \text{ em } I)$$

são referidas como *equações de movimento* (no sistema cartesiano dado).

Exemplo 16.1-1 – Sendo $\mathbf{r}(t) = t\mathbf{i}+t^2\mathbf{j}+t^3\mathbf{k}$ tem-se

$$\mathbf{v}(t) = \mathbf{i} + 2t\mathbf{j} + 3t^2\mathbf{k}$$

$$\mathbf{a}(t) = 2\mathbf{j} + 6t\mathbf{k}$$

Sendo t em segundos e $\mathbf{r}(t)$ em metros, então $\mathbf{v}(t)$ é em m/s e $\mathbf{a}(t)$ em m/s^2.

De acordo com o que vimos na seção 14.4 podemos escrever

$$\boxed{\mathbf{r}(t_2) - \mathbf{r}(t_1) = \int_{t_1}^{t_2} \mathbf{v}(t)\, dt} \qquad (10)$$

$$\boxed{\mathbf{v}(t_2) - \mathbf{v}(t_1) = \int_{t_1}^{t_2} \mathbf{a}(t)\, dt} \qquad (11)$$

Exemplo 16.1-2 – Determinar o vetor de posição no instante 2s sabendo que no instante t = 0s ele vale im, dada a velocidade vetorial

$$\mathbf{v}(t) = t\mathbf{i} + e^t\mathbf{j} \text{ m/s}$$

(t em segundos).

Solução. Temos, por (10):

$$\mathbf{r}(2) = \mathbf{r}(0) + \int_0^2 (t\mathbf{i}+e^t\mathbf{j})\, dt$$

$$= \mathbf{i} + \left(\frac{t^2}{2}\mathbf{i} + e^t\mathbf{j}\right)\Big|_0^2$$

$$= 3\mathbf{i} + (e^2 - 1)\,\mathbf{j} \text{ m} \qquad ◀$$

Uma outra maneira de resolver é a seguinte: como $\mathbf{v} = \dot{\mathbf{r}}$ então (seção 14.4,(a))

$$\mathbf{r}(t) = \int \mathbf{v}(t)\, dt = \int (t\mathbf{i}+e^t\mathbf{j})\, dt$$

$$= \frac{t^2}{2}\mathbf{i} + e^t\mathbf{j} + \mathbf{c}$$

Como $\mathbf{r}(0) = \mathbf{i}$ então $\mathbf{i} = \mathbf{j}+\mathbf{c}$, logo $\mathbf{c} = \mathbf{i} - \mathbf{j}$, e daí

$$\mathbf{r}(t) = \frac{t^2}{2}\mathbf{i} + e^t\mathbf{j} + \mathbf{i} - \mathbf{j}$$

de onde resulta facilmente $\mathbf{r}(2)$.

Exemplo 16.1-3 – Dada a aceleração vetorial

$$\mathbf{a}(t) = \frac{1}{1+t^2}\mathbf{i} + \mathbf{j} - 3t^2\mathbf{k} \text{ m/s}^2$$

(t em segundos), e sabendo que $\mathbf{v}(1) = (\pi/4)\mathbf{i}+\mathbf{j}$ m/s, achar $\mathbf{v}(t)$.

Solução. Temos, por (1):

$$\mathbf{v}(t) = \mathbf{v}(1) + \int_1^t \mathbf{a}(t)\, dt$$

$$= \frac{\pi}{4}\mathbf{i} + \mathbf{j} + \int_1^t \left(\frac{1}{1+t^2}\mathbf{i} + \mathbf{j} - 3t^2\mathbf{k}\right) dt$$

$$= \frac{\pi}{4}\mathbf{i} + \mathbf{j} + (\text{arctg } t\mathbf{i} + t\mathbf{j} - t^3\mathbf{k})\Big|_1^t$$

$$= \frac{\pi}{4}\mathbf{i} + \mathbf{j} + \left(\text{arctg } t - \frac{\pi}{4}\right)\mathbf{i} + (t-1)\,\mathbf{j} - (t^3-1)\,\mathbf{k}$$

$$= \text{arctg } t\mathbf{i} + t\mathbf{j} - (t^3-1)\,\mathbf{k} \ \ \text{m/s}$$ ◀

Deixamos ao leitor a tarefa de dar outra maneira de resolver o exercício acima.

16.2 – SUPORTE

Uma maneira de obter movimentos é a seguinte. Tomamos um referencial.

- Damos uma curva parametrizada $Q(u)$, de domínio J, suposta regular, "solidária ao referencial".
- Escolhemos uma função $u = u(t)$, t o tempo, cujo domínio é um intervalo I, tal que $u(t)$ esteja em J, para todo t.
- Tomamos $P(t) = Q(u(t))$.

Obtemos assim um movimento em relação ao referencial dado.

Por exemplo, seja

$$x = u \ , \quad y = u \ , \quad z = 0 \qquad (u \text{ real})$$

(a) Escolhendo $u(t) = t$, $-1 \leq t \leq 1$, então $P(t)$ é dado por

$$x = t \ , \quad y = t \ , \quad z = 0 \qquad (-1 \leq t \leq 1)$$

(b) Se tomarmos agora $u(t) = t^2$, $-1 \leq t \leq 1$, teremos outro movimento $P(t)$, dado por

$$x = t^2 \ , \quad y = t^2 \ , \quad z = 0 \qquad (-1 \leq t \leq 1)$$

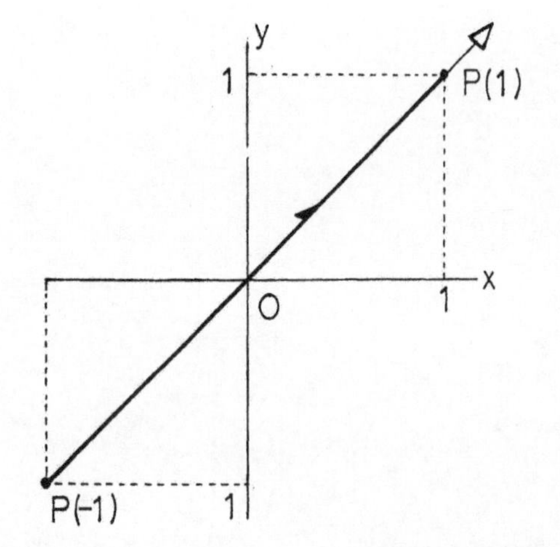

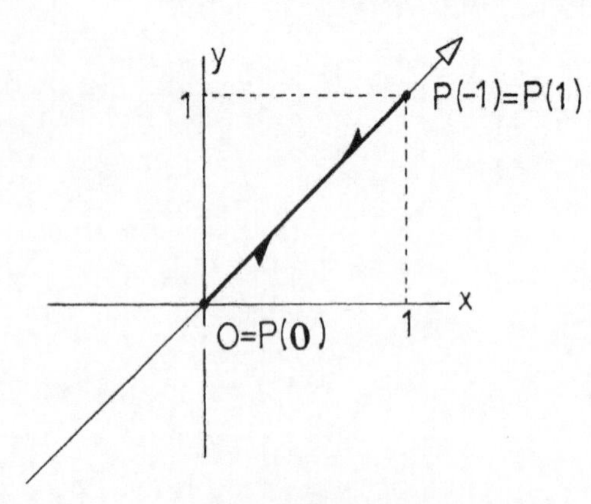

Figura 16.3

Na Fig. 16.3 indicamos as duas situações, a flecha cheia indicando o movimento de $P(t)$, a "branca" a orientação do suporte.

A curva parametrizada $Q(u)$ serve como uma estrada com mão de direção (a orientação) para o ponto $P(t)$. Ela será referida como *suporte* do movimento.

Suponhamos agora dado um movimento $P(t)$, por exemplo,

$$x = 2\cos\left(\frac{\pi}{2}t^2\right) \ , \quad y = 2\text{sen}\left(\frac{\pi}{2}t^2\right) \ , \quad z = 0 \qquad (-1 \leq t \leq 1)$$

Escolhendo $u = (\pi/2)t^2$, $-1 \leq t \leq 1$, vemos que tal movimento pode ser pensado como obtido da forma acima, o suporte sendo

$$x = 2\cos u\ , \quad y = 2\,\text{sen}\,u\ , \quad z = 0 \qquad (u\ \text{real})$$

Observemos que a escolha não é única. Poderíamos ter tomado $u = -(\pi/2)t^2$, $-1 \leq t \leq 1$, caso em que o suporte é dado por

$$x = 2\cos u\ , \quad y = -2\,\text{sen}\,u\ , \quad z = 0 \qquad (u\ \text{real})$$

Na Fig. 16.4 ilustramos os dois casos.

Ressaltamos que se trata de um mesmo movimento, porém as estradas com a mão de direção são diferentes!

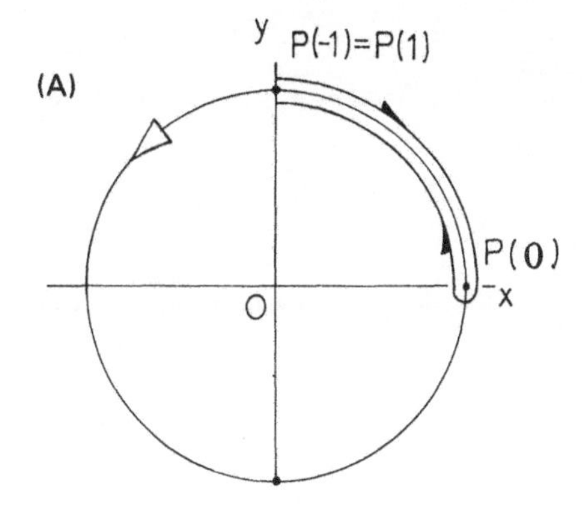

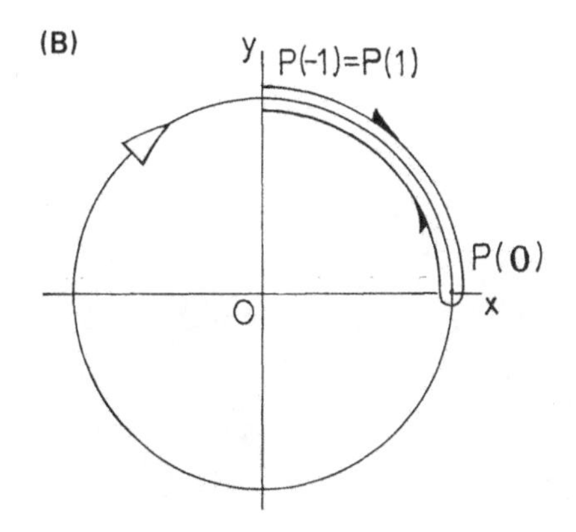

Figura 16.4

Vejamos agora como a função horária entra em cena. Consideremos então um movimento $P(t) = Q(u(t))$ obtido com auxílio de um suporte $Q(u)$. Fixando O no referencial em relação ao qual foi dado o movimento, seja $\mathbf{w}(u) = \mathbf{OQ}(u)$. Então o vetor de posição é

$$\mathbf{r}(t) = \mathbf{OP}(t) = \mathbf{OQ}(u(t)) = \mathbf{w}(u(t)) \qquad (12)$$

Escolhido a em J, seja $\ell(u)$ a função que dá a abscissa curvilínea medida a partir de $\Omega = Q(a)$ (Fig. 16.5).

Para cada t temos $u(t)$ em J. A $Q(u(t))$, que é $P(t)$, corresponde então uma abscissa curvilínea (para $u = u(t)$), que é por definição $\ell(u(t))$. E isto é exatamente a função horária em t:

$$\boxed{s(t) = \ell\,(u(t))} \qquad (13)$$

Nota. Reparemos que a noção de função horária foi usada desde o início do nosso texto de modo intuitivo. Na verdade, a fórmula acima se constitui na definição desse conceito, o comentário que a antecede servindo como argumento de que ela corresponde ao conceito intuitivo.

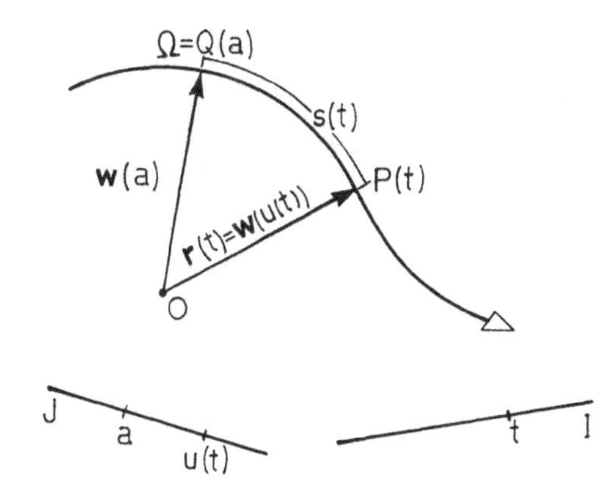

Figura 16.5

Exemplo 16.2-1 – Um ponto move-se em relação a um referencial de acordo com as equações

$$x = 2\cos\left(\tfrac{\pi}{2}t^2\right)\ , \quad y = 2\,\text{sen}\left(\tfrac{\pi}{2}t^2\right)\ , \quad z = 0 \qquad (-1 \leq t \leq 1)$$

(trata-se da exemplificação relativa à Fig. 16.4A). Achar a função horária, medida a partir da posição em que $t = \sqrt{2}/2$ (as unidades estão no Sistema Internacional).

Solução. Notemos de início que o enunciado em princípio deveria dizer qual o suporte. Mas subentende-se, e é o que será de praxe, que o leitor deverá escolher um suporte, e a função horária resposta será relativa a esta escolha.

Tomemos

$$u(t) = \frac{\pi}{2}t^2$$

Então um suporte pode ser dado por

$$x = 2\cos u\ ,\quad y = 2\,\text{sen}\,u\ ,\quad z = 0 \qquad (u\ \text{real})$$

A origem Ω é dada por $t = \sqrt{2}/2$, logo $u = \pi/4$, e então

$$\ell(u) = \int_{\pi/4}^{u} \|\mathbf{w}'(\nu)\|\,d\nu = \int_{\pi/4}^{u} \sqrt{x'^2+y'^2+z'^2}\,d\nu$$

$$= \int_{\pi/4}^{u} 2d\nu = 2\left(u - \frac{\pi}{4}\right)$$

Portanto, por (13),

$$s(t) = 2\left(\frac{\pi}{2}t^2 - \frac{\pi}{4}\right) = \frac{\pi(2t^2-1)}{2}$$ ◀

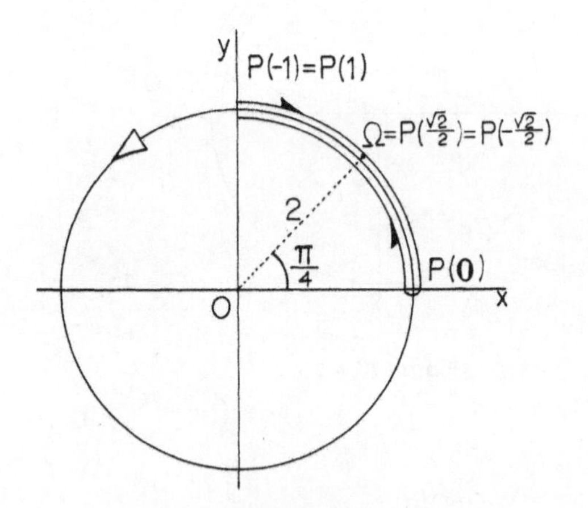

Figura 16.6

A Fig. 16.6 ilustra.

Para firmar os conceitos, vamos ver o que sucede em $t = 0$. Pela fórmula acima, $s(0) = -\pi/2$. Olhando a figura, devemos nos convencer disso. De fato, o arco $\widehat{\Omega P}(0)$ mede $2\cdot\pi/4 = \pi/2$, e como o sentido positivo é o anti–horário (flecha branca) a abscissa curvilínea de $P(0)$ é $-\pi/2$, de acordo com o obtido pela fórmula.

16.3 – EXPRESSÃO INTRÍNSECA DA VELOCIDADE VETORIAL

Seja $P(t)$ um movimento dado através de um suporte, como na seção anterior. Temos, mantendo a notação ali usada, que

$$\mathbf{r}(t) = \mathbf{w}(u(t)) \tag{14}$$

logo, pela Regra da Cadeia,

$$\mathbf{v}(t) = \mathbf{w}'\,\dot{u} = \ell'\,\boldsymbol{\tau}\,\dot{u} \tag{15}$$

onde usamos (15), seção 15.5.

Por (13), que nos diz que $s(t) = \ell(u(t))$ resulta que

$$\boxed{\dot{s} = \ell'\,\dot{u}} \tag{16}$$

Isto em (15) nos fornece

$$\boxed{\mathbf{v} = \dot{s}\,\boldsymbol{\tau}}^{(*)} \tag{17}$$

(*) $\mathbf{v}(t) = \dot{s}(t)\,\boldsymbol{\tau}(u(t))$.

que é a *expressão intrínseca da velocidade vetorial.*

Dessa relação vem

$$\|\mathbf{v}\| = |\dot{s}| \qquad (18)$$

Portanto *não* é verdade que a norma da velocidade vetorial é a velocidade escalar!

Para exprimirmos $\|\mathbf{v}\|$ em termos da velocidade escalar de $\dot{s}$ precisamos saber o sinal de $\dot{s}$. Observando (16) vemos que, por ser $\ell' > 0$, podemos concluir que

$$\dot{s} \text{ tem mesmo sinal que } \dot{u} \qquad (19)$$

Assim

$$\|\mathbf{v}(t)\| = \begin{cases} \dot{s}(t) & \text{se } \dot{u}(t) \geq 0 \\ -\dot{s}(t) & \text{se } \dot{u}(t) \leq 0 \end{cases} \qquad (20)$$

o que permite escrever, por (17), que

$$\tau = \begin{cases} \dfrac{\mathbf{v}}{\|\mathbf{v}\|} & \text{se } \dot{u}(t) > 0 \\ -\dfrac{\mathbf{v}}{\|\mathbf{v}\|} & \text{se } \dot{u}(t) < 0 \end{cases} \qquad (21)$$

Exemplo 16.3-1 – O movimento de um ponto em relação a um referencial é dado por

$$x = 2\cos t^2 \ , \quad y = 2 \operatorname{sen} t^2 \ , \quad z = t^2 \qquad (t \text{ real})$$

Determinar:

(a) A expressão intrínseca da velocidade vetorial.

(b) A função horária, medida a partir do ponto correspondente a $t = 0$.

(Unidades no Sistema Internacional.)

Solução. Cabe aqui o comentário feito no início da solução do Exemplo 16.2-1.

Tomemos

$$u(t) = t^2$$

de modo que um suporte é dado por

$$x = 2\cos u \ , \quad y = 2\operatorname{sen} u \ , \quad z = u \qquad (u \text{ real})$$

Daí

$$\ell'(u) = \sqrt{x'^2+y'^2+z'^2} = \sqrt{5}$$

Por (16) temos

$$\dot{s}(t) = \sqrt{5} \cdot 2t \qquad (\alpha)$$

e assim, (17) fica

(a) $\mathbf{v} = 2\sqrt{5}\, t\, \boldsymbol{\tau}$ m/s ◀

(b) De (α) vem

$$s(t) - s(0) = \int_0^t 2\sqrt{5}\, \nu\, d\nu = \sqrt{5}\, t^2$$

e como $s(0) = 0$,

$$s(t) = \sqrt{5}\, t^2 \text{ m}$$ ◀

Nota. Caso o movimento de um ponto seja tal que $\mathbf{v}(t) \neq 0$ para todo t do intervalo I durante o qual se dá o movimento, então este já é uma curva parametrizada regular, que pode ser tomada como suporte, ou seja, podemos tomar $u(t) = t$. Neste caso por (19) e (20) temos, já que $\dot{u}(t) = 1 > 0$: $\dot{s} > 0$ e $\dot{s} = \|\mathbf{v}\|$. Portanto

$$\boldsymbol{\tau} = \frac{\mathbf{v}}{\dot{s}} = \frac{\mathbf{v}}{\|\mathbf{v}\|}$$

Na situação descrita, costuma-se dizer que a orientação é dada por t crescente.

Exemplo 16.3-1 – O movimento de um ponto em relação a um referencial é dado por

$$x = e^t \operatorname{sen} t\ , \quad y = e^t \cos t\ , \quad z = 0 \qquad (t \text{ real})$$

Achar

(a) a função horária, medida a partir do ponto correspondente a $t = 0$;

(b) o versor tangente, em componentes cartesianas.

(Unidades no Sistema Internacional.)

Solução. (a) Temos

$$\mathbf{v}(t) = \dot{x}(t)\,\mathbf{i} + \dot{y}(t)\,\mathbf{j} + \dot{z}(t)\,\mathbf{k}$$

$$= (e^t \operatorname{sen} t + e^t \cos t)\,\mathbf{i} + (e^t \cos t - e^t \operatorname{sen} t)\,\mathbf{j}$$

$$= e^t\Big[(\operatorname{sen} t + \cos t)\,\mathbf{i} + (\cos t - \operatorname{sen} t)\,\mathbf{j}\Big]$$

logo,

$$\|\mathbf{v}(t)\| = e^t \sqrt{2} \neq 0$$

de modo que podemos tomar $u(t) = t$. Então

$$\dot{s}(t) = \|\mathbf{v}(t)\| = e^t \sqrt{2}$$

logo

$$s(t) - s(0) = \int_0^t e^{\nu} \sqrt{2}\, d\nu = \sqrt{2}\,(e^t - 1)$$

de onde resulta, uma vez que $s(0) = 0$,

$$s(t) = \sqrt{2}\,(e^t - 1) \quad \blacktriangleleft$$

(b) Conforme vimos na nota anterior,

$$\tau = \frac{v}{\|v\|} = \frac{1}{\sqrt{2}}\left[(\text{sen } t + \cos t)\,\mathbf{i} + (\cos t - \text{sen } t)\,\mathbf{j}\right] \quad \blacktriangleleft$$

16.4 – EXPRESSÃO INTRÍNSECA DA ACELERAÇÃO VETORIAL

Derivando a expressão $\mathbf{v} = \dot{s}\tau$ vem

$$\mathbf{a} = \ddot{s}\tau + \dot{s}\dot{\tau} = \ddot{s}\tau + \dot{s}\tau'\dot{u}$$

Pela 1ª Fórmula de Frenet ((27) da seção 15.6), $\tau' = \kappa\,\ell'\,\mathbf{n}$, de modo que

$$\mathbf{a} = \ddot{s}\tau + \dot{s}\,\kappa\,\ell'\,\mathbf{n}\,\dot{u}$$

ou seja, lembrando (16),

$$\boxed{\mathbf{a} = \ddot{s}\tau + \kappa\,\dot{s}^2\mathbf{n}}^{(*)} \tag{21}$$

que é a *expressão intrínseca da aceleração vetorial.*

Dessa relação vem

$$\|\mathbf{a}\| = (\ddot{s}^2 + \kappa^2\dot{s}^4)^{1/2} \tag{22}$$

Neste contexto, $\ddot{s}$ e $\kappa\dot{s}^2$ são ditas *componentes intrínsecas da aceleração vetorial.*

A *aceleração tangencial* e a *aceleração normal* são definidas respectivamente por

$$\boxed{\mathbf{a}_\tau = \ddot{s}\tau} \tag{23}$$

$$\boxed{\mathbf{a}_n = \kappa\,\dot{s}^2\,\mathbf{n} = \frac{\dot{s}^2}{\rho}\,\mathbf{n}} \tag{24}$$

de modo que

$$\boxed{\mathbf{a} = \mathbf{a}_\tau + \mathbf{a}_n} \tag{25}$$

Uma ilustração é dada na Fig. 16.7, onde supomos que $\dot{s} > 0$, $\ddot{s} > 0$.

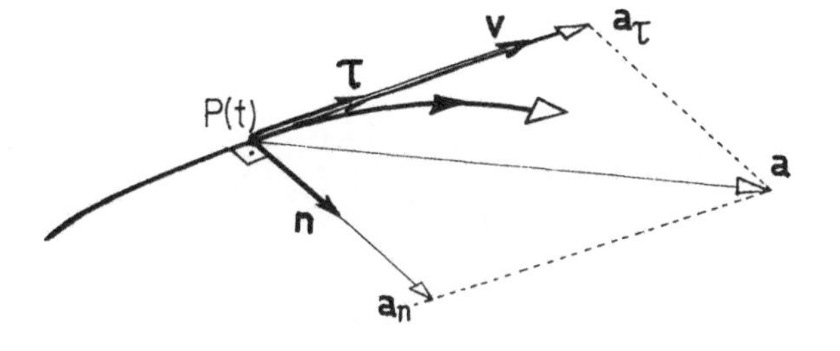

Figura 16.7

Exemplo 16.4-1 – O movimento de um ponto em relação a um referencial é dado por

---

(*) $\mathbf{a}(t) = \ddot{s}(t)\,\tau(u(t)) + \kappa(u(t))\,\dot{s}^2(t)\,\mathbf{n}(u(t))$.

$$x = \text{sen}(1-t^2) \ , \quad y = \cos(1-t^2) \ , \quad z = 0 \qquad (t \text{ real})$$

Determinar a expressão intrínseca da aceleração vetorial (unidades no Sistema Internacional).

Solução. Vamos achar $\dot{s}$ procedendo como no último exemplo da seção anterior.

Tomemos

$$u(t) = 1 - t^2$$

de um modo que um suporte é dado por

$$x = \text{sen } u \ , \quad y = \cos u \ , \quad z = 0 \qquad (u \text{ real})$$

Daí

$$\ell'(u) = \sqrt{x'^2+y'^2+z'^2} = 1$$

Por (16) temos

$$\dot{s}(t) = -2t$$

Como o suporte acima se refere a uma circunferência de raio 1, então $\kappa = 1/\rho = 1/1 = 1$.

Portanto, de acordo com (21) temos

$$\mathbf{a}(t) = -2\tau + 4t^2\mathbf{n} \ \text{m/s}^2$$ ◀

Nota. Suponhamos que num problema já se tenham **v** e **a**. Neste caso, se for pedida a curvatura, pode-se usar a fórmula

$$\boxed{\kappa = \frac{\|\mathbf{v} \wedge \mathbf{a}\|}{\|\mathbf{v}\|^3}} \qquad (26)$$

a qual pode ser facilmente obtida a partir de (17) e (21):

$$\mathbf{v} \wedge \mathbf{a} = \dot{s}\tau \wedge (\ddot{s}\tau + \kappa\dot{s}^2\mathbf{n})$$

$$= \kappa\, \dot{s}^3\, \tau \wedge \mathbf{n}$$

$$= \kappa\, \dot{s}^3\, \mathbf{b}$$

Portanto,

$$\|\mathbf{v} \wedge \mathbf{a}\| = \kappa|\dot{s}|^3$$

que equivale a (26).

Exemplo 16.4-2 – O movimento de um ponto em relação a um referencial é dado por

$$x = e^t \ , \quad y = e^{2t} \ , \quad z = e^{3t} \qquad (t \text{ real})$$

Determinar a velocidade e a aceleração vetoriais, bem como o raio de curvatura no ponto correspondente a $t = 0$ (unidades no Sistema Internacional).

Solução. Temos

$$v(t) = e^t i + 2e^{2t} j + 3e^{3t} k \ \text{m/s} \quad ◀$$

$$a(t) = e^t i + 4e^{2t} j + 9e^{3t} k \ \text{m/s}^2 \quad ◀$$

Portanto,

$$v(0) = i + 2j + 3k \ , \quad a(0) = i + 4j + 9k$$

Daí resulta, após cálculos:

$$v(0) \wedge a(0) = 6i - 6j + 2k$$

$$\|v(0) \wedge a(0)\| = 2\sqrt{19}$$

Usando (26) vem

$$\kappa = \frac{2\sqrt{19}}{(\sqrt{14})^3} \simeq 0{,}17 \text{m}^{-1} \quad ◀$$

16.5 – EXERCÍCIOS RESOLVIDOS

Nesta seção pretendemos apresentar soluções de certos tipos de problemas, na tentativa de dar uma visão geral ao leitor. Suprimiremos a frase "em relação a um referencial" quando se falar em movimento, ficando isto subentendido. Este comentário aplica–se também aos exercícios propostos.

Exemplo 16.5-1 – Neste exemplo são dados o suporte e a função horária. Quer–se determinar o vetor de posição.

O suporte é dado por

$$x = \cos u + u \operatorname{sen} u \ , \ y = \operatorname{sen} u - u \cos u \ , \ z = u^2 \quad (u \geq 0)$$

e a função horária é $s(t) = 1-t^2$, $t \geq -1$, medida a partir do ponto correspondente a $u = 0$. (Unidades no Sistema Internacio– nal.)

Solução. Vamos achar $u(t)$ e depois substituir nas equa– ções do suporte, o que nos dará o vetor de posição. Para obter $u(t)$ usaremos a relação

$$s(t) = \ell(u(t)) \quad (\alpha)$$

Determinemos $\ell(u)$. Temos

$$w(u) = (\cos u + u \operatorname{sen} u)\, i + (\operatorname{sen} u - u \cos u)\, j + u^2 k \quad (\beta)$$

$$w'(u) = u \cos u\, i + u \operatorname{sen} u\, j + 2u k$$

$$\|\mathbf{w}'(u)\| = \sqrt{5}\,|u| = \sqrt{5}\,u$$

$$\ell(u) = \int_0^u \|\mathbf{w}'(\nu)\|\,d\nu = \int_0^u \sqrt{5}\,u = \frac{\sqrt{5}}{2}u^2$$

Substituindo em (α), e lembrando que $s(t) = 1-t^2$, vem

$$1 - t^2 = \frac{\sqrt{5}}{2}u^2$$

de onde resulta, por ser $u \geq 0$, que

$$u = u(t) = \left[\frac{2(1-t^2)}{\sqrt{5}}\right]^{1/2} \qquad (\gamma)$$

O vetor de posição é $\mathbf{r}(t) = \mathbf{w}(u(t))$, de modo que a resposta se obtém substituindo (γ) em (β):

$$\mathbf{r}(t) = \left[\cos\left[\frac{2(1-t^2)}{\sqrt{5}}\right]^{1/2} + \left[\frac{2(1-t^2)}{\sqrt{5}}\right]^{1/2}\operatorname{sen}\left[\frac{2(1-t^2)}{\sqrt{5}}\right]^{1/2}\right]\mathbf{i}$$

$$+ \left[\operatorname{sen}\left[\frac{2(1-t^2)}{\sqrt{5}}\right]^{1/2} - \left[\frac{2(1-t^2)}{\sqrt{5}}\right]^{1/2}\cos\left[\frac{2(1-t^2)}{\sqrt{5}}\right]^{1/2}\right]\mathbf{j}$$

$$+ \frac{2(1-t^2)}{\sqrt{5}}\mathbf{k} \quad \text{m}$$

◄

Nota. De (γ) temos a condição $1-t^2 \geq 0$, ou seja $-1 \leq t \leq 1$. Recomendamos ao leitor que interprete esta condição do ponto de vista geométrico.

Exemplo 16.5-2 – Neste exemplo é dado o movimento, através do vetor de posição, e quer–se a função horária. Isto já foi feito no Exemplo 16.2-1. Daremos um outro exemplo, apesar disso.

O movimento é dado por

$$\mathbf{r}(t) = \frac{t-t^2}{\sqrt{2}}(\mathbf{i}+\mathbf{j}) \qquad t \geq 0$$

e a função horária pedida deve ser medida a partir do ponto correspondente a $t = 1/2$. (Unidades no Sistema Internacional.)

Solução. Tomemos

$$u(t) = \frac{t-t^2}{\sqrt{2}}$$

Então um suporte pode ser dado por

$$\mathbf{w}(u) = u(\mathbf{i}+\mathbf{j}) \qquad (u \text{ real})$$

A origem é dada por $t = 1/2$, logo $u = 1/4\sqrt{2}$, e então

$$\ell(u) = \int_{1/4\sqrt{2}}^{u} \|\mathbf{w}'(\nu)\|\, d\nu = \int_{1/4\sqrt{2}}^{u} \sqrt{2}\, d\nu = \sqrt{2}\left[u - \frac{1}{4\sqrt{2}}\right]$$

Portanto, por (13),

$$s(t) = t - t^2 - \frac{1}{4} \text{ m} \qquad ◀$$

Recomendamos ao leitor que faça uma figura indicando a orientação do suporte e o sentido do movimento.

Exemplo 16.5-3 – Neste exemplo é dado o movimento por suas equações cartesianas, e quer–se a aceleração tangencial e a normal em componentes cartesianas.

O movimento é dado por

$$x = \frac{10}{3}t^3\,, \quad y = 5t^2\,, \quad z = \frac{5}{2}(t^3+4t) \qquad (t \text{ real})$$

(Unidades no Sistema Internacional.)

Solução. Neste caso não existe aparentemente uma escolha natural para u. Para termos uma idéia da situação calculemos $\mathbf{v}(t)$:

$$\mathbf{v}(t) = 10t^2\mathbf{i} + 10t\mathbf{j} + \left(\frac{15}{2}t^2 + 10\right)\mathbf{k}$$

$$\|\mathbf{v}(t)\| = \left(\frac{625}{4}t^4 + 250t^2 + 100\right)^{1/2} = \left[\left(\frac{25}{2}t^2 + 10\right)^2\right]^{1/2}$$

$$= \left|\frac{25}{2}t^2 + 10\right| = \frac{25}{2}t^2 + 10$$

Portanto $\mathbf{v}(t) \neq 0$, e podemos tomar o próprio movimento como suporte. Conforme a Nota que antecede o Exemplo 16.3-1, temos $\dot{s} = \|\mathbf{v}\|$, logo

$$\dot{s} = \frac{25}{2}t^2 + 10$$

e daí

$$\ddot{s} = 25t$$

De $\mathbf{v} = \dot{s}\tau$ vem $\tau = \mathbf{v}/\dot{s}$, logo

$$\mathbf{a}_\tau = \ddot{s}\tau = \frac{\ddot{s}}{\dot{s}}\mathbf{v}$$

Assim,

$$\mathbf{a}_\tau(t) = \frac{25t}{\frac{25}{2}t^2 + 10}\left(10t^2\mathbf{i} + 10t\mathbf{j} + \left(\frac{15}{2}t^2 + 10\right)\mathbf{k}\right)$$

donde

$$\mathbf{a}_\tau(t) = \frac{5t}{5t^2+4}\left(20t^2\mathbf{i} + 20t\mathbf{j} + (15t^2+20)\,\mathbf{k}\right) \text{m/s}^2 \quad \blacktriangleleft$$

Devemos agora calcular $\mathbf{a}_n = \kappa\dot{s}^2\mathbf{n}$ em componentes cartesianas. Ao invés de calcular κ e $\mathbf{n}$, observemos que

$$\mathbf{a} = \mathbf{a}_\tau + \mathbf{a}_n$$

logo

$$\mathbf{a}_n = \mathbf{a} - \mathbf{a}_\tau \qquad (\alpha)$$

Como já temos $\mathbf{a}_\tau$ em componentes cartesianas, basta achar $\mathbf{a}$ nestas componentes:

$$\mathbf{a}(t) = \dot{\mathbf{v}}(t) = 20t\mathbf{i} + 10\mathbf{j} + 15t\mathbf{k}$$

Substituindo em (α) e usando a expressão acima obtida de $\mathbf{a}_\tau$ resulta, após cálculos, que

$$\mathbf{a}_n(t) = \frac{10}{5t^2+4}\,(8t\mathbf{i} + (4-5t^2)\mathbf{j} - 4t\mathbf{k}) \text{ m/s}^2 \quad \blacktriangleleft$$

Nota. Se neste exercício fosse pedida a curvatura, ao invés da fórmula (26), o mais prático seria usar o seguinte: como

$$\mathbf{a}_n = \kappa\,\dot{s}^2\,\mathbf{n}$$

então

$$\|\mathbf{a}_n\| = \kappa\,\dot{s}^2 = \kappa\,\|\mathbf{v}\|^2$$

logo

$$\boxed{\kappa = \frac{\|\mathbf{a}_n\|}{\|\mathbf{v}\|^2}} \qquad (27)$$

No caso do exercício acima resulta

$$\kappa = \frac{8}{5(5t^2+4)^2} \quad \blacktriangleleft$$

Exemplo 16.5-4 – O movimento de um ponto é dado por

$$x = 1 - t^2\,, \quad y = 1 - t^2\,, \quad z = \frac{1}{5}(1-t^2)^5 \qquad (t \text{ real})$$

Achar a aceleração tangencial e normal em componentes cartesianas, no instante $t = 0$, e no instante $t = 1$. (Unidades no Sistema Internacional.)

Solução. Seja

$$u = 1 - t^2$$

Então

$$\mathbf{w}(u) = u\mathbf{i} + u\mathbf{j} + \frac{1}{5}u^5\mathbf{k}$$

define um suporte para o movimento, pois

$$\mathbf{w}'(u) = \mathbf{i} + \mathbf{j} + u^4\mathbf{k} \quad \text{e} \quad \|\mathbf{w}'\| = (2+u^8)^{1/2} \neq 0$$

Usando (16), que é $\dot{s} = \ell'\,\dot{u}$, resulta:

$$\dot{s}(t) = \left(2 + (1-t^2)^8\right)^{1/2}(-2t) \qquad (\alpha)$$

(a) Para $t = 0$ temos que $\dot{s}$ se anula, logo, como $\mathbf{a}_n = \kappa\,\dot{s}^2\,\mathbf{n}$, resulta $\mathbf{a}_n(0) = \mathbf{0}$. ◀

Como $\mathbf{a} = \mathbf{a}_\tau + \mathbf{a}_n$ então $\mathbf{a}_\tau(0) = \mathbf{a}(0)$. Um cálculo fácil nos dá $\mathbf{a}(0) = -2\mathbf{i} - 2\mathbf{j} - 2\mathbf{k}$, de forma que $\mathbf{a}_\tau(0) = -2\mathbf{i} - 2\mathbf{j} - 2\mathbf{k}$. ◀

(b) Para $t = 1$ temos, por (α), $\dot{s}(1) = -2\sqrt{2}$, e, usando (α), $\ddot{s}(1) = -2\sqrt{2}$. Facilmente se calcula

$$\mathbf{v}(1) = -2\mathbf{i} - 2\mathbf{j}$$

Portanto, para $t = 1$ temos

$$\mathbf{a}_\tau(1) = \frac{\ddot{s}(1)\mathbf{v}(1)}{\dot{s}(1)} = -2\mathbf{i} - 2\mathbf{j} \qquad ◀$$

Calculando-se $\mathbf{a}(1)$ obtém-se $\mathbf{a}(1) = -2\mathbf{i} - 2\mathbf{j}$ logo

$$\mathbf{a}_n(1) = \mathbf{a}(1) - \mathbf{a}_\tau(1) = \mathbf{0} \qquad ◀$$

Exemplo 16.5–5 – Neste exemplo a aceleração do ponto é dada como função da sua posição. Resulta um sistema de equações diferenciais. Pede-se o vetor de posição.

Um ponto move-se de forma que sua aceleração verifica a relação

$$\mathbf{a} = -4y\mathbf{j}\ {}^{(*)}$$

y sendo a ordenada do ponto. No instante $t = 0$ o ponto se encontra na posição (0,3,0) com velocidade $4\mathbf{i}$. Determinar o vetor de posição. (Unidades no Sistema Internacional).

Solução. Sendo

$$\mathbf{r}(t) = x(t)\,\mathbf{i} + y(t)\,\mathbf{j} + z(t)\,\mathbf{k}$$

temos

$$\mathbf{a} = \ddot{x}\mathbf{i} + \ddot{y}\mathbf{j} + \ddot{z}\mathbf{k} = -4y\mathbf{j}$$

(*) Ou seja, se o ponto tem, no instante t, ordenada $y(t)$, então $\mathbf{a}(t) = -4y(t)\mathbf{j}$.

logo

$$\begin{cases} \ddot{x} = 0 \\ \ddot{y} = -4y \\ \ddot{z} = 0 \end{cases} \qquad (\alpha)$$

De acordo com os dados temos

$$\mathbf{r}(0) = x(0)\,\mathbf{i} + y(0)\,\mathbf{j} + z(0)\,\mathbf{k} = 3\mathbf{j} \qquad (\beta)$$

$$\mathbf{v}(0) = \dot{x}(0)\,\mathbf{i} + \dot{y}(0)\,\mathbf{j} + \dot{z}(0)\,\mathbf{k} = 4\mathbf{i} \qquad (\gamma)$$

Da 1ª equação de (α) vem $\dot{x} = c$ (constante) e como $\dot{x}(0) = 4$ (de (γ)), resulta $c = 4$, e então $\dot{x} = 4$. Logo, $x = 4t+d$, d constante. Por (β) temos $x(0) = 0$, logo $d = 0$, e então

$$x = 4t$$

Da 2ª equação de (α) vem $\ddot{y}+4y = 0$, cuja solução geral é $y = C \operatorname{sen} 2t + D \cos 2t$. Usando $y(0) = 3$, $\dot{y}(0) = 0$ (de (β) e (γ)) determinam-se as constantes C e D: $C = 0$, $D = 3$. Assim

$$y = 3 \cos 2t$$

Da 3ª equação de (α) vem $\dot{z} = m$ (constante) e como $\dot{z}(0) = 0$, resulta $m = 0$, e então $\dot{z} = 0$. Logo, $z = n$ (constante). Como $z(0) = 0$, então $n = 0$, portanto

$$z = 0$$

O vetor de posição é pois

$$\mathbf{r}(t) = 4t\mathbf{i} + 3\cos 2t\mathbf{j} \;\; \text{m}$$ ◀

Exemplo 16.5-6 – Os dados na tabela a seguir foram obtidos experimentalmente e se referem a um lançamento de um foguete, conforme a Fig. 16.8. Determinar

(a) a aceleração vetorial em componentes cartesianas quando $t = 100$s;

(b) o raio de curvatura no ponto correspondente a $t = 100$s;

(c) a velocidade escalar do foguete quando ele retorna ao solo (ponto A).

Na tabela, x e y estão em metros, e t em segundos.

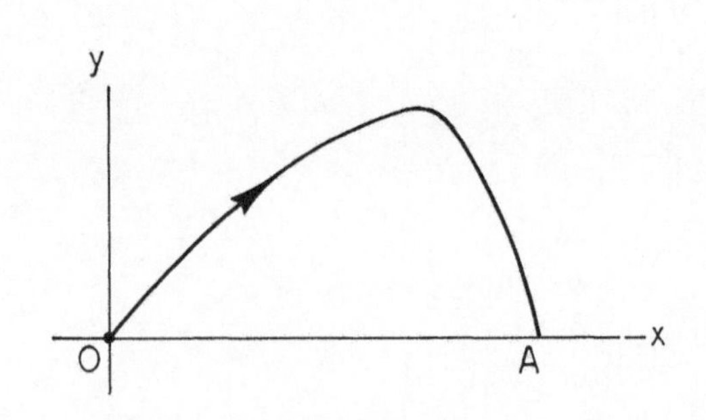

Figura 16.8

t	0	25	50	75	100	125	150	175	200
$x \cdot 10^{-3}$	0,0	0,3	3,0	8,4	15,9	23,7	31,5	39,0	45,6
$y \cdot 10^{-3}$	0,0	5,7	20,4	48,0	84,0	112,2	132,6	146,4	154,5

t	225	250	275	300	325	350	375	400	425
$x \cdot 10^{-3}$	52,5	59,4	67,5	70,8	77,4	83,4	90,0	93,0	99,6
$y \cdot 10^{-3}$	155,7	179,4	144,0	130,5	110,7	84,0	51,0	17,1	0,0

Solução. (a) Temos, para $t = 100s$:

$$\dot{x}(100) \simeq \frac{x(125) - x(75)}{2.25} = \frac{23700 - 8400}{50} = 306 m/s$$

$$\dot{y}(100) \simeq \frac{y(125) - y(75)}{2.25} = \frac{112200 - 48000}{50} = 1284 m/s$$

Assim, para $t = 100s$:

$$\mathbf{v} \simeq 306\mathbf{i} + 1284\mathbf{j} \quad , \quad \|\mathbf{v}\| \simeq 1320$$

Por outro lado,

$$\ddot{x}(100) \simeq \frac{\dot{x}(125) - \dot{x}(75)}{2.25}$$

$$\simeq \frac{\frac{x(150)-x(100)}{2.25} - \frac{x(100)-x(50)}{2.25}}{2.25} = 1,08$$

$$\ddot{y}(100) \simeq \frac{\dot{y}(125) - \dot{y}(75)}{2.25}$$

$$\simeq \frac{\frac{y(150)-y(100)}{2.25} - \frac{y(100)-y(50)}{2.25}}{2.25} = -6$$

logo, para $t = 100s$:

$$\mathbf{a} \simeq \mathbf{i} - 6\mathbf{j} \ m/s^2$$ ◀

(b) Temos, para $t = 100s$:

$$\mathbf{v} \wedge \mathbf{a} \simeq \begin{vmatrix} \mathbf{i} & \mathbf{j} & \mathbf{k} \\ 306 & 1284 & 0 \\ 1,08 & -6 & 0 \end{vmatrix} = -3222,72\,\mathbf{k}$$

logo

$$\|\mathbf{v} \wedge \mathbf{a}\| \simeq 3222,72$$

e portanto

$$\rho = \frac{\|\mathbf{v}\|^3}{\|\mathbf{v} \wedge \mathbf{a}\|} \simeq 713673 m$$ ◀

(c) A velocidade escalar pedida neste item se refere ao instante $t = 425s$ da tabela, que corresponde a $y = 0$. Temos:

$$\dot{x}(425) \simeq \frac{1}{2.25}(x(375) - 4 \cdot x(400) + 3 \cdot x(425)) = 336$$

$$\dot{y}(425) \simeq \frac{1}{2.25}(y(375) - 4\cdot y(400) + 3\cdot y(425)) = -348$$

portanto, com a orientação dada por t crescente,

$$\dot{s}(425) = \|v(425)\| = \sqrt{(336)^2+(-348)^2} \simeq 484\text{m/s} \quad ◀$$

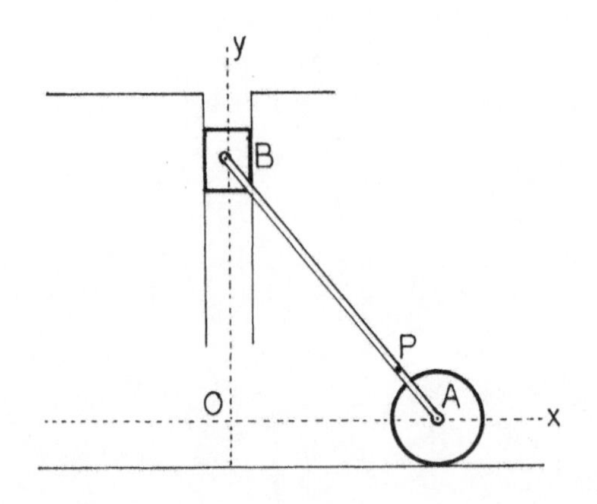

Figura 16.9

Exemplo 16.5-7 – Este é um exemplo em que o ponto P faz parte de um mecanismo. Através de dados sobre o movimento do mecanismo quer-se achar o movimento do ponto.

No mecanismo mostrado (Fig. 16.9), o centro do disco tem velocidade $3 \cos t\mathbf{i}$ (t real), e no instante $t = 0$ passa por O. A haste AB está articulada em B ao tambor e em A ao disco. P é um ponto de haste. Sendo $AB = 5$ e $PB = 4$ determinar, para P:

(a) O vetor de posição.

(b) A equação cartesiana da trajetória.

(Unidades no sistema Internacional.)

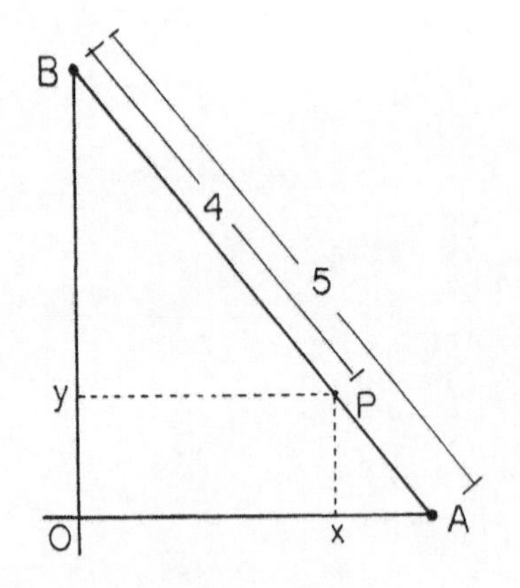

Figura 16.10

Solução. Sendo $P = (x,y,0)$, x_A a abscissa de A, y_B a ordenada de B, temos por semelhança de triângulos (Fig. 16.10):

$$\frac{x}{x_A} = \frac{y_B - y}{y_B} = \frac{4}{5}$$

de onde resulta que

$$x = \frac{4}{5}x_A \,, \qquad y = \frac{1}{5}y_B \qquad (\alpha)$$

Pelo enunciado temos $\dot{x}_A = 3\cos t$, logo $x_A = 3 \operatorname{sen} t + c$. Como para $t = 0$ A está em O então $c = 0$. Assim,

$$x_A = 3 \operatorname{sen} t \qquad (\beta)$$

Por outro lado, observando o Δ OAB, temos que

$$y_B = \left(5^2 - (OA)^2\right)^{1/2} = (25 - 9\operatorname{sen}^2 t)^{1/2} \qquad (\gamma)$$

Levando em conta (β) e (γ) em (α) vem

$$x = \frac{12}{5}\operatorname{sen} t \,, \quad y = \left(1 - \frac{9}{25}\operatorname{sen}^2 t\right)^{1/2} \qquad (\delta)$$

(a) Portanto o vetor de posição P é dado por

$$\mathbf{r}(t) = \frac{12}{5}\operatorname{sen} t\mathbf{i} + \left(1 - \frac{9}{25}\operatorname{sen}^2 t\right)^{1/2}\vec{\mathbf{j}} \text{ m} \quad ◀$$

(b) Eliminemos t das equações (δ). Da 1ª vem $\operatorname{sen} t = 5x/12$, que substituído na 2ª fornece

$$y = \left(1 - \frac{x^2}{16}\right)^{1/2} \qquad (\varepsilon)$$

Como $x = (12/5)\text{sen } t$ e $-1 \le \text{sen } t \le 1$ então

$$-\frac{12}{5} \le x \le \frac{12}{5} \qquad (\varphi)$$

A trajetória é dada então por (ε) e (φ). ◀

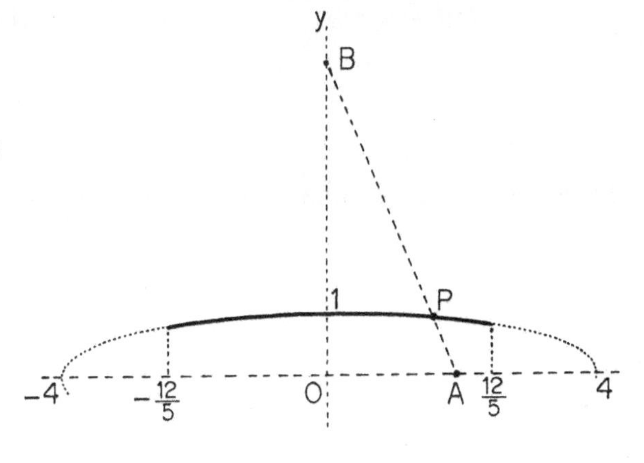

Figura 16.11

Nota. A trajetória acima é um arco de elipse, pois de (ε) resulta que

$$\frac{x^2}{4^2} + y^2 = 1$$

Ilustramos a situação na Fig. 16.11.

16.6 – EXERCÍCIOS

As unidades estão no Sistema Internacional. Quando não especificado, o intervalo de tempo é o conjunto dos números reais.

16.1 – Achar a velocidade e a aceleração vetoriais no movimento cujo vetor de posição é

$$\mathbf{r}(t) = (t \ln t - t)\mathbf{i} + t\mathbf{j} + \mathbf{k} \qquad (t > 0)$$

Resposta: $\ln t\mathbf{i} + \mathbf{j}$; $t^{-1}\mathbf{i}$.

16.2 – Dada a velocidade vetorial $\mathbf{v}(t) = \text{sh } t\mathbf{i} + \text{ch } t\mathbf{j}$ achar o vetor de posição no instante $t = 1$, sabendo que ele vale $\mathbf{i}+\mathbf{j}$ no instante $t = 0$.
Resposta: $\text{ch } 1\mathbf{i} + (1 + \text{sh } 1)\,\mathbf{j}$.

16.3 – Dada a aceleração vetorial $\mathbf{a}(t) = e^t\mathbf{i}+2t\mathbf{j}+\mathbf{k}$, achar a velocidade vetorial, sabendo que ela vale $\mathbf{i}$ para $t = 0$.
Resposta: $e^t\mathbf{i} + t^2\mathbf{j} + t\mathbf{k}$.

16.4 – Dada a aceleração vetorial $\mathbf{a}(t) = \mathbf{i}+t\mathbf{j}+t^2\mathbf{k}$, achar o vetor de posição, sabendo que para $t = 1$ a velocidade vetorial vale $\mathbf{i} + (1/2)\mathbf{j} + (1/3)\mathbf{k}$ e para $t = 0$ o vetor de posição vale $\mathbf{0}$.
Resposta: $\frac{t^2}{2}\mathbf{i} + \frac{t^3}{6}\mathbf{j} + \frac{t^4}{12}\mathbf{k}$.

16.5 – (Lançamento de projétil). Um projétil é lançado do ponto $O = (0,0,0)$ com velocidade $\mathbf{v}_0 = v_0 \cos \alpha\mathbf{i} + v_0 \text{ sen } \alpha\,\mathbf{j}$ $(v_0 > 0)$, o sistema de coordenadas sendo tal que sua aceleração vetorial é $\mathbf{a} = -g\mathbf{j}$. Determinar:

(a) A velocidade vetorial.

(b) O vetor de posição.

*(c) A trajetória, através de equações cartesianas.

Adotar $t = 0$ no lançamento (Fig. 16.12).

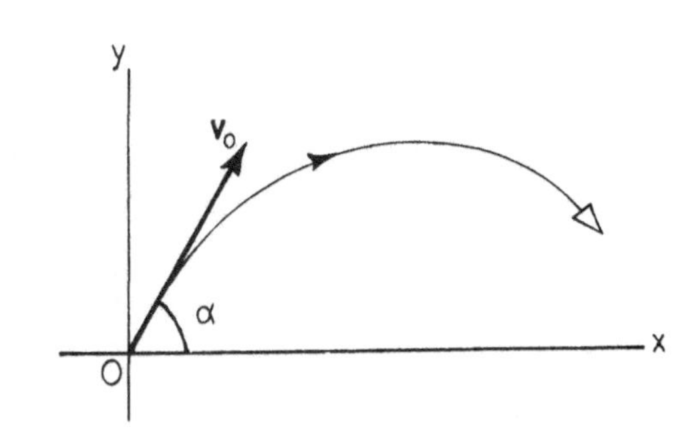

Figura 16.12

Resposta: (a) $\mathbf{v} = \mathbf{v}_0 + \mathbf{a}t = (v_0 \cos\alpha)\,\mathbf{i} + (v_0 \operatorname{sen}\alpha - gt)\,\mathbf{j}$

(b) $\mathbf{r} = \mathbf{v}_0 t + \frac{1}{2}\mathbf{a}t^2 = (v_0\cos\alpha)\,t\mathbf{i} + ((v_0 \operatorname{sen}\alpha)\,t - \frac{1}{2}gt^2)\,\mathbf{j}$

(c) • Se $\cos\alpha \neq 0$:

$$\begin{cases} y = (\operatorname{tg}\alpha)\,x - \dfrac{g}{2v_0^2\cos^2\alpha}\,x^2 \\ z = 0 \end{cases}$$

com $x \geq 0$ se $\cos\alpha > 0$, e $x \leq 0$ se $\cos\alpha < 0$.

• Se $\cos\alpha = 0$:

$$\begin{cases} x = 0 \\ y = 0 \end{cases}$$

com $y \leq v_0^2/2g$ se $\operatorname{sen}\alpha = 1$, e $y \leq 0$ se $\operatorname{sen}\alpha = -1$.

Nos exercícios 16.6 a 16.10 pede–se para achar a expressão intrínseca da velocidade vetorial, e a função horária, medida a partir do ponto correspondente a $t = t_0$, sendo dado o movimento.

16.6 $x = 4\cos(2t+5t^2)$, $y = 4\operatorname{sen}(2t+5t^2)$, $z = 0$; $t_0 = 1$.
Resposta: $(40t+8)\boldsymbol{\tau}$; $20t^2 + 8t - 28$, orientação anti–horária.

16.7 $\mathbf{r}(t) = 2\cos(\operatorname{sen} t)\mathbf{i} + 2\operatorname{sen}(\operatorname{sen} t)\mathbf{j} + \sqrt{5}\operatorname{sen} t\mathbf{k}$; $t_0 = 0$.
Resposta: $3\cos t\,\boldsymbol{\tau}$; $3\operatorname{sen} t$, orientação dada por z crescente.

16.8 $x = \dfrac{e^t + \sqrt{2} - 1}{\sqrt{2}}\cos\ln\dfrac{e^t + \sqrt{2} - 1}{\sqrt{2}}$,

$y = \dfrac{e^t + \sqrt{2} - 1}{\sqrt{2}}\operatorname{sen}\ln\dfrac{e^t + \sqrt{2} - 1}{\sqrt{2}}$, $z = 0$; $t_0 = 0$.

Resposta: $e^t\boldsymbol{\tau}$; $e^t - 1$.

16.9 $x = \cos t - \operatorname{sen} t$, $y = \cos t + \operatorname{sen} t$, $z = \sqrt{2}\,t$; $t_0 = 1$.
Resposta: $2\boldsymbol{\tau}$; $2(t-1)$, orientação dada por t crescente.

16.10 $\mathbf{r}(t) = t^2\mathbf{i} + t^3\mathbf{j}$ $(t > 0)$; $t_0 = 1$.
Resposta: $t(4+9t^2)^{1/2}\,\boldsymbol{\tau}$; $(27)^{-1}\left[(4+9t^2)^{3/2} - 13^{3/2}\right]$, orientação dada por t crescente.

16.11 – No exercício anterior, achar o versor tangente em componentes cartesianas em termos de t.
Resposta: $(4+9t^2)^{-1/2}\,(2\mathbf{i}+3t\mathbf{j})$.

16.12 – Achar a expressão intrínseca da aceleração nos movimentos dados nos exercícios 16.6 a 16.10.

Resposta: • $40\boldsymbol{\tau} + 16(5t+1)^2\,\mathbf{n}$

• $-3\operatorname{sen} t\,\boldsymbol{\tau} + 2\cos^2 t\mathbf{n}$

• $e^t\boldsymbol{\tau} + (e^t+\sqrt{2}-1)^{-1}\sqrt{2}\,e^{2t}\mathbf{n}$

- $\sqrt{2}\,\mathbf{n}$
- $(4+9t^2)^{-1/2}\left[(4+18t^2)\tau + 6t\mathbf{n}\right]$.

16.13 – Um ponto move-se segundo as equações

$$x = e^{(t-1)/2}\ ,\quad y = e^{(1-t)/2}\ ,\quad z = 0$$

Escreva as expressões intrínsecas da velocidade e da aceleração vetoriais para $t = 1$.

Resposta: $(\sqrt{2}/2)\tau$; $(\sqrt{2}/4)\mathbf{n}$.

Nos exercícios 16.14 a 16.18 trata-se de um ponto que se move sobre o traço da curva parametrizada dada, segundo a função horária, medida a partir do ponto Ω, também dada. Pede-se para determinar o vetor de posição. O intervalo de variação do parâmetro u, quando não especificado, é o conjunto dos números reais, o mesmo valendo para t.

16.14 $x = R\cos u$, $y = R\,\text{sen}\,u$, $z = 0$; $s(t) = \text{sh}\,t$, $\Omega = (R,0,0)$.

Resposta: $R\cos\left(\frac{\text{sh}\,t}{R}\right)\mathbf{i} + R\,\text{sen}\left(\frac{\text{sh}\,t}{R}\right)\mathbf{j}$.

6.15 $x = 2(\cos u + u\,\text{sen}\,u)$, $y = 2(\text{sen}\,u - u\cos u)$, $z = 0$ $(u \geq 0)$; $s(t) = 4t^2$ $(t \geq 0)$, $\Omega = (2,0,0)$.

Resposta: $2(\cos 2t + 2t\,\text{sen}\,2t)\mathbf{i} + 2(\text{sen}\,2t - 2t\cos 2t)\mathbf{j}$.

16.16 $x = \cos u$, $y = \text{sen}\,u$, $z = \sqrt{3}\,u$; $s(t) = 2t^2+1$, $\Omega = \left(\cos\frac{1}{2}, -\,\text{sen}\,\frac{1}{2}, -\frac{\sqrt{3}}{2}\right)$.

Resposta: $\cos t^2\mathbf{i} + \text{sen}\,t^2\mathbf{j} + \sqrt{3}\,t^2\mathbf{k}$.

16.17 $x = e^u\cos u$, $y = e^u\,\text{sen}\,u$, $z = 0$; $s(t) = \sqrt{2}\,(e^{t^3}-1)$, $\Omega = (1,0,0)$.

Resposta: $e^{t^3}(\cos t^3\mathbf{i} + \text{sen}\,t^3\mathbf{j})$.

16.18 $x = 6u^2+5$, $y = 4u^3+4$, $z = 3u^3+12u-1$; $s(t) = 5t^3+12t-17$, $\Omega = (11, 8, 14)$.

Resposta: $(6t^2+5)\,\mathbf{i} + 4(t^3+1)\,\mathbf{j} + (3t^3+12t-1)\,\mathbf{k}$.

16.19 – Um ponto move-se sobre o traço da curva parametrizada

$$x = \frac{u - \text{sen}\,u\cos u}{2}\ ,\quad y = \frac{\sqrt{2}}{2}\,\text{sen}^2u\ ,\quad z = \frac{u + \text{sen}\,u\cos u}{2}$$

sua velocidade escalar sendo o dobro de sua função horária, esta medida a partir de $\Omega = (\pi/4\,,\sqrt{2}/2\,,\pi/4)$. Sabendo que $s(0) = 1$, achar o vetor de posição.

Resposta: $\frac{1}{2}\left(e^{2t} + \frac{\pi}{2} + \text{sen}\,e^{2t}\cos e^{2t}\right)\mathbf{i} + \frac{\sqrt{2}}{2}\cos^2 e^{2t}\,\mathbf{j}\ )$

$+\ \frac{1}{2}\left(e^{2t} + \frac{\pi}{2} - \text{sen}\,e^{2t}\cos e^{2t}\right)\mathbf{k}$.

16.20 – Um ponto move–se sobre o traço da curva parametrizada

$$x = u \ , \quad y = \frac{\sqrt{2}}{2} \ln \sec^2 u \ , \quad z = \operatorname{tg} u - u \quad \left(-\frac{\pi}{2} < u < \frac{\pi}{2}\right)$$

sua aceleração escalar sendo igual à função horária, esta medida a partir de $\Omega = (0,0,0)$. Sabendo que no instante $t = 0$ o ponto está em Ω com velocidade escalar 1, achar o vetor de posição.

Resposta: $\operatorname{arctg} \operatorname{sh} t\,\mathbf{i} + \frac{\sqrt{2}}{2} \ln \operatorname{ch}^2 t\,\mathbf{j} + (\operatorname{sh} t - \operatorname{arctg} \operatorname{sh} t)\,\mathbf{k}$.

Nos exercícios 16.21 a 16.25 é dado o movimento, e pedem–se as acelerações tangencial e normal em componentes cartesianas, no instante t_0, bem como a curvatura.

16.21 $\mathbf{r}(t) = \frac{t^3}{3}\mathbf{i} + \frac{\sqrt{2}}{2} t^2 \mathbf{j} + t\mathbf{k}$; $t_0 = 1$.

Resposta: $i + \sqrt{2}\, j + k$; $i - k$ (Orientação: t crescente) ; $\frac{\sqrt{2}}{4}$.

16.22 $\mathbf{r}(t) = \frac{1}{2}e^{2t}\mathbf{i} + \sqrt{2}e^t(t-1)\mathbf{j} + \frac{1}{3}t^3\mathbf{k}$; $t_0 = 0$

Resposta: 2i ; $\sqrt{2}\,j$ (Orientação: t crescente) ; $\sqrt{2}$.

16.23 $r(t) = 5\cos(4-t^2)\, i + 5\operatorname{sen}(4-t^2)\, j + (4-t^2)\sqrt{11}\, k$; $t_0 = -2$ e $t_0 = 2$.

Resposta: $-10j - 2\sqrt{11}\,k$; $-80i$ (Orientação: z crescente); $\frac{5}{36}$.

16.24 $\mathbf{r}(t) = \frac{t^3}{3}\mathbf{i} + \frac{t^3}{3}\mathbf{j} + e^{2t^3/3}\mathbf{k}$; $t_0 = 0$

Resposta: **0** ; **0** (Orientação: z crescente) ; $2/3\sqrt{3}$.

16.25 $\mathbf{r}(t) = (t^2-2t)\,\mathbf{i} + e^{t^2-2t}\,\mathbf{j}$; $t_0 = 0$ e $t_0 = 1$.

Resposta: $4(\mathbf{i}+\mathbf{j})$; $2(-\mathbf{i}+\mathbf{j})$; $\sqrt{2}/4$.
$2(\mathbf{i}+e^{-1}\mathbf{j})$; **0** ; $e^{-1}(1+e^{-2})^{-3/2}$.
(Orientação: x crescente).

16.26 – Um ponto move–se de forma que sua aceleração verifica a relação $\mathbf{a} = 2\mathbf{i}+y\mathbf{j}+z\mathbf{k}$, sendo x, y, z as coordenadas do ponto. No instante $t = 1$ o ponto está em (1,1,1) com velocidade (2,0,0). Determinar o vetor de posição.

Resposta: $t^2\mathbf{i} + \operatorname{ch}(t-1)\mathbf{j} + \operatorname{ch}(t-1)\mathbf{k}$.

16.27 – Repetir o exercício anterior no caso em que $\mathbf{a}(t) = 6t\mathbf{i}-y\mathbf{j}$.

Resposta: $(t^3-t+1)\mathbf{i} + \cos(t-1)\mathbf{j} + \mathbf{k}$.

16.28 – Determinar a aceleração normal e o raio de curvatura no instante $t = 1$, a partir da tabela a seguir:

t	0,98	0,99	1,00	1,01	1,02
x	94,119	97,029	100,000	103,030	106,120
y	203,731	207,910	212,132	216,395	220,702
z	294,000	297,000	300,000	303,000	306,000

Resposta: 298,694 **i** + 0,009 **j** – 298,756 **k** ; 852,192 .

16.29 – A Fig. 16.13 mostra um anel P vinculado à guia $y = \text{ch } x$, conduzido pela ranhura móvel, de velocidade $2t\mathbf{i}$. No instante $t = 0$ P está no eixo Oy. Determinar:

(a) A aceleração normal de P em componentes cartesianas.

(b) O raio de curvatura em termos de t.

Resposta: $\frac{4t^2}{\text{ch } t^2}(-\text{sh } t^2\mathbf{i} + \mathbf{j})$; $\text{ch}^2 t^2$.

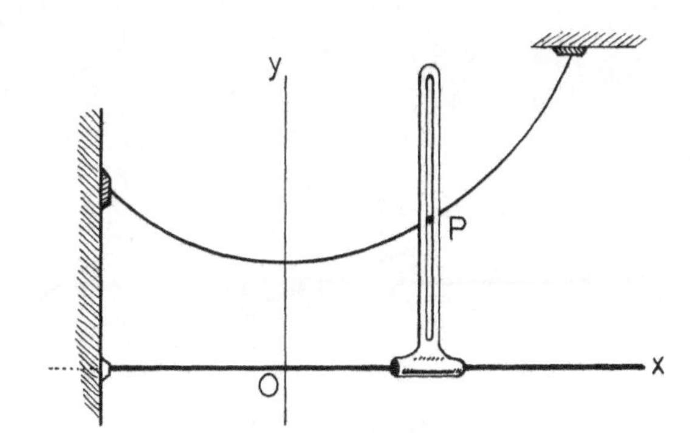

Figura 16.13

16.30 – A Fig. 16.14 mostra uma haste AB que pode girar em torno de A (no plano da figura), e que sustenta a agulha OP, de comprimento 1. No instante representado tem-se $\theta = (\pi/3)$rd e $\dot{\theta} = 1\text{rd/s}$. A distância entre O e A (fixa), vale $\sqrt{3}/3$. Determinar, no instante considerado para o ponto P:

(a) A expressão intrínseca da velocidade vetorial.

(b) A velocidade vetorial em componentes cartesianas.

Suponhamos dado, no instante em questão, que $\ddot{\theta} = (27 - 8\sqrt{3})/18 \text{ rd/s}^2$. Achar

(c) A expressão intrínseca da aceleração.

Resposta: (a) $\frac{2}{3}\tau$ (b) $\frac{1}{3}(-\mathbf{i} + \sqrt{3}\,\mathbf{j})$

(c) $\tau + \frac{4}{9}\mathbf{n}$ (Orientação anti–horária.)

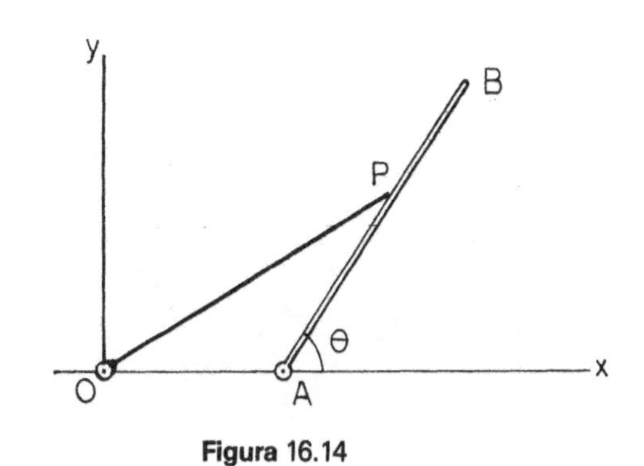

Figura 16.14

16.31 – A Fig. 16.15 mostra uma lanterna que se desloca para a direita com velocidade constante de 2m/s, a qual ilumina o arco de parábola $\widehat{AB}$ no ponto P. O arco se desloca verticalmente para cima, com velocidade constante de 1m/s. O ponto B tem abscissa $\sqrt{5} - 1$ m. Achar a curvatura da trajetória de P, quando este atingir B.

Resposta: 4/27.

16.32 – A Fig. 16.16 mostra um tambor cilíndrico de raio r que gira em torno do seu eixo vertical AB, tendo uma lanterna AQ embutida, de tal forma que Q descreve movimento uniforme, com velocidade escalar de módulo m. No instante $t = 0$, AB dista R de um anteparo vertical π, que pode girar em torno do mancal CD. A mancha luminosa P tem nesse instante coordenadas $(-R,0,0)$. Achar:

(a) $\theta(t)$, ângulo que o anteparo faz, no instante t, consigo mesmo no instante $t = 0$, para que a mancha luminosa P descreva toda a semi–circunferência $x^2+y^2 = R^2$, $y \geq 0$, $z = 0$.

(b) Na circunstância acima, a norma da aceleração vetorial de P.

Resposta: $\text{arctg}\left(\frac{R}{h}\text{ sen }\frac{2mt}{r}\right)$ (b) $\frac{4Rm^2}{r^2}$.

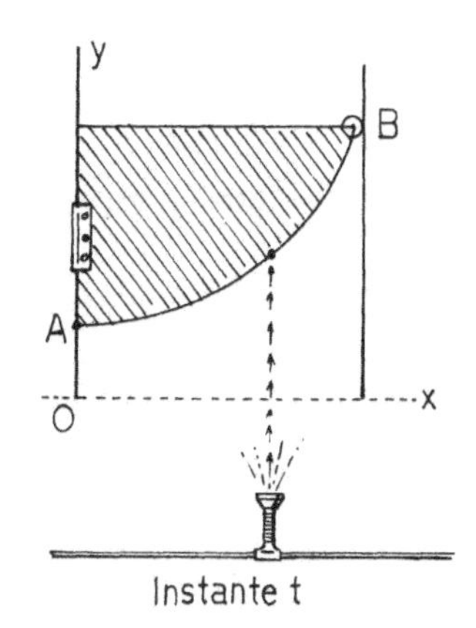

Figura 16.15

16.33 – No fundo de uma piscina está desenhada a curva $y = x^2 - |x|$, $-L \leq x \leq L$. Uma pequena pedra é largada na vertical por O, e ao atingir a água ($t = 0$), provoca uma onda

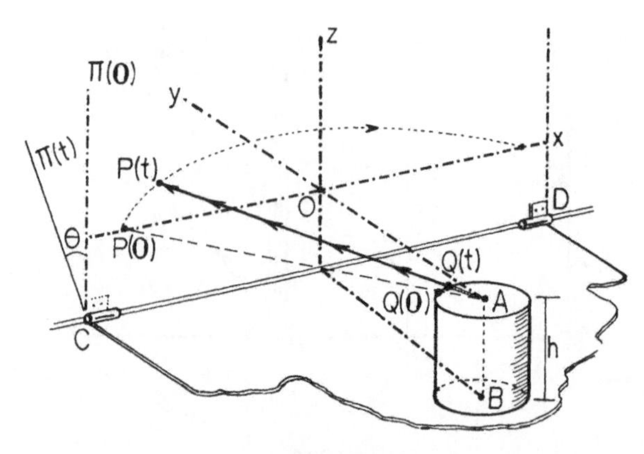

Figura 16.16

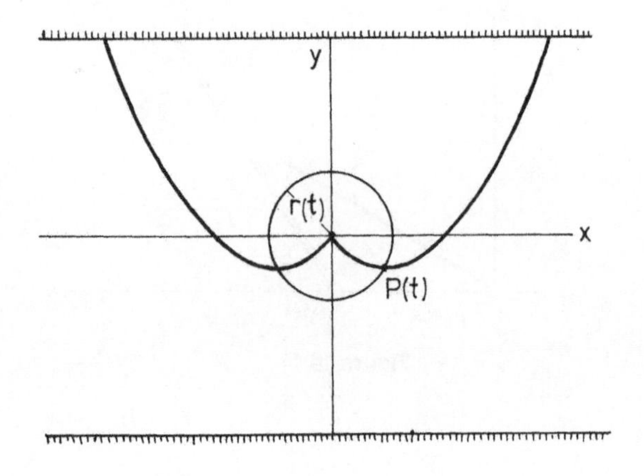

Figura 16.17

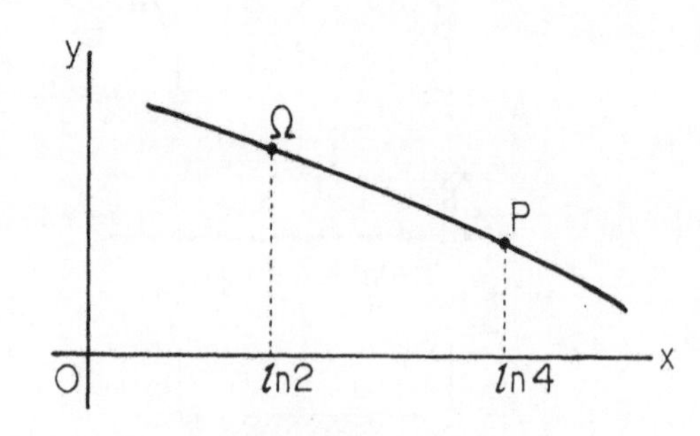

Figura 16.18

circular, de raio $r(t) = ct$, $t \geq 0$. Determinar a expressão intrínseca da aceleração vetorial do ponto P, visto de cima como intersecção da frente de onda com o ramo $x \geq 0$, no instante em que sua abscissa vale 1 (Fig. 16.17).

Resposta: $\sqrt{2}\, c^2\, \mathbf{n}$.

16.34 – Um ponto move-se no plano Oxy com velocidade escalar $\sqrt{4t^2+1}$, $t \geq 0$, sua projeção sobre Ox tendo movimento uniforme de velocidade 1, no sentido positivo de Ox. Para $t = 0$ o ponto está na origem. Determinar:

(a) A equação da trajetória.

(b) A norma da aceleração normal.

Resposta: (a) $y = x^2$, ou $y = -x^2$, sendo $x \geq 0$. (b) $\dfrac{2}{\sqrt{4t^2+1}}$

6.35 – Um ponto move-se no plano Oxy de acordo com a função horária

$$s(t) = \int_0^t \sqrt{\text{sen}^2\nu + \nu^2}\, d\nu\ , \quad 0 \leq t \leq \pi\ ,$$

estando, para $t = 0$, em $(0, -1, 0)$. Sua projeção sobre Ox tem movimento uniformemente acelerado de aceleração 1, e velocidade nula quando $t = 0$. Determinar a trajetória.

Resposta: $\begin{cases} y = -\cos\sqrt{2x}, & 0 \leq x \leq \dfrac{\pi^2}{2} \\ z = 0 \end{cases}$ ou $\begin{cases} y = \cos\sqrt{2x} - 2, & 0 \leq x \leq \dfrac{\pi^2}{2} \\ z = 0 \end{cases}$

16.36 – A expressão intrínseca da aceleração de um ponto é $\mathbf{a} = c\boldsymbol{\tau} + d\mathbf{n}$, c e d constantes. Mostrar que o raio de curvatura verifica $\rho d = 2cs$, a função horária medida a partir da posição em que $t = 0$, sabendo que nesse instante é nula a velocidade escalar.

16.37 – A Fig. 16.18 mostra o perfil de uma montanha, dado por $y = y(x)$ tal que $y'(x) = -\sqrt{e^{2x}-1}$. Um trenó motorizado desce a partir de Ω com velocidade escalar $\dot{s} = 10 \ln(1+s)$, s medida a partir de Ω (orientação: x crescente). Determinar, quando o trenó passar por P:

(a) A velocidade vetorial em componentes cartesianas.

(b) A expressão intrínseca da aceleração.

Resposta: (a) $2{,}75\mathbf{i} - 10{,}64\mathbf{j}$ (b) $36{,}62\boldsymbol{\tau} + 7{,}79\mathbf{n}$.

16.38 – Um ponto P tem trajetória contida na parábola $y^2 = x$ e sua aceleração é sempre paralela à reta $y = x$. No instante inicial $t = 0$, P está na origem, com velocidade $\mathbf{j}$. Achar

(a) O vetor de posição.

(b) A aceleração normal em componentes cartesianas, em $t = 0$.

Resposta: (a) $\frac{1}{2}\left[(1-2t-(1-4t)^{1/2})\mathbf{i} + (1-(1-4t)^{1/2})\mathbf{j}\right]$, $0 \leq t < \frac{1}{4}$.

(b) $2\mathbf{i}$.

16.39 – Um ponto P tem trajetória contida na parábola $y^2 = 4x$, a projeção de sua aceleração sobre Oy sendo igual à projeção de sua velocidade sobre Ox. No instante inicial $t = 0$ P está na origem, com velocidade $(1/4)\mathbf{j}$. Determinar:

(a) As equações do movimento.

(b) A expressão intrínseca da velocidade.

Resposta: (a) $x = \frac{1}{4}\,tg^2\left(\frac{t}{4}\right)$, $y = tg\left(\frac{\pi}{4}\right)$, $z = 0$, $0 \leq t < 2\pi$.

(b) $\frac{1}{8}\sec\left(\frac{t}{4}\right)\sqrt{4+tg^2\left(\frac{t}{4}\right)}\;\tau$.

16.40 – (a) Mostrar que o ângulo φ entre a aceleração vetorial e a aceleração normal (em cada instante) verifica $0 \leq \varphi \leq \pi/2$.

(b) No movimento de um ponto o ângulo entre a aceleração vetorial e a aceleração normal é $\varphi = \text{arctg}\, e^{-t}$, e a velocidade escalar é $\dot{s} = e^t$. Achar a curvatura.

Resposta: 1.

16.41 – Um ponto percorre a curva $2y^2 = x^3$, $y \geq 0$, $z = 0$, de modo que sua função horária, medida a partir de (0,0,0), é dada por $s(t) = 2t^2$. Determinar a velocidade vetorial em componentes cartesianas no instante $t = 2s$.

Resposta: $3{,}28\mathbf{i} + 7{,}30\mathbf{j}$.

16.42 – Um ponto P percorre o arco da parábola $y = -x^2 + 1/4$, $y \geq 0$, $z = 0$, de tal forma que sua velocidade vetorial, aplicada em P (em cada instante), aponta sempre para o ponto M, que percorre o segmento CB, tangente à parábola em B, com velocidade escalar constante de $1/2\sqrt{2}$, conforme mostra a Fig. 16.19. No instante inicial $t = 0$ P está em A, e M em C. Determinar o vetor de posição de P .

Resposta: $\mathbf{r}(t) = \frac{1}{2}(t-1)\mathbf{i} + \frac{1}{4}(2t-t^2)\mathbf{j}$, $0 \leq t \leq 2$.

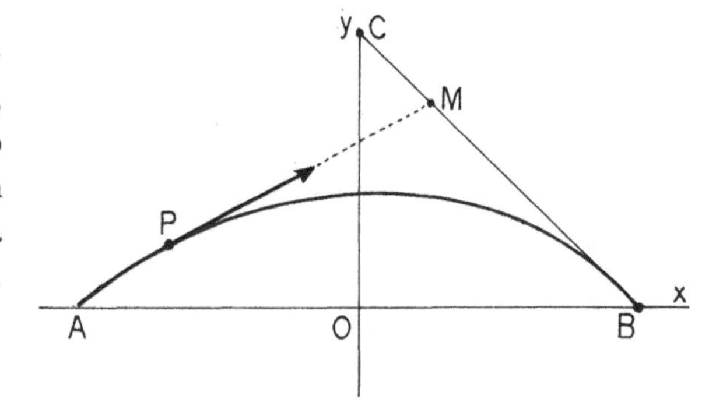

Figura 16.19

16.43 – Um ponto P move-se num plano. Seja O um ponto fixo desse plano. Para cada instante, seja Q a projeção ortogonal de O sobre a reta tangente em P à sua trajetória (ver a Fig. 16.20). Mostrar que vale a seguinte relação:

$$\mathbf{v}_Q = -\kappa\dot{s}((\mathbf{r}\cdot\mathbf{n})\tau + (\mathbf{r}\cdot\tau)\mathbf{n})$$

sendo $\mathbf{v}_Q$ a velocidade vetorial de Q; κ, τ, $\mathbf{n}$ elementos de Frenet relativos ao movimento de P; $\mathbf{r} = \mathbf{OP}$; s uma função horária de P.

Ajuda. $\mathbf{OQ} = \mathbf{OP} - \mathbf{QP} = \mathbf{OP} - (\mathbf{OP}\cdot\tau)\tau$.

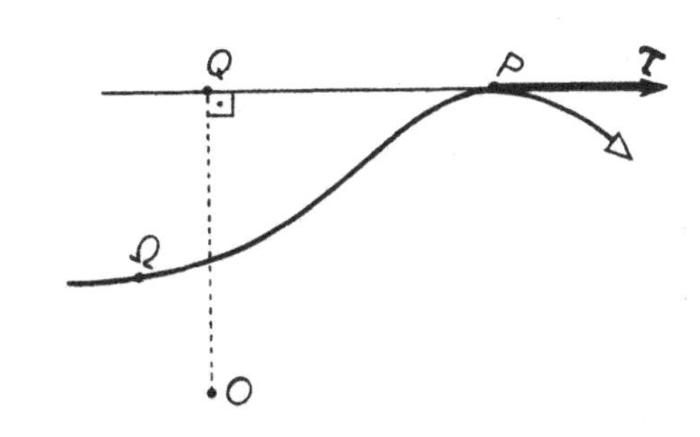

Figura 16.20

* 6.44 – Um ponto P move-se sobre o traço da ciclóide

$$x = u - \text{sen}\, u \;,\quad y = 1 - \cos u \;,\quad z = 0 \qquad (0 \leq u \leq 2\pi)$$

de modo que em cada instante se tem

$$\mathbf{a}_\tau = \cos\frac{u}{2}\,\tau$$

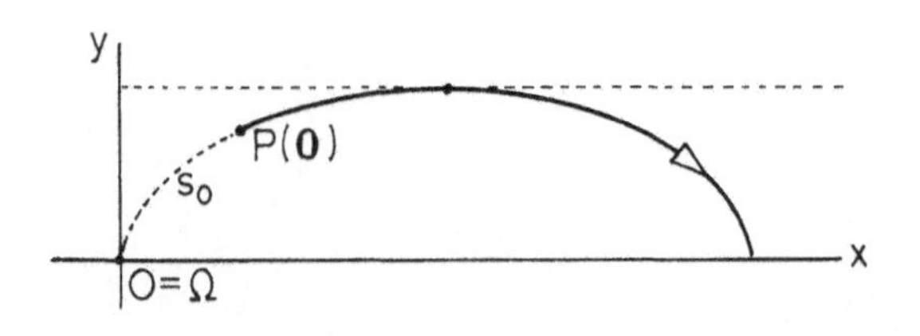

Figura 16.21

No instante inicial $t = 0$, P tem velocidade nula e está numa posição cuja abscissa curvilínea é s_0, $0 \leq s_0 < 4$, medida a partir de $\Omega = (0,0,0)$ (Fig. 16.21). Qual o tempo necessário para P ir até o ponto de maior ordenada?

Resposta: π. **Ajuda.** Usar

$$\int \frac{dx}{(8x-x^2-8a+a^2)^{1/2}} = \operatorname{arcsen} \frac{x-4}{4-a} + c \;^{(*)} \qquad (0 \leq a < 4)$$

16.45 – Os pontos P_1 e P_2 movem–se de tal forma que em cada instante se tem

$$\mathbf{v}_1 = 3\mathbf{a}_2 \quad , \quad \mathbf{v}_2 = 3\mathbf{a}_1$$

sendo $\mathbf{v}_i$ e $\mathbf{a}_i$ a velocidade vetorial e a aceleração vetorial de P_i, respectivamente $(i = 1, 2)$. Sabe–se que $\mathbf{v}_1(0) = \mathbf{i}$, $\mathbf{v}_2(0) = 3\mathbf{i}+2\mathbf{j}+2\mathbf{k}$, $P_1(0) = P_2(0) = (0,0,0)$. Determinar o vetor de posição do ponto médio de P_1P_2.

Resposta: $3(e^{t/3}-1)(2\mathbf{i}+\mathbf{j}+\mathbf{k})$.

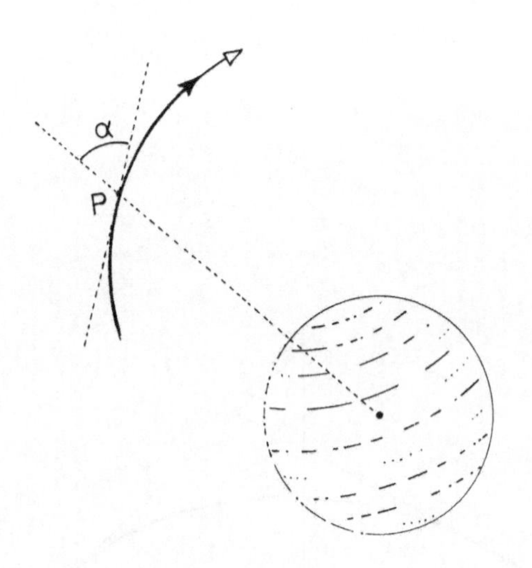

Figura 16.22

16.46 – A Fig. 16.22 mostra um avião P a uma altitude na qual a aceleração da gravidade é g_h. Devido à propulsão dos motores, a aceleração tangencial tem uma componente de norma p, fazendo ângulo α com a vertical. No instante considerado a velocidade escalar do avião tem módulo v. Achar, no referido instante:

(a) a aceleração escalar.
(b) o raio de curvatura.

Resposta: (a) $p - g_h \cos \alpha$ (b) $\dfrac{v^2}{g_h \operatorname{sen} \alpha}$

Nos exercícios a seguir a resistência do ar é desprezada. Convém ter presente o Exercício 16.5.

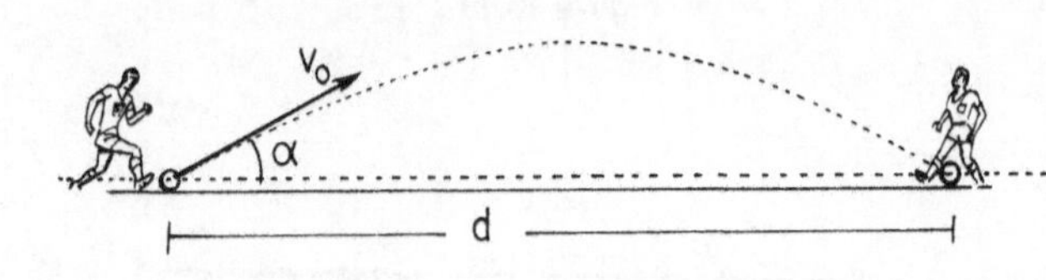

Figura 16.23

16.47 – A Fig. 16.23 mostra um jogador que chuta uma pequena bola com velocidade vetorial de norma v_0, para fazer um passe a outro jogador. Dado *d*, achar o ângulo α de lançamento.

Aplicação: $v_0^2 = 2gd$. (*d* é chamado *alcance*). **Nota.** Admitir que o movimento da bola é dado pelo do seu centro, com aceleração g.

Resposta: $\operatorname{sen} 2\alpha = \dfrac{gd}{v_0^2}$, $0 < \alpha < \frac{\pi}{2}$; 15° ou 75°.

(*) $8x-x^2-8a+a^2 = -(x^2-8x+8a-a^2) = -(x^2-2\cdot x\cdot 4+4^2-4^2+8a-a^2)$
$= -(x-4)^2 + (a-4)^2 = (4-a)^2 \left[1 - \left(\frac{x-4}{4-a}\right)^2\right]$, logo $(8x-x^2-8a+a^2)^{1/2}$
$= 4 - a \left[1 - \left(\frac{x-4}{4-a}\right)^2\right]^{1/2}$. Fazer $\nu = \frac{x-4}{4-a}$.

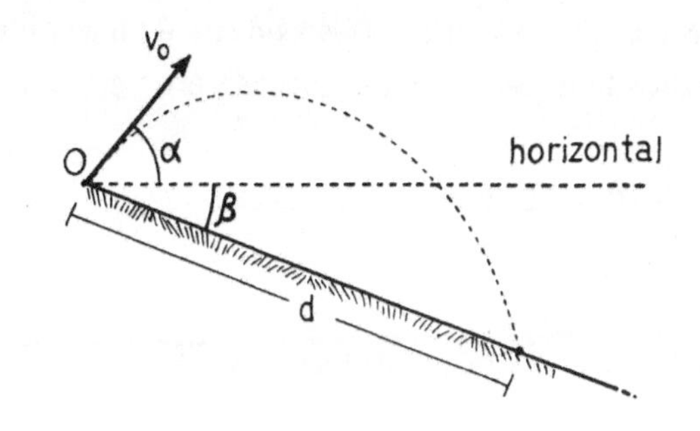

Figura 16.24

16.48 – Um projétil é lançado de uma montanha com velocidade inicial de norma v_0, com um ângulo de elevação α, como mostra a Fig. 16.24. Determinar a distância d do ponto de lançamento até o ponto onde o projétil encontra o solo, dado β. Supor $0 < \alpha < \pi/2$, $0 < \beta < \pi/2$.

Resposta: $d = \dfrac{2v_0^2}{g} \dfrac{\operatorname{sen}(\alpha+\beta)\cos\alpha}{\cos^2\beta}$.

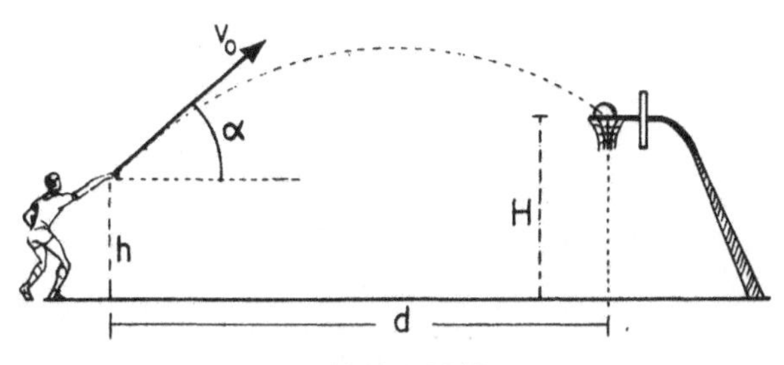

Figura 16.25

16.49 – Uma pedrinha é arremessada, através de um estilingue, com velocidade vetorial de norma v_0, fazendo ângulo α com a horizontal, como mostrado na Fig. 16.25. Sabendo que a pedrinha atinge o centro do aro, o qual dista H do solo, achar a distância d indicada. Supor $0 < \alpha < \pi/2$.

Resposta: $d = \dfrac{v_0 \cos\alpha}{g}\left[v_0 \operatorname{sen}\alpha + (v_0^2 \operatorname{sen}^2\alpha - 2g(H-h)^{1/2}\right]$

Esta expressão vale para $H \geq h$ ou $H < h$. No 1º caso, tem-se a condição $v_0 \operatorname{sen}\alpha \geq (2g(H-h))^{1/2}$.

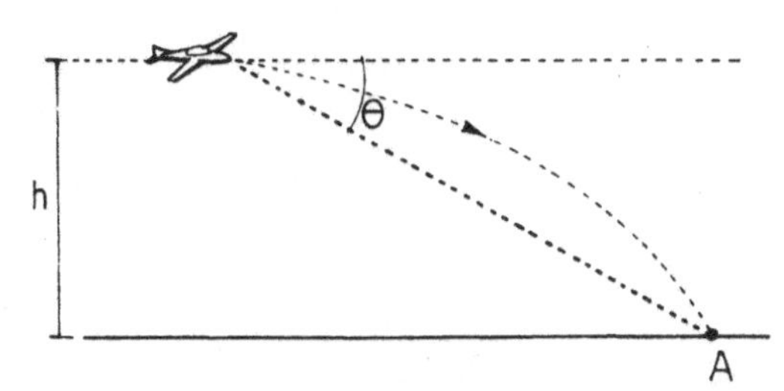

Figura 16.26

16.50 – Num filme de mocinho e bandido o mocinho voa num avião em rota horizontal com velocidade constante, à altitude h, conforme mostra a Fig. 16.26. Ele deve acionar um dispositivo no solo, que se encontra no ponto A. Para isso, quando sua linha de visada formar o ângulo θ com horizontal, ele larga uma pequena pedra, a qual atinge A. Determinar a velocidade do avião.

Resposta: $\dfrac{\sqrt{gh}}{\sqrt{2}\,\operatorname{tg}\theta}$

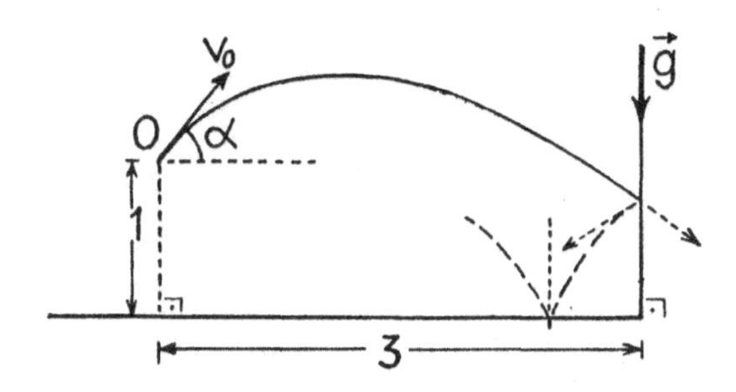

Figura 16.27

16.51 - A Fig. 16.27 mostra uma partícula sendo lançada de um ponto 0, com uma velocidade inicial $v_0 = 2\sqrt{g}$, sendo $\alpha = 30°$. Admitindo que ao bater num obstáculo retilíneo sua velocidade vetorial fica "simétrica em relação ao obstáculo", mostre que a partícula volta ao passar por 0.

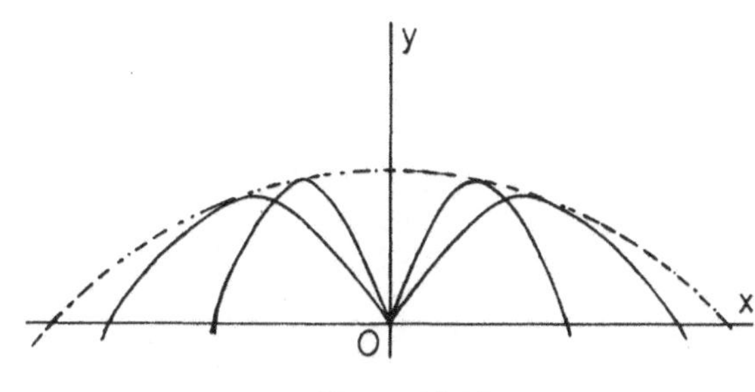

Figura 16.28

16.52 – Um projétil é lançado, de um ponto O, com velocidade de norma v_0, fazendo ângulo α com a horizontal.

(a) Supondo $0 < \alpha \leq \pi/2$, determinar o alcance (distância de O ao ponto de retorno na horizontal) e a maior altura atingida, os instantes dessas ocorrências, e as velocidades escalares respectivas.

* (b) Suponhamos v_0 fixado, e α variável: $0 < \alpha < \pi$. Achar o conjunto dos pontos que podem ser atingidos. Verificar que existe uma parábola, dita *parábola de segurança*, que tem as seguintes propriedades (Fig. 16.28):

(i) Dado um ponto dela, distinto do vértice, existe α para o qual a trajetória correspondente é tangente à parábola de segurança nesse ponto.

(ii) Para cada $\alpha \neq \pi/b$, a trajetória correspondente é tangente à parábola de segurança num certo ponto (que não é o vértice da trajetória).

Resposta: (a) $\dfrac{v_0^2 \operatorname{sen} 2\alpha}{g}$; $\dfrac{v_0^2 \operatorname{sen}^2\alpha}{2g}$; $\dfrac{2v_0 \operatorname{sen} \alpha}{g}$; $\dfrac{v_0 \operatorname{sen} \alpha}{g}$;

v_0 ; $v_0 \cos \alpha$.

(b) É o conjunto dos (x,y) tais que $y \leq \dfrac{v_0^2}{2g} - \dfrac{g}{2v_0^2} x^2$.

17 Uso de coordenadas polares, cilíndricas e esféricas na cinemática vetorial do ponto

17.1 – CINEMÁTICA VETORIAL EM COORDENADAS POLARES

(a) **Coordenadas Polares.** Fixemos num plano, um ponto O do mesmo, e uma semi–reta de origem O, que chamaremos respectivamente de *polo* e *eixo polar* (Fig. 17.1). Tomado um ponto P do plano, distinto de O, vamos associar a ele um par (r,θ) de números reais, do seguinte modo:

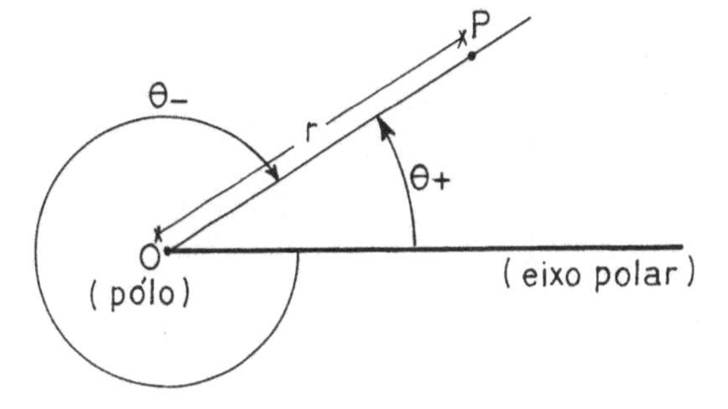

Figura 17.1

- r é a distância de O a P.
- Giramos o eixo polar em torno de O no sentido anti–horário até que ele coincida com a semi–reta OP. Sendo θ_+ a medida em radianos do ângulo varrido, podemos tomar como θ qualquer dos números $\theta_+ + 2k\pi$, k um inteiro.

Este conjunto de números também pode ser obtido assim: gira–se o eixo polar no sentido horário até a coincidência com OP, toma–se a medida do ângulo varrido em radianos com sinal menos, número este que indicaremos com θ_-. Então o conjunto aludido pode ser descrito assim: $\theta_- + 2k\pi$, k inteiro.

Os números r e θ são chamados *coordenadas polares* de P (no sistema dado).

Comumente se usa medida em graus para o ângulo. Convencionamos que ao escrevermos digamos (2, 5) então 5 é a medida em radianos. No caso de medida em graus escrevemos $(4, 6^\circ)$.

Exemplo 17.1-1 – Nos casos mostrados na Fig. 17.2 dar três pares de coordenadas polares de P.

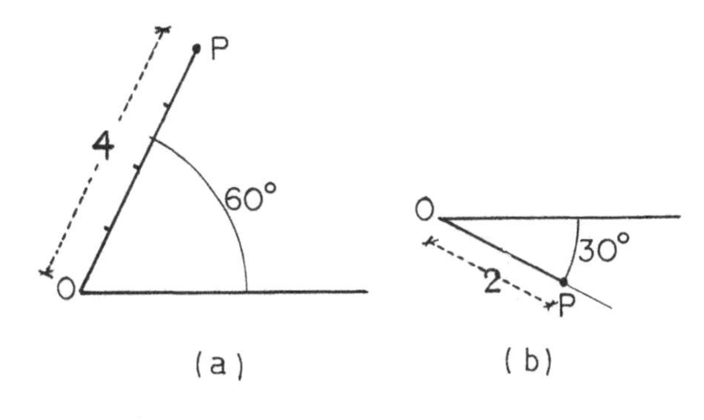

Figura 17.2

Solução. (a) Neste caso $\theta_+ = 60^\circ$, logo θ pode ser escolhido dentre os números $60^\circ + k \cdot 360^\circ$, k inteiro. Tomemos por exemplo $k = -1, 0, 1$. Então teremos $-300^\circ, 60^\circ, 420^\circ$.

Portanto teremos os pares

$$(4\,,-300^o)\ ,\ (4\,,60^o)\ ,\ (4\,,420^o) \qquad \blacktriangleleft$$

Se quisermos girar o eixo no sentido horário, teremos $\theta_- = -300^o$, e o conjunto correspondente é dado por $-300^o + k\,360^o$, k inteiro. Observe que se tormarmos $k = 0, 1, 2$ obteremos os números acima: $-300^o, 60^o, 420^o$.

(b) Neste caso $\theta_+ = 330^o$, e θ pode ser escolhido dentre os números $330^o + k \cdot 360^o$. Tomemos por exemplo $k = 0, 1, 2$. Teremos

$$(2\,,330^o)\ ,\ (2\,,690^o)\ ,\ (2\,,1050^o) \qquad \blacktriangleleft$$

Caso queiramos girar no sentido horário o eixo polar temos $\theta_- = -30^o$, e θ pode ser escolhido dentre os números $-30^o + k \cdot 360^o$.

Exemplo 17.1-2 – Desenhar P, Q, R, dados em coordenadas polares por

$$\left(2\,,\frac{\pi}{4}\right)\ ,\ \left(3\,,\frac{3\pi}{4}\right)\ ,\ \left(2\,,-\frac{\pi}{6}\right)\ ,$$

respectivamente.

Solução. Os pontos são mostrados na Fig. 17.3.

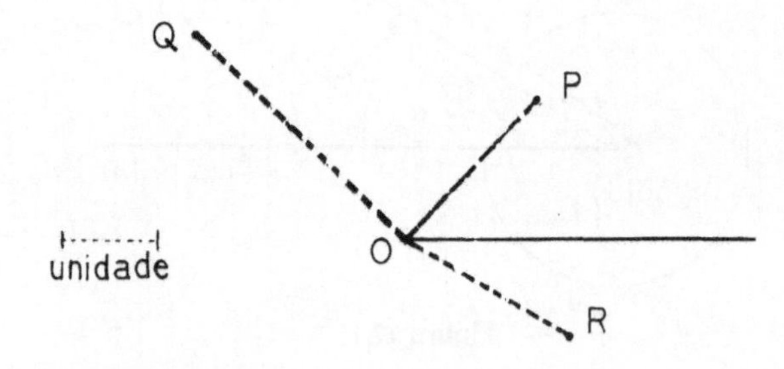

Figura 17.3

Nota. Em coordenadas polares, o par $(0, \theta)$ sempre nos dá o pólo O.

Vamos agora, dado um sistema de coordenadas polares (isto é, um eixo polar) tomar um sistema cartesiano de coordenadas em que Ox coincide com o eixo polar.

É evidente da Fig. 17.4, em que P está no 1º quadrante, que valem as relações

$$\begin{cases} x = r\cos\theta_+ = r\cos\theta \\ y = r\,\text{sen}\,\theta_+ = r\,\text{sen}\,\theta \end{cases} \qquad (1)$$

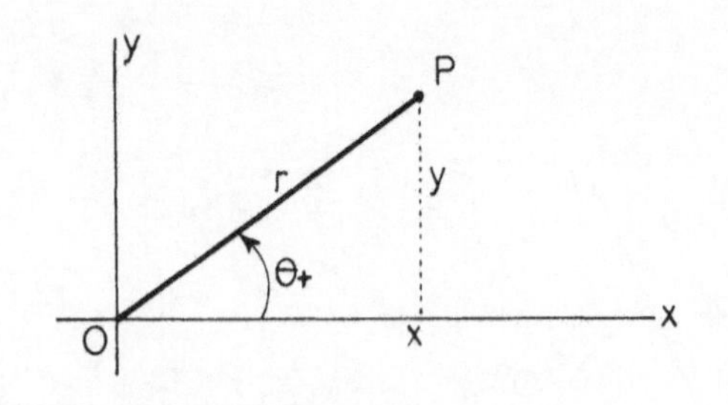

Figura 17.4

É fácil ver que estas relações valem para P em qualquer quadrante. Das equações acima resultam imediatamente as seguintes (supondo $P \neq O$):

$$\begin{cases} r = \sqrt{x^2+y^2} \\ \text{sen}\;\theta = \frac{y}{r} = \frac{y}{\sqrt{x^2+y^2}} \\ \cos\;\theta = \frac{x}{r} = \frac{x}{\sqrt{x^2+y^2}} \end{cases} \qquad (2)$$

As relações (1) e (2) permitem passar de um sistema para o outro.

Nota. Suporemos os sistemas polar e cartesiano sempre como acima, salvo menção explícita em contrário.

Exemplo 17.1-3 – (a) As coordenadas cartesianas de um ponto são dadas por (3, 4). Achar as coordenadas polares.

(b) As coordenadas polares de um ponto sendo dadas por (5, 9), achar as coordenadas cartesianas.

Solução. (a) Temos, fazendo $x = 3$ e $y = 4$ em (2):

$$r = 5 \ , \quad \operatorname{sen} \theta = \frac{4}{5} \ , \quad \cos \theta = \frac{3}{5}$$

Resulta que $\theta \simeq 0{,}92$, logo coordenadas polares possíveis são $r = 5$, $\theta \simeq 0{,}92$. ◀

(b) Fazendo $r = 5$ e $\theta = 9$ (rd) em (1) resulta que:

$$x = 5 \cos 9 \simeq -4{,}55 \quad , \quad y = 5 \operatorname{sen} 9 \simeq 2{,}06$$ ◀

Exemplo 17.1-4 – Escrever a equação da circunferência $(x-x_0)^2+(y-y_0)^2 = a^2$ $(a > 0)$ em coordenadas polares (Fig. 17.5A).

Solução. Temos, usando (1):

$$(r \cos \theta - x_0)^2 + (r \operatorname{sen} \theta - y_0)^2 = a^2$$

de onde resulta facilmente que

$$r^2 - 2r(x_0 \cos \theta + y_0 \operatorname{sen} \theta) = a^2 - x_0^2 - y_0^2$$ ◀

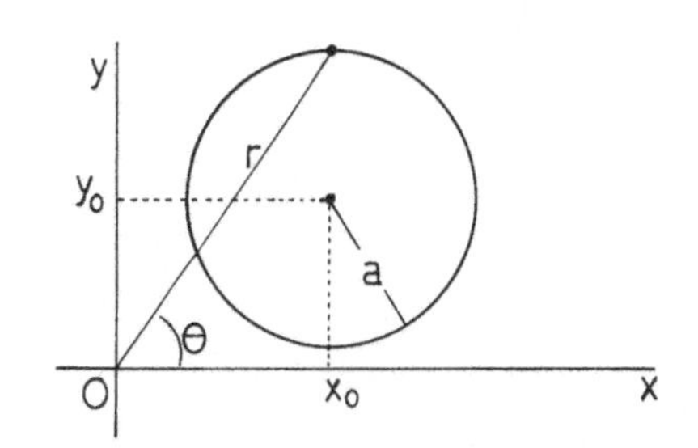

Figura 17.5A

No caso particular em que $x^2+y^2 = a^2$ $(x_0 = y_0 = 0)$ resulta que $r^2 = a^2$, ou seja,

$$r = a \quad (\theta \text{ real})$$

Exemplo 17.1-5 – Escrever, em coordenadas cartesianas, a equação da curva dada, em coordenadas polares, por

$$r = \frac{b}{\operatorname{sen}\theta - m \cos\theta} \qquad (b \neq 0)$$

Solução. Temos, usando (2):

$$\sqrt{x^2+y^2} = \frac{b}{\dfrac{y}{\sqrt{x^2+y^2}} - m \dfrac{x}{\sqrt{x^2+y^2}}}$$

de onde resulta

$$y = mx + b$$ ◀

(Fig. 17.5B).

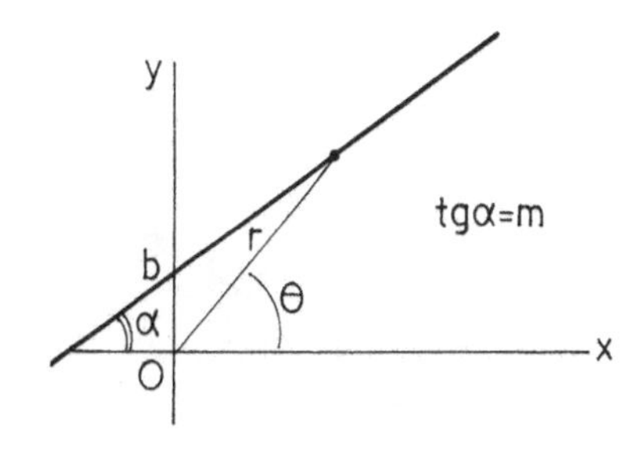

Figura 17.5B

Exemplo 17.1-6 – Esboçar a curva dada em coordenadas polares por

$$r = a(1 + \cos\theta) \qquad (a > 0)$$

chamada *cardióide*.

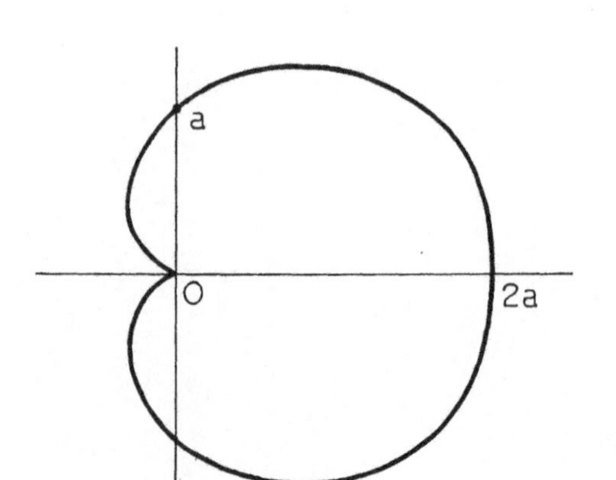

Figura 17.6

Solução. Notemos de início que temos o mesmo r para θ e para $-\theta$, de forma que a curva é simétrica em relação a reta que contém o eixo polar. A Fig. 17.6 é obtida marcando-se alguns pontos através da tabela:

θ	0°	30°	45°	60°	90°	120°	135°	150°	180°
r	2a	1,9a	1,7a	1,5a	a	0,5a	0,3a	0,1a	0

Nota. Dada uma curva $r = r(\theta)$ em coordenadas polares, obteremos uma curva parametrizada em coordenadas cartesianas usando (1):

$$\mathbf{w}(\theta) = r(\theta)\cos\theta\mathbf{i} + r(\theta)\,\mathrm{sen}\,\theta\mathbf{j}$$

Podemos nos valer disto para por exemplo achar o ângulo que a cardióide faz com o eixo polar. Um cálculo fácil nos dá

$$\mathbf{w}'(\theta) = a\big[-(\mathrm{sen}\,\theta + \mathrm{sen}\,2\theta)\,\mathbf{i} + (\cos\theta + \cos 2\theta)\,\mathbf{j}\big]$$

Então $\mathbf{w}'(0) = 2a\mathbf{j}$, o que nos mostra que o referido ângulo mede 90°.

(b) **Vetores Coordenados.** Tomado um sistema cartesiano de coordenadas num plano, usamos a base (**i**, **j**) para decompor vetores. Por exemplo, quando se estuda o movimento de um ponto, a velocidade em cada instante pode ser dada por suas componentes cartesianas.

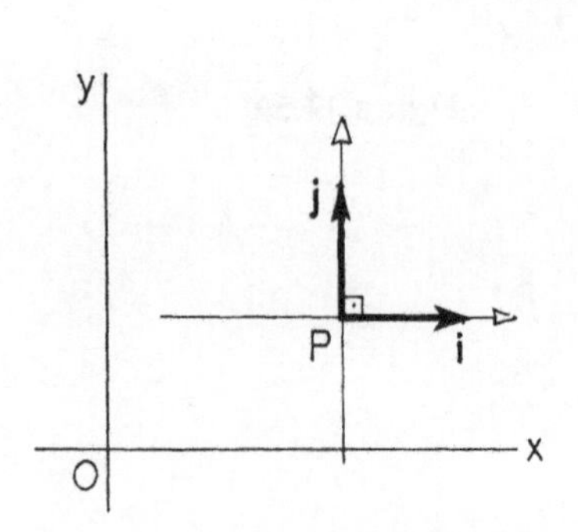

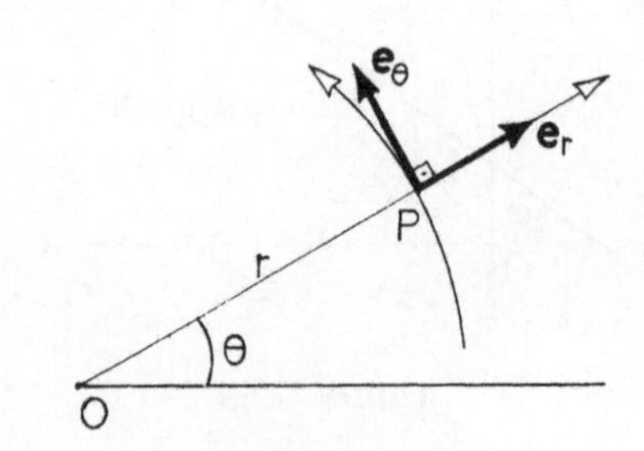

Figura 17.7

No caso de um sistema de coordenadas polares, a base escolhida é também ortonormal, mas ao contrário do caso cartesiano, não é constante. A base em cada ponto deve ter relação com o sistema, o que é de se esperar. Para termos uma visão geral de como se define esta base, observemos que no caso cartesiano, considerado um ponto P, fixando sua ordenada e fazendo crescer sua abscissa obtemos uma curva paralela a Ox, que tem **i** como versor tangente. Fixando sua abscissa e fazendo crescer sua ordenada obtemos analogamente o versor **j**. Procedendo de modo análogo para o caso de coordenadas polares, isto é, fixado r e fazendo crescer θ obtemos o versor $\mathbf{e}_\theta$, e fixado θ e fazendo r crescer obtemos o versor $\mathbf{e}_r$. Bases obtidas desse modo são referidas como *bases coordenadas*, e seus vetores, *vetores coordenados* (Fig. 17.7).

Pela construção acima, temos tomando um sistema cartesiano com Ox coincidindo com o eixo polar, que

$$\begin{cases} \mathbf{e}_r = \cos\theta\,\mathbf{i} + \operatorname{sen}\theta\,\mathbf{j} \\ \mathbf{e}_\theta = -\operatorname{sen}\theta\,\mathbf{i} + \cos\theta\,\mathbf{j} \end{cases} \tag{3}$$

de modo que resulta facilmente que

$$\frac{d\mathbf{e}_r}{d\theta} = \mathbf{e}_\theta \,, \quad \frac{d\mathbf{e}_\theta}{d\theta} = -\mathbf{e}_r \tag{4}$$

Nota. No que segue, representamos os vetores coordenados usando o polo O.

(c) **Velocidade e Aceleração.** Vamos supor dadas funções $\theta = \theta(t)$ e $r = r(t)$, para t num intervalo I. Temos então um movimento de um ponto P(t) dado pelo vetor de posição

$$\mathbf{r}(t) = \mathbf{OP}(t) = r(t)\ \mathbf{e}_r(\theta(t)) \tag{5}$$

que vamos abreviar por

$$\mathbf{r} = r\,\mathbf{e}_r$$

Derivando (em t) temos

$$\mathbf{v} = \dot r\,\mathbf{e}_r + r\,\dot{\mathbf{e}}_r$$

$$= \dot r\,\mathbf{e}_r + r\,\frac{d\mathbf{e}_r}{d\theta}\,\dot\theta$$

donde, usando (4),

$$\boxed{\mathbf{v} = \dot r\mathbf{e}_r + r\dot\theta\,\mathbf{e}_\theta} \tag{7}$$

Usa–se o seguinte vocabulário:

$$\boxed{\mathbf{v}_r = \dot r\mathbf{e}_r} \quad : \textit{velocidade radial} \tag{8}$$

$$\boxed{\mathbf{v}_\theta = r\dot\theta\,\mathbf{e}_\theta} \quad : \textit{velocidade transversal} \tag{9}$$

Portanto

$$\boxed{\mathbf{v} = \mathbf{v}_r + \mathbf{v}_\theta} \tag{10}$$

Na Fig. 17.8 os conceitos são ilustrados.

Passemos agora à aceleração. Por (10),

$$\dot{\mathbf{v}} = \dot{\mathbf{v}}_r + \dot{\mathbf{v}}_\theta \tag{11}$$

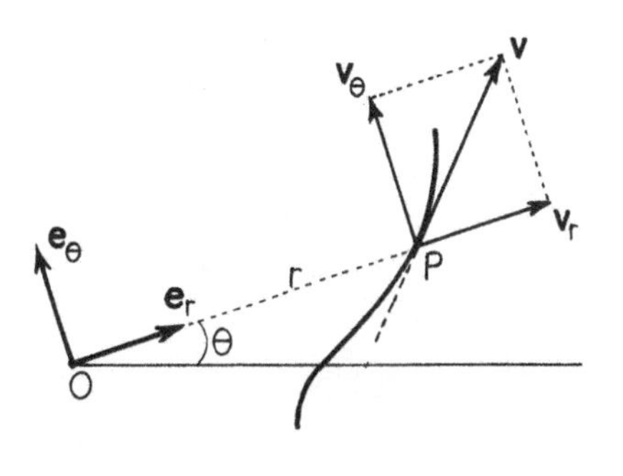

Figura 17.8

Temos

$$\dot{\mathbf{v}}_r = \ddot r\,\mathbf{e}_r + \dot r\,\dot{\mathbf{e}}_r = \ddot r\,\mathbf{e}_r + \dot r\,\frac{d\mathbf{e}_r}{d\theta}\,\dot\theta$$

logo, usando (4),

$$\dot{\mathbf{v}}_r = \ddot{r}\,\mathbf{e}_r + \dot{r}\,\dot{\theta}\,\mathbf{e}_\theta \tag{12}$$

Por outro lado,

$$\dot{\mathbf{v}}_\theta = \dot{r}\,\dot{\theta}\,\mathbf{e}_\theta + r\,\ddot{\theta}\,\mathbf{e}_\theta + r\,\dot{\theta}\,\dot{\mathbf{e}}_\theta$$

e daí, usando $\dot{\mathbf{e}}_\theta = (d\mathbf{e}_\theta/d\theta)\dot{\theta} = -\dot{\theta}\,\mathbf{e}_r$,

$$\dot{\mathbf{v}}_\theta = -r\,\dot{\theta}^2\,\mathbf{e}_r + (\dot{r}\,\dot{\theta} + r\ddot{\theta})\,\mathbf{e}_\theta \tag{13}$$

Substituindo (12) e (13) em (11):

$$\boxed{\mathbf{a} = (\ddot{r} - r\dot{\theta}^2)\,\mathbf{e}_r + (r\ddot{\theta} + 2\dot{r}\dot{\theta})\,\mathbf{e}_\theta} \tag{14}$$

Usa–se o seguinte vocabulário:

$$\boxed{\mathbf{a}_r = (\ddot{r} - r\dot{\theta}^2)\,\mathbf{e}_r} \quad : \text{aceleração radial} \tag{15}$$

$$\boxed{\mathbf{a}_\theta = (r\ddot{\theta} + 2\dot{r}\,\dot{\theta})\,\mathbf{e}_\theta} \quad : \text{aceleração transversal} \tag{16}$$

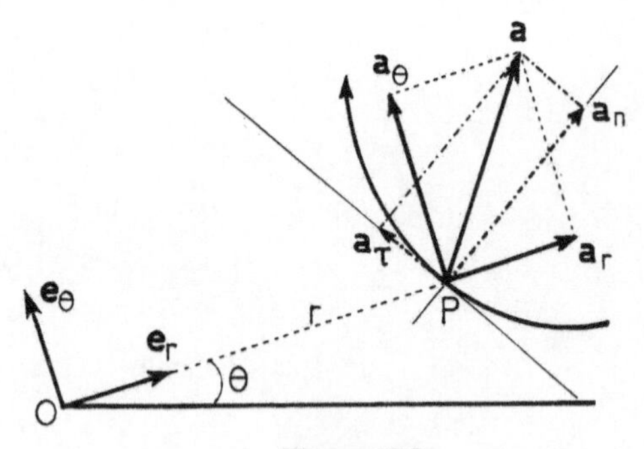

Figura 17.9

de modo que

$$\boxed{\mathbf{a} = \mathbf{a}_r + \mathbf{a}_\theta} \tag{17}$$

Na Fig. 17.9 os conceitos são ilustrados. Nesta figura apresentamos também a aceleração tangencial e a aceleração normal, a fim de que o leitor tenha presente a distinção entre estes conceitos e os introduzidos nesta seção.

Exemplo 17.1-7 – A haste OA mostrada na Fig. 17.10 gira em torno de O com movimento dado por $\theta(t) = 0{,}15t^2$ ($t \geq 0$; θ em rd, t em segundos). O anel P, vinculado à haste, tem movimento dado por $r(t) = 3{,}00 - 0{,}40t^2$ ($t \geq 0$; r em metros, t em segundos). Achar a velocidade e a aceleração vetoriais de P, em termos de $\mathbf{e}_r$ e $\mathbf{e}_\theta$, quando $\theta = 30°$.

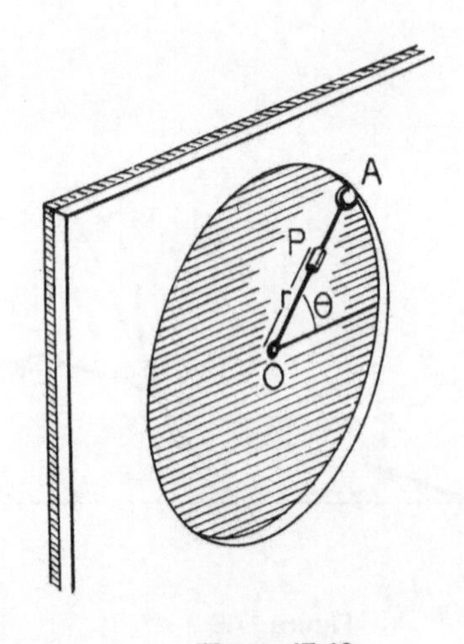

Figura 17.10

Solução. O instante t para o qual $\theta = 30°$ é dado por $\pi/6 = 0{,}15t^2$ logo $t \simeq 1{,}87$s.

Temos

$$r(t) = 3{,}00 - 0{,}40t^2, \quad \dot{r}(t) = -0{,}8t, \quad \ddot{r}(t) = -0{,}8$$

$$\theta(t) = 0{,}15t^2, \quad \dot{\theta}(t) = 0{,}3t, \quad \ddot{\theta}(t) = 0{,}3$$

Fazendo t = 1,87 e substituindo em (7) e (14) resulta que

$$\mathbf{v} = -1{,}50\,\mathbf{e}_r + 0{,}89\,\mathbf{e}_\theta \quad ◄$$

$$\mathbf{a} = -1{,}30\,\mathbf{e}_r - 1{,}19\,\mathbf{e}_\theta \quad ◄$$

Convenção. Nos exercícios e exemplos, quando se pedirem velocidades e acelerações transversal e radial subtender–se–á que são em termos de $\mathbf{e}_r$ e $\mathbf{e}_\theta$, salvo menção explícita em contrário.

Exemplo 17.1-8 – No mecanismo mostrado na Fig. 17.11, o garfo OA gira em torno de O com velocidade angular constante ω (isto é, $\dot{\theta} = \omega$), obrigando o anel P, vinculado à circunferência de raio a, a se mover. Para $t = 0$ OA coincide com o eixo polar. Determinar para P,

(a) As velocidades radial e transversal.

(b) As acelerações radial e transversal.

(c) As acelerações tangencial e normal em termos de $\mathbf{e}_r$ e $\mathbf{e}_\theta$.

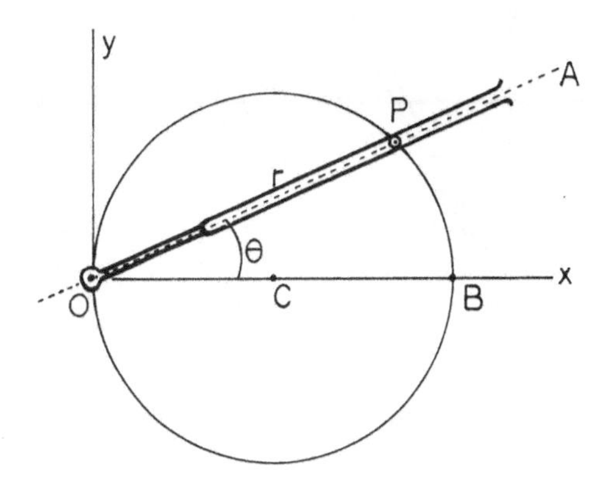

Figura 17.11

Solução. A circunferência tem por equação cartesiana $(x-a)^2+y^2 = a^2$, isto é,

$$x^2 - 2ax + y^2 = 0$$

Passando para coordenadas polares através de (1) vem

$$r^2\cos^2\theta - 2ar\cos\theta + r^2\operatorname{sen}^2\theta = 0$$

ou seja,

$$r^2 - 2ar\cos\theta = 0$$

Descartando $r = 0$ vem

$$r = 2a\cos\theta$$

Como $\dot{\theta} = \omega$ então $\theta = \omega t + c$, e como $\theta = 0$ para $t = 0$ então $c = 0$, e

$$\theta = \omega t \qquad (\alpha)$$

Substituindo na expressão acima de r, vem

$$r = 2a\cos\omega t \qquad (\beta)$$

Usando (α) e (β) nas expressões (8), (9), (15) e (16) resulta facilmente que

(a) $\mathbf{v}_r = -2a\omega\operatorname{sen}\omega t\,\mathbf{e}_r$, $\mathbf{v}_\theta = 2a\omega\cos\omega t\,\mathbf{e}_\theta$ ◄

(b) $\mathbf{a}_r = -4a\omega^2\cos\omega t\,\mathbf{e}_r$, $\mathbf{a}_\theta = -4a\omega^2\operatorname{sen}\omega t\,\mathbf{e}_\theta$ ◄

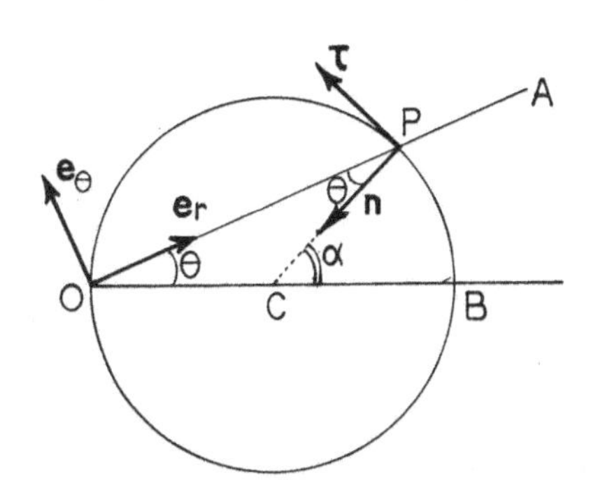

Figura 17.12

(c) Tomando B como origem de abscissa curvilínea, e orientando a circunferência no sentido anti–horário temos, sendo α a medida em rd de $B\hat{C}P$:

$$s = a\alpha = a\cdot 2\theta = 2a\omega t$$

Portanto

$$\mathbf{a}_\tau = \ddot{s}\tau = 0 \qquad ◄$$

e como $\mathbf{a} = \mathbf{a}_\tau + \mathbf{a}_n$ e $\mathbf{a} = \mathbf{a}_r + \mathbf{a}_\theta$ resulta que

$$\mathbf{a}_n = \mathbf{a}_r + \mathbf{a}_\theta - \mathbf{a}_\tau$$

$$= -4a\omega^2(\cos \omega t\, \mathbf{e}_r + \text{sen}\, \omega t\, \mathbf{e}_\theta)$$ ◀

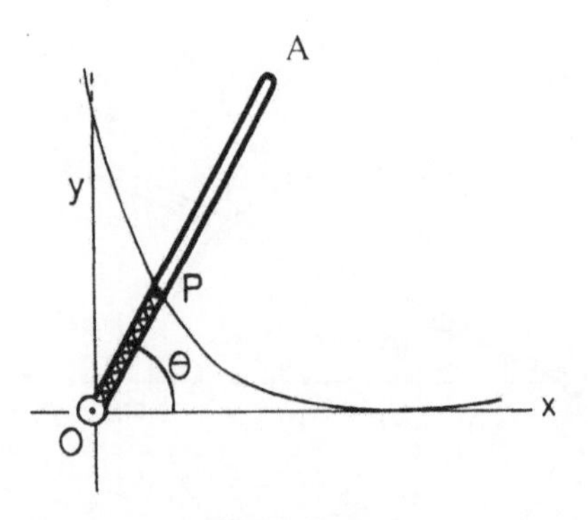

Figura 17.13

Exemplo 17.1-9 – No mecanismo mostrado na Fig. 17-13, o pino P move-se ao longo da curva $y = f(x)$, a velocidade angular da haste OA sendo 1 rd/s, constante. Determinar a aceleração radial de P, quando $\theta = 90°$.

Dados. f é derivável duas vezes, e $f(0) = 1$, $f'(0) = -1$, $f''(0) = 2$.

Solução. Passando para coordenadas polares através de (1), a equação da curva fica

$$r \,\text{sen}\, \theta = f(r \cos \theta) \qquad (\alpha)$$

Derivando em t, e lembrando que $\dot{\theta} = 1$, vem

$$\dot{r} \,\text{sen}\, \theta + r \cos \theta = f'(r \cos \theta)(\dot{r} \cos \theta - r \,\text{sen}\, \theta) \qquad (\beta)$$

Derivando em t novamente, resulta, após cálculos, que

$$\ddot{r} \,\text{sen}\, \theta + 2\dot{r} \cos \theta - r \,\text{sen}\, \theta = f''(r \cos \theta)(\dot{r} \cos - r \,\text{sen}\, \theta)^2 +$$

$$+ f'(r \cos \theta)(\ddot{r} \cos \theta - 2\dot{r} \,\text{sen}\, \theta - r \cos \theta) \qquad (\gamma)$$

Fazendo $\theta = 90°$, (α) fornece $r = f(0) = 1$; (β) fornece $\dot{r} = -f'(0) = 1$; e (γ) fornece $\ddot{r} = 5$. Substituindo em (15), vem

$$\mathbf{a}_r = 4\mathbf{e}_r$$ ◀

Exemplo 17.1-10 – Um ponto move-se sobre o arco de cardióide $r = a\,(1+\cos\theta)$ $(a > 0)$, $0 \leq \theta \leq \pi$. Sua função horária, medida a partir do ponto Ω dado por $\theta = 0$, a orientação sendo anti-horária, é dada por $s(t) = 4a\,\text{sen}(\pi t/2)$, $0 \leq t \leq 1$. Determinar o vetor de posição, expresso na base polar. (As unidades estão no Sistema Internacional.)

Solução. Podemos passar para coordenadas cartesianas, através de (1), e resolver como no capítulo anterior. No entanto, podemos ficar nas coordenadas polares. De fato, sendo

$$\mathbf{w} = r\, \mathbf{e}_r$$

então

$$\mathbf{w}' = r'\mathbf{e}_r + r\,\mathbf{e}_r' = r'\mathbf{e}_r + r\,\mathbf{e}_\theta$$

(usamos (4)). Daí

$$\ell' = \|\mathbf{w}'\| = (r'^2 + r^2)^{1/2}$$

Aplicando isto ao nosso caso específico chegaremos, após cálculos, a que

$$\ell' = \left[2a^2(1+\cos\theta)\right]^{1/2} = \left(4a^2\cos^2\tfrac{\theta}{2}\right)^{1/2} = \left|\,2a\cos\tfrac{\theta}{2}\,\right|$$

$$= 2a\cos\tfrac{\theta}{2}$$

logo

$$\ell(\theta) = \int_0^\theta 2a\cos\tfrac{\nu}{2}\,d\nu = 4a\,\text{sen}\,\tfrac{\theta}{2} \qquad 0 \le \theta \le \pi$$

Igualando a $s(t) = 4a\,\text{sen}(\pi t/2)$, $0 \le t \le 1$, resulta que

$$\theta = \pi t$$

e assim

$$\mathbf{OP}(t) = r(t)\,\mathbf{e}_r(\theta(t)) = a(1 + \cos \pi t)\mathbf{e}_r \ \text{m}$$ ◀

17.2 – CINEMÁTICA VETORIAL EM COORDENADAS CILÍNDRICAS

(a) **Coordenadas Cilíndricas.** Fixemos um ponto O do espaço, e um plano por O. Neste plano tomamos coordenadas polares de polo O. Seja Oz um eixo perpendicular ao plano. Dado um ponto P, associamos a ele uma terna (r,θ,z), onde r e θ são coordenadas polares de sua projeção no plano, e z a coordenada de sua projeção sobre a reta suporte de Oz. r, θ, z são *coordenadas cilíndricas* de P (Fig. 17.14).

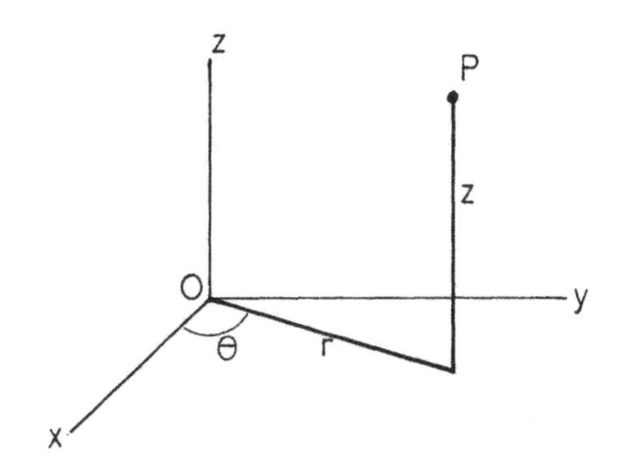

Figura 17.14

Tomando um sistema cartesiano Oxyz como mostrado na Fig. 17.14 temos

$$x = r\cos\theta\,, \qquad y = r\,\text{sen}\,\theta\,, \qquad z = z \tag{18}$$

e

$$r = \sqrt{x^2+y^2}\,, \quad \text{sen}\,\theta = \frac{y}{\sqrt{x^2+y^2}}\,, \quad \cos\theta = \frac{x}{\sqrt{x^2+y^2}}\,, \quad z = z \tag{19}$$

que são relações permitindo passar de um sistema para o outro.

(b) **Vetores Coordenados.** Em cada P não no eixo Oz fixamos duas coordenadas cilíndricas, e deixamos crescer a outra. O versor tangente da curva parametrizada correspondente é um *vetor coordenado.* A Fig. 17.15 mostra os três obtidos no ponto P, que designamos por $\mathbf{e}_r$ (θ e z fixos), $\mathbf{e}_\theta$ (r e z fixos) e $\mathbf{e}_z$ (r e θ fixos). Em cada ponto eles formam uma base ortonormal, dita *base coordenada.*

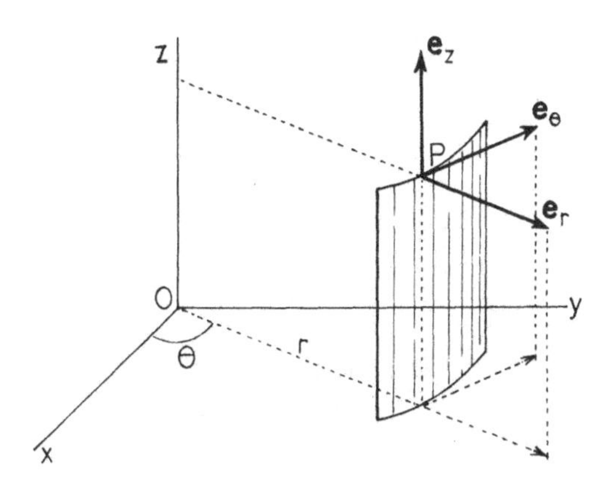

Figura 17.15

Tomando o sistema cartesiano como mostrado na Fig. 17.15 temos

$$\begin{cases} e_r = \cos\theta\, i + \operatorname{sen}\theta\, j \\ e_\theta = -\operatorname{sen}\theta\, i + \cos\theta\, j \\ e_z = k \end{cases} \qquad (20)$$

de onde resulta

$$\frac{de_r}{d\theta} = e_\theta \,, \quad \frac{de_\theta}{d\theta} = -e_r \,, \quad \frac{de_z}{d\theta} = 0 \qquad (21)$$

(c) **Velocidade e Aceleração.** Sendo dadas a funções $r(t)$, $\theta(t)$, $z(t)$ para t num intervalo I, temos um movimento cujo vetor de posição é

$$OP(t) = r(t)\, e_r(\theta(t)) + z(t)\, e_z(\theta(t))$$

que abreviaremos por

$$r = r\, e_r + z\, e_z$$

Derivando (em t) vem

$$v = \dot{r}\, e_r + r\, \dot{e}_r + \dot{z}\, e_z + z\, \dot{e}_z$$

$$= \dot{r}\, e_r + r \frac{de_r}{d\theta} \dot{\theta} + \dot{z}\, e_z + 0$$

logo, usando (21),

$$\boxed{v = \dot{r}\, e_r + r\dot{\theta}\, e_\theta + \dot{z}\, e_z} \qquad (22)$$

Derivando (em t) chega-se com procedimento análogo à expressão seguinte:

$$\boxed{a = (\ddot{r} - r\dot{\theta}^2)\, e_r + (r\ddot{\theta} + 2\dot{r}\dot{\theta})\, e_\theta + \ddot{z}\, e_k} \qquad (23)$$

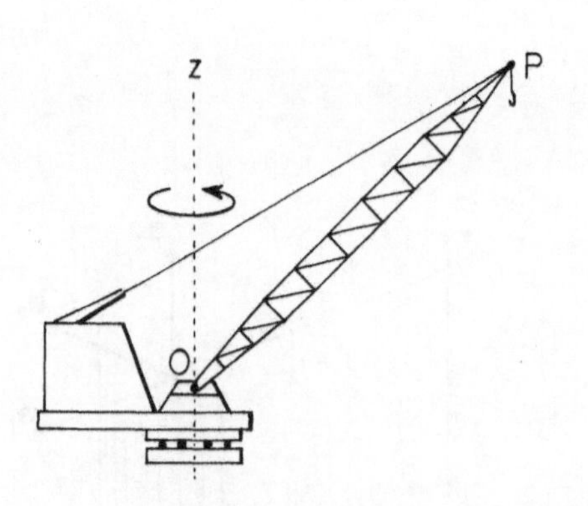

Figura 17.16

Exemplo 17.2-1 – Um guindaste giratório tem lança medindo $L = 20$m, a qual está sendo abaixada de forma que a cota de sua extremidade P vale $z(t) = 17{,}86\, t - ct^2$ m (t em segundos). Ao mesmo tempo a lança gira em torno de seu eixo vertical à razão constante de 2rpm (rotações por minuto), conforme mostra a Fig. 17.16. Achar a norma da velocidade vetorial de P quando $t = 0$.

Solução. Temos $\dot{z}(t) = 17{,}86 - 2ct$, logo

$$\dot{z}(0) = 17{,}86 \qquad (\alpha)$$

Por outro lado, $r = (L^2 - z^2)^{1/2} = \left[400 - (17{,}86\, t - ct^2)^2\right]^{1/2}$

logo

$$r(0) = 20 \,, \quad \dot{r}(0) = 0 \qquad (\beta)$$

Como 2rpm correspondem a $2 \cdot 2\pi/60 = \pi/15$ rd/s então

$$\dot{\theta} = \frac{\pi}{15} \qquad (\gamma)$$

(α), (β), (γ) em (22) fornecem

$$\mathbf{v} = \frac{20\pi}{15}\mathbf{e}_\theta + 17{,}86\mathbf{e}_z$$

$$\|\mathbf{v}\| = 18{,}34 \quad \text{m/s}$$ ◀

17.3 – CINEMÁTICA VETORIAL EM COORDENADAS ESFÉRICAS

(a) **Coordenadas Esféricas.** As coordenadas esféricas de um ponto P são ρ, θ, ϕ, como mostrado na Fig. 17.17, onde ρ é a distância de P a O, θ é coordenada polar da projeção de P sobre Oxy, e ϕ verifica $0 \leq \phi \leq \pi$.

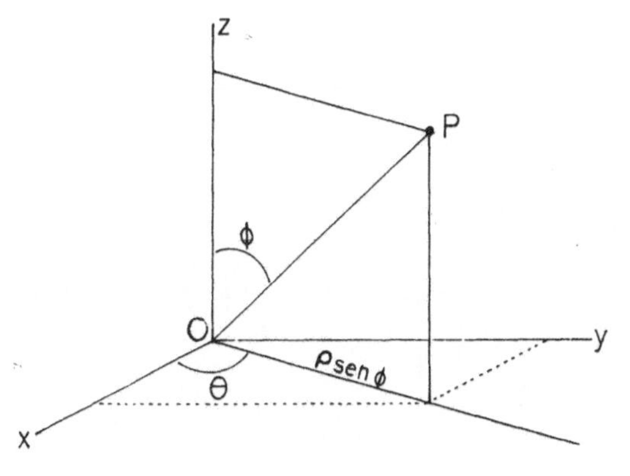

Figura 17.17

Temos as relações

$$x = \rho \operatorname{sen}\phi \cos\theta\ , \quad y = \rho \operatorname{sen}\phi \operatorname{sen}\theta\ , \quad z = \rho\cos\phi \qquad (24)$$

que permitem passar do sistema esférico para o cartesiano. Para passar deste último para o primeiro, observamos que

$$\rho = (x^2+y^2+z^2)^{1/2} \qquad (25)$$

como é óbvio. A escolha de θ já sabemos fazer. Quanto a ϕ, temos, de (24),

$$\phi = \arccos\frac{z}{(x^2+y^2+z^2)^{1/2}} \qquad (26)$$

Exemplo 17.3-1 – Achar coordenadas esféricas para o ponto P cujas coordenadas cartesianas são $x = 2$, $y = 2$, $z = -1$.

Solução. Temos

$$\operatorname{sen}\theta = \frac{y}{(x^2+y^2)^{1/2}} = \frac{\sqrt{2}}{2}\ , \quad \cos\theta = \frac{x}{(x^2+y^2)^{1/2}} = \frac{\sqrt{2}}{2}$$

logo

$$\theta = 45^\circ + k\,360^\circ \qquad (\text{k inteiro})$$ ◀

Temos por (25),

$$\rho = 3$$ ◀

Finalmente,

$$\cos\phi = \frac{z}{\rho} = -\frac{1}{3}\ , \quad 0 \leq \phi \leq \pi\ ,$$

logo

$$\phi \simeq 109{,}5^\circ$$ ◀

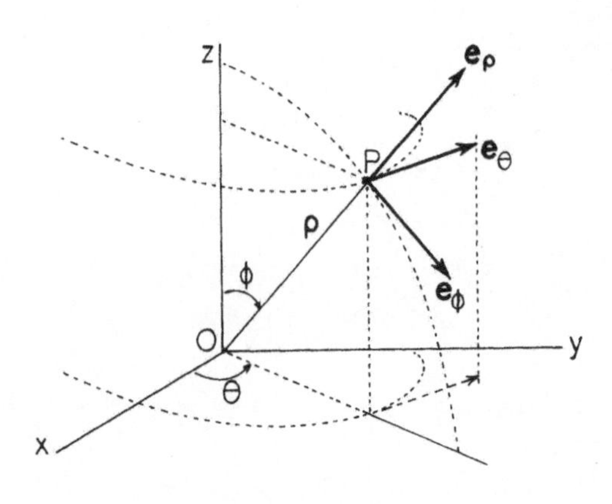

Figura 17.18

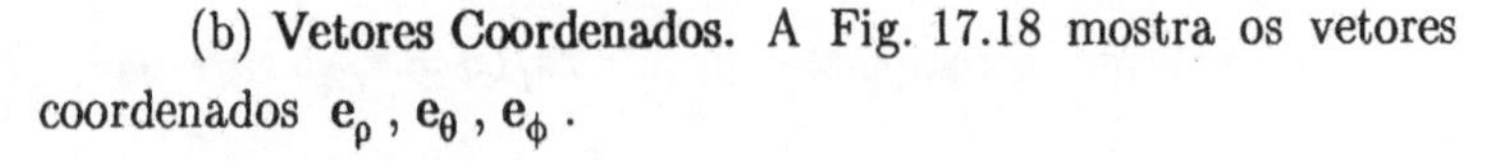

(b) **Vetores Coordenados.** A Fig. 17.18 mostra os vetores coordenados $\mathbf{e}_\rho$, $\mathbf{e}_\theta$, $\mathbf{e}_\phi$.

Temos:

$$\begin{cases} \mathbf{e}_\rho = \operatorname{sen}\phi\cos\theta\mathbf{i} + \operatorname{sen}\phi\operatorname{sen}\theta\mathbf{j} + \cos\phi\mathbf{k} \\ \mathbf{e}_\theta = -\operatorname{sen}\theta\mathbf{i} + \cos\theta\mathbf{j} \\ \mathbf{e}_\phi = \cos\phi\cos\theta\mathbf{i} + \cos\phi\operatorname{sen}\theta\mathbf{j} - \operatorname{sen}\phi\mathbf{k} \end{cases} \tag{27}$$

(c) **Velocidade e Aceleração.** O vetor de posição é

$$\mathbf{OP} = \rho\,\mathbf{e}_\rho$$

logo

$$\mathbf{v} = \dot\rho\,\mathbf{e}_\rho + \rho\,\dot{\mathbf{e}}_\rho \tag{28}$$

Utilizando $\mathbf{e}_r$ das coordenadas polares temos de (27)

$$\mathbf{e}_\rho = \operatorname{sen}\phi\,\mathbf{e}_r + \cos\phi\,\mathbf{k}$$

logo

$$\dot{\mathbf{e}}_\rho = \cos\phi\,\dot\phi\,\mathbf{e}_r + \operatorname{sen}\phi\,\dot{\mathbf{e}}_r + (-\operatorname{sen}\phi)\,\dot\phi\,\mathbf{k}$$

$$= \cos\phi\,\dot\phi\,\mathbf{e}_r + \operatorname{sen}\phi\,\dot\theta\,\mathbf{e}_\theta - \operatorname{sen}\phi\,\dot\phi\,\mathbf{k}$$

Mas de (27) vem que

$$\mathbf{e}_\phi = \cos\phi\,\mathbf{e}_r - \operatorname{sen}\phi\,\mathbf{k}$$

logo

$$\dot{\mathbf{e}}_\rho = \dot\phi\,\mathbf{e}_\phi + \operatorname{sen}\phi\,\dot\theta\,\mathbf{e}_\theta$$

Substituindo em (28) vem que

$$\boxed{\mathbf{v} = \dot\rho\,\mathbf{e}_\rho + \rho\,\dot\phi\,\mathbf{e}_\phi + \rho\operatorname{sen}\phi\,\dot\theta\,\mathbf{e}_\theta} \tag{29}$$

Analogamente se chega a que

$$\boxed{\begin{aligned} \mathbf{a} = {} & (\ddot\rho - \rho\dot\phi^2 - \rho\dot\theta^2\operatorname{sen}^2\phi)\,\mathbf{e}_\rho \\ & + (2\dot\rho\dot\theta\operatorname{sen}\phi + 2\rho\dot\phi\dot\theta\cos\phi + \rho\ddot\theta\operatorname{sen}\phi)\,\mathbf{e}_\theta \\ & + (2\dot\rho\dot\theta + \rho\ddot\phi - \rho\dot\theta^2\operatorname{sen}\phi\cos\phi)\,\mathbf{e}_\phi \end{aligned}} \tag{30}$$

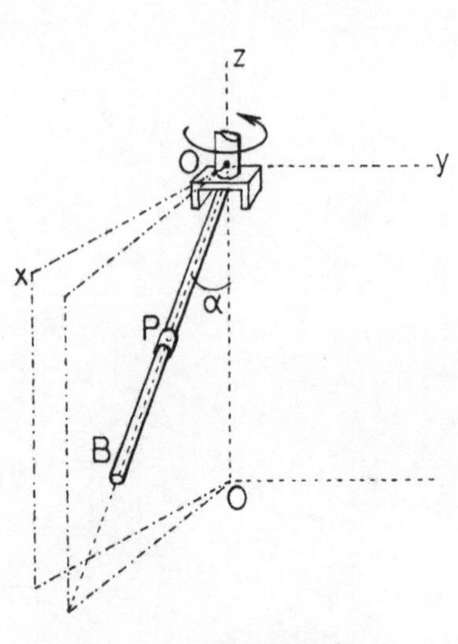

Figura 17.19

Exemplo 17.3-2 – O eixo vertical girante mostrado na Fig. 17.19 gira à razão constante de 3rpm, ao passo que a haste OB sobe de acordo com $\dot\alpha = 2\text{rd/s}$, constante. O anel se desloca de modo que OP = 2t m (t em segundos). Achar a norma da aceleração vetorial de **P** quando $\alpha = 30^\circ$ (P é o centro do anel), sabendo que para t = 0 tem–se $\alpha = 0$.

Solução. Temos, usando a notação introduzida na Fig. 17.18:

$$\left.\begin{aligned} \dot{\theta} &= 3\text{rpm} = 3 \cdot \frac{2\pi}{60}\ \text{rd/s} = \frac{\pi}{10}\ \text{rd/s} \\ \dot{\phi} &= (\pi - \alpha)^{\cdot} = -\dot{\alpha} = -\ 2\text{rd/s} \\ \rho &= 2\text{t} \quad \therefore\ \dot{\rho} = 2 \ ,\ \ddot{\rho} = 0 \end{aligned}\right\} \qquad (\alpha)$$

Temos $\phi = -2\text{t} + \text{c}$, e como para $\text{t} = 0$ tem–se $\phi = \pi - 0 = \pi$ então $\text{c} = \pi$, logo $\phi = -2\text{t} + \pi$.

O instante em que $\alpha = 30^\circ$ ou seja, $\phi = 150^\circ$, é dado então por

$$\frac{150\pi}{180} = -2\text{t} + \pi \ , \ \text{isto é,} \ \text{t} = \frac{\pi}{12}\text{s}$$

Portanto nesse instante temos

$$\rho = 2\frac{\pi}{12} = \frac{\pi}{6} \qquad (\beta)$$

Substituindo (α) e (β) em (30), e lembrando que $\phi = 150^\circ$, resulta

$$\mathbf{a} = -2{,}1073\ \mathbf{e}_\rho + 1{,}1981\ \mathbf{e}_\theta - 5{,}9776\ \mathbf{e}_\theta$$

logo

$$\|\mathbf{a}\| = 6{,}45\text{m/s}^2$$ ◄

17.4 – EXERCÍCIOS

(As unidades estão no Sistema Internacional.)

17.1 – Localizar o ponto P dado em coordenadas polares por

(a) $\left(5 , \frac{\pi}{4}\right)$ (b) $\left(5 , -\frac{\pi}{4}\right)$

(c) $(1 , 60^\circ)$ (d) $(1 , -60^\circ)$

(e) $(3 , -390^\circ)$ (f) $(1 , 1380^\circ)$

17.2 – Achar as coordenadas cartesianas do ponto P nos casos (a) – (d) do exercício anterior.

Resposta: (a) $\left(\frac{5\sqrt{2}}{2} , \frac{5\sqrt{2}}{2}\right)$ (b) $\left(\frac{5\sqrt{2}}{2} , -\frac{5\sqrt{2}}{2}\right)$

(c) $\left(\frac{1}{2} , \frac{\sqrt{3}}{2}\right)$ (d) $\left(\frac{1}{2} , -\frac{\sqrt{3}}{2}\right)$

17.3 – São dadas as coordenadas cartesianas do ponto P. Achar coordenadas polares.

(a) $(6 , 6)$ (b) $(8{,}660254 ; -5{,}000000)$

Resposta: (a) $(6\sqrt{2} , 45^\circ)$ (b) $(10 , -30^\circ)$.

17.4 – Escrever em coordenadas polares uma equação da curva dada em componentes cartesianas por

(a) $y = 5x$ (b) $y = x^2$

(c) $y = x^2 + y^2$ (d) $(x^2 + y^2)^2 = x^3 - 3xy^2$

Resposta: (a) $\text{tg}\,\theta = 5$

(b) $\text{sen}\,\theta = r\cos^2\theta$

(c) $r = \text{sen}\,\theta$

(d) $r = \cos 3\theta$ (rosácea de três folhas)

17.5 – Escrever em coordenadas cartesianas uma equação da curva dada em coordenadas polares por

(a) $r = a(1 + \cos\theta)$ $(a > 0)$ (cardióide)

(b) $r^2 - 2r\cos\theta - 4r\,\text{sen}\,\theta + 4 = 0$

(c) $r^2 = \sec\theta\,\text{cossec}\,\theta$

Resposta: (a) $x^2 + y^2 - ax = a(x^2+y^2)^{1/2}$

(b) $(x-1)^2 + (y-2)^2 = 1$

(c) $xy = 1$.

17.6 – Esboçar o gráfico da curva dada em coordenadas polares por

(a) $r = \theta$ (espiral)

(b) $r^2 = 2a\cos 2\theta$ $(a > 0)$ (Lemniscata)

(c) $r = \cos 3\theta$ (rosácea de 3 folhas)

17.7 – Achar os ângulos que o ramo da Lemniscata (dada no exercício anterior) no 1º quadrante faz com o eixo Ox quando o intercepta.

Resposta: 45° e 90°.

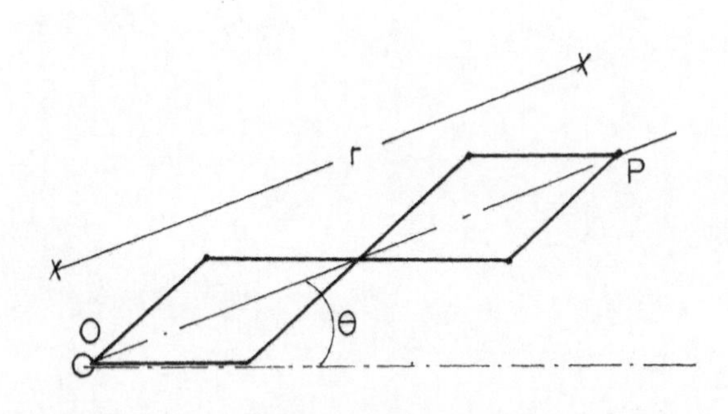

Figura 17.20

17.8 – (a) Calcular o raio de curvatura da cardióide $r = a(1 - \cos\theta)$.

(b) Mostre que a curvatura é dada em coordenadas polares por

$$\kappa = \frac{r^2 + 2r'^2 - rr''}{(r^2+r'^2)^{3/2}}$$

Resposta: $\frac{4a}{3}\,\text{sen}\,\frac{\theta}{2}$.

17.9 – No mecanismo mostrado (Fig. 17.20) tem-se

$$r = 5 + 0{,}3\,\theta$$

$$\theta = \frac{\pi}{6}(3 - 2t^2)$$

Achar, para $t = 1$, a aceleração radial e transversal de P.

Resposta: $-23{,}25\,e_r$; $-8{,}75\,e_\theta$.

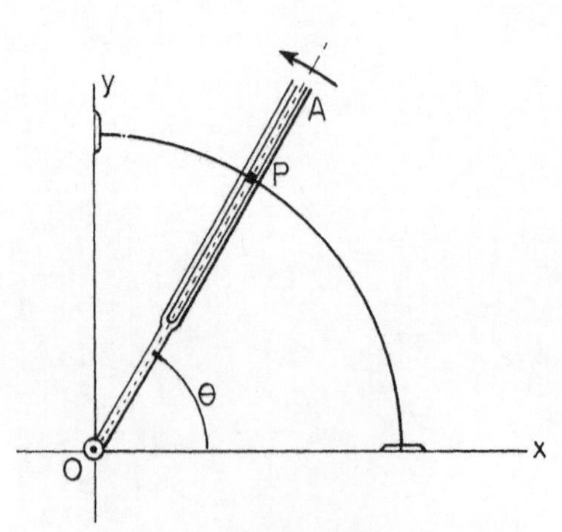

Figura 17.21

17.10 – Na Fig. 17.21 o garfo OA gira com velocidade angular $\omega = 10\text{rd/s}$ constante, movimentando o anel P vinculado à guia parabólica dada por $y = 1-x^2$. Determinar, para P, quando $\theta = 60^\circ$, as velocidades radial e transversal.

Resposta: $2{,}01\ e_r$; $9{,}14\ e_\theta$.

17.11 – Um ponto P percorre o arco de cardióide $r = 1+\cos\theta$, $0 \le \theta \le \pi$ de forma que se verifica $\ddot{r} = 1-r$, $t \ge 0$. Para $t = 0$ tem–se $\theta = 0$. Determinar para P:

(a) As acelerações radial e transversal.

(b) As acelerações tangencial e normal expressas segundo e_r e e_θ. Tomar a orientação anti–horária.

Resposta: (a) $-(1 + 2\cos t)\, e_r$; $-2\,\text{sen}\, t e_\theta$.

(b) $\frac{1}{2}((1-\cos t)\, e_r - \text{sen}\, t e_\theta)$;

$-\frac{3}{2}((1+\cos t)\, e_r + \text{sen}\, t e_\theta)$.

Ajuda. Notar que $(r-1)^{\cdot\cdot} = \ddot{r} = 1-r$, logo $(r-1)^{\cdot\cdot} + (r-1) = 0$.

17.12 – A Fig. 17.22 mostra um holofote rotativo, que gira em torno de sey eixo OO′ à razão constante de $300/\pi$ rpm, iluminando a parede. Seja P a mancha luminosa. No instante t = 0, OP é perpendicular à parede. Achar:

(a) A aceleração vetorial de P para t = 0.

(b) A distância de O à parede, sabendo que a velocidade transversal para t = 0 vale $-50e_\theta$ m/s.

Resposta: (a) **0** (b) 5m.

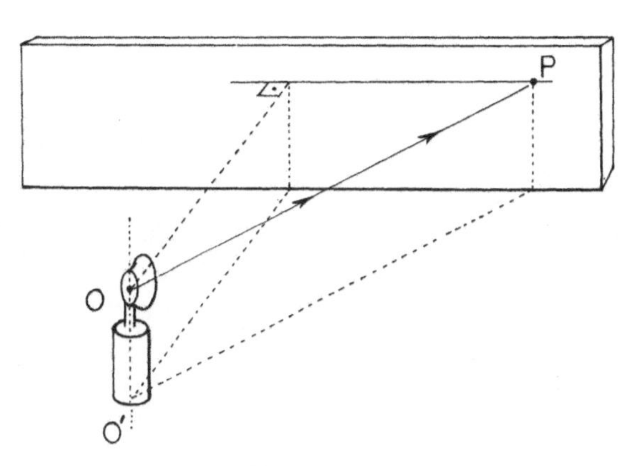

Figura 17.22

17.13 – Um ponto move–se sobre a reta $x = 1$ com velocidade radial $2t\, e_r$. No instante $t = 0$, P está sobre o eixo Ox. Determinar a norma da velocidade transversal.

Resposta: $2(t^2+2)^{-1/2}$.

17.14 – A velocidade vetorial de um ponto é dada por $v = e^t(e_r+e_\theta)$. Sabe–se que para $t = 0$ tem–se $r > 1$, e que $\theta(1) - \theta(0) = \ln\frac{(e+1)}{2}$.

(a) Dar o vetor de posição.

(b) Mostrar que a trajetória está contida numa curva cuja equação é da forma $r = Ae^\theta$.

Resposta: $(e^t+1)\, e_r$.

17.15 – No mecanismo mostrado (Fig. 17.23) o seguidor P é comprimido por uma mola no braço fendido OA, sendo obrigado a percorrer a periferia da peça fixa, cuja equação é $r = 2 - \cos\theta$. Achar a norma da aceleração de P num certo instante, para o qual se tem $\theta = 0$, $\dot{\theta} = \ddot{\theta} = 1$.

Resposta: 1.

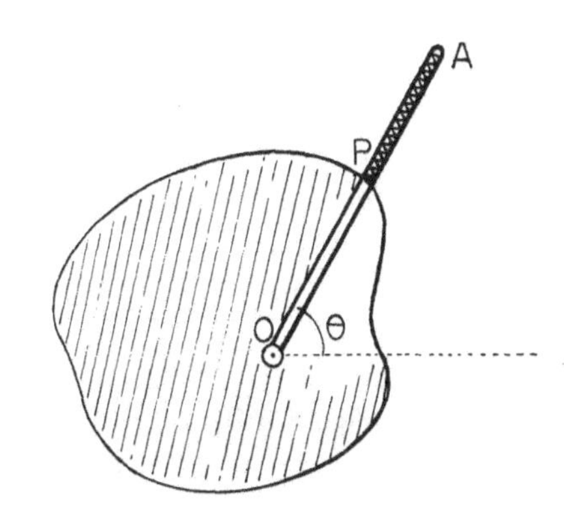

Figura 17.23

17.16 – Um ponto move-se sobra a espiral $r = \sqrt{2}\, e^\theta$. Tem-se $\theta(0) = 0$, $\dot{\theta}(0) = \ddot{\theta}(0) = 1$. Determinar para t = 0:

(a) A expressão intrínseca da velocidade vetorial.

(b) A aceleração escalar.

(c) A aceleração transversal.

(d) A aceleração normal expressa na base polar e na base cartesiana.

Resposta: (a) 2τ (b) 4 (c) $3\sqrt{2}\,\mathbf{e}_\theta$

$$\text{(d) } \sqrt{2}\,(-\mathbf{e}_r + \mathbf{e}_\theta) = \sqrt{2}\,(-\mathbf{i} + \mathbf{j})\,.$$

A orientação escolhida foi a de θ crescente.

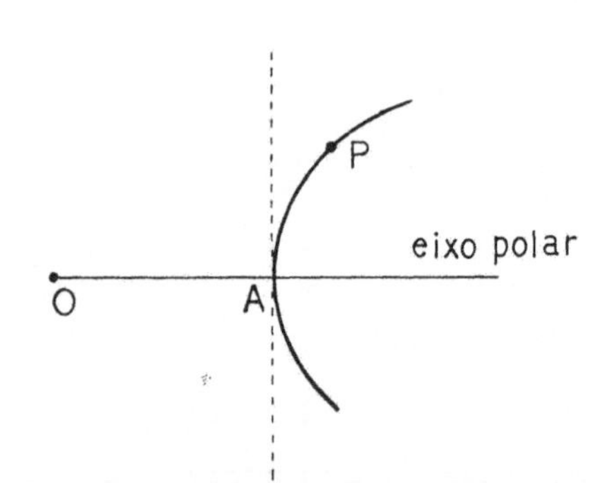

Figura 17.24

17.17 – A Fig. 17.24 mostra um ponto P movendo–se sobre a curva indicada. Em A a tangente à mesma é perpendicular ao eixo polar, e o raio de curvatura é 1. Quando P passa por A tem–se

$$r = 1\ ,\quad \ddot{r} = 3\ ,\quad \dot{\theta} > 0\,.$$

Determinar, para este instante, o valor de $\dot{\theta}$.

Resposta: $(3/2)^{1/2}$.

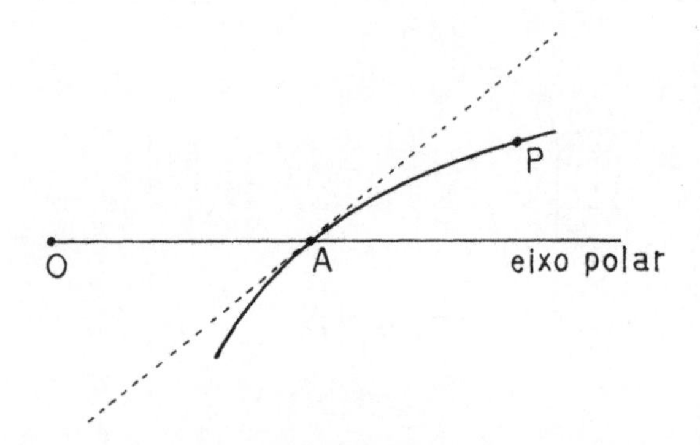

Figura 17.25

17.18 – A curva mostrada faz, no ponto A, 45° com o eixo polar (Fig. 17.25). Um ponto P que a percorre, ao passar por A apresenta os dados

$$\ddot{\theta} = \ddot{r}\ ,\quad \dot{\theta} < 0\ .$$

Sabendo que OA = 1, achar o raio de curvatura da curva em A.

Resposta: $2\sqrt{2}/3$.

17.19 – Na Fig. 17.26 o garfo OA gira com velocidade angular 1rd/s constante, movimentando o anel P, vinculado à guia definida pela função $y = y(x)$. Esta é estritamente decrescente, e é dada numericamente pela tabela a seguir.

x	1,4110	1,4120	1,4130	1,4140	1,4150	1,4160
y	1,4160	1,4155	1,4144	1,4140	1,4134	1,4130

Achar a velocidade radial de P no instante em que $\theta = 45°$.

Resposta: $-0{,}6666\,\mathbf{e}_r$.

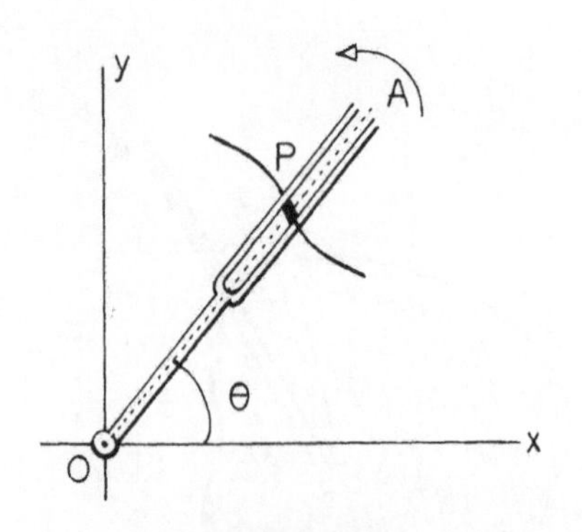

Figura 17.26

17.20 – Mostre que

$$\boxed{a_\theta = \frac{1}{r}\left(r^2\dot{\theta}\right)^{\cdot}\,\mathbf{e}_\theta} \qquad (31)$$

17.21 – No movimento de um ponto tem–se a tabela:

t	4	5	6	7	8	9
$r^2\dot{\theta}$	12,0	15,0	16,5	18,0	19,5	21,0

Achar a norma da aceleração transversal no instante t = 7, sabendo que nesse instante r = 0,5 .

Resposta: 3,0 .

17.22 – Um ponto move-se sobre a curva $r = (2\theta)^{1/2}$, $\theta \geq 1$. Sua aceleração transversal vale $2r^{-1}\,\mathbf{e}_\theta$. No instante inicial $t = 0$ tem-se que $\theta = 1$, $\dot{\theta} = 1/2$. Achar r(t) e $\theta(t)$.

Resposta: $r(t) = \left[2(t^2+t+1)^{1/2}\right]^{1/2}$

$\theta(t) = (t^2+t+1)^{1/2}$.

17.23 – Um ponto move-se sobre a curva $r = 2 - \cos\theta$. Sua aceleração transversal vale $(2 - \cos\theta)^{-1}\,\mathbf{e}_\theta$. No instante inicial $t = 0$ tem-se que $\theta = 0$, $\dot{\theta} = 0$. Achar t em função de θ.

Resposta: $t = (9\theta - 8\,\text{sen}\,\theta + \text{sen}\,\theta\cos\theta)^{1/2}$.

17.24 – Um ponto P move-se num plano e não passa por um ponto O fixo do mesmo. Sabe-se que durante o movimento se tem

$$\mathrm{OP} \,//\, \mathbf{a} \ ^{(*)}$$

(**a** : aceleração vetorial de P). Tomado um sistema qualquer de coordenadas polares de pólo O, mostrar que $r^2\dot{\theta}$ é constante:

$$h = r^2(t)\,\dot{\theta}(t)$$

para todo t do intervalo de tempo. h é chamada *constante das áreas*(**).

17.25 – Um ponto P move-se sobre o cardióide $r = a(1+\cos\theta)$ de modo que sua aceleração, aplicada no mesmo, sempre aponta para o pólo. O ponto não atinge o pólo. No instante em que $\theta = 0$ a velocidade vetorial vale $-2\mathbf{j}$. Achar a constante das áreas.

Resposta: $-4a$

17.26 – Suponhamos a situação descrita no Exercício 17.24. Seja v a velocidade escalar do ponto.

(a) Mostrar que

$$v^2 = \dot{r}^2 + \frac{h^2}{r^2}$$

(b) Suponhamos que o ponto move-se sobre a curva $r = r(\theta)$, movimento dado por $\theta = \theta(t)$. Provar que

$$v^2 = \frac{h^2}{r^4}\left(\left(\frac{dr}{d\theta}\right)^2 + r^2\right) = h^2\left(\left(\frac{du}{d\theta}\right)^2 + u^2\right)$$

sendo $u = 1/r$.

(*)Movimentos que verificam esta condição são ditos **centrais**, e serão objeto de estudo em capítulo posterior.

(**)A razão do nome será dada quando estudarmos os movimentos centrais.

17.27 – No caso do Exercício 17.25 achar o módulo da velocidade escalar em função de r.

Resposta: $2(2a/r)^{3/2}$

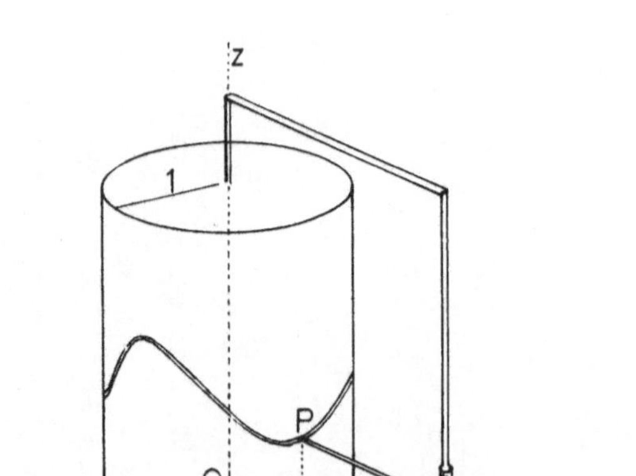

Figura 17.27

* 17.28 – Um ponto descreve um movimento central como no Exercício 17.24, movendo–se sobre a curva $r = r(\theta)$. Sabe–se que

$$v^2 = 2u^2 + 4u - 2 \qquad \left(u = \frac{1}{r}\right)$$

e que a constante das áreas é $h = \sqrt{2}$; para $t = 0$ tem–se $\theta = 0$ e $r = 2$. Determinar, supondo que $dr/d\theta < 0$:

(a) $r(\theta)$;

(b) o tempo em função de θ.

Usar: $\displaystyle\int \frac{dx}{(1+x^2)^2} = \frac{1}{2}\left(\frac{x}{1+x^2} + \text{arctg}\, x\right)$.

Resposta: (a) $r = 2(1+\theta^2)^{-1}$

(b) $t = \sqrt{2}\left(\frac{\theta}{\theta^2+1} + \text{arctg}\,\theta\right)$.

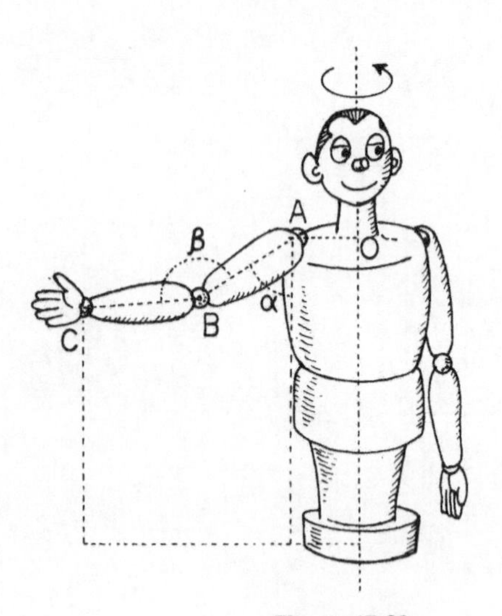

Figura 17.28

17.29 – No mecanismo mostrado (Fig. 17.27), o tambor cilíndrico é fixo, e a armadura em ângulo reto gira em torno do seu eixo, obrigando o ponto P a se manter no sulco do tambor. Este sulco tem por equação $z = 2 - \text{sen}\,\theta$. Num certo instante tem–se para o movimento da armadura, $\theta = 30°$, $\dot{\theta} = 8\text{rd/s}$, e $\ddot{\theta} = -1\text{rd/s}^2$. Achar a norma da aceleração de P nesse instante.

Resposta: $9{,}89\text{m/s}^2$.

17.30 – O brinquedo mostrado na Fig. 17.28 gira em torno de seu eixo à razão constante de uma rotação por 4 segundos. Ele move seu braço direito de forma que $\dot{\alpha} = \dot{\beta} = -2t$. No instante $t = 0$ o braço está esticado horizontalmente. Sendo $AB = BC = 0{,}5$ e $AO = 0{,}3$, calcular a velocidade vetorial, em coordenadas esféri–cas, do ponto C, quando $t = 0$.

Resposta: $0{,}65\,\pi\, e_\theta$ m/s.

18 Movimentos rígidos planos

18.1 – GENERALIDADES SOBRE MOVIMENTOS RÍGIDOS

(a) **Definição e Exemplos Simples.** Consideremos um conjunto S de pontos movendo–se, num intervalo de tempo I, em relação a um referencial (S pode conter um número finito de pontos ou não). Vamos supor que a distância entre quaisquer dois pontos de S se mantém invariável durante todo o intervalo de tempo I. Analiticamente podemos exprimir tal circunstância assim:

$$\|QP\| = c \text{, para todo } t \text{ de } I, \quad \text{quaisquer que sejam } P \text{ e } Q \text{ de } S \qquad (1)$$

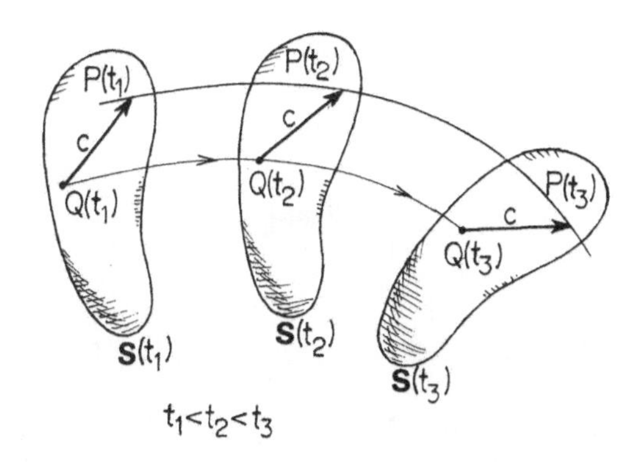

Figura 18.1

onde c é uma constante (associada a P e Q).(*)

Neste caso diremos que S *executa movimento rígido*, ou que *o movimento de* S *é rígido*, ou que S *se comporta como um sólido indeformável* (**).

No estudo que faremos vamos supor que S possui pelo menos quatro pontos não coplanares.

Convenção. Certas afirmações envolverão pontos rigidamente ligados a S, *os quais serão considerados pontos de* S. Esta providência se destina ao propósito de que exposição fique mais simples. No exemplo da rotação a ser dado logo mais, esta questão será esclarecida.

Exemplo 18.1-1 – Movimento de Translação: é um movimento para o qual

---

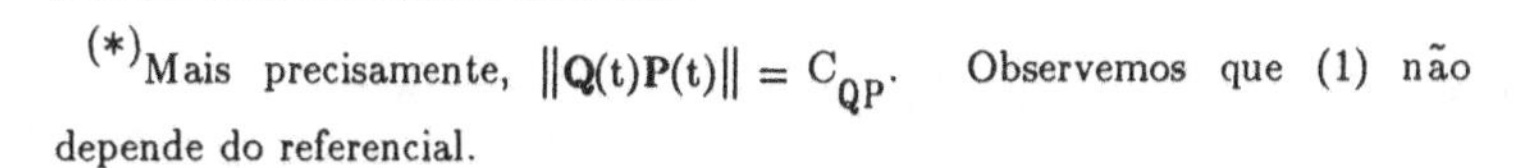

(*) Mais precisamente, $\|Q(t)P(t)\| = C_{QP}$. Observemos que (1) não depende do referencial.

(**) Um sólido indeformável é um conjunto de pontos que só pode executar movimentos rígidos.

$$\begin{array}{l} PQ = c\text{, para todo } t \text{ de } I,\\ \text{quaisquer que sejam } P \text{ e } Q \text{ de } S \end{array} \tag{2}$$

onde c é um vetor (associado a P e Q).

Claramente (1) é verificada, de modo que se trata de um movimento rígido.

A Fig. 18.2 ilustra dois movimentos de translação.

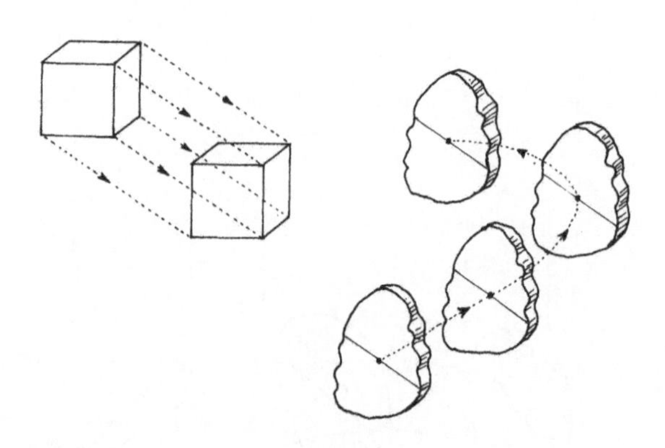

Figura 18.2

Nota. Seja Ω um ponto do referencial em relação ao qual se dá o movimento de translação. Temos

$$QP = \Omega P - \Omega Q$$

logo

$$\frac{d}{dt} QP = v_P - v_Q$$

portanto vemos que QP constante (o que equivale a $\frac{d}{dt} QP = 0$) equivale a $v_P = v_Q$. Assim, um movimento de translação é caracterizado pelo fato de que todos os pontos têm, em cada instante, mesma velocidade vetorial.

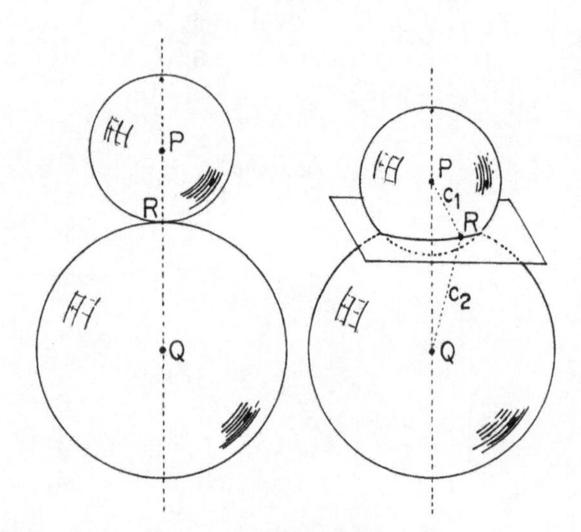

Figura 18.3

Exemplo 18.1-2 – Movimento de Rotação. Se S executa um movimento rígido em relação a um referencial de forma que dois pontos distintos permanecem fixos em relação ao referencial, tal movimento é chamado de *rotação*.

Os dois pontos que permanecem fixos podem pertencer a S ou estarem rigidamente ligados S.

Sendo P e Q os pontos fixos então qualquer ponto R de S (ou rigidamente ligado a S) deve verificar

$$\|RP\| = c_1\,, \quad \|RQ\| = c_2$$

ao longo do tempo, de acordo com (1). Ora, tais relações indicam que R deve estar nas superfícies esféricas de centro P e raio c_1 e de centro Q e raio c_2, portanto na intersecção de ambas. A Fig. 18.3 ilustra o caso em que R está na reta PQ e o caso em que R não está nessa reta.

Vemos então que no 1º caso R permanece fixo, e no 2º caso R move–se sobre uma circunferência ortogonal à reta PQ, e com centro nela. Esta circunferência, reduzida a um ponto no 1º caso, é a intersecção das superfícies esféricas.

A reta PQ recebe o nome de *eixo de rotação.*

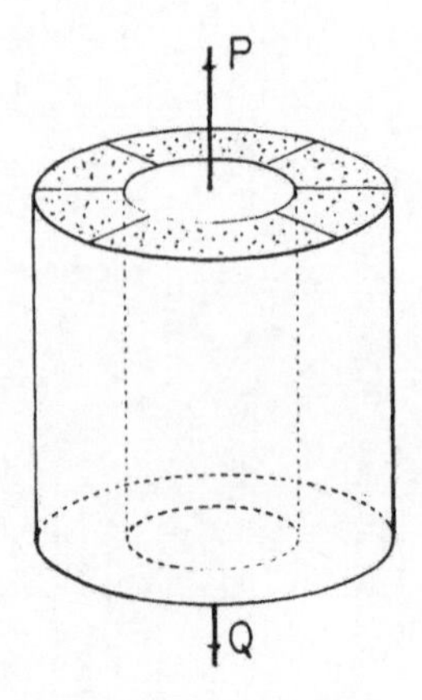

Figura 18.4

Nota. Considere o cilindro mostrado na Fig. 18.4, reali–zando movimento de rotação em torno do seu eixo.

Se S é a parte do mesmo obtida imaginando um cilindro co–axial suprimido, como se ilustra na Fig. 18.4, S também executa uma rotação. No entanto, nenhum ponto de S perma–nece fixo. De acordo com a convenção feita logo após a definição de movimento rígido consideraremos a reta PQ como parte de S, bem como o cilindro originalmente dado.

(b) **Característica Cinemática.** Vamos a seguir obter uma caracterização de um movimento rígido que envolve velocidade, e que é baseada na seguinte observação:

Se P e Q movem-se em relação a um referencial, e Ω é um ponto deste, então

$$\frac{d}{dt}\|\mathbf{QP}\|^2 = \frac{d}{dt}(\mathbf{QP}\cdot\mathbf{QP}) = 2\left(\frac{d}{dt}\mathbf{QP}\right)\cdot\mathbf{QP}$$

$$= 2\frac{d}{dt}(\Omega\mathbf{P} - \Omega\mathbf{Q})\cdot\mathbf{QP}$$

$$= 2(\mathbf{v}_P - \mathbf{v}_Q)\cdot\mathbf{QP}$$

Portanto $\|\mathbf{QP}\|$ é constante (o que equivale a $\|\mathbf{QP}\|^2$ o ser) no tempo se e somente se $(\mathbf{v}_P - \mathbf{v}_Q)\cdot\mathbf{QP} = 0$, ou seja, $\mathbf{v}_P\cdot\mathbf{QP} = \mathbf{v}_Q\cdot\mathbf{QP}$.

Concluímos então que

S executa movimento rígido num intervalo I se e somente se $\mathbf{v}_P\cdot\mathbf{QP} = \mathbf{v}_Q\cdot\mathbf{QP}$, para todo t de I quaisquer que sejam P e Q de S	(3)

Este resultado é conhecido como *característica cinemática* de um movimento rígido (neste contexto (1) seria a característica geométrica).

A condição expressa em (3) tem uma interpretação geométrica simples. Supondo P e Q distintos, a projeção de $\mathbf{v}_P$ na direção PQ é

$$\left[\mathbf{v}_P\cdot\frac{\mathbf{QP}}{\|\mathbf{QP}\|}\right]\frac{\mathbf{QP}}{\|\mathbf{QP}\|} = (\mathbf{v}_P\cdot\mathbf{QP})\frac{\mathbf{QP}}{\|\mathbf{QP}\|^2}$$

e a de $\mathbf{v}_Q$ é

$$\left[\mathbf{v}_Q\cdot\frac{\mathbf{QP}}{\|\mathbf{QP}\|}\right]\frac{\mathbf{QP}}{\|\mathbf{QP}\|} = (\mathbf{v}_Q\cdot\mathbf{QP})\frac{\mathbf{QP}}{\|\mathbf{QP}\|^2}$$

logo a relação em (3) nos diz que estes vetores projeções são iguais. A Fig. 18.5 ilustra.

Notemos que o resultado é intuitivo, dada a constância da distância entre P e Q ao longo do tempo.

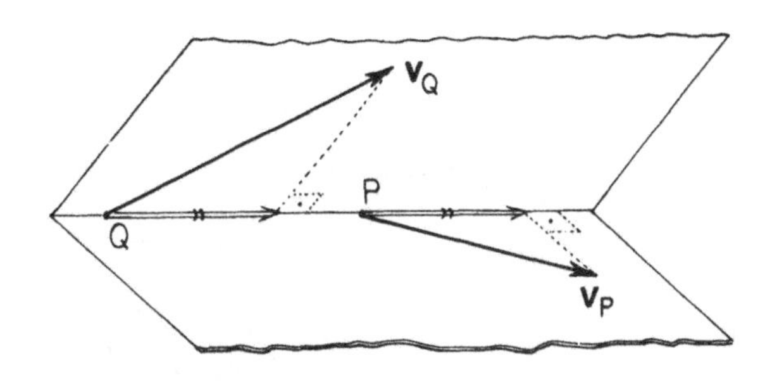

Figura 18.5

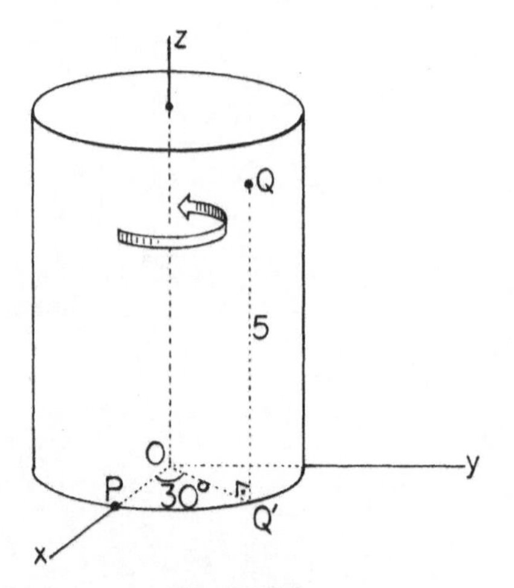

Figura 18.6

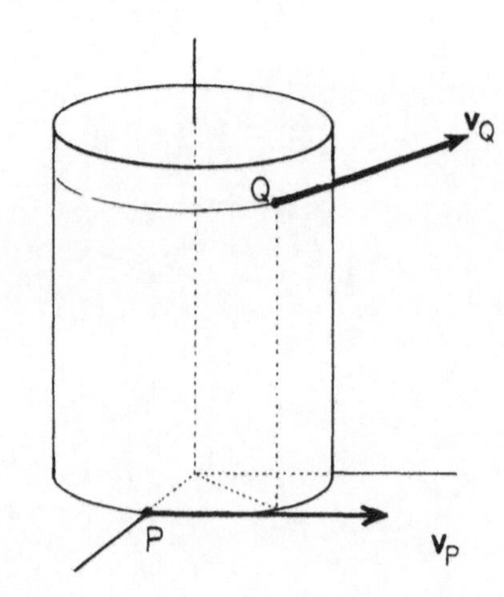

Figura 18.7

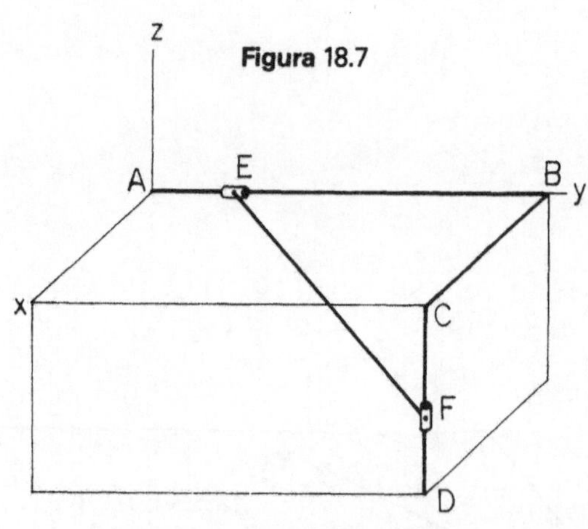

Figura 18.8

Exemplo 18.1-3 – O cilindro mostrado na Fig. 18.6 tem movimento de rotação em torno de seu eixo Oz. No instante mostrado, P, de coordenadas (1,0,0), tem velocidade de norma 2. Qual a velocidade vetorial de Q, dado na figura? (Unidades no Sistema Internacional.)

Solução. Temos facilmente

$$P = (1, 0, 0) \qquad Q = \left(\frac{\sqrt{3}}{2}, \frac{1}{2}, 5\right)$$

logo

$$\mathbf{QP} = \left(1 - \frac{\sqrt{3}}{2}, -\frac{1}{2}, -5\right) \qquad (\alpha)$$

Por outro lado, como se trata de rotação, temos, de acordo com o que vimos no Exemplo 18.1-2, que P e Q estão sobre circunferências ortogonais a Oz, de centros nesse eixo. Como as velocidades são tangentes a elas temos:

$$\mathbf{v}_P = 2\mathbf{j} \qquad \mathbf{v}_Q = m\left(-\frac{1}{2}\mathbf{i} + \frac{\sqrt{3}}{2}\mathbf{j}\right)^{(*)}$$

logo

$$\mathbf{v}_P - \mathbf{v}_Q = \frac{m}{2}\mathbf{i} + \left(2 - \frac{m\sqrt{3}}{2}\right)\mathbf{j} \qquad (\beta)$$

Como a relação em (3) equivale a $(\mathbf{v}_P - \mathbf{v}_Q)\cdot\mathbf{QP} = 0$, ($\alpha$) e ($\beta$) nos dão

$$\frac{m}{2}\left(1 - \frac{\sqrt{3}}{2}\right) + \left(2 - \frac{m\sqrt{3}}{2}\right)\left(-\frac{1}{2}\right) = 0$$

de onde resulta m = 2. Substituindo na expressão de $\mathbf{v}_Q$ acima vem

$$\mathbf{v}_Q = -\mathbf{i} + \sqrt{3}\,\mathbf{j}\ \text{m/s}$$ ◀

Exemplo 18.1-4 – Na Fig. 18.8, a estrutura ABCD é rígida e fixa, fazendo parte de um paralelogramo reto–retângulo. No instante mostrado a velocidade de E tem norma 3. Determinar a norma da velocidade de F. Dados: AE = 1, EB = 2, BC = 1, CF = 0,5 (unidades no Sistema Internacional). A barra EF é rígida.(**)

(*) $\mathbf{OQ'} = \cos 30^\circ\mathbf{i} + \operatorname{sen} 30^\circ\mathbf{j} = (\sqrt{3}/2)\mathbf{i} + (1/2)\mathbf{j}$

Um vetor ortogonal a **OQ'** é obtido trocando-se as componentes e mudando o sinal de uma delas. Pela figura vemos que a componente de **i** é negativa. Então

$$\mathbf{v} = m(-(1/2)\mathbf{i} + (\sqrt{3}/2)\mathbf{j}).$$

(**) Aqui S e qualquer conjunto com quatro pontos não coplanares que contém a barra EF.

Solução. Temos $v_E = \pm 3j$ e $v_F = mk$. Por outro lado, $E = (0, 1, 0)$, $F = (1, 3, -1/2)$, de acordo com os dados, de modo que $EF = i + 2j - (1/2)k$. Usando (3) temos

$$(v_E - v_F) \cdot EF = 0$$

ou seja,

$$(\pm 3j - mk) \cdot \left(i + 2j - \frac{1}{2}k\right) = 0$$

de onde resulta $m = \mp 12$, logo $v_F = \mp 12k$. Assim,

$$\|v_F\| = 12 \quad ◀$$

18.2 – DEFINIÇÃO DE MOVIMENTO RÍGIDO PLANO. VETOR DE ROTAÇÃO. FÓRMULA FUNDAMENTAL

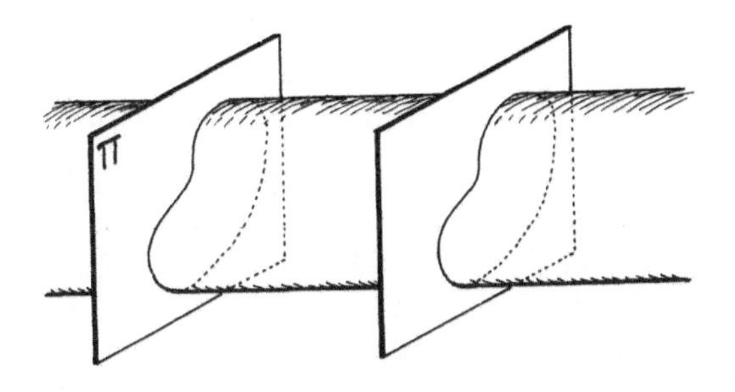

Figura 18.9

Suponhamos que um conjunto S executa um movimento rígido tal que três pontos não alinhados permanecem num mesmo plano π. Neste caso dizemos que S *executa movimento rígido plano*, ou que o movimento de S é um movimento rígido plano. π é referido como *plano diretor* do movimento.

Como o movimento é rígido, todos os pontos de S (ou rigidamente ligados a S) que estão no plano π permanecem em π. Basta estudar o movimento desses pontos já que, por ser o movimento rígido, a situação se repete num plano paralelo a π (que também é um plano diretor) (Fig. 18.9).

Como exemplo de movimento rígido plano temos o movimento de rotação.

A Fig. 18.10 mostra um sistema cartesiano (Ω, I, J, K), tal que (Ω, I, J) é um sistema cartesiano em π (fixo em relação a π), e um outro (O, i, j, k), solidário a S, com $k = K$, a que nos referiremos como móvel.

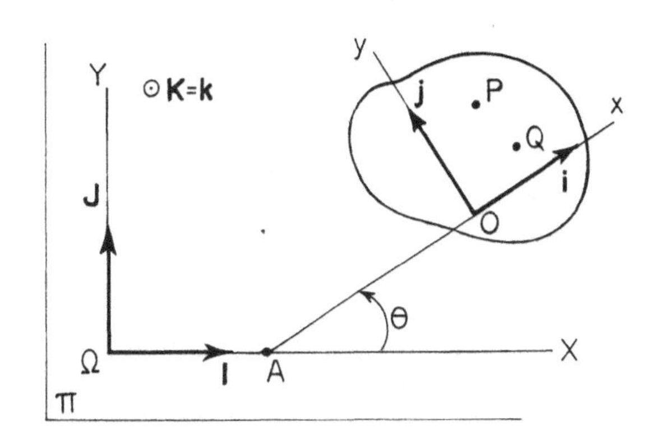

Figura 18.10

Sejam P e Q pontos de S que estão em π. Queremos relacionar suas velocidades v_P e v_Q.

Temos

$$\Omega P = \Omega Q + QP = \Omega Q + mi + nj \qquad (4)$$

onde m e n são constantes com o tempo, pois a base (i, j, k) acompanha S (numa linguagem imprópria mas sugestiva, i e j estão desenhados em S).

Então, derivando em t vem

$$v_P = v_Q + m\frac{di}{dt} + n\frac{dj}{dt} \qquad (5)$$

Sendo θ como indicado na figura(*) temos

$$i = \cos\theta\, I + \text{sen}\,\theta J \quad , \quad j = -\text{sen}\,\theta\, I + \cos\theta J \qquad (6)$$

logo

$$\frac{di}{dt} = \frac{di}{d\theta}\dot\theta = j\dot\theta \;,\; \frac{dj}{dt} = \frac{dj}{d\theta}\cdot\dot\theta = -i\dot\theta \qquad (7)$$

o que em (5) nos fornece

$$\begin{aligned} v_P &= v_Q + mj\dot\theta + n(-i)\,\dot\theta \\ &= v_Q + mk \wedge i\dot\theta + nk \wedge j\dot\theta \\ &= v_Q + \dot\theta k \wedge (mi+nj) \\ &= v_Q + \dot\theta k \wedge QP \end{aligned}$$

onde estamos supondo que (i, j, k) é base positiva (para escrever $k \wedge i = j$, $k \wedge j = -i$).

Definindo (*a função*) *vetor de rotação*, também chamada de *velocidade angular vetorial*, por

$$\boxed{\omega = \dot\theta\, k} \qquad (8)$$

a expressão de v_P acima fica

$$\boxed{v_P = v_Q + \omega \wedge QP} \qquad (9)$$

conhecida como *Fórmula Fundamental dos Movimentos Rígidos.*

Nota. O vetor de rotação aparentemente está dependendo da escolha dos sistemas de coordenadas. Para vermos que na realidade não existe tal dependência notemos inicialmente que a velocidade de um ponto em relação a um referencial não depende do ponto Ω escolhido no mesmo para origem. De fato, se Ω_1 é outro ponto do referencial, temos

$$\Omega_1 P = \Omega_1\Omega + \Omega P$$

logo, derivando no tempo e observando que $\Omega_1\Omega$ é constante, temos

$$\frac{d}{dt}\Omega_1 P = \frac{d}{dt}\Omega P$$

Assim, tomando outros sistemas de coordenadas (fixo e móvel), obteremos uma equação como (9), da forma

(*) A semi–reta (A,I) girando no sentido anti–horário, até coincidir com a semi–reta (A,i), varre um ângulo cuja medida em rd é θ. Se Ox e ΩX são paralelos, temos $\theta = 0$ ou $\theta = \pi$, conforme $i = I$ ou $i = -I$.

$$\mathbf{v}_P = \mathbf{v}_Q + \omega^* \wedge \mathbf{QP}$$

Comparando com (9) temos

$$(\omega - \omega^*) \wedge \mathbf{QP} = \mathbf{0}$$

Como $\mathbf{QP} \mathbin{//} \pi$, $\omega - \omega^* \perp \pi$, tomando $Q \neq P$ resulta que

$$\omega = \omega^*$$

Apesar da demonstração acima, julgamos interessante convencer o leitor geometricamente do fato provado através da Fig. 18.11 e da argumentação que se segue.

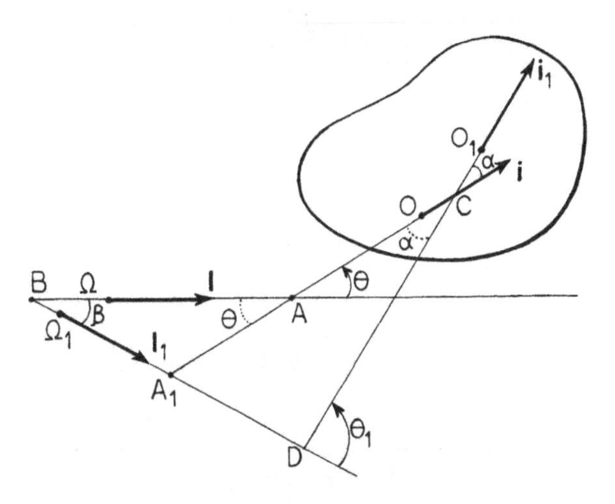

Figura 18.11

O ângulo externo de vértice A_1 no $\Delta\, A_1BA$ mede $\beta+\theta$. Logo o de vértice D no $\Delta\, A_1DC$, que mede θ_1, é tal que $\theta_1 = (\beta+\theta) + \alpha$. Daí

$$\dot\theta_1 = \dot\beta + \dot\theta + \dot\alpha = \dot\theta$$

pois α e β são constantes.

$\star$ **Nota.** Da maneira como $\theta(t)$ foi introduzido fica a idéia de que $0 \leq \theta(t) \leq 2\pi$, ou seja $\theta = \theta(t)$ é θ_+ usado nas coordenadas polares. Neste caso não é $\theta(t)$ derivável em geral: num movimento de rotação "uniforme" após uma volta θ passaria de 2π a 0, e $\theta(t)$ não seria nem contínua. O problema é resolvido do seguinte modo: seja $\mathbf{e}(t) = x(t)\mathbf{I}+y(t)\mathbf{J}$ com $x^2(t)+y^2(t) = 1$, $x(t)$ e $y(t)$ com derivadas contínuas. Vamos definir $\theta(t)$ assim:

$$\theta(t) = \int_{t_0}^{t} (x\dot y - y\dot x)\, dt + \theta_0$$

onde θ_0 é qualquer número que verifica $x(t_0) = \cos\theta_0$, $y(t_0) = \operatorname{sen}\theta_0$ (claramente existem infinitos θ_0). Esta expressão "tem sua lógica" como indicaremos depois. A expressão acima nos garante que θ tem derivada contínua pois

$$\dot\theta = x\dot y - y\dot x$$

Consideremos a função

$$f(t) = (x - \cos\theta)^2 + (y - \operatorname{sen}\theta)^2$$

Claramente $f(t_0) = 0$. Um cálculo fácil mostra que $\dot f(t) = 0$ ($f(t) = 2(1 - x\cos\theta - y\operatorname{sen}\theta)$; e de $x^2+y^2 = 1$ vem $x\dot x = -y\dot y$). Então $f(t) = 0$ para todo t logo $x = \cos\theta$, $y = \operatorname{sen}\theta$. Portanto

$$\mathbf{e}(t) = \cos\theta(t)\,\mathbf{I} + \operatorname{sen}\theta(t)\,\mathbf{J}$$

com $\theta(t)$ uma função com derivada contínua.

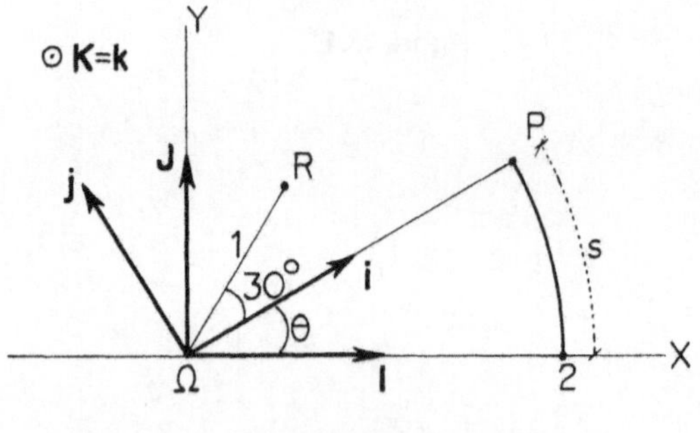

Agora veremos como surge a definição de θ: de $tg\theta = y/x$ resulta por derivação $\sec^2\theta\dot{\theta} = (x\dot{y}-y\dot{x})/x^2$. Usando $\sec^2\theta = 1+tg^2\theta = 1+(y/x)^2$ chega-se à expressão de $\dot{\theta}$ acima.

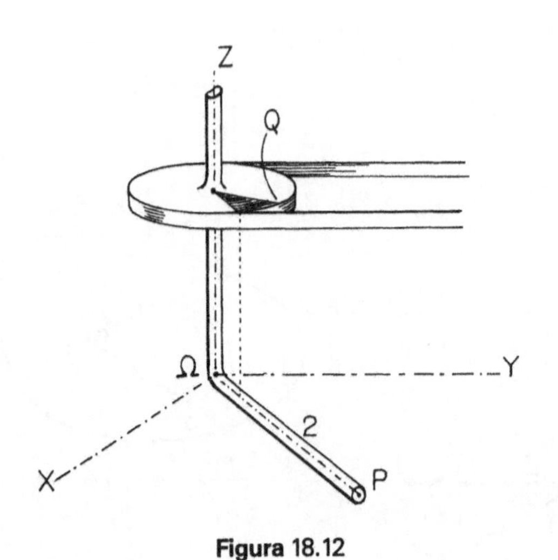

Figura 18.12

Exemplo 18.2-1 – No mecanismo mostrado na Fig. 18.12 a polia gira em torno do eixo ΩZ de modo que a função horária de P, medida a partir do ponto (2,0,0), é dada por $s(t) = 1-t^2$ (ΩP é perpendicular a ΩZ; orientação anti-horária). Determinar:

(a) O vetor de rotação do movimento.

(b) A velocidade vetorial do ponto Q, o ângulo assinalado na polia medindo 30°.

Dados $\Omega P = 2$, e o raio de polia, 1. (Unidades no Sistema Internacional.)

Figura 18.13

Solução. Consideraremos o plano diretor π como sendo ΩXY. Seja R a projeção ortogonal de Q sobre ΩXY. Com a notação da Fig. 18.13, temos:

$$s = 2\theta \,, \quad \text{logo} \quad 1-t^2 = 2\theta \,, \quad \text{e} \quad \theta = (1-t^2)/2$$

Portanto $\dot{\theta} = -t$ e daí

(a) $\boldsymbol{\omega} = \boldsymbol{\omega}(t) = -t\mathbf{k}$ rd/s ◀

(b) De acordo com (9) temos

$$\mathbf{v}_R = \mathbf{v}_\Omega + \boldsymbol{\omega} \wedge \Omega\mathbf{R}$$

Mas $\mathbf{v}_\Omega = \mathbf{0}$, e $\Omega\mathbf{R} = \cos 30°\mathbf{i} + \text{sen } 30°\mathbf{j} = (\sqrt{3}/2)\mathbf{i} + (1/2)\mathbf{j}$, logo

$$\mathbf{v}_Q = \mathbf{v}_R = \frac{t}{2}(\mathbf{i} - \sqrt{3}\,\mathbf{j}) \ \text{m/s}^2$$ ◀

Se quisermos dar $\mathbf{v}_Q$ segundo a base fixa, basta observar que

$$\mathbf{i} = \cos\theta\,\mathbf{I} + \text{sen }\theta\,\mathbf{J} = \cos\left(\frac{1-t^2}{2}\right)\mathbf{I} + \text{sen}\left(\frac{1-t^2}{2}\right)\mathbf{J}$$

$$\mathbf{j} = -\text{sen }\theta\,\mathbf{I} + \cos\theta\,\mathbf{J} = -\text{sen}\left(\frac{1-t^2}{2}\right)\mathbf{I} + \cos\left(\frac{1-t^2}{2}\right)\mathbf{J}$$

Nota. O exemplo acima ilustra o fato geral de que o vetor de rotação no caso de um movimento de rotação é paralelo ao eixo de rotação.

Faremos agora comentários sobre o vetor de rotação (no caso em questão, a saber, de movimento rígido plano).

- Claramente $\boldsymbol{\omega} \perp \pi$.

• A norma de ω sendo $|\dot{\theta}|$, nos dá a idéia de quão rápido está sendo o "giro" de S.

• O sentido de $\omega = \dot{\theta}\mathbf{k}$ nos diz qual o sentido do acima referido "giro". De fato, se, digamos, ω e $\mathbf{k}$ têm mesmo sentido, num intervalo aberto de tempo, então $\dot{\theta} > 0$ nesse intervalo, logo θ é estritamente crescente nesse intervalo, o que determina sentido anti-horário de giro(*). Observemos que a situação é consistente com a Regra do Saca-rolhas, como a Fig. 18.14 ilustra, ou seja, o giro do saca-rolhas sendo o anti-horário, ele deve subir, concordando com o sentido de ω.

Deixamos ao leitor as considerações análogas para o caso em que ω e $\mathbf{k}$ têm sentidos contrários.

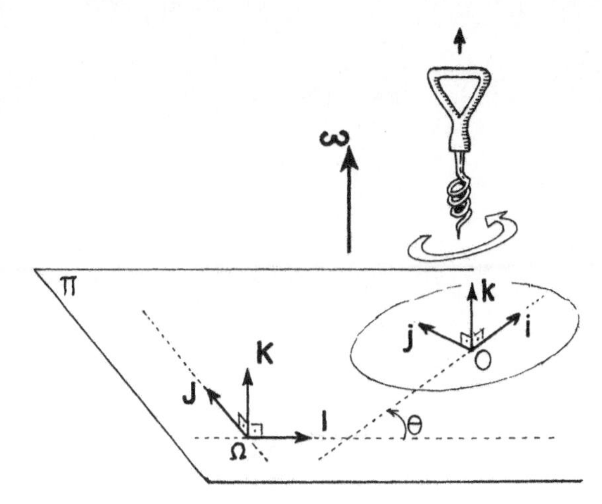

Figura 18.14

Exemplo 18.2-2 – Na Fig. 18.15 a peça semi-circular de raio R metros e centro O move-se de modo que A percorre ΩX com velocidade escalar constante 1m/s, B percorrer ΩY, mantendo-se a peça no plano ΩXY. Para t = 0s A está em Ω.

(a) Determinar o vetor de rotação.

(b) Mostrar que no instante $t = R\sqrt{2}$ s existe um único ponto da peça que tem velocidade nula.

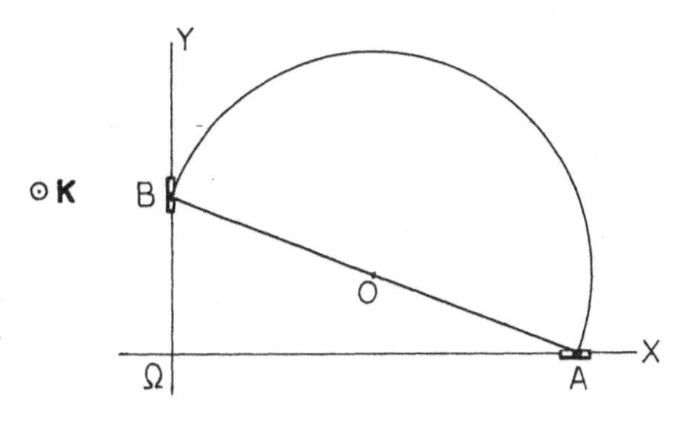

Figura 18.15

Nota. Nos exemplos e exercícios, quando falarmos em conjuntos bidimensionais, como o caso da peça acima, subentenda-se que existem pontos rigidamente ligados de modo que se verifique a convenção feita em 18.1.

Solução. (a) Temos $\dot{X}_A = 1$ logo $X_A = t+c$, e como para t = 0 A está em Ω temos

$$X_A = t$$

logo

$$Y_B = ((2R)^2 - t^2)^{1/2} = (4R^2 - t^2)^{1/2}$$

e daí

$$\dot{Y}_B = -\frac{t}{(4R^2-t^2)^{1/2}}$$

Assim

$$\mathbf{v}_A = \mathbf{I} \quad , \quad \mathbf{v}_B = -\frac{t}{(4R^2-t^2)^{1/2}}\mathbf{J}$$

e pondo

$$\omega = \omega \mathbf{K}$$

obtemos, usando a Fórmula Fundamental (9):

$$\mathbf{v}_A = \mathbf{v}_B + \omega \wedge \mathbf{BA}$$

(*)O argumento pode ser dado no instante. De fato, se $\omega(t_0)$ e $\mathbf{k}$ têm mesmo sentido, então $\dot{\theta}(t_0) > 0$; por continuidade, $\dot{\theta}(t) > 0$ num intervalo aberto, e $\theta(t)$ é estritamente crescente no mesmo.

$$\mathbf{I} = -\frac{t}{(4R^2-t^2)^{1/2}}\,\mathbf{J} + \omega\,\mathbf{K}\wedge\left(t\mathbf{I} - (4R^2-t^2)^{1/2}\,\mathbf{J}\right)$$

$$= \left[-\frac{t}{(4R^2-t^2)^{1/2}} + \omega\,t\right]\mathbf{J} + \omega\,(4R^2-t^2)^{1/2}\,\mathbf{I}$$

de onde resulta $\omega = (4R^2-t^2)^{-1/2}$ logo

$$\boldsymbol{\omega} = \boldsymbol{\omega}(t) = \frac{1}{(4R^2-t^2)^{1/2}}\,\mathbf{K}$$ ◄

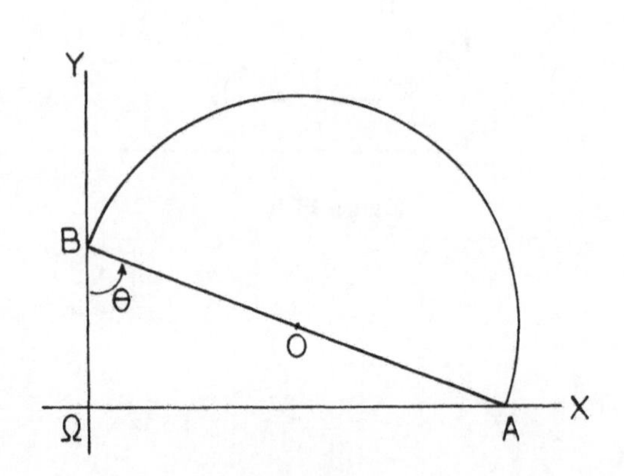

Figura 18.16

Um outro modo de acharmos $\boldsymbol{\omega}$ é o seguinte. Como A caminha para a direita, o "giro" é no sentido anti–horário, logo $\boldsymbol{\omega}$ tem mesmo sentido que $\mathbf{K}$, de acordo com a Regra do Saca–rolhas. Basta tomarmos então para θ, sendo $\boldsymbol{\omega} = \dot{\theta}\mathbf{K}$, a medida de um ângulo que cresça com o tempo, por exemplo, o indicado na Fig. 18.16.

Temos

$$\operatorname{sen}\theta = \frac{t}{2R}$$

logo

$$\cos\theta\,\dot{\theta} = \frac{1}{2R}$$

e como $\cos\theta = (4R^2-t^2)^{1/2}/2R$ resulta

$$\dot{\theta} = \frac{1}{(4R^2-t^2)^{1/2}}$$

e assim obtemos $\boldsymbol{\omega}$ (*).

(b) Seja C o ponto buscado. Temos que impor $\mathbf{v}_C = \mathbf{0}$ para $t = R\sqrt{2}$. Usando (9), podemos escrever

$$\mathbf{v}_A = \mathbf{v}_C + \boldsymbol{\omega}\wedge \mathbf{CA} \qquad (\alpha)$$

No instante considerado temos $\mathbf{v}_A = \mathbf{I}$, $\mathbf{v}_C = \mathbf{0}$, $\boldsymbol{\omega} = (1/R\sqrt{2})\mathbf{K}$, $A = (X_A, 0, 0) = (R\sqrt{2}, 0, 0)$, e pondo $C = (X_C, Y_C, 0)$, resulta, substituindo em (α):

$$\mathbf{I} = \frac{1}{R\sqrt{2}}\,\mathbf{K}\wedge\left[(R\sqrt{2} - X_C)\,\mathbf{I} - Y_C\,\mathbf{J}\right]$$

(*) Notemos que devemos impor $4R^2-t^2 > 0$, ou seja, $-2R < t < 2R$. As expressões acima são válidas para t nesse intervalo. Além disso, $\theta = \operatorname{arcsen}(t/2R)$ é um exemplo concreto da função derivável mencionada na Nota que sucede (9), com $-\pi/2 < \theta < \pi/2$.

Daí vem facilmente que

$$\begin{cases} 1 = \dfrac{Y_C}{R\sqrt{2}} \\ \\ 0 = \dfrac{1}{R\sqrt{2}}\left(R\sqrt{2} - X_C\right) \end{cases}$$

de onde resulta

$$X_C = R\sqrt{2}\,, \qquad Y_C = R\sqrt{2} \qquad ◀$$

A situação é mostrada na Fig. 18.17.

Encerraremos esta seção com um resultado simples, que utilizaremos mais tarde.

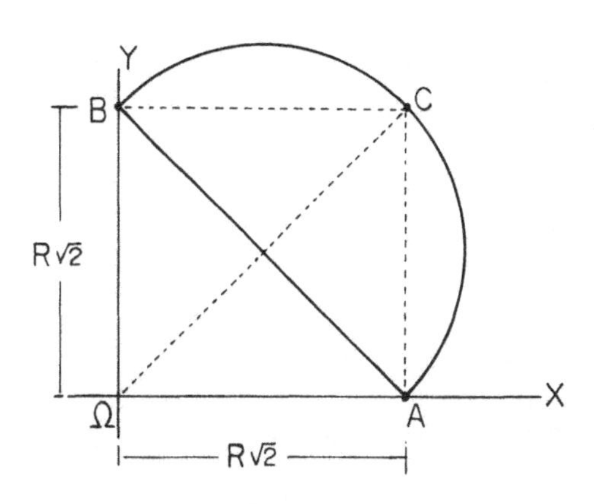

Figura 18.17

Exemplo 18.2-3 – Um conjunto S executa movimento rígido plano. Num instante t_0 tem–se dois pontos P e Q de um mesmo plano diretor verificando $\mathbf{v}_P(t_0) = \mathbf{v}_Q(t_0)$. Mostrar que $\boldsymbol{\omega}(t_0) = \mathbf{0}$.

Solução. Pela Fórmula Fundamental (9) temos, no instante t_0:

$$\mathbf{v}_P = \mathbf{v}_Q + \boldsymbol{\omega} \wedge \mathbf{QP}$$

ou seja,

$$\mathbf{0} = \boldsymbol{\omega} \wedge \mathbf{QP}$$

Como $\mathbf{QP} \neq \mathbf{0}$, $\mathbf{QP} \perp \boldsymbol{\omega}$, só pode ser $\boldsymbol{\omega} = \mathbf{0}$. ◀

18.3 – DISTRIBUIÇÃO DE VELOCIDADES. CENTRO INSTANTÂNEO DE ROTAÇÃO

Dado um conjunto S executando um movimento rígido plano, é possível, em cada instante t_0, saber como é o conjunto das velocidades dos pontos. Este conjunto é chamado *ato de movimento* no instante t_0.

1º caso. $\boldsymbol{\omega}(t_0) = \mathbf{0}$. Pela Fórmula Fundamental (9) temos $\mathbf{v}_P(t_0) = \mathbf{v}_Q(t_0)$, quaisquer que sejam P e Q de S (ou rigidamente ligados a S) que estão no plano diretor π. A "fotografia" das velocidades é então da forma indicada na Fig. 18.18 (eventualmente todas as velocidades são nulas). O ato de movimento neste caso é dito *translatório*. Observamos que não podemos afirmar que se trata de um movimento de translação, pois estamos estudando o movimento no instante t_0.

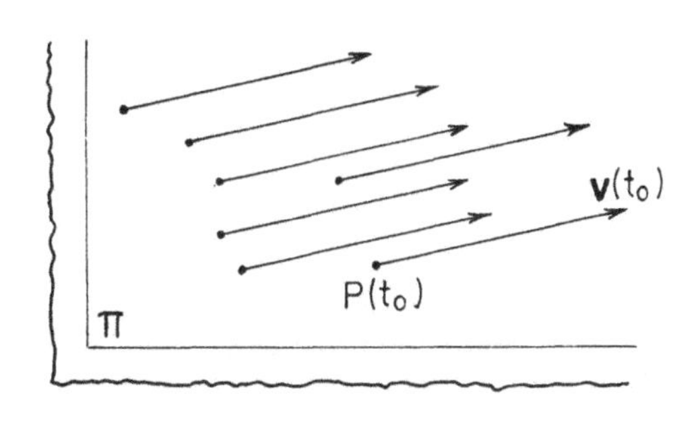

Figura 18.18

2º caso. $\boldsymbol{\omega}(t_0) \neq \mathbf{0}$. Mostraremos que neste caso existe um único ponto C de S (ou rigidamente ligado a S) que está no plano π e que no instante t_0 tem velocidade nula. Tal ponto é chamado *Centro Instantâneo de Rotação* (CIR), *no instante* t_0. O conjunto deles (no instante t_0) é uma reta perpendicular a π

(e paralela a $\omega(t_0)$), chamada *Eixo Instantâneo de Rotação* (EIR) *no instante* t_0.

(a) **Existência.** Escolhamos Q de S que está em π. Procuremos C como acima. Usando (9) vemos que devemos achar C tal que no instante t_0 se tenha

$$\mathbf{0} = \mathbf{v}_Q + \omega \wedge QC$$

ou, equivalentemente,

$$\begin{aligned} \mathbf{0} &= \mathbf{k} \wedge (\mathbf{v}_Q + \omega \wedge QC) \\ &= \mathbf{k} \wedge \mathbf{v}_Q + \mathbf{k} \wedge (\omega \wedge QC) \\ &= \mathbf{k} \wedge \mathbf{v}_Q + (\mathbf{k} \cdot QC)\,\omega - (\mathbf{k} \cdot \omega)\,QC \\ &= \mathbf{k} \wedge \mathbf{v}_Q - \dot{\theta}\,QC \end{aligned}$$

que equivale a

$$QC = \frac{\mathbf{k} \wedge \mathbf{v}_Q}{\dot{\theta}} \tag{10}$$

(usamos os fatos de que $\mathbf{k} \perp QC$, $\omega = \dot{\theta}\mathbf{k}$, e que $\dot{\theta}(t_0) \neq 0$, isto decorrendo da hipótese $\omega(t_0) \neq \mathbf{0}$).

Portanto a fórmula acima nos dá C.

(b) **Unicidade.** Se existissem dois pontos com velocidades nulas em t_0 teríamos $\omega(t_0) = \mathbf{0}$, pelo Exemplo 18.2-3, contra a hipótese.

Tomemos agora um ponto P qualquer de S (ou rigidamente ligado a S) que está em π. Temos usando (9) que, no instante t_0,

$$\mathbf{v}_P = \mathbf{v}_C + \omega \wedge CP = \omega \wedge CP$$

logo

$$\bullet \quad \mathbf{v}_P \perp CP \tag{11}$$

$$\bullet \quad \|\mathbf{v}_P\| = \|\omega\|\,\|CP\| \tag{12}$$

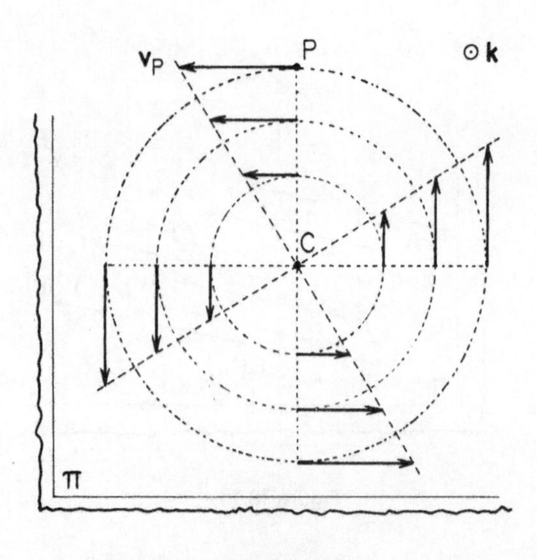

Figura 18.19

Observemos que (12) nos diz que $\|\mathbf{v}_P\|$ é proporcional à distância de P a C.

Portanto a "fotografia" das velocidades no instante t_0 tem o aspecto mostrado na Fig. 18.19 (foi suposto que $\omega(t_0)$ e $\mathbf{k}$ têm mesmo sentido).

Neste caso o ato de movimento no instante t_0 é chamado de *rotatório*. Observemos que não podemos afirmar que se trata de um movimento de rotação, pois estamos estudando o movimento no instante t_0; numa rotação, durante todo o movimento o CIR é o mesmo ponto.

O próximo exemplo que daremos mostrará um movimento rígido plano em que o ato de movimento em qualquer instante é rotatório, mas que não é um movimento de rotação.

Surge naturalmente a seguinte questão: num movimento rígido plano os atos de movimento são todos translatórios. Pode-se concluir que se trata de um movimento de translação? Resposta a cargo do leitor.

Outra questão para o leitor: exibir uma situação em que o movimento rígido apresenta atos de movimento rotatório e translatório.

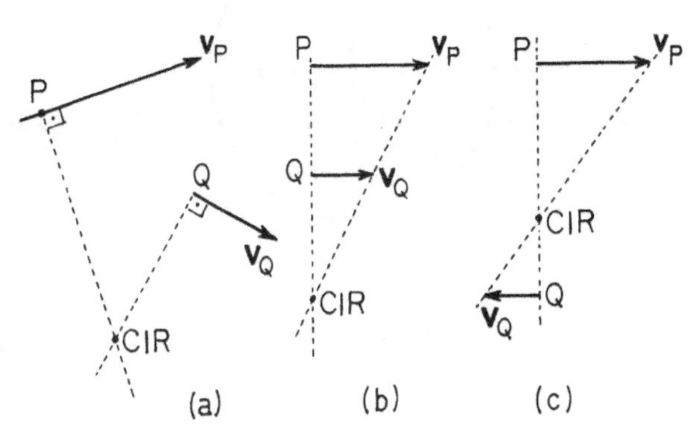

Figura 18.20

Nota. As seguintes considerações de caráter geométrico são interessantes, agilizando por vezes a obtenção de resultados.

Por (11) e (12) podemos determinar geometricamente o CIR, conforme se mostra na Fig. 18.20, conhecidas as velocidades de dois pontos.

No caso (a) usamos (11), o CIR sendo obtido pela intersecção das retas ortogonais às velocidades (aqui não usamos as normas das velocidades, somente suas direções). Nos casos (b) e (c) usamos (11) e (12), pois as retas ortogonais às velocidades coincidem.

Pergunta ao leitor: pode suceder num movimento rígido plano a situação ilustrada a seguir?

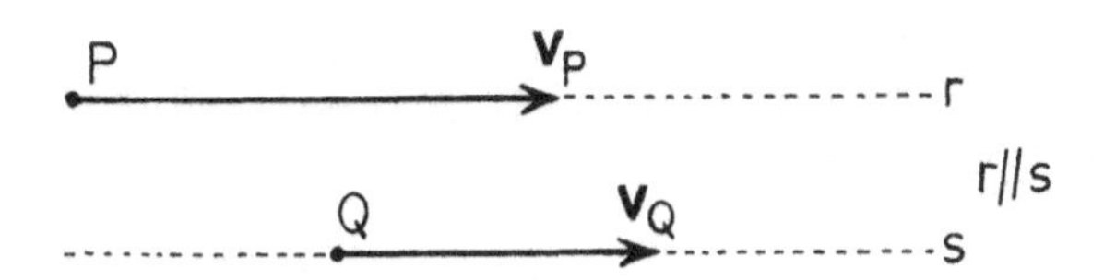

Nos exemplos que veremos neste capítulo surgirão situações em que dois sólidos indeformáveis terão contato segundo uma reta. Dizer que não há escorregamento entre eles num certo instante significa que nesse instante dois pontos quaisquer de contato, cada um de um sólido (e portanto coincidentes) têm mesma velocidade vetorial (Fig. 18.21).

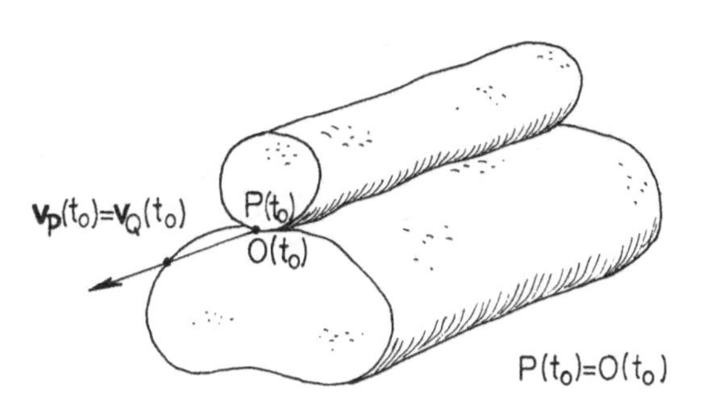

Figura 18.21

Em particular, quando um dos sólidos for fixo, cada ponto do outro de contato tem velocidade nula, caso em que se diz que o outro sólido (suposto não fixo) *rola sem escorregar* sobre o primeiro, no instante considerado.

Quando falarmos que não há escorregamento, ou que há rolamento sem escorregamento, sem mencionar o instante, isto significa que cada fato se dá em todos os instantes do movimento.

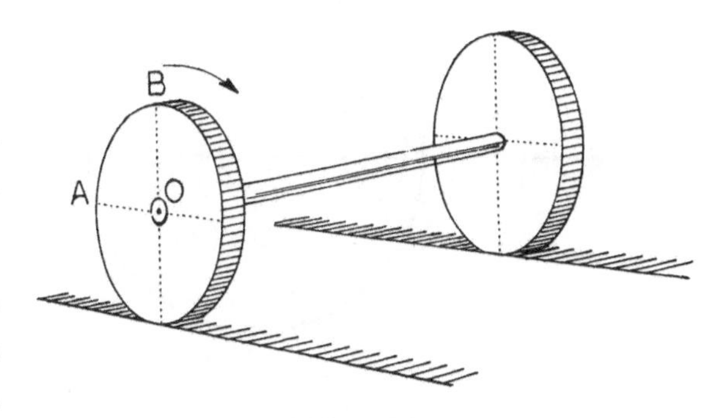

Figura 18.22

Exemplo 18.3-1 – A Fig. 18.22 mostra um mecanismo onde a peça móvel rola sem escorregar sobre os trilhos. No instante considerado a velocidade escalar do centro O da roda de raio R tem módulo $v_0 > 0$. Determinar, nesse instante,

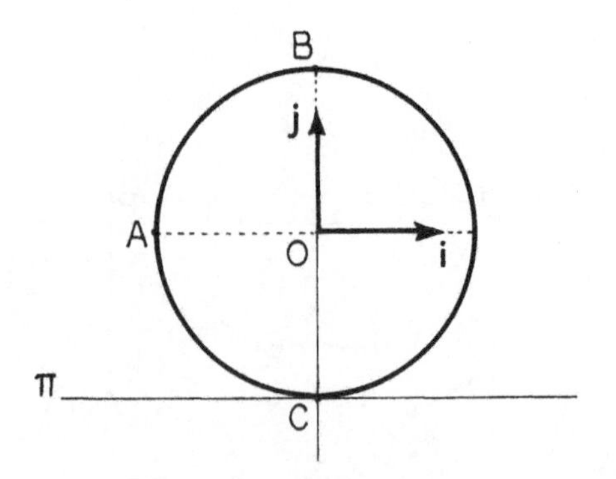

Figura 18.23

(a) O EIR.

(b) O vetor de rotação.

(c) As velocidades dos pontos A e B (AO é horizontal, OB vertical).

Solução. Tomando o plano OAB como diretor temos a Fig. 18.23, onde já escolhemos uma base.

(a) Como não há escorregamento, o CIR é o ponto C de contato, logo o EIR é a reta por C e perpendicular ao plano OAB.

(b) Pela Fórmula Fundamental (9) temos que

$$\mathbf{v}_0 = \mathbf{v}_C + \omega \wedge \mathbf{CO}$$

e como $\mathbf{v}_0 = v_0\,\mathbf{i}$, $\mathbf{v}_C = \mathbf{0}$, $\omega = \omega\mathbf{k}$, $\mathbf{CO} = R\mathbf{j}$, então

$$v_0\,\mathbf{i} = \omega\mathbf{k} \wedge R\mathbf{j} = -\omega R\,\mathbf{i}$$

de onde resulta $\omega = -v_0/R$, logo

$$\omega = -\frac{v_0}{R}\mathbf{k} \quad ◀$$

(c) Usando (9) temos que

$$\mathbf{v}_A = \mathbf{v}_C + \omega \wedge \mathbf{CA} = \omega \wedge \mathbf{CA} = -\frac{v_0}{R}\mathbf{k} \wedge (-R\mathbf{i} + R\mathbf{j})$$

ou seja,

$$\mathbf{v}_A = v_0(\mathbf{i}+\mathbf{j}) \quad ◀$$

$$\mathbf{v}_B = \mathbf{v}_C + \omega \wedge \mathbf{CB} = \omega \wedge \mathbf{CB} = -\frac{v_0}{R}\mathbf{k} \wedge 2R\mathbf{j}$$

ou seja

$$\mathbf{v}_B = 2v_0\,\mathbf{i} \quad ◀$$

Na Fig. 18.24 ilustramos o ato de movimento no instante considerado.

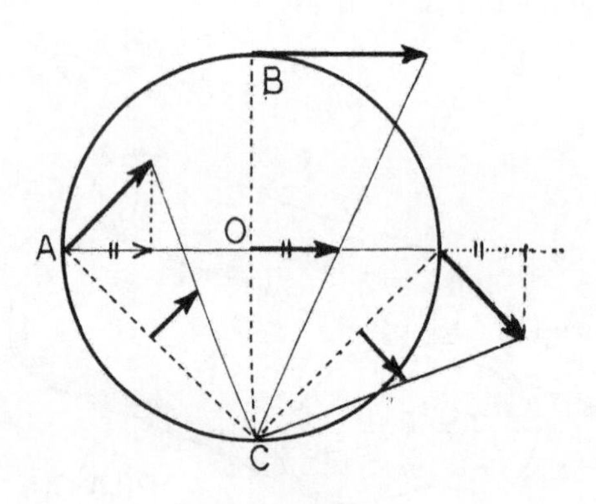

Figura 18.24

Nota. Um procedimento alternativo para a solução do exemplo acima é o seguinte.

Temos, graças à (12):

$$v_0 = \|\omega\|\,R \quad \therefore \quad \|\omega\| = \frac{v_0}{R}$$

Usando a Regra do Saca-rolhas vemos que ω e $\mathbf{k}$ têm sentidos contrários, logo

$$\omega = -\frac{v_0}{R}\mathbf{k}$$

Para obter $\mathbf{v}_A$, usamos inicialmente (12) para obter

$$\|\mathbf{v}_A\| = \|\omega\|\,\|\mathbf{AC}\| = \frac{v_0}{R} \cdot R\sqrt{2} = v_0\sqrt{2}$$

Em seguida observamos que por (11) temos $\mathbf{v}_A \perp \mathbf{CA}$, o sentido de $\mathbf{v}_A$ sendo obviamente o mostrado na Fig. 18.25.

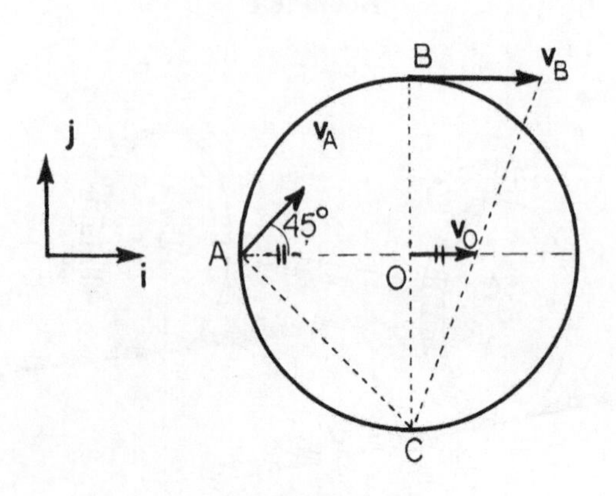

Figura 18.25

Então

$$\mathbf{v}_A = \|\mathbf{v}_A\| (\cos 45^\circ\, \mathbf{i} + \operatorname{sen} 45^\circ\, \mathbf{j})$$

$$= v_0 \sqrt{2} \left(\frac{\sqrt{2}}{2}\mathbf{i} + \frac{\sqrt{2}}{2}\mathbf{j}\right)$$

$$= v_0(\mathbf{i}+\mathbf{j})$$

Analogamente se acha $\mathbf{v}_B$, porém neste caso é óbvio da figura que $\mathbf{v}_B = 2\mathbf{v}_0$.

Exemplo 18.3-2 – No exemplo anterior suponhamos que a velocidade escalar de O tenha módulo v_0 constante para todo t real.

(a) Determinar $\omega(t)$.

(b) Determinar as coordenadas do CIR em cada instante t, num sistema de coordenadas a ser escolhido.

(c) Derivando as coordenadas do CIR no tempo não se obtém zero. Existe contradição?

(d) Seja M o ponto da roda tal que M(0) está em contato com o trilho. Achar $\mathbf{v}_M(t)$. Achar o primeiro instante positivo no qual M é o CIR.

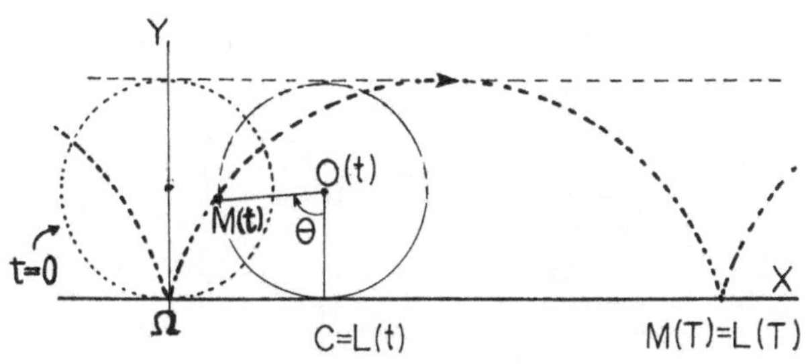

Figura 18.26

Solução (Fig. 18.26).

(a) A resolução segue os mesmos passos dados no exemplo anterior para o cálculo do vetor de rotação. Usaremos aqui a base fixa. Sendo C o ponto de contato do disco com o trilho no instante t, temos que sua velocidade é nula, logo (9) nos dá

$$\mathbf{v}_0(t) = \boldsymbol{\omega}(t) \wedge \mathbf{CO(t)}$$

Substituindo $\mathbf{v}_0(t) = v_0\mathbf{I}$, $\boldsymbol{\omega}(t) = \omega(t)\mathbf{K}$, $\mathbf{CO}(t) = R\mathbf{J}$ nessa equação resulta $\omega(t) = -v_0R$, logo

$$\boldsymbol{\omega}(t) = -\frac{v_0}{R}\mathbf{K} \qquad ◀$$

(b) Tomemos o sistema fixo de coordenadas como indica a Fig. 18.26, isto é, tal que O(0) esteja em ΩY. Então a abscissa de O no instante t é claramente v_0t, e como esta é a de C, este ponto tem coordenadas dadas por $(v_0t, 0, 0)$.

(c) Seja L o ponto cujo movimento é dado pelas coordenadas acima achadas do CIR:

$$\Omega L(t) = v_0 t\mathbf{I}$$

Sua velocidade é dada por

$$\mathbf{v}_L(t) = v_0\mathbf{I}$$

L é a projeção ortogonal de O em ΩX. Portanto L coincide, em cada instante, com o CIR nesse instante. Mas o CIR não é o mesmo ponto da roda para todo t. Por exemplo, observemos o ponto M mostrado na Fig. 18.26. Para $t = 0$ ele é o CIR. Depois, como mostra a figura, M descreve um arco de ciclóide, e vai ser o CIR num outro instante $T > 0$, instante em que coincide com $L(T)$. Ora, nesse ínterim L percorre um segmento do eixo ΩX. Não há razão pois para que estes pontos tenham mesma velocidade!

(d) Para achar $\mathbf{v}_M(t)$ vamos achar $\mathbf{\Omega M}(t)$. Para isso, sendo θ como indicado na Fig. 18.26 temos

$$\omega = -\dot{\theta}\,\mathbf{K}$$

o sinal menos sendo devido a que, pela regra do Saca–rolhas, ω e $\mathbf{K}$ têm sentidos contrários, e $\dot{\theta} \geq 0$ pois θ é estritamente crescente. Comparando com o obtido no item (a) vem $\dot{\theta} = v_0/R$ e daí $\theta = \theta(t) = (v_0/R)t$ (uma vez que $\theta(0) = 0$).

Como já vimos no Exemplo 15.1-5, temos

$$x_M = R\theta - R \operatorname{sen} \theta \ , \quad y_M = R - R\cos\theta \ , \quad z_M = 0$$

logo

$$\mathbf{\Omega M}(t) = \left(v_0 t - R \operatorname{sen}\left(\tfrac{v_0}{R}t\right)\right)\mathbf{I} + R\left(1 - \cos\left(\tfrac{v_0}{R}t\right)\right)\mathbf{J}$$

e daí

$$\mathbf{v}_M(t) = v_0\left[\left(1 - \cos\left(\tfrac{v_0}{R}t\right)\right)\mathbf{I} + \operatorname{sen}\left(\tfrac{v_0}{R}t\right)\mathbf{J}\right] \quad ◀$$

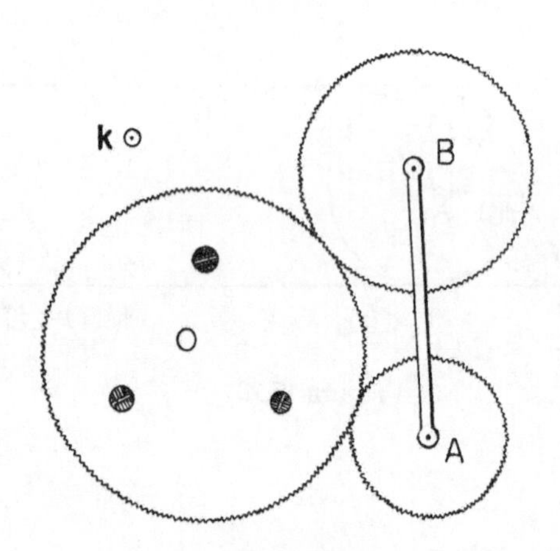

Figura 18.27

Fazendo $\mathbf{v}_M(t) = \mathbf{0}$ obteremos

$$\cos\left(\tfrac{v_0}{R}t\right) = 1 \ , \quad \operatorname{sen}\left(\tfrac{v_0}{R}t\right) = 0$$

e a primeira solução positiva T é

$$T = \frac{2\pi R}{v_0} \quad ◀$$

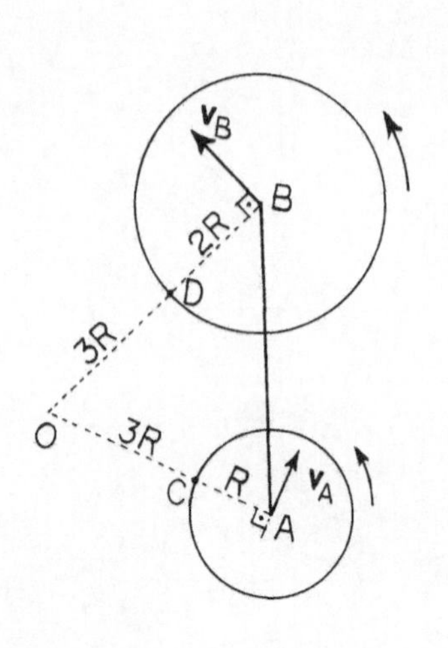

Figura 18.28

Exemplo 18.3-3 – No mecanismo mostrado na Fig. 18.27 os discos de raio R e 2R têm seus centros A e B ligados por uma haste, e rolam sem escorregar sobre o disco fixo de centro O e raio 3R. O vetor de rotação do disco de centro A é $\omega = 2t\mathbf{k}$ rd/s ($t \geq 0$, t em segundos). Determinar:

(a) O vetor de rotação da haste.

(b) O vetor de rotação do disco de raio 2R.

Solução. A e B estão sobre circunferências de centro O e raios $3R+R = 4R$ e $3R+2R = 5R$, respectivamente. Suas velocidades são tangentes a elas, logo O é o CIR da haste AB (Fig. 18.28).

Como não há escorregamento, o ponto de contato C é o CIR do disco menor, logo

$$\|v_A\| = \|\omega\|\, R = 2tR$$

(aqui A foi olhado como elemento do referido disco).

Olhando A como elemento da haste, sendo $\boldsymbol{\Omega}$ o vetor de rotação desta, temos

$$\|v_A\| = \|\boldsymbol{\Omega}\|\, 4R$$

Das duas igualdades obtém–se

$$\|\boldsymbol{\Omega}\| = \frac{t}{2} \qquad (\alpha)$$

logo (pela Regra do Saca–rolhas e observando como a haste se desloca)

$$\boldsymbol{\Omega} = \frac{t}{2}\mathbf{k} \qquad ◀$$

(b) Olhando B como elemento do disco e também da haste podemos escrever, sendo ω_1 o vetor de rotação desse disco:

$$\|\omega_1\|\, 2R = \|v_B\| = \|\boldsymbol{\Omega}\|\, 5R$$

ou seja, lembrando (α), $\|\omega_1\| = (5/4)t$. Assim (pela Regra do Saca–rolhas e observando como o disco se desloca)

$$\omega_1 = \frac{5t}{4}\mathbf{k} \qquad ◀$$

Exemplo 18.3-4 – Na Fig. 18.29 os discos têm seus centros unidos pela haste AB. O disco de raio R_i tem vetor de rotação ω_i , $i = 1, 2$, o movimento de cada elemento do mecanismo sendo rígido plano, de plano diretor ortogonal a **K**.

Os discos são tangentes, não havendo escorregamento entre eles. Determinar o vetor de rotação ω da haste.

Aplicação. $\omega_1 = 5\mathbf{K}$ rd/s , $R_1 = 2$m ;
$\omega_2 = 3\mathbf{K}$ rd/s , $R_2 = 1$m .

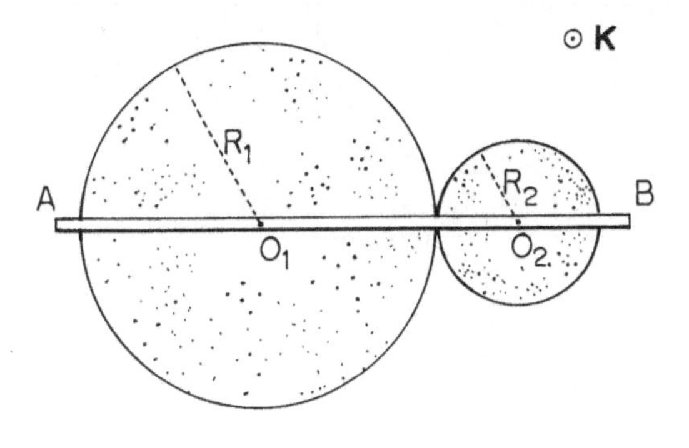

Figura 18.29

Solução. Seja E o ponto de contato *entre os discos.* Então

$$\mathbf{v}_E = \mathbf{v}_{O_1} + \omega_1 \wedge \mathbf{O_1E}$$

$$\mathbf{v}_E = \mathbf{v}_{O_2} + \omega_2 \wedge \mathbf{O_2E}$$

$$\mathbf{v}_{O_2} = \mathbf{v}_{O_1} + \omega \wedge \mathbf{O_1O_2}$$

Tirando o valor de $\mathbf{v}_{O_1}$ da 1ª equação, de $\mathbf{v}_{O_2}$ da 2ª, e substituindo na 3ª vem que

$$\mathbf{v}_E - \omega_2 \wedge \mathbf{O_2E} = \mathbf{v}_E - \omega_1 \wedge \mathbf{O_1E} + \omega \wedge \mathbf{O_1O_2}$$

Cancelando $\mathbf{v}_E$, pondo $\mathbf{i} = \mathbf{O_1O_2}/\|\mathbf{O_1O_2}\|$, $\omega_1 = \omega_1\mathbf{K}$, $\omega_2 = \omega_2\mathbf{K}$, $\omega = \omega\mathbf{K}$, e notando que $\mathbf{O_1E} = R_1\mathbf{i}$, $\mathbf{O_2E} = -R_2\mathbf{i}$, $\mathbf{O_1O_2} = (R_1+R_2)\mathbf{i}$, resulta que

$$\omega_2 R_2\,\mathbf{K}\wedge\mathbf{i} = -\omega_1 R_1\,\mathbf{K}\wedge\mathbf{i} + \omega(R_1+R_2)\,\mathbf{K}\wedge\mathbf{i}$$

e daí

$$\omega = \frac{\omega_1 R_1 + \omega_2 R_2}{R_1+R_2}$$

Assim,

$$\boldsymbol{\omega} = \omega\mathbf{K} = \frac{\omega_1 R_1 + \omega_2 R_2}{R_1+R_2}\mathbf{K}$$

ou seja,

$$\boldsymbol{\omega} = \frac{1}{R_1+R_2}(R_1\boldsymbol{\omega}_1 + R_2\boldsymbol{\omega}_2) \quad ◀$$

Aplicação. Substituindo os valores dados vem que

$$\boldsymbol{\omega} = \frac{1}{3}(2.5\mathbf{K} + 1.3\mathbf{K}) = \frac{13}{3}\mathbf{K} \quad ◀$$

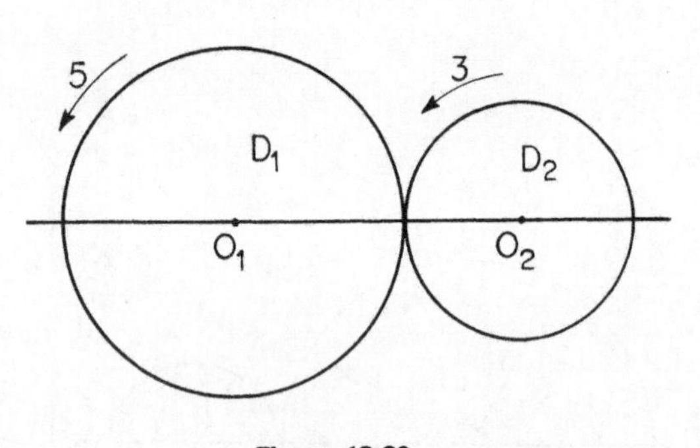

Figura 18.30

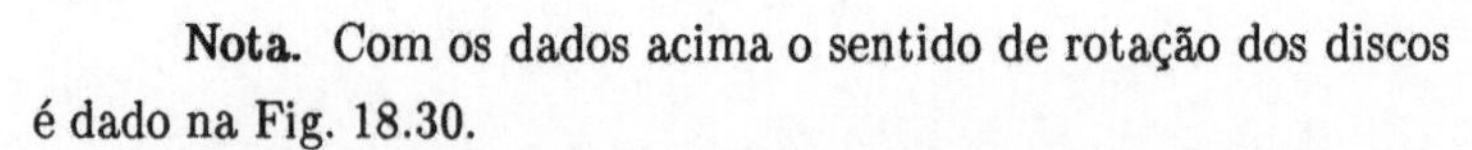

Nota. Com os dados acima o sentido de rotação dos discos é dado na Fig. 18.30.

Como pode ser isso sem haver escorregamento? Uma possibilidade de se obter tal situação é imaginar D_2 fixo inicialmente, e D_1 rolando sem escorregar sobre D_2. A seguir gire a "página" em torno de O_2.

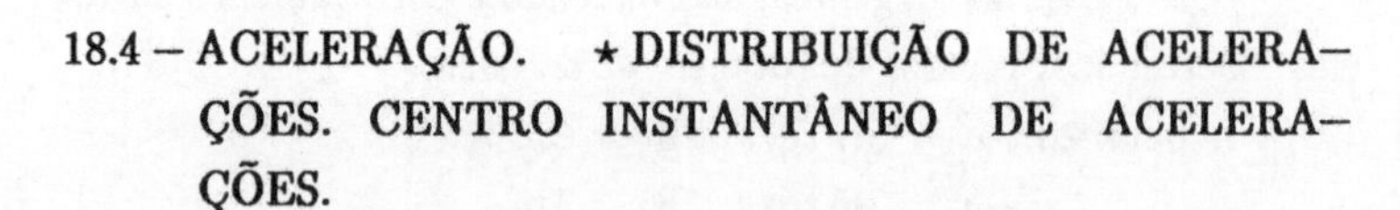

18.4 – ACELERAÇÃO. ★ DISTRIBUIÇÃO DE ACELERAÇÕES. CENTRO INSTANTÂNEO DE ACELERAÇÕES.

(a) **Aceleração.** Derivando membro a membro a relação

$$\mathbf{v}_P = \mathbf{v}_Q + \boldsymbol{\omega}\wedge\mathbf{QP} \tag{13}$$

obtemos

$$\begin{aligned}
\mathbf{a}_P &= \mathbf{a}_Q + \dot{\boldsymbol{\omega}}\wedge\mathbf{QP} + \boldsymbol{\omega}\wedge\frac{d}{dt}\mathbf{QP} \\
&= \mathbf{a}_Q + \dot{\boldsymbol{\omega}}\wedge\mathbf{QP} + \boldsymbol{\omega}\wedge(\mathbf{v}_P - \mathbf{v}_Q) \\
&\overset{(13)}{=} \mathbf{a}_Q + \dot{\boldsymbol{\omega}}\wedge\mathbf{QP} + \boldsymbol{\omega}\wedge(\boldsymbol{\omega}\wedge\mathbf{QP}) \\
&= \mathbf{a}_Q + \dot{\boldsymbol{\omega}}\wedge\mathbf{QP} + (\boldsymbol{\omega}\cdot\mathbf{QP})\,\boldsymbol{\omega} - (\boldsymbol{\omega}\cdot\boldsymbol{\omega})\,\mathbf{QP}
\end{aligned}$$

logo, como $\boldsymbol{\omega}\perp\mathbf{QP}$, resulta que

$$\boxed{\mathbf{a}_P = \mathbf{a}_Q + \dot{\omega} \wedge \mathbf{QP} - \|\omega\|^2 \mathbf{QP}} \qquad (14)$$

$\dot{\omega}$ é chamada (*função*) *aceleração angular vetorial.*

Num movimento rígido plano de translação claramente todos os pontos têm mesma aceleração em cada instante, caso em que se fala em aceleração do movimento.

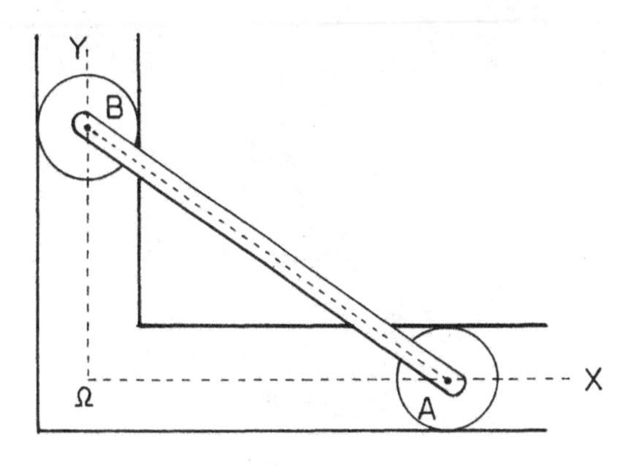

Figura 18.31

Exemplo 18.4-1 – No mecanismo mostrado na Fig. 18.31 tem–se, para o instante representado, que a velocidade escalar de A vale 2m/s, e sua aceleração escalar vale 3m/s^2. Determinar, sendo 5m o comprimento de AB e $\Omega A = 4\text{m}$:

(a) A aceleração angular vetorial da haste AB e a aceleração vetorial de B.

(b) A aceleração do CIR do movimento da haste AB.

Solução. Por (14) temos

$$\mathbf{a}_A = \mathbf{a}_B + \dot{\omega} \wedge \mathbf{BA} - \|\omega\|^2 \mathbf{BA} \qquad (\alpha)$$

Determinemos $\|\omega\|$. Na Fig. 18.32 determinamos C, o CIR, geometricamente. Temos

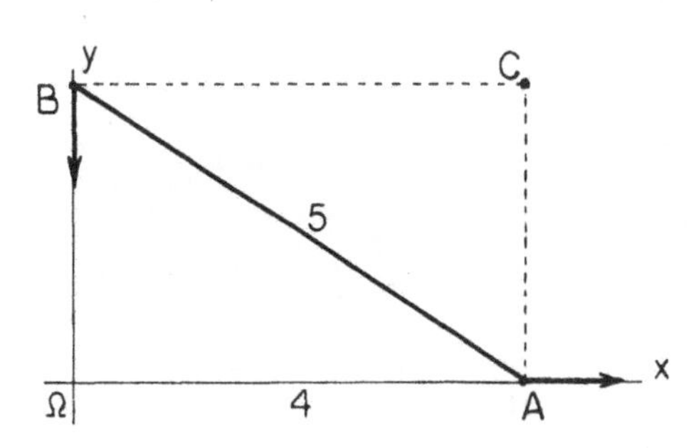

Figura 18.32

$$\|\mathbf{v}_A\| = \|\omega\| \, \|\mathbf{CA}\|$$

ou seja

$$2 = \|\omega\| \, (5^2 - 4^2)^{1/2}$$

logo

$$\|\omega\| = \frac{2}{3}$$

Temos

$$\mathbf{a}_A = 3\mathbf{I} \ , \quad \mathbf{a}_B = b\mathbf{J} \ , \quad \dot{\omega} = c\mathbf{K} \ , \quad \mathbf{BA} = 4\mathbf{I} - 3\mathbf{J}$$

Substituindo os valores em (α) resulta

$$3\mathbf{I} = b\mathbf{J} + c\mathbf{K} \wedge (4\mathbf{I} - 3\mathbf{J}) - \left(\frac{2}{3}\right)^2 (4\mathbf{I} - 3\mathbf{J})$$

$$= \left(3c - \frac{16}{9}\right) \mathbf{I} + \left(b + 4c + \frac{4}{3}\right) \mathbf{J}$$

logo

$$3 = 3c - \frac{16}{9} \ , \qquad b + 4c + \frac{4}{3} = 0$$

sistema que resolvido fornece $b = -208/27$, $c = 43/27$ logo

$$\dot{\omega} = \frac{43}{27} \mathbf{K} \ \text{rd/s}^2 \ , \quad \mathbf{a}_B = -\frac{208}{27} \mathbf{J} \ \text{m/s}^2$$ ◀

(b) Por (14) temos

$$\mathbf{a}_C = \mathbf{a}_A + \dot{\omega} \wedge \mathbf{AC} - \|\omega\|^2 \mathbf{AC}$$

Temos

$$\mathbf{a}_A = 3\mathbf{I}\ ,\quad \dot{\omega} = \frac{43}{27}\mathbf{K}\ ,\quad \mathbf{AC} = 3\mathbf{J}\ ,\quad \|\omega\| = \frac{2}{3}$$

que substituídos na expressão acima de $\mathbf{a}_C$ fornecem

$$\mathbf{a}_C = -\frac{4}{9}(4\mathbf{I} + 3\mathbf{J})\ \mathrm{m/s^2}$$ ◀

o que deve fazer o leitor não cometer o erro de dizer de antemão que a aceleração do CIR é nula.

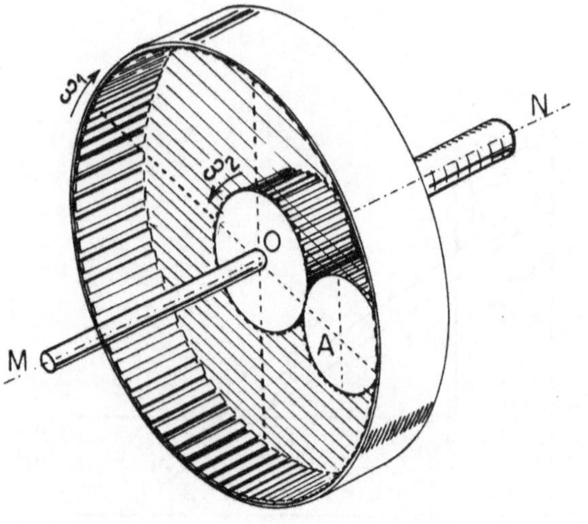

Figura 18.33

Exemplo 18.4–2 – No mecanismo mostrado na Fig. 18.33 a engrenagem que contém O tem raio 1m e gira em torno de MN com velocidade angular vetorial constante de norma 1rd/s, ao passo que a maior, de raio 3m, gira em torno de MN com velocidade angular vetorial de norma t rd/s $(t \geq 0)$. Não há escorregamento entre estas engrenagens e a terceira. Determinar, para esta última:

(a) O vetor de rotação em função do tempo.

(b) A norma da aceleração de um ponto do EIR para t = 1s.

Solução. A Fig. 18.34 esquematiza a situação.

(a) Temos $\|\mathbf{v}_B\| = \|\omega_1\|\ \|\mathbf{BO}\| = t\cdot 3$, $\|\mathbf{v}_D\| = \|\omega_2\|\ \|\mathbf{DO}\| = 1.1 = 1$. Sendo C o CIR do movimento da engrenagem intermediária no plano mostrado na Fig. 18.34, temos, por semelhança de triângulos:

$$\frac{3t}{1} = \frac{DB-DC}{DC} = \frac{2-DC}{DC}$$

logo

$$DC = \frac{2}{3t+1} \qquad (\alpha)$$

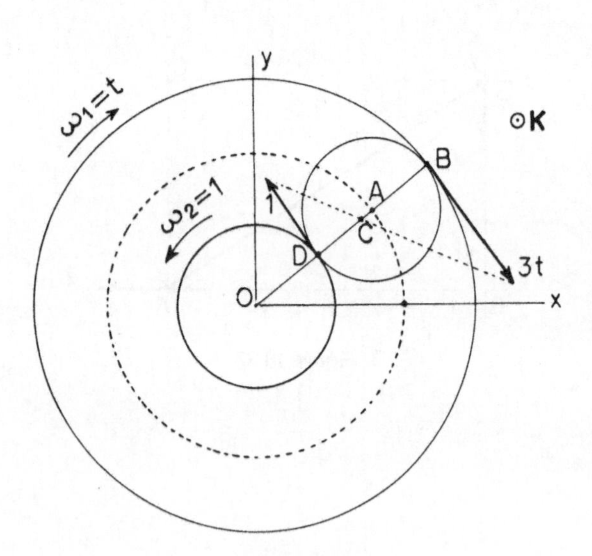

Figura 18.34

e daí, sendo $\omega = \omega(t)$ o vetor de rotação buscado, temos que

$$\|\mathbf{v}_D\| = \|\omega\|\ \|\mathbf{CD}\|$$

portanto

$$\|\omega\| = \frac{3t+1}{2}$$

Assim,

$$\omega = -\frac{3t+1}{2}\mathbf{K}\ \ \mathrm{rd/s}$$ ◀

(b) Para achar a aceleração de C usaremos a fórmula

$$\mathbf{a}_C = \mathbf{a}_A + \dot{\omega}\wedge\mathbf{AC} - \|\omega\|^2\,\mathbf{AC} \qquad (\beta)$$

Escolhemos o ponto A porque sabemos que sua trajetória é circular, de raio 2, o que permitirá calcular sua aceleração.

Primeiramente calcularemos $\mathbf{v}_A$. Para isso usaremos os versores τ e $\mathbf{n}$ obtidos pela orientação anti–horária da circunferência suporte de seu movimento, o desenho correspondente sendo deixado para o leitor. Temos

$$\mathbf{v}_A = \mathbf{v}_B + \omega \wedge \mathbf{BA} = -3t\,\tau + \left(-\frac{3t+1}{2}\,\mathbf{K}\right) \wedge \mathbf{n}$$

$$= -3t\,\tau + \frac{3t+1}{2}\,\tau = \frac{-3t+1}{2}\,\tau$$

de forma que sendo $s = s(t)$ a função horária de A (por exemplo, medida a partir da sua posição para $t = 0$) temos

$$\dot{s} = \frac{1-3t}{2}$$

logo

$$\ddot{s} = -\frac{3}{2}$$

e então

$$\mathbf{a}_A = \ddot{s}\tau + \frac{\dot{s}^2}{2}\mathbf{n} = -\frac{3}{2}\tau + \frac{(1-3t)^2}{8}\mathbf{n}$$

No instante $t = 1s$ temos

$$\mathbf{a}_A = -\frac{3}{2}\tau + \frac{1}{2}\mathbf{n} \qquad (\gamma)$$

Pela parte (a) temos para $t = 1s$:

$$\|\omega\| = 2\ , \qquad \dot{\omega} = -\frac{3}{2}\mathbf{K} \qquad (\delta)$$

e

$$\mathbf{AC} = (1 - DC)\,\mathbf{n} \overset{(\alpha)}{=} \frac{1}{2}\mathbf{n} \qquad (\varepsilon)$$

Substituindo (γ), (δ), (ε) em (β) resulta que

$$\mathbf{a}_C = -\frac{3}{4}\tau - \frac{3}{2}\mathbf{n}$$

e portanto

$$\|\mathbf{a}_C\| = \frac{3}{4}\sqrt{5}$$

◀

Notas. 1. Podemos ter uma idéia do movimento da engrenagem que contém A observando o movimento de A. Integrando a expressão de $\dot{s}$ acima, e impondo $s(0) = 0$ obtemos $s = (2t-3t^2)/4$. Na Fig. 18.35 ilustramos o movimento.

2. Consideremos a seguinte resolução do item (b):

$$\mathbf{a}_C = \mathbf{a}_B + \dot{\omega} \wedge \mathbf{BC} - \|\omega\|^2\,\mathbf{BC}$$

$$\mathbf{BC} = (2 - DC)\,\mathbf{n} = \left(2 - \frac{2}{3.1+1}\right)\mathbf{n} = \frac{3}{2}\mathbf{n}$$

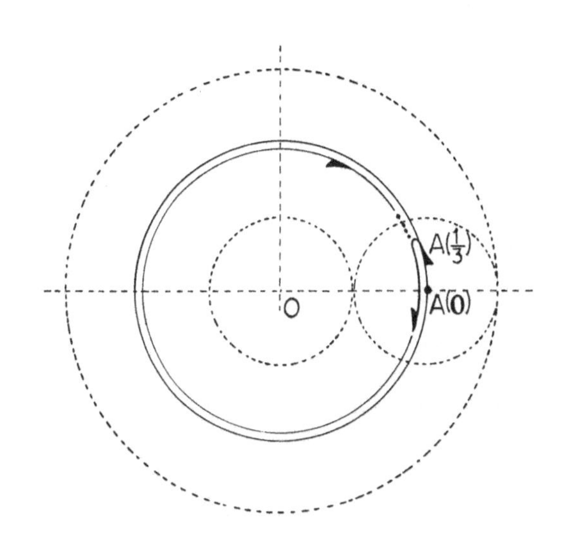

Figura 18.35

$$\dot{\omega} = -\frac{3}{2}K \,, \qquad \|\omega\| = 2$$

$$\mathbf{a}_B = \mathbf{a}_O + \dot{\omega}_1 \wedge OB - \|\omega_1\|^2 OB$$

$$= 0 + (-tK)^{\cdot} \wedge (-3n) - t^2(-3n)$$

$$= -K \wedge (-3n) + 3t^2 n$$

$$= -3\tau + 3n$$

Substituindo na expressão acima de $\mathbf{a}_C$ vem que

$$\mathbf{a}_C = -\frac{3}{4}\tau - 3n$$

em desacordo com a expressão de $\mathbf{a}_C$ achada anteriormente. Onde está o erro?

★ (b) **Distribuição de Acelerações. Centro Instantâneo das Acelerações.** Procuremos, num certo instante, um ponto A de S (ou rigidamente ligado a S) que está no plano diretor π, cuja aceleração é nula.

Escolhido P de S em π temos

$$0 = \mathbf{a}_A = \mathbf{a}_P + \dot{\omega} \wedge PA - \|\omega\|^2 PA$$

e pondo

$$\omega = \omega K$$

temos

$$\dot{\omega} K \wedge PA - \omega^2 PA = -\mathbf{a}_P \qquad (15)$$

Multiplicando (à esquerda) vetorialmente por K, e notando que

$$K \wedge (K \wedge PA) = (K.PA)\, K - (K \cdot K)\, PA$$

$$= -PA$$

resulta que

$$\dot{\omega}\, PA + \omega^2 K \wedge PA = K \wedge \mathbf{a}_P \qquad (16)$$

Multiplicando (15) por ω^2 e (16) por $\dot{\omega}$, e subtraindo membro a membro vem

$$(\omega^4 + \dot{\omega}^2)\, PA = \dot{\omega} K \wedge \mathbf{a}_P + \omega^2 \mathbf{a}_P$$

1º caso. ω e $\dot{\omega}$ não são simultaneamente nulos. Então

$$PA = \frac{1}{\omega^4 + \dot{\omega}^2} (\dot{\omega} K \wedge \mathbf{a}_A + \omega^2 \mathbf{a}_P) \qquad (17)$$

Existe pois um ponto A tal que $\mathbf{a}_A = \mathbf{0}$. É fácil ver que tal ponto é único. Se B é tal que B está em S (ou rigidamente ligado a S) e em π com $\mathbf{a}_B = \mathbf{0}$ então a fórmula

$$\mathbf{a}_A = \mathbf{a}_B + \dot{\omega} \wedge \mathbf{BA} - \omega^2 \mathbf{BA}$$

nos dá

$$\mathbf{0} = \dot{\omega} \mathbf{K} \wedge \mathbf{BA} - \omega^2 \mathbf{BA}$$

Se $\mathbf{BA} \neq \mathbf{0}$ teremos um absurdo, pois então $\mathbf{BA}$ e $\mathbf{K} \wedge \mathbf{BA}$ seriam linearmente independentes (não–nulos e não–paralelos) o que implicaria, dada a última igualdade, que $\dot{\omega} = \omega = 0$. Assim $\mathbf{BA} = \mathbf{0}$, logo B = A.

2º caso. $\omega = \dot{\omega} = 0$. Neste caso todos os pontos têm mesma aceleração pois no instante considerado temos:

$$\mathbf{a}_Q = \mathbf{a}_P + \dot{\omega} \wedge \mathbf{PQ} - \|\omega\|^2 \mathbf{PQ} = \mathbf{a}_P$$

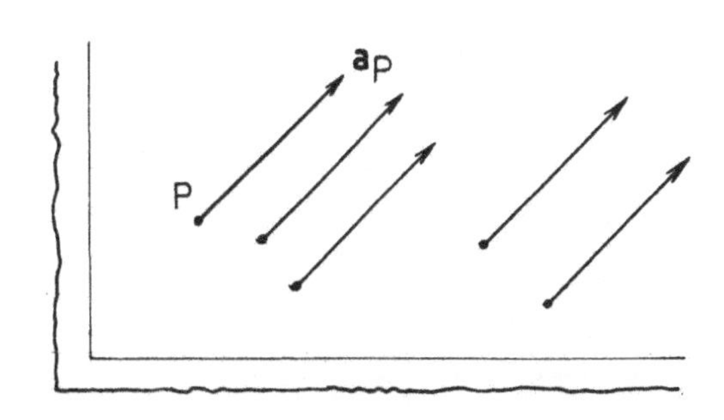

Figura 18.36

Vemos que num certo instante teremos um dos dois tipos de "fotografia" das acelerações:

(a) Se $\omega = \dot{\omega} = 0$ nesse instante então as acelerações são todas iguais (eventualmente nulas).

A distribuição de acelerações neste caso é a de um movimento rígido plano de translação, que no instante considerado tem aceleração $\mathbf{a}_P$ (Fig. 18.36).

(b) Se ω e $\dot{\omega}$ não se anulam simultaneamente, então para Q ≠ A em S (ou rigidamente ligado a S) e em π temos

$$\mathbf{a}_Q = \mathbf{a}_A + \dot{\omega} \wedge \mathbf{AQ} - \omega^2 \mathbf{AQ}$$

$$= \mathbf{0} + \dot{\omega} \mathbf{K} \wedge \mathbf{AQ} - \omega^2 \mathbf{AQ}$$

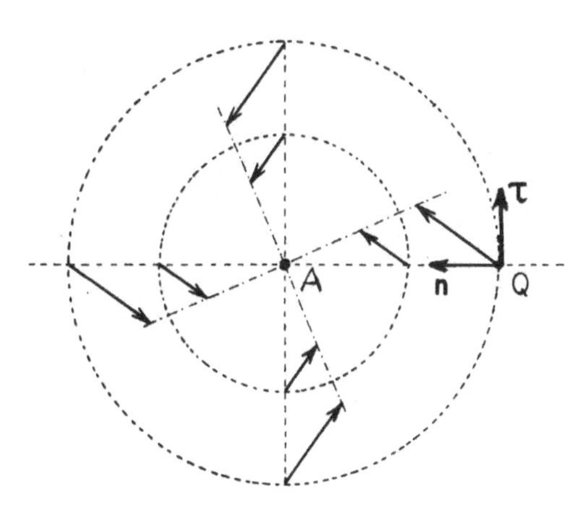

Figura 18.37

Introduzindo $r = \|\mathbf{AQ}\|$, $\mathbf{n} = -\mathbf{AQ}/\|\mathbf{AQ}\|$, $\tau = \mathbf{K} \wedge (-\mathbf{n})$ a expressão acima fica

$$\mathbf{a}_Q = \dot{\omega} r \tau + \omega^2 r \mathbf{n} = r(\dot{\omega}\tau + \omega^2 \mathbf{n}) \qquad (18)$$

e a "fotografia" das acelerações no instante considerado tem o aspecto da Fig. 18.37.

Claramente esta é a distribuição de acelerações, no instante considerado, de um movimento de rotação em torno de A, o qual nesse instante tem vetor de rotação e aceleração angular vetorial ω e $\dot{\omega}$, respectivamente.

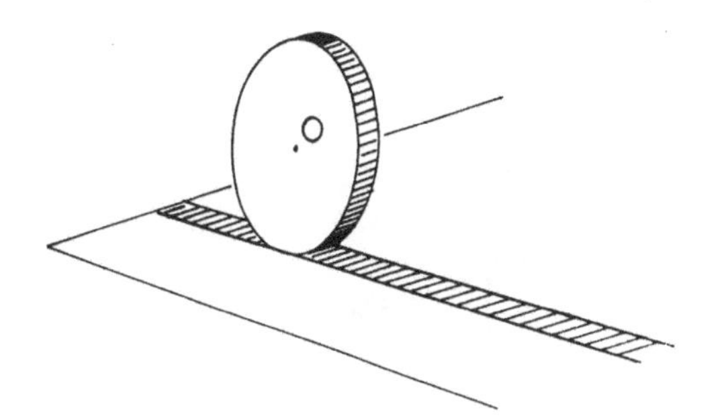

Figura 18.38

Exemplo 18.4-3 – Esboçar, num certo instante, a distribuição de acelerações para um disco de raio R que rola sem escorregar sobre um plano, como mostra a Fig. 18.38, a velocida–

de escalar do seu centro O sendo constante de módulo $v_0 > 0$. Comparar com a distribuição de velocidades.

Solução. Consideremos a Fig. 18.39.

Como $\mathbf{a}_O = \mathbf{0}$, e $\omega = -(v_0/R)\mathbf{K} \neq \mathbf{0}$ então O é o centro instantâneo das acelerações. Por (18)

$$\mathbf{a}_Q = r\omega^2\mathbf{n} = r\frac{v_0^2}{R^2}\mathbf{n}$$

e a distribuição de acelerações é a mostrada na Fig. 18.40A. Na Fig. 18.40B se mostra a distribuição das velocidades.

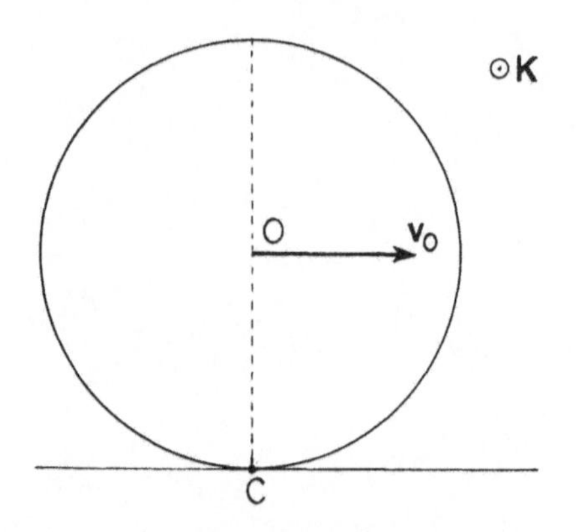

Figura 18.39

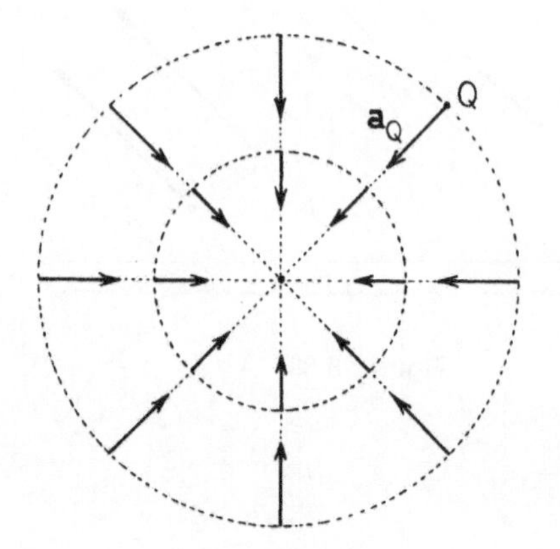

Figura 18.40A

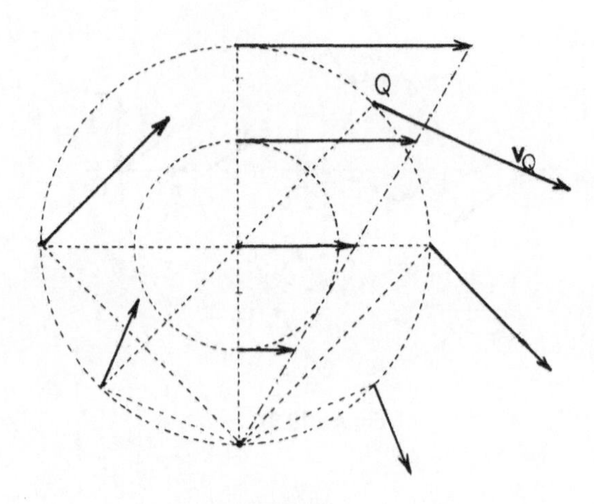

Figura 18.40B

18.5 – EXERCÍCIOS RESOLVIDOS

Exemplo 18.5-1 – Na Fig. 18.41 esquematiza-se o mecanismo usado em locomotivas a vapor. No instante em que OAB é horizontal, A entre O e B, tem-se

$$\omega = m\mathbf{K} \quad (m \leq 0) \quad , \qquad \dot{\omega} = n\mathbf{K}$$

Não há escorregamento entre rodas e trilho. O raio da roda maior é R, e OA = r.

Determinar para o movimento de AB, nesse instante:

(a) A aceleração angular vetorial.

(b) O ponto de aceleração nula (dito centro das acelerações), supondo para este item, que m = 0 e n ≠ 0.

Solução. Seja Ω o vetor de rotação da barra AB. Partiremos da equação

$$\mathbf{a}_B = \mathbf{a}_A + \dot{\Omega} \wedge \mathbf{AB} - \|\Omega\|^2\,\mathbf{AB} \qquad (\alpha)$$

na situação descrita no instante em questão.

Pelos dados vamos poder achar $\mathbf{a}_A$. Quanto a $\mathbf{a}_B$ conhecemos sua direção; conhecemos **AB** e a direção de $\dot{\Omega}$:

$$\mathbf{a}_B = c\mathbf{I} \;, \quad \mathbf{AB} = L\mathbf{I} \;, \quad \dot{\Omega} = d\vec{\mathbf{K}} \qquad (\beta)$$

Para achar Ω usamos, como mostra a Fig. 18.42, a determinação geométrica do CIR da barra AB, para escrever

$$\|\mathbf{v}_A\| = \|\omega\|\,AC_1 \;, \qquad \|\mathbf{v}_A\| = \|\Omega\|\,AC_2$$

olhando A como elemento da roda e da haste, respectivamente. Portanto

$$\|\Omega\| = \frac{AC_1}{AC_2}\|\omega\| = \frac{r}{L}|m| = -\frac{r}{L}m \qquad (\gamma)$$

Achemos $\mathbf{a}_A$. Temos

$$\mathbf{a}_A = \mathbf{a}_0 + \dot{\omega} \wedge \mathbf{OA} - \|\omega\|^2\,\mathbf{OA} \qquad (\delta)$$

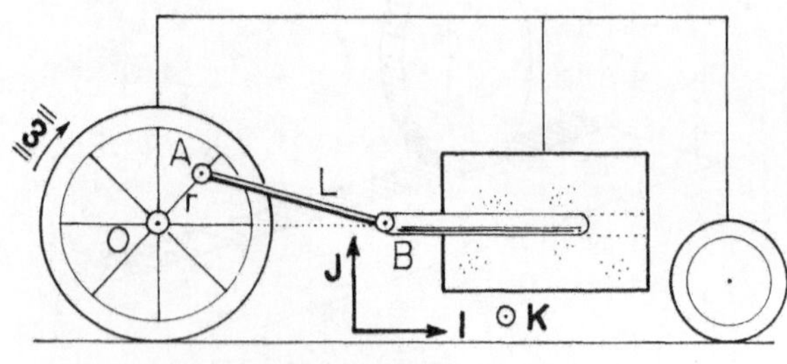

Figura 18.41

Seja $\omega = \omega \mathbf{K}$. Então $\mathbf{v}_O = \mathbf{v}_{C_1} + \omega \wedge \mathbf{C}_1\mathbf{O} = \omega \wedge \mathbf{C}_1\mathbf{O} = \omega\mathbf{K} \wedge R\mathbf{J} = -\omega R\mathbf{I}$, logo $\mathbf{a}_O = -\dot{\omega} R\mathbf{I}$. No instante considerado temos $\dot{\omega} = n$, pois $\dot{\omega} = n\mathbf{K}$. Assim

$$\mathbf{a}_O = -n R \mathbf{I}$$

Usando isto e que $\mathbf{OA} = r\mathbf{I}$ em (δ) resulta que

$$\mathbf{a}_A = -(nR + m^2 r)\,\mathbf{I} + n\,r\,\mathbf{J}$$

Levando à (α), e usando (β), (γ) chega-se a que

$$c\mathbf{I} = -\left(nR + m^2 r + \frac{r^2 m^2}{L}\right)\mathbf{I} + (nR + Ld)\,\mathbf{J}$$

logo

$$c = -\left(nR + m^2 r + \frac{m^2 r^2}{L}\right), \quad 0 = nr + Ld \qquad (\varepsilon)$$

portanto $d = -(r/L)n$, e então (por (β))

$$\text{(a)} \quad \dot{\Omega} = -\frac{r}{L} n\vec{K}$$ ◀

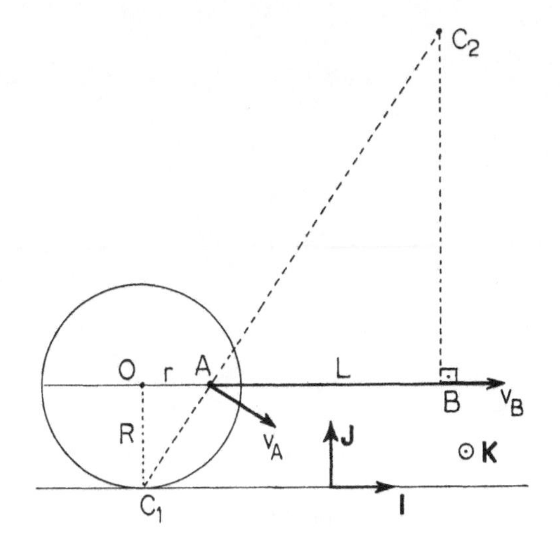

Figura 18.42

(b) Procuramos D tal que $\mathbf{a}_D = \mathbf{0}$ (no movimento de AB). Usaremos a equação

$$\mathbf{a}_D = \mathbf{a}_B + \dot{\Omega} \wedge \mathbf{BD} - \|\Omega\|^2\,\mathbf{BD} \qquad (\varphi)$$

Escrevamos

$$\mathbf{BD} = \alpha\,\mathbf{I} + \beta\,\mathbf{J}$$

Temos $\mathbf{a}_B = c\mathbf{I}$, e $c = -nR$ (fazer $m = 0$ em (ε)). Usando $\dot{\Omega}$ e $\|\Omega\|$ obtidos no item anterior, a equação (φ) nos fornecerá

$$0 = -nR + \frac{r}{L} n\beta, \qquad 0 = -\frac{r}{L} n\alpha$$

ou seja

$$\alpha = 0, \qquad \beta = \frac{R}{r} L$$

Portanto

$$\mathbf{BD} = \frac{R}{r} L\,\mathbf{J}$$ ◀

Exemplo 18.5-2 – No mecanismo mostrado na Fig.18.43, os discos podem girar em torno de seus centros, que são fixos. A haste AB está articulada em A e B aos discos. No instante representado, em que AO_2 e O_1B são paralelos, tem-se para o disco de centro O_2:

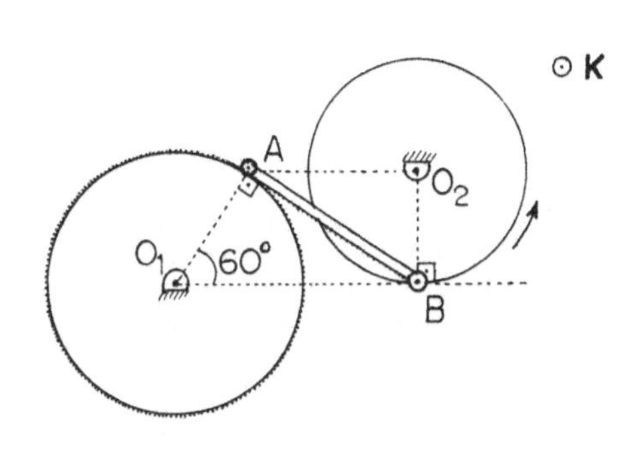

Figura 18.43

$$\omega = 4\sqrt{\frac{2\sqrt{3}}{3}}\ \mathbf{K}\ \text{rd/s} \qquad \dot{\omega} = \mathbf{0}\ \text{rd/s}^2$$

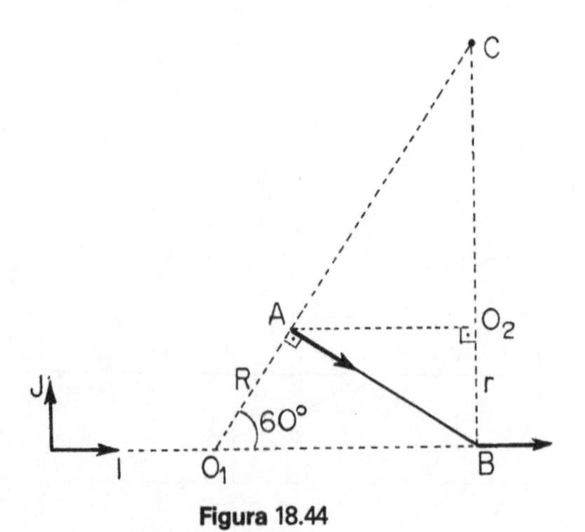

Figura 18.44

Determinar, para a haste e para o outro disco, no instante considerado:

(a) O vetor de rotação.

(b) A aceleração angular vetorial.

Solução. (a) Na Fig. 18.44 determinamos o CIR da haste geometricamente.

Temos, sendo r o raio do disco de centro O_2, R o do de centro O_1, e $\mathbf{\Omega}$ o vetor de rotação de AB:

$$\|\omega\|\, r = \|\mathbf{v}_B\| = \|\Omega\|\, CB$$

Observando a figura anterior vê-se facilmente que $r = R\sqrt{3}/2$, $O_1B = 2R$, $CB = 2\sqrt{3}\,R$, de modo que

$$\|\Omega\| = \sqrt{\frac{2\sqrt{3}}{3}}, \quad \text{logo} \quad \mathbf{\Omega} = \sqrt{\frac{2\sqrt{3}}{3}}\, \mathbf{K} \ \text{rd/s} \qquad ◂$$

Por outro lado, sendo Γ o vetor de rotação do disco de centro O_1, temos

$$\|\Gamma\|\, O_1A = \|\mathbf{v}_A\| = \|\Omega\|\, AC$$

Como $O_1A = R$, e $AC = O_1C - R = 4R - R = 3R$, temos:

$$\|\Gamma\|. = 3\sqrt{\frac{2\sqrt{3}}{3}}, \quad \text{logo} \quad \Gamma = -3\sqrt{\frac{2\sqrt{3}}{3}}\, \mathbf{K} \ \text{rd/s} \qquad ◂$$

(b) Usaremos a fórmula

$$\mathbf{a}_B = \mathbf{a}_A + \dot{\Omega} \wedge \mathbf{AB} - \|\Omega\|^2\, \mathbf{AB} \qquad (\alpha)$$

Temos, por um cálculo simples, que

$$\mathbf{AB} = \frac{3}{2} R\mathbf{I} - \frac{R\sqrt{3}}{2}\mathbf{J}$$

e, por outro lado,

$$\mathbf{a}_B = \mathbf{a}_{O_2} + \dot{\omega} \wedge \mathbf{O_2B} - \|\omega\|^2\, \mathbf{O_2B}$$

$$= -\left[4\sqrt{\frac{2\sqrt{3}}{3}}\right]^2 \left[-\frac{R\sqrt{3}}{2}\mathbf{J}\right]$$

$$= 16\, R\mathbf{J}$$

Indiquemos

$$\dot{\Omega} = c\mathbf{K}, \qquad \dot{\Gamma} = d\mathbf{K} \qquad (\beta)$$

Temos

$$\mathbf{a}_A = \mathbf{a}_{O_1} + \dot{\Gamma} \wedge \mathbf{O_1A} - \|\Gamma\|^2\, \mathbf{O_1A}$$

e como $\mathbf{a}_{O_1} = \mathbf{0}$, $\mathbf{O_1A} = R((1/2)\mathbf{I} + (\sqrt{3}/2)\mathbf{J})$, resulta, após cálculos, que

$$\mathbf{a}_A = -R\sqrt{3}\left(3 + \frac{d}{2}\right)\mathbf{I} + R\left(\frac{d}{2} - 9\right)\mathbf{J}$$

Substituindo todos os resultados em (α), igualando os coeficientes de $\mathbf{I}$ e $\mathbf{J}$, resulta, após cálculos, que

$$8 = -d + c \quad , \quad 48 = d + 3c$$

Resolvendo o sistema vem $c = 14$, $d = 6$, o que por (β) nos dá

$$\dot{\Omega} = 14\mathbf{K} \ \text{rd/s}^2 \quad , \quad \dot{\Gamma} = 6\mathbf{K} \ \text{rd/s}^2 \qquad ◄$$

Exemplo 18.5-3 – Na Fig. 18.45, a peça em forma de cunha só pode se deslocar na vertical, mantendo–se sempre em contato com o cilindro, isto sendo possível através de molas que prendem o eixo deste à parede vertical. São dados a medida α em rd do ângulo da cunha, $0 < \alpha < \pi/2$, e o raio R do cilindro.

(a) Determinar o deslocamento do eixo do cilindro para um deslocamento da cunha.

(b) Suponhamos que a cunha, no seu movimento de translação, tenha velocidade $\mathbf{v}(t) = -(t^2/2)\mathbf{J}$. Determinar a aceleração de um ponto do EIR do cilindro, supondo não haver escorregamento entre este e o plano horizontal.

(c) Suponhamos a velocidade da cunha como no item (b). Determinar o vetor de rotação do cilindro para que não haja escorregamento entre este e o cilindro.

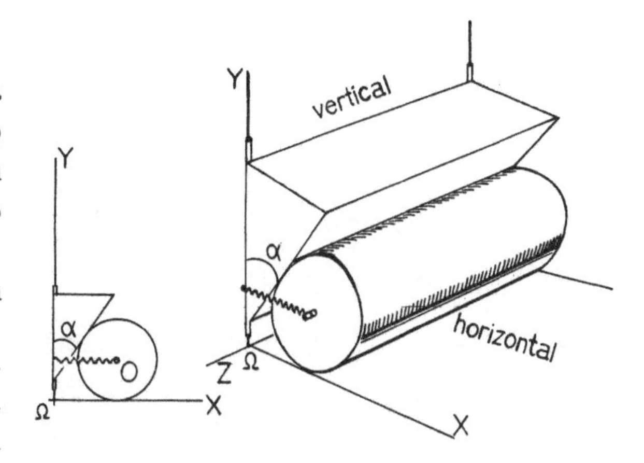

Figura 18.45

Solução. (a) Observemos a Fig. 18.46.

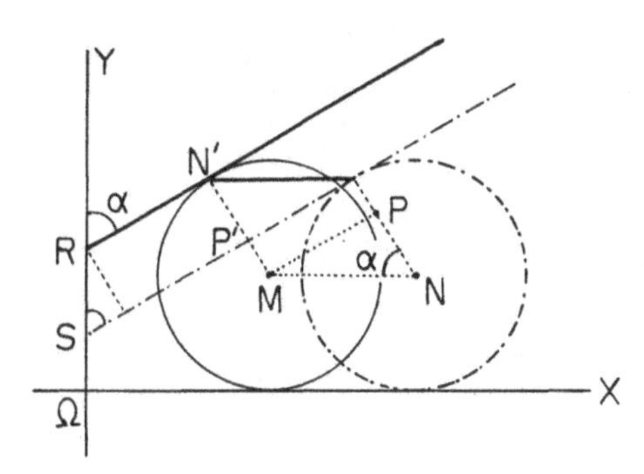

Figura 18.46

$$\mathbf{a}_C = \mathbf{a}_O + \dot{\omega} \wedge \mathbf{OC} - \|\omega\|^2 \mathbf{OC}$$
$$= \left(\frac{t^2}{2} \operatorname{tg} \alpha \, \mathbf{I}\right)^{\cdot} + \left(-\frac{t^2}{2R} \operatorname{tg} \alpha \, \mathbf{K}\right)^{\cdot} \wedge (-R\mathbf{J}) - \left(\frac{t^2}{2R} \operatorname{tg} \alpha\right)^2 (-R\mathbf{J})$$
$$= \frac{t^4}{4R} \operatorname{tg}^2 \alpha \, \mathbf{J}$$

Temos, no Δ MNP, que $PN = MN \cos \alpha$; e $P'N' = RS \operatorname{sen} \alpha$. Como $P'N' = PN$, resulta que

$$MN = RS \operatorname{tg} \alpha \qquad ◄$$

(b) (Fig. 18.47). Neste caso o CIR do cilindro no plano XY é C, logo

$$\|\mathbf{v}_O\| = \|\omega\| R$$

e pelo item (a)

$$\|\mathbf{v}_O\| = \|\mathbf{v}\| \operatorname{tg} \alpha = \frac{t^2}{2} \operatorname{tg} \alpha$$

de forma que

$$\|\omega\| = \frac{t^2}{2R} \operatorname{tg} \alpha$$

e assim

$$\omega = -\frac{t^2}{2R} \operatorname{tg} \alpha \, \mathbf{K} \qquad ◄$$

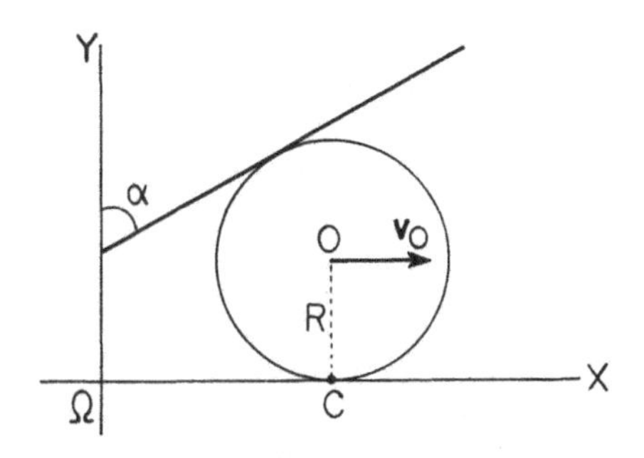

Figura 18.47

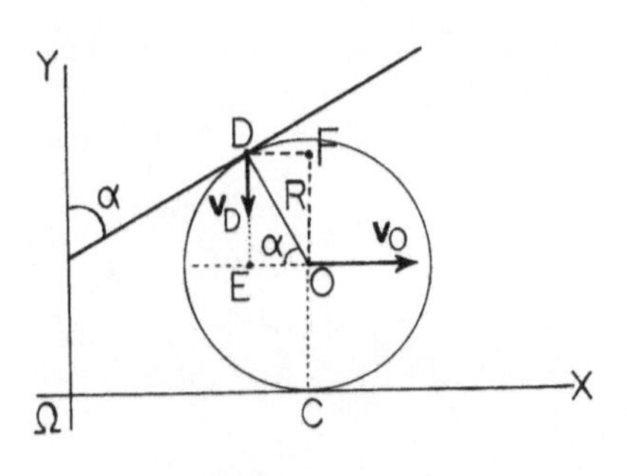

Figura 18.48

(c) Neste caso $\mathbf{v}_D = \mathbf{v} = -(t^2/2)\mathbf{J}$, e $v_0 \,//\, \mathbf{I}$ como é claro, de modo que o CIR do cilindro no plano XY é F, como mostrado na Fig. 18.48. Então

$$\|\mathbf{v}_D\| = \|\omega\| \, EO = \|\omega\| \, R \cos \alpha$$

ou seja,

$$\frac{t^2}{2} = \|\omega\| \, R \cos \alpha$$

logo

$$\|\omega\| = \frac{t^2}{2R \cos \alpha}$$

e assim

$$\omega = \frac{t^2}{2R \cos \alpha} \mathbf{K}$$ ◀

Nota. Se quisermos, podemos calcular, para esse item, a velocidade de escorregamento do cilindro sobre o plano horizontal:

$$\mathbf{v}_C = \mathbf{v}_D + \omega \wedge \mathbf{DC} = \omega \wedge \mathbf{DC}$$

Usando ω acima obtido, e $\mathbf{DC} = \mathbf{DO} + \mathbf{OC} = R \cos \alpha \mathbf{I} - R \operatorname{sen} \alpha \mathbf{J} - R\mathbf{J}$ resulta que

$$\mathbf{v}_C = \frac{t^2}{2 \cos \alpha} ((1 + \operatorname{sen} \alpha)\mathbf{I} + \cos \alpha \mathbf{J})$$

18.6 – BASE E ROLANTE

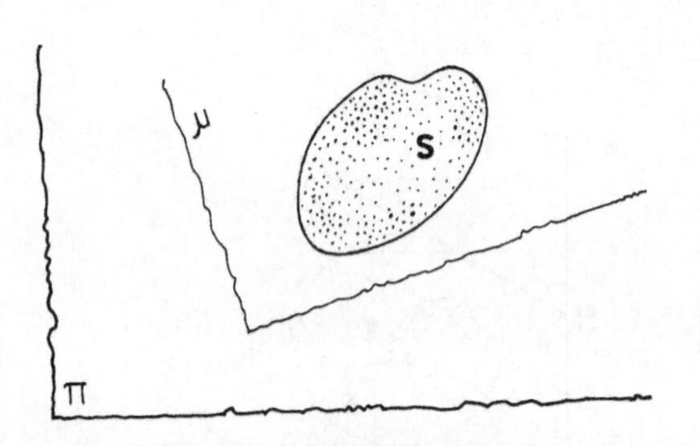

Figura 18.49

Consideremos um conjunto S executando um movimento rígido plano num certo intervalo de tempo, durante o qual o vetor de rotação não se anula. Então, considerado um plano diretor π, existe em cada instante o CIR do movimento. Seja μ o plano solidário a S que coincide em cada instante com π. Com o movimento, μ desliza sobre π.

Na prática a situação ideal acima pode ser realizada desenhando numa folha de papel a parte de S que fica em π e movendo tal folha sobre outra fixa (Fig. 18.49).

Em cada instante marcamos o CIR nos dois planos π e μ. Ao final do movimento teremos duas curvas (eventualmente reduzidas a pontos), uma em cada plano. A desenhada no plano π se chama *base*, a desenhada no plano μ se chama *rolante*.(*)

Exemplo 18.6-1 – Num movimento de rotação a base e a rolante se reduzem a um ponto (Fig. 18.50).

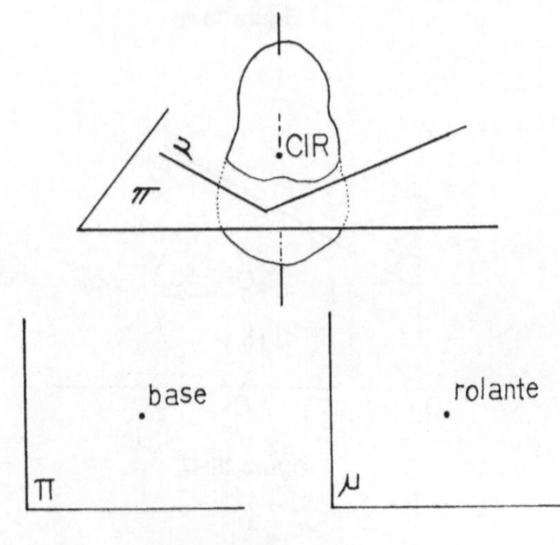

Figura 18.50

(*) Manter–nos–emos no campo intuitivo, remetendo o leitor interessado na formalização dos conceitos, bem como na demonstração de propriedades pertinentes, à referência [33].

Exemplo 18.6-2 – Um cilindro rola sem escorregar sobre um plano, de modo a executar um movimento rígido, como indica a Fig. 18.51.

Neste caso a base é parte de uma reta, e a rolante parte de uma circunferência, de mesmo raio que o do cilindro (Fig. 18.52).

Note que quando μ se move a rolante rola sem escorregar sobre a base.

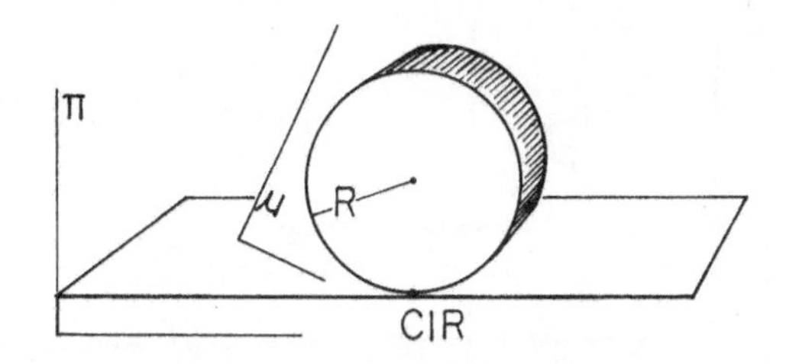

Figura 18.51

Exemplo 18.6-3 – É interessante que o leitor realize praticamente o seguinte. Numa folha (fixa) desenhe duas retas perpendiculares. Numa outra, que vai ser a móvel, e que deve ser suficientemente transparente, desenhe um segmento AB. A seguir faça esta se mover sobre a primeira, de modo que A percorra uma das retas, e B fique na outra (Fig. 18.53).

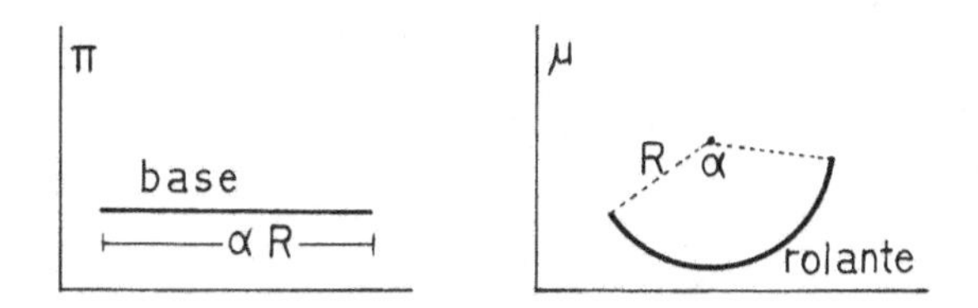

Figura 18.52

Em cada instante as velocidades de A e B são paralelas, respectivamente, às retas que percorrem, de modo que o CIR se obtém geometricamente como se mostra na Fig. 18.54.

Repetindo a construção para diversas posições de AB o leitor obterá como base parte da circunferência de centro Ω e raio igual ao comprimento L de AB, e como rolante parte da circunferência cujo centro é o ponto médio de O de AB, e de raio $L/2$.

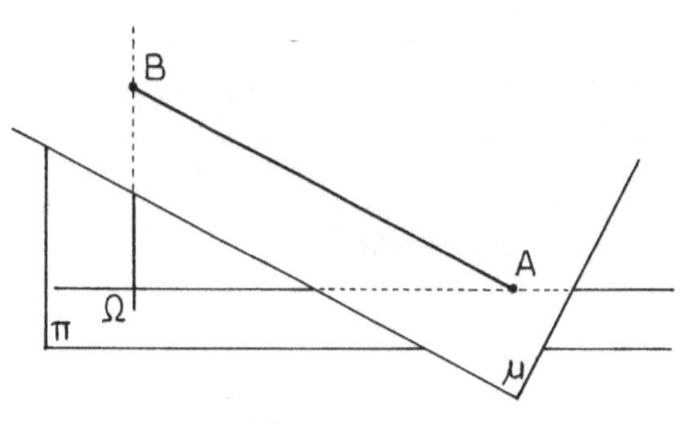

Figura 18.53

Para ver isto deduzido, basta observar que na figura o CIR dista L de Ω, uma vez que é um retângulo o quadrilátero cujos vértices são o CIR, Ω, A, B. Além disso, o CIR dista $L/2$ de O, que é um ponto do plano móvel, o que completa a verificação das afirmações feitas.

A Fig. 18.55 mostra a base e a rolante num instante. O leitor verificará que a rolante rola sem escorregar sobre a base quando a folha móvel se move de acordo com a especificação dada.

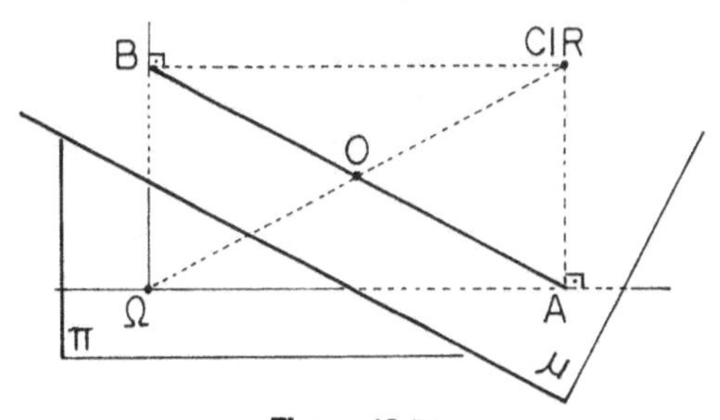

Figura 18.54

Nota. Vemos assim como obter praticamente um mecanismo para obter o movimento de AB, onde um disco rola sem escorregar sobre uma guia circular (Fig. 18.56).

Os exemplos anteriores foram simples. O próximo exemplo nos indica que é interessante escolher sistemas de coordenadas para nos ajudar na determinação da base e da rolante.

Exemplo 18.6-4 – A Fig. 18.57 mostra um movimento rígido plano num plano diretor π. A semi-reta As do plano móvel é tal que A permanece na semi-reta Ωr do plano fixo, mantendo-se sempre tangente à circunferência de centro B e raio R, fixa, e tangente a Ωr. Determinar a base e a rolante.

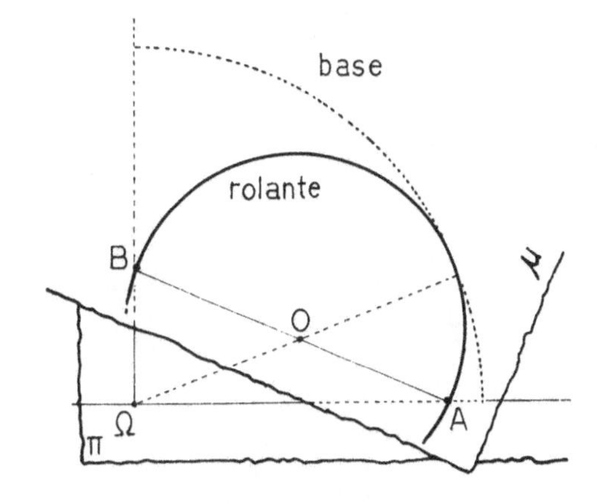

Figura 18.55

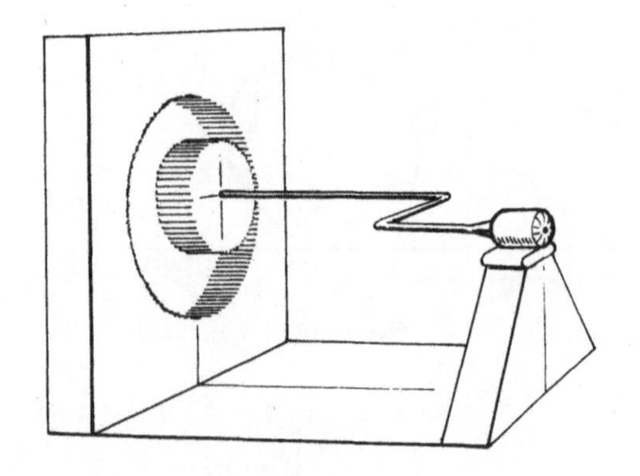

Figura 18.56

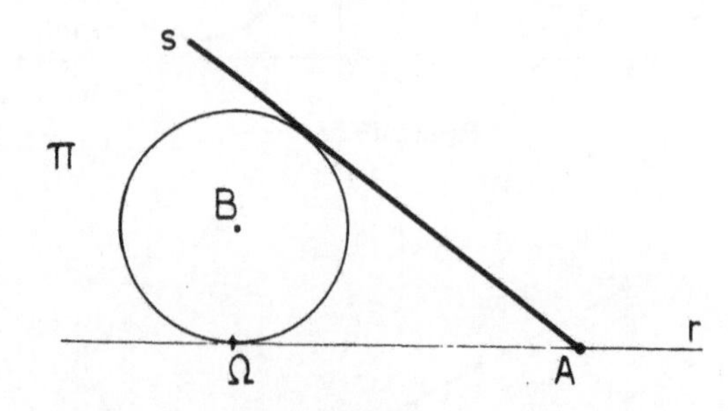

Figura 18.57

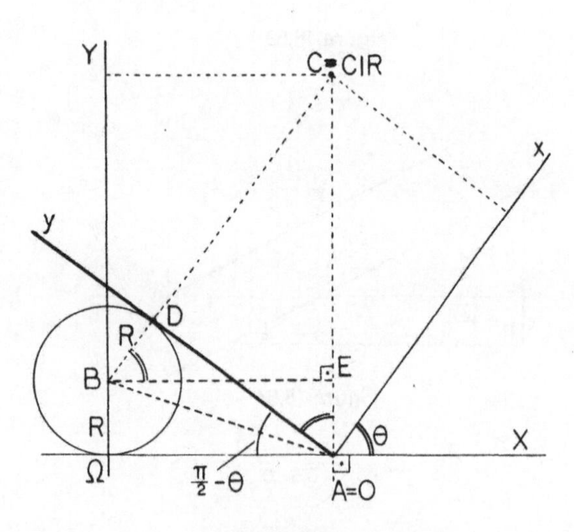

Figura 18.58

Solução. Tomemos sistemas cartesianos fixo e móvel como mostrado na Fig. 18.58, onde determinamos geometricamente o CIR. Admitimos que a velocidade do ponto da semi–reta As que está em contato com a circunferência tem velocidade tangente à circunferência. Este resultado pode ser provado, mas vamos aceitá–lo em base intuitiva (ver Nota após este exemplo).

Sejam X, Y e x, y as coordenadas do CIR nos sistemas fixo e móvel, respectivamente. Seja θ como indicado $(-\pi/2 < \theta < \pi/2)$. Então no $\Delta\ \Omega OB$ temos

$$R = X \operatorname{tg}\left(\frac{(\pi/2) - \theta}{2}\right) = X \operatorname{tg}\left(\frac{\pi}{4} - \frac{\theta}{2}\right)$$

de onde vem que

$$X = R\,\frac{1 + \operatorname{tg}(\theta/2)}{1 - \operatorname{tg}(\theta/2)} \qquad (\alpha)$$

No Δ CBE temos

$$Y - R = X \operatorname{tg}\theta = X\,\frac{2\operatorname{tg}(\theta/2)}{1 - \operatorname{tg}^2(\theta/2)}$$

Usando o valor de X acima resulta que

$$Y = R\,\frac{1 + \operatorname{tg}^2(\theta/2)}{(1 - \operatorname{tg}(\theta/2))^2} \qquad (\beta)$$

(α) e (β) são equações paramétricas da base. ◄

Eliminando θ dessas equações obteremos uma equação cartesiana da base:

$$Y = \frac{1}{2R}\,(X^2+R^2) \qquad ◄$$

Quanto à rolante temos, no Δ BDO, que

$$R = y \operatorname{tg}\left(\frac{\pi}{4} - \frac{\theta}{2}\right)$$

de onde resulta que

$$y = R\,\frac{1 + \operatorname{tg}(\theta/2)}{1 - \operatorname{tg}(\theta/2)}$$

E no Δ CBO tem–se

$$x = y \operatorname{tg}\theta = y\,\frac{2\operatorname{tg}(\theta/2)}{1 - \operatorname{tg}^2(\theta/2)} \qquad (\gamma)$$

Usando o valor de y acima chega–se a que

$$x = R\,\frac{2\operatorname{tg}(\theta/2)}{(1 - \operatorname{tg}(\theta/2))^2} \qquad (\delta)$$

(γ) e (δ) são equações paramétricas da rolante. ◄

Eliminando θ obteremos uma equação cartesiana da rolante:

$$x = \frac{y^2 - R^2}{2R} \quad ◀$$

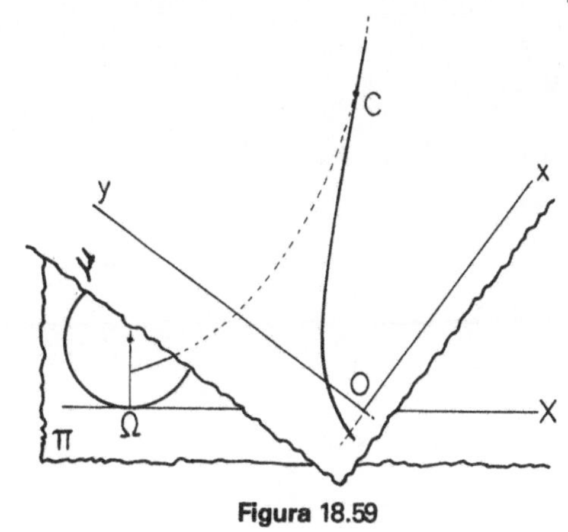

Figura 18.59

Na Fig. 18.59 apresentamos as curvas obtidas.

Recomendamos ao leitor que repita a experiência indicada no Exemplo 18.6-3 para o caso presente, onde ver–se–á a rolante rolar sem escorregar sobre a base.

Notas. 1. Quando se pede a base e a rolante fica subentendido que se trata de movimento com vetor de rotação que não se anula.

2. Na verdade, como não foi dado o movimento as equações obtidas se referem a curvas que contêm respectivamente a base e a rolante. Existe pois uma impropriedade no pedido do problema.

3. Os seguintes resultados podem ser provados (veja por exemplo [33]): é dada uma curva $\mathscr{C}$ no plano móvel μ, traço de uma curva parametrizada regular, sem autointerseção, e uma outra $\mathscr{F}$ do mesmo tipo no plano π, fixa. Ao se mover μ, suponhamos que $\mathscr{C}$ permaneça sempre em contato com $\mathscr{F}$, e que durante todo o movimento o vetor de rotação seja não–nulo. Então em cada instante o CIR está na perpendicular comum às curvas no ponto de contato (Fig. 18.60).

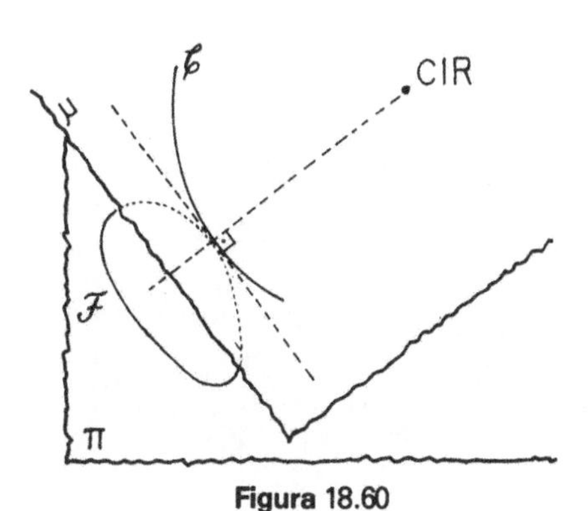

Figura 18.60

Esta é exatamente a situação do exemplo anterior.

Quando $\mathscr{C}$ passa por um ponto fixo Q do plano π em todo instante, pode–se provar que o CIR em cada instante está na perpendicular a $\mathscr{C}$ pelo ponto fixo. Esta situação é ilustrada na Fig. 18.61.

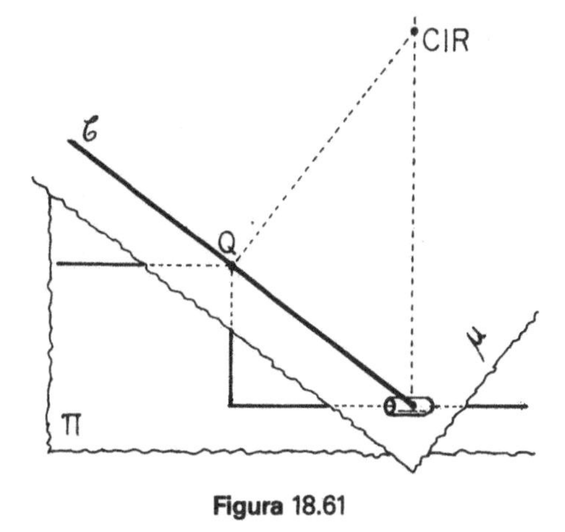

Figura 18.61

4. Nos exemplos vistos, vemos que a base e a rolante não dependem do movimento, mas somente da trajetória do mesmo. Este fato vale em geral, e pode ser tornado plausível se lembrarmos que o CIR se determina geometricamente, conforme vimos na Nota que antecede o Exemplo 18.3-1, utilizando apenas direções de velocidades, e não suas normas (sempre podemos escolher, em cada instante em que o vetor de rotação não é nulo, dois pontos de velocidades não–paralelas).

⋆ 18.7 – ASPECTOS COMPLEMENTARES

Desejamos nesta seção destacar dois fatos acerca do CIR, com as correspondentes demonstrações. Conforme já citamos, informações adicionais podem ser encontradas em [33].

(a) Consideremos a base e a rolante de um movimento rígido plano. Para cada instante t seja P(t) o ponto do plano móvel $\mu(t)$ que coincide com o CIR nesse instante.

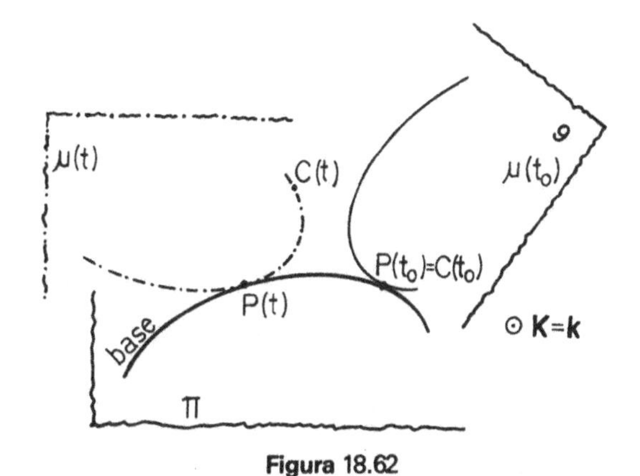

Figura 18.62

A Fig. 18.62 focaliza a situação num instante t e num instante t_0. Para um exemplo concreto, veja o Exemplo 18.3-2, onde $P(t)$ tem, em relação ao sistema fixo $(\Omega, \mathbf{I}, \mathbf{J}, \mathbf{K})$, coordenadas $(v_0 t, 0, 0)$.

Temos, no instante genérico t

$$\mathbf{CP} = (\mathbf{CP}\cdot\mathbf{i})\,\mathbf{i} + (\mathbf{CP}\cdot\mathbf{j})\,\mathbf{j}$$

onde $(\mathbf{i}, \mathbf{j}, \mathbf{k})$ é uma base móvel (solidária ao plano móvel), com $\mathbf{k} = \mathbf{K}$, a qual não está indicada na Fig. 18.62, para não sobrecarregá-la.

Vamos indicar por $\mathbf{v}_\mu$ e $\mathbf{v}_\pi$ as velocidades de P em relação ao plano μ e em relação ao plano π (entenda-se: em relação a referenciais solidários a esses planos), respectivamente. Então

$$\mathbf{v}_\mu = \frac{d}{dt}(\mathbf{CP}\cdot\mathbf{i})\,\mathbf{i} + \frac{d}{dt}(\mathbf{CP}\cdot\mathbf{j})\,\mathbf{j}$$

$$= \left(\frac{d\mathbf{CP}}{dt}\cdot\mathbf{i} + \mathbf{CP}\cdot\frac{d\mathbf{i}}{dt}\right)\mathbf{i} + \left(\frac{d\mathbf{CP}}{dt}\cdot\mathbf{j} + \mathbf{CP}\cdot\frac{d\mathbf{j}}{dt}\right)\mathbf{j}$$

$$= \left(\frac{d\mathbf{CP}}{dt}\cdot\mathbf{i}\right)\mathbf{i} + \left(\frac{d\mathbf{CP}}{dt}\cdot\mathbf{j}\right)\mathbf{j} + \left(\mathbf{CP}\cdot\frac{d\mathbf{i}}{dt}\right)\mathbf{i} + \left(\mathbf{CP}\cdot\frac{d\mathbf{j}}{dt}\right)\mathbf{j}$$

$$\overset{(*)}{=} \frac{d\mathbf{CP}}{dt} + \left(\mathbf{CP}\cdot\frac{d\mathbf{i}}{dt}\right)\mathbf{i} + \left(\mathbf{CP}\cdot\frac{d\mathbf{j}}{dt}\right)\mathbf{j} \qquad (19)$$

Temos $\frac{d\mathbf{CP}}{dt} = \mathbf{v}_\pi - \mathbf{v}_C$; substituindo na expressão acima, e *calculando em* $t = t_0$ (situação em que $\mathbf{CP} = \mathbf{0}$ e $\mathbf{v}_C = \mathbf{0}$) vem

$$\mathbf{v}_\mu = \mathbf{v}_\pi \qquad (t = t_0) \qquad (20)$$

Como t_0 é um instante qualquer, temos a seguinte

> **Conclusão.** Em cada instante P tem a mesma velocidade vetorial quer em relação ao plano fixo, quer em relação ao plano móvel.

Obteremos uma conseqüência interessante desse fato. Supondo $\mathbf{v}_\pi \neq 0$, orientemos a base e a rolante por meio dessa velocidade. Então em cada instante

$$\dot{s}_\mu\,\boldsymbol{\tau} = \dot{s}_\pi\,\boldsymbol{\tau}$$

onde s_μ e s_π são funções horárias de P em relação ao plano móvel e em relação ao fixo, respectivamente, e $\boldsymbol{\tau}$ o versor tangente comum. Daí

$$s_\mu = s_\pi + c$$

(*) $\mathbf{x} = (\mathbf{x}\cdot\mathbf{i})\mathbf{i} + (\mathbf{x}\cdot\mathbf{j})\mathbf{j} + (\mathbf{x}.\mathbf{k})\mathbf{k}$.

c uma constante. Escolhendo como origens sobre as curvas pontos que coincidem num certo instante fixado, obteremos c = 0, logo

$$s_\mu = s_\pi$$

Estamos na situação acima quando, num movimento rígido plano, há rolamente sem escorregamento de uma parte móvel sobre uma fixa, como mostra a Fig. 18.63 ($\bar{M}$ é a posição ocupada por M num instante $\bar{t}$ fixado).

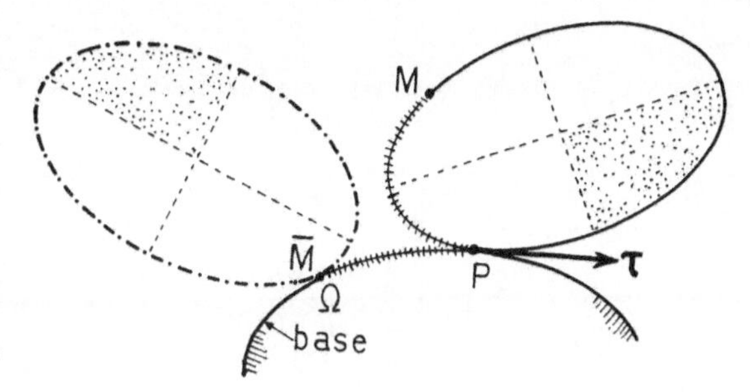

Figura 18.63

Existe muma recíproca evidente do fato acima, que deixaremos para o leitor, bem como sua demonstração (Exercício 18.48).

(b) Consideremos a situação ilustrada na Fig. 18.64, em que há rolamente sem escorregamento de uma parte móvel sobre uma fixa. Seja $C(t_0)$ o CIR no instante t_0. Vamos mostrar que a aceleração desse ponto nesse instante é ortogonal à base (nesse ponto). O ponto de contato no instante t é, como antes, indicado por P(t).

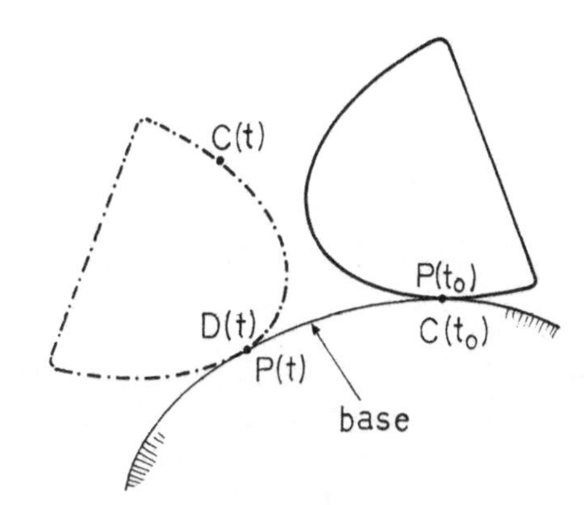

Figura 18.64

Temos, em cada instante t, que

$$\mathbf{v}_C = \omega \wedge DC$$

onde D é o ponto da parte móvel que é o CIR no instante t. Como D = P nesse instante,

$$\mathbf{v}_C = \omega \wedge PC$$

Derivando em t vem

$$\begin{aligned} \mathbf{a}_C &= \dot{\omega} \wedge PC + \omega \wedge \frac{dPC}{dt} \\ &= \dot{\omega} \wedge PC + \omega \wedge (\mathbf{v}_C - \mathbf{v}_\pi) \\ &= \dot{\omega} \wedge PC + \omega \wedge \mathbf{v}_C - \omega \wedge \mathbf{v}_\pi \end{aligned}$$

onde $\mathbf{v}_\pi$ tem o significado dado no item (a).

Daí

$$\mathbf{a}_C \cdot \mathbf{v}_\pi = \dot{\omega} \wedge PC \cdot \mathbf{v}_\pi + \dot{\omega} \wedge \mathbf{v}_C \cdot \mathbf{v}_\pi$$

Fazendo $t = t_0$ temos $PC = \mathbf{0}$ (ver figura) e $\mathbf{v}_C = \mathbf{0}$ pois nesse instante C é o CIR. Então

$$\mathbf{a}_C \cdot \mathbf{v}_\pi = 0 \qquad (t = t_0)$$

que é a nossa tese.

18.8 – EXERCÍCIOS

18.1 – Verdadeiro ou Falso?

(a) Num movimento de translação, em cada instante todos os pontos têm mesma velocidade vetorial.

(b) Num movimento de translação, um ponto tem, em qualquer instante, a mesma velocidade vetorial: $\mathbf{v}_P(t) = \mathbf{c}$, para todo t.

(c) Num movimento de translação pode suceder que cada ponto tenha trajetória não–plana.

(d) Num movimento de translação todos os pontos têm, em cada instante, mesma aceleração vetorial.

(e) Um conjunto S de pontos executa movimento de tal forma que em cada instante todos os pontos têm mesma acele–ração vetorial. Então S executa movimento rígido (supor S com pelo menos quatro pontos não coplanares).

(f) Num movimento de translação dois pontos descrevem trajetórias paralelas (isto é, a trajetória de um ponto é obtido da de um outro por uma translação de vetor).

(g) Um conjunto S de pontos executa movimento em relação a um referencial. Existe uma reta deste, fixa em relação ao mesmo, tal que cada ponto de S (suposto com pelo menos quatro pontos não coplanares) executa movimento sobre uma circunferência de centro na reta e ortogonal à mesma. Então S executa movimento de rotação.

(h) Uma esfera executa movimento rígido de forma que seu centro permanece fixo. Então o movimento é necessaria–mente de rotação.

Resposta: (a) V (b) F (c) V (d) V
(e) F (f) V (g) F (h) F

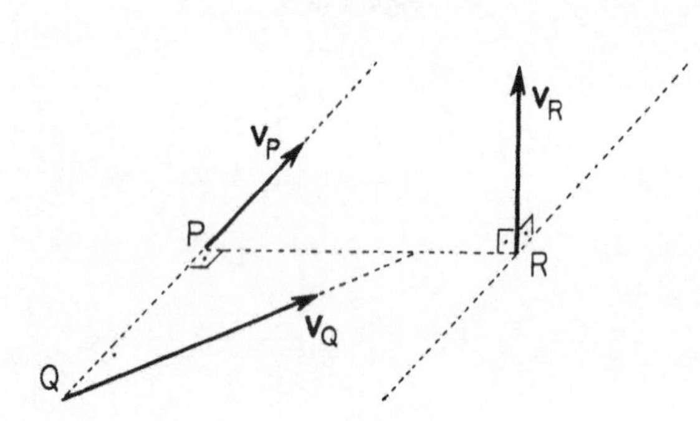

Figura 18.65

18.2 – Um conjunto de pontos executa um movimento. Num certo instante tem-se a situação mostrada na Fig. 18.65. O movimento pode ser rígido?
Resposta: Não.

18.3 – Num certo movimento rígido tem–se, num dado instante, que

$$\mathbf{v}_Q \perp \mathbf{PQ} \qquad (P \neq Q \ , \ \mathbf{v}_Q \neq \mathbf{0})$$

Pode–se concluir que $\mathbf{v}_P = \mathbf{0}$?
Resposta: Não.

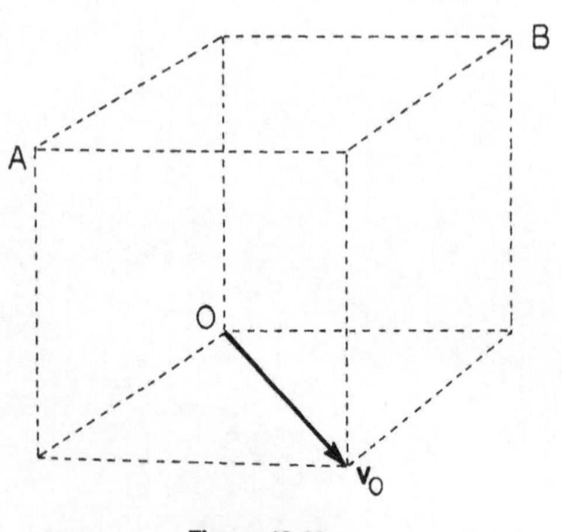

Figura 18.66

18.4 – Um movimento rígido apresenta, num certo instante, a situação mostrada na Fig. 18.66 (o sólido é um cubo unitário). Achar $\|\mathbf{v}_A\|$ nesse instante, sabendo que $\mathbf{v}_A \,//\, AB$ (unidades no Sistema Internacional).

Resposta: $\sqrt{2}$ m/s .

18.5 – Uma mesa retangular, ao ser transportada, apresenta, no instante representado, os seguintes dados: $\mathbf{v}_A = 2\,\mathrm{AC}/\|\mathrm{AC}\|$, $\mathbf{v}_C \,//\, \mathbf{BC}$, a componente de $\mathbf{v}_B$ normal ao plano ABC tem norma 1,526. Sendo $AB = 4$ e $BC = 3$ (unidades no Sistema Internacional), achar $\|\mathbf{v}_B\|$.
Resposta: $\simeq 4\mathrm{m/s}$.

18.6 – A peça cilíndrica circular mostrada na Fig. 18.68 movimenta-se mantendo-se vinculado ao eixo fixo AB, co-axial com a peça.

(a) Prove que a velocidade de qualquer ponto da peça tem projeção nula sobre uma reta normal à superfície lateral do cilindro.

(b) Prove que todos os pontos do eixo do cilindro, rigidamente ligados ao mesmo, têm, em cada instante, mesma velocidade vetorial.

(c) Prove que em cada instante a projeção da velocidade vetorial de um ponto sobre AB é igual à velocidade referida em (b).

O tipo de movimento acima é chamado de *movimento rígido com reta invariável.*

18.7 – A Fig. 18.69 mostra num certo instante a disposição de um sistema biela–manivela (o disco gira em torno de seu eixo, que é fixo, movimentando a haste AB, A articulada ao disco, B à luva mostrada). Mostrar que A e B têm, nesse instante, mesma velocidade vetorial, usando a característica cinemática de um movimento rígido.

18.8 – Na Fig. 18.70, a porta está sendo aberta de modo tal que $\theta(t) = 2\ln(1+t^2)$ rd ($t \geq 0$, em segundos). Achar:

(a) o vetor de rotação;

(b) a norma da velocidade vetorial de P no instante $t = 1\mathrm{s}$.

Resposta: $\frac{4t}{1+t^2}\mathbf{K}$ rd/s ; 2m/s.

18.9 – Na Fig. 18.71 a haste AB está articulada na periferia do disco e na luva. Sendo R o raio do disco, que gira em torno de seu eixo com vetor de rotação de norma ω, determinar a norma da velocidade de B, no instante mostrado.

Resposta: ωR.

18.10 – Repetir o exercício anterior supondo que A está no semi-eixo positivo das abscissas (supor o comprimento da haste maior que a distância do suporte da luva ao eixo das abscissas).
Resposta: 0.

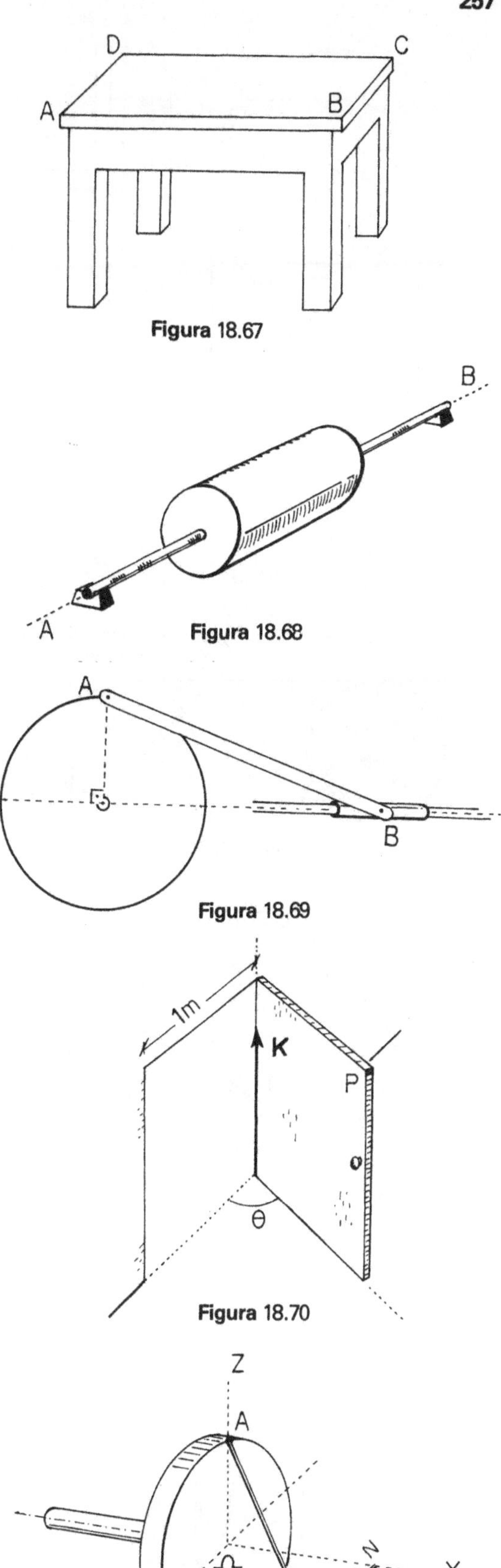

Figura 18.67

Figura 18.68

Figura 18.69

Figura 18.70

Figura 18.71

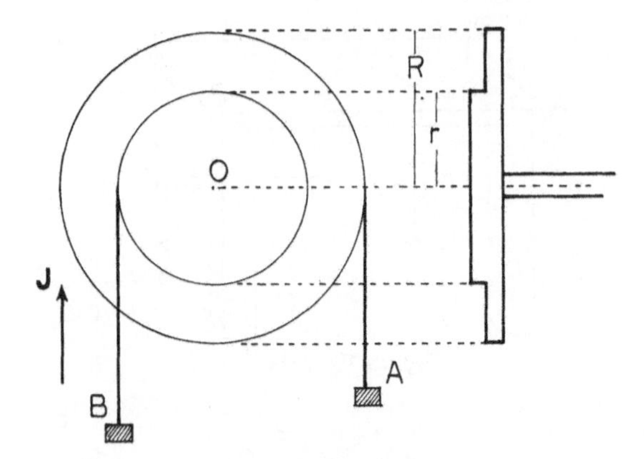

Figura 18.72

18.11 – A Fig. 18.72 mostra uma polia de eixo fixo e dois pesos, estes unidos à mesma por fios inextensíveis. O peso A tem aceleração constante aJ e velocidade inicial v_0J. Determinar a velocidade do peso B (unidades no Sistema Internacional).

Resposta: $-\frac{(v_0+at)r}{R}$ J m/s (t em segundos).

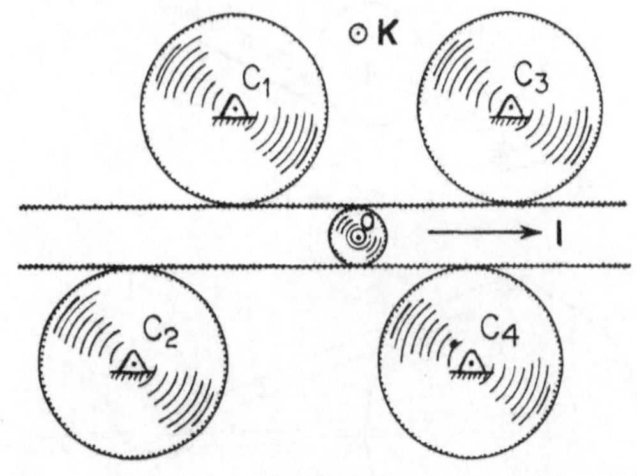

Figura 18.73

18.12 – Na Fig. 18.73 os discos de centros fixos C_1, C_2, C_3, C_4 têm raios iguais a 2m, e o de centro O tem raio 1m. Não há escorregamento entre este e as duas cremalheiras, e entre estas e os discos de centros fixos. No instante representado são dados os vetores de rotação ω_1 e ω_2 dos discos de centros C_1 e C_2, respectivamente. Determinar, nesse instante, a velocidade vetorial de O e o vetor de rotação do disco que tem esse centro, nos casos (unidade: rd/s):

(a) $\omega_1 = \frac{3}{2}K$, $\omega_2 = -\frac{3}{2}K$

(b) $\omega_1 = \frac{3}{2}K$, $\omega_2 = \frac{3}{2}K$

(c) $\omega_1 = K$, $\omega_2 = -\frac{1}{2}K$

(d) $\omega_1 = \frac{3}{2}K$, $\omega_2 = \frac{1}{2}K$

Resposta: (a) 3I , **0** (b) **0** , −3K

(c) $\frac{3}{2}$I , $-\frac{1}{2}$K (d) I , −2K .

(velocidades em m/s , vetores de rotação em rd/s).

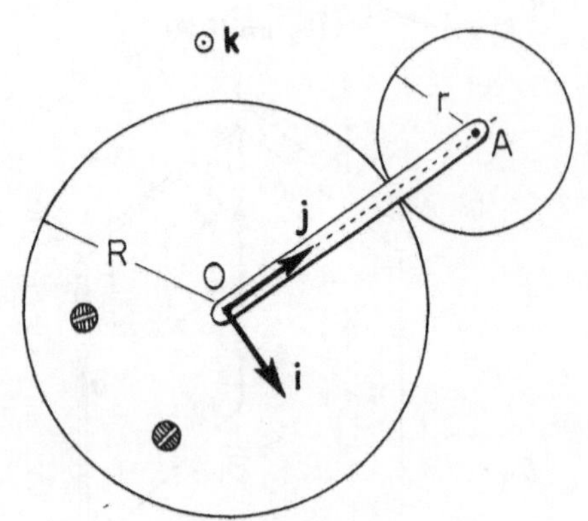

Figura 18.74

18.13 – No mecanismo mostrado na Fig. 18.74 o disco de raio R é fixo, e o de raio r rola sem escorregar com velocidade angular vetorial $\omega = \omega K$ ($\omega = \omega(t)$). Determinar:

(a) o vetor de rotação e a aceleração angular vetorial da haste OA que une os centros dos discos;

(b) a aceleração tangencial e a aceleração normal de A expressas na base mostrada;

(c) a aceleração vetorial do CIR do disco de raio r no instante t.

Resposta: (a) $\frac{\omega r}{R+r}$ **k** ; $\frac{\dot{\omega} r}{R+r}$ **k**

(b) $-\dot{\omega} r$**i** ; $-\frac{\omega^2 r^2}{R+r}$ **j** (orientação anti–horária)

(c) $\omega^2 \frac{Rr}{R+r}$ **j** .

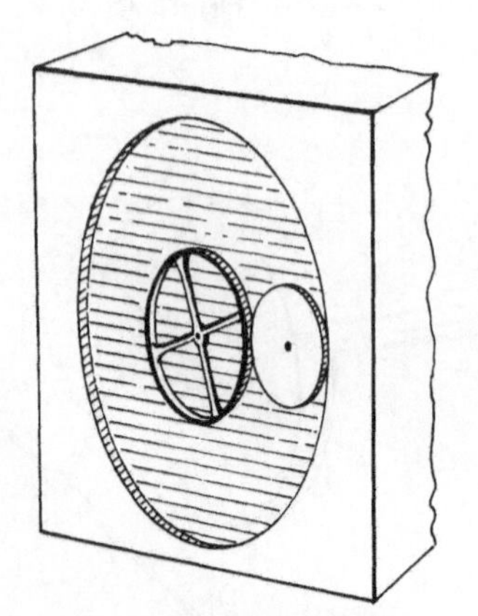
Figura 18.75

18.14 – Na Fig. 18.75 se representam um perfil circular de raio R_2 = 2dm, uma roda concêntrica com o perfil de raio R_1 = 1dm, que gira em torno de seu centro fixo com vetor de rotação constante de norma 1rd/s, e um disco tangente à mesma e ao perfil. Determinar, para o disco, supondo não haver escorregamento, a norma

(a) do vetor de rotação;

(b) da aceleração do centro;

(c) da aceleração do CIR.

Resposta: (a) 1rd/s (b) $\frac{1}{6}$ dm/s^2 (c) $\frac{2}{3}$ dm/s^2.

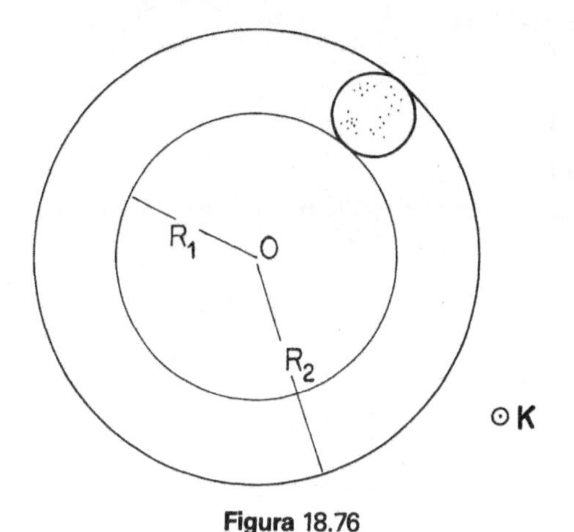

Figura 18.76

18.15 – Consideremos o mecanismo mostrado na Fig. 18.76, onde as rodas de centro O fixo e raios R_1 e R_2 têm, respectivamente, velocidades angulares vetoriais $\omega_1\mathbf{K}$ e $\omega_2\mathbf{K}$. Supondo não haver escorregamento entre elas e o disco intermediário, determinar ω_1/ω_2 para que este tenha

(a) movimento de translação;

(b) movimento de rotação. Qual o vetor de rotação do disco intermediário?

Resposta: (a) $\frac{R_2}{R_1}$

(b) 1 ou $-\frac{R_2}{R_1}$; $\omega_1\mathbf{K}$ $(= \omega_2\mathbf{K})$ ou

$-2\omega_1 \frac{R_1}{R_2-R_1} \mathbf{K} \left(= 2\omega_2 \frac{R_2}{R_2-R_1} \mathbf{K}\right)$.

18.16 – No mecanismo do exercício anterior, achar o vetor de rotação do disco intermediário em função de ω_1 e ω_2. Sejam C o ponto deste último disco e C_1 o do disco de raio R_1 que coincidem no instante t. Achar $\mathbf{a}_C(t)$ e $\mathbf{a}_{C_1}(t)$.

Resposta: $\frac{1}{R_2-R_1}(R_2\omega_2 - R_1\omega_1)$; $-\omega_1^2 R_1\mathbf{i} + \dot{\omega}_1 R_1\mathbf{j}$;

$R_1\left[\frac{R_2^2}{R_2^2-R_1^2}(\omega_1-\omega_2)^2 - \omega_1^2\right]\mathbf{i} + \dot{\omega}_1 R_1\mathbf{j}$. Aqui $\mathbf{i} = \frac{OC}{\|OC\|}$, e $\mathbf{j}$

é obtido por rotação de $\frac{\pi}{2}$ de $\mathbf{i}$, no sentido anti–horário.

18.17 – Considere o mecanismo do exercício 18.15, com R_1 = 1m, R_2 = 3m, ω_1 = – 9rd/s, ω_2 = – 4rd/s. Supondo que o vetor de rotação do disco intermediário é $-2\mathbf{K}$ rd/s, e que seu centro se move no sentido horário com velocidade de norma 10m/s, verificar se existe escorregamento entre ele e cada roda.

Resposta: Não há escorregamento entre o disco e a roda de raio R_2 ; há escorregamento entre o disco e a roda de raio R_1.

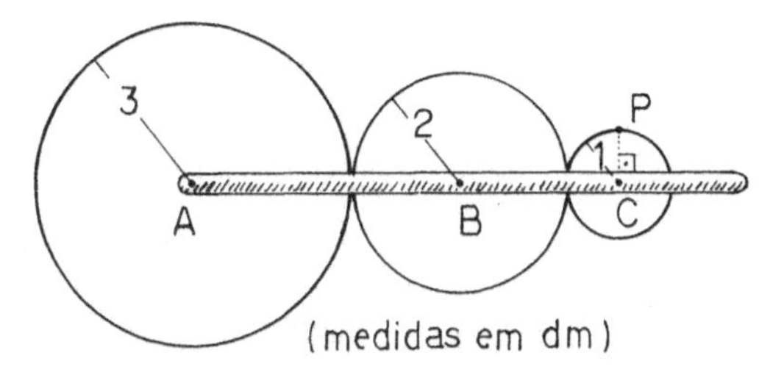

Figura 18.77

18.18 – No mecanismo mostrado na Fig. 18.77 a haste que contém os centros A, B, C dos discos gira em torno de A fixo com velocidade angular 2rd/s constante no sentido anti–horário. O disco de centro A gira em torno de seu centro com velocidade angular 1rd/s constante no sentido anti–horário. Não há escorregamento entre os discos. Calcular a norma

(a) do vetor de rotação do disco de centro C;

(b) da aceleração do ponto P no instante representado.

Resposta: (a) 1rd/s (b) 32,0156... dm/s^2.

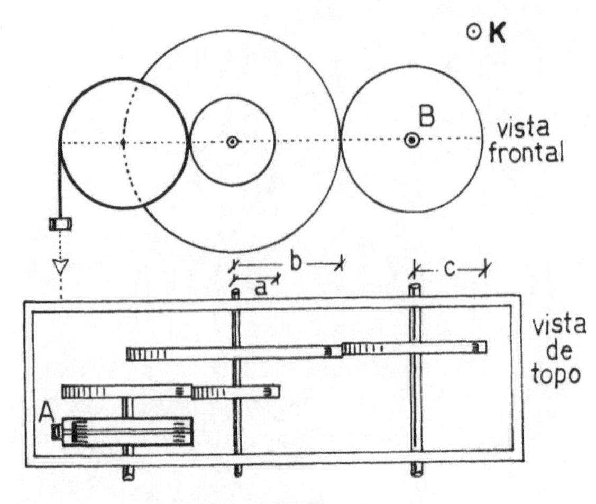

Figura 18.78

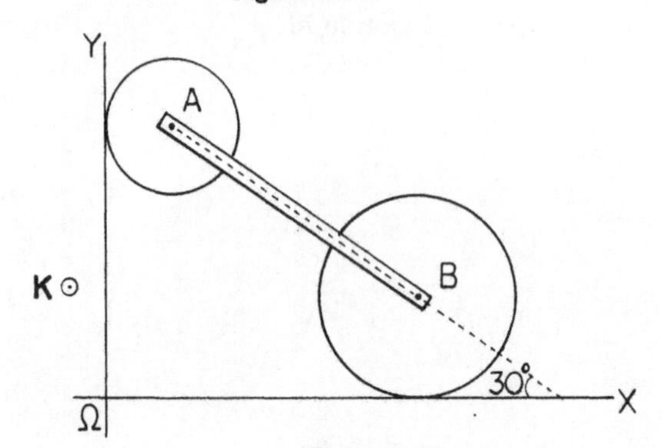

Figura 18.79

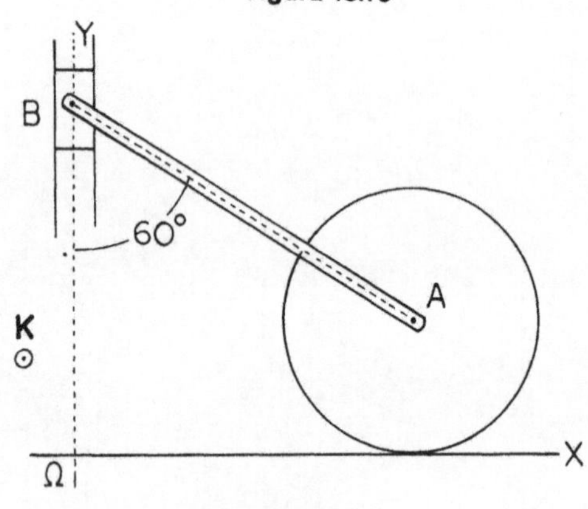

Figura 18.80

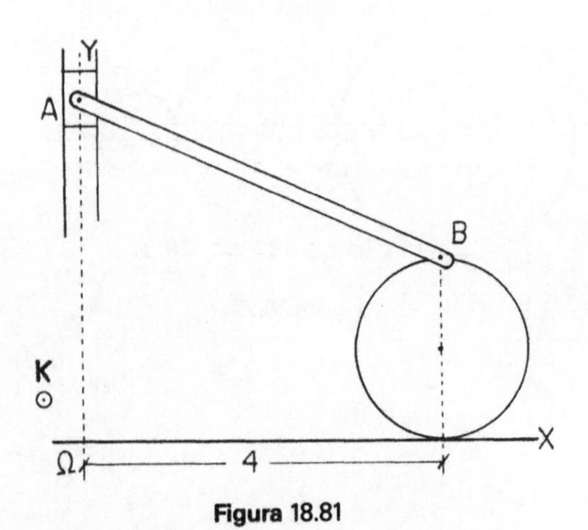

Figura 18.81

18.19 – No mecanismo mostrado na Fig. 18.78 o bloco A tem velocidade escalar v(t) m/s (t em segundos). Determinar a aceleração angular vetorial da engrenagem de centro B, supondo que não há escorregamento entre as partes em contato.

Resposta: $\frac{\dot{v}b}{ac}$ K .

18.20 – Os discos de centros A e B têm raios 1m e 2m, respectivamente, e rolam sem escorregar. A haste AB que une seus centros tem comprimento 5m. No instante representado na Fig. 18.79 o vetor de rotação do disco de centro A é $\omega = -3\mathbf{K}$ rd/s, e a aceleração do ponto A é $\mathbf{a}_A = -2\mathbf{J}$ m/s². Calcular, para a haste, nesse instante:

(a) o vetor de rotação e a aceleração angular;

(b) a aceleração do CIR.

Resposta: (a) $\frac{2\sqrt{3}}{5}\mathbf{K}$ rd/s , $\frac{8\sqrt{3}}{75}\mathbf{K}$ rd/s²

(b) $-\frac{6}{5}(\sqrt{3}\,\mathbf{I}+\mathbf{J})$ m/s² .

18.21 – No mecanismo da Fig. 18.80 a haste AB tem comprimento 3dm, é articulada ao centro do disco de raio 1dm, o qual rola sem escorregar sobre o solo. No instante representado a velocidade de B é $\mathbf{v}_B = -3\mathbf{J}$ dm/s, e sua aceleração é $\mathbf{a}_B = -2\mathbf{J}$ dm/s². Determinar, nesse instante,

(a) o vetor de rotação do disco;

(b) a aceleração angular vetorial da haste.

Resposta: (a) $-\sqrt{3}\,\mathbf{K}$ rd/s (b) $\mathbf{0}$ rd/s² .

18.22 – No mecanismo da Fig. 18.81 o disco não escorrega, seu centro tem velocidade constante 3**I**, e seu raio é 1. A haste AB tem comprimento 5, estando articulada ao disco num ponto de sua periferia. No instante representado, determinar, para a haste:

(a) o CIR;

(b) o vetor de rotação;

(c) a aceleração angular vetorial.

(Unidades no Sistema Internacional.)

Resposta: (a) (4, 5, 0) (b) 2**K** rd/s (c) $\frac{16}{3}\mathbf{K}$ rd/s² .

18.23 – Na Fig. 18.82 o disco de centro O tem vetor de rotação constante $-2\mathbf{K}$. A haste AB está articulada ao centro A de um dos discos e à periferia do outro em B. Os discos rolam sem escorregar, ambos tendo raios medindo 1. No instante representado, determinar, para a haste AB:

(a) o vetor de rotação;

(b) a aceleração angular vetorial.

(Unidades no Sistema Internacional.)

Resposta: (a) $\mathbf{0}$ rd/s (b) $-\mathbf{K}$ rd/s² .

* **18.24** – No exercício anterior, prove que periodicamente a velocidade de A se anula. Qual o período?
Resposta: $\pi/2$ segundos.

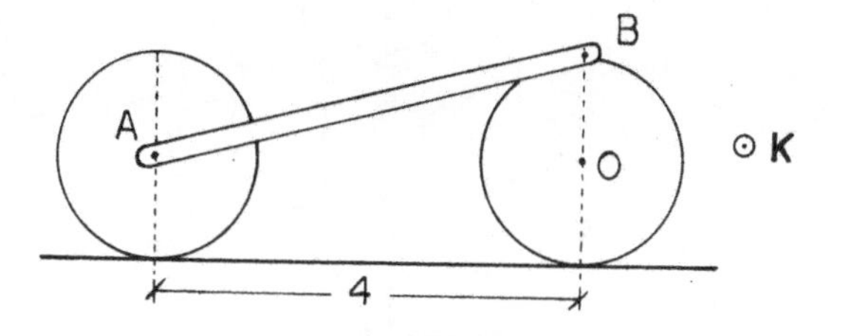

Figura 18.82

18.25 – No mecanismo mostrado na Fig. 18.83, a barra AB gira em torno de A com velocidade angular vetorial constante $\omega = 4\mathbf{K}$. Determinar, no instante em que a haste BC for paralela a ΩX, como indicado:

(a) o vetor de rotação de BC;

(b) a aceleração vetorial de C.

Dados: AB = 1, BC = 8/5, distância entre a reta BC e ΩX: 3/5 (unidades no Sistema Internacional).

Resposta: (a) $-2\mathbf{K}$ rd/s (b) $-\frac{96}{5}\mathbf{I}$ m/s^2.

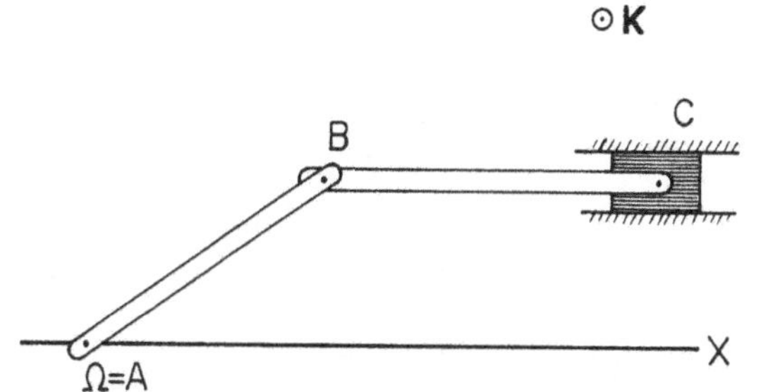

Figura 18.83

18.26 – Na Fig. 18.84 o cilindro semi–circular de raio R = 1m move–se com movimento de translação de velocidade sec t tg t**I** m/s (t em segundos, $0 \leq t \leq \pi/2$), a placa mantendo–se apoiada sobre o mesmo. No instante t = 0s a placa é vertical (ΩXZ é horizontal). Achar o vetor de rotação da placa no instante t.
Resposta: $-\mathbf{K}$ rd/s.

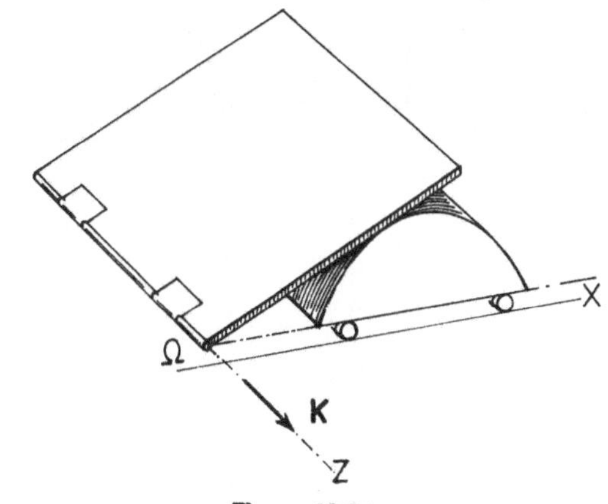

Figura 18.84

18.27 – No mecanismo mostrado na Fig. 18.85, a barra AB tem movimento de translação de velocidade constante de 2m/s para a esquerda, e está articulada em A ao centro do disco, cujo raio é R = 1m. Ele se apoia na barra OC, articulada no ponto fixo O. Não há escorregamento entre o disco e OC. É dado que $\phi(0) = 30^\circ$. Achar

(a) a velocidade vetorial do ponto E de contato em função de ϕ, no instante do contato;

(b) o vetor de rotação de OC em função de ϕ;

(c) sen ϕ em função do tempo;

(d) o vetor de rotação do disco em função do tempo.

Resposta: (a) $2 \operatorname{sen} \phi\, \mathbf{j}$ (b) $2 \frac{\operatorname{sen}^2\phi}{\cos \phi}\mathbf{k}$

(c) $\frac{1}{2(1-t)}$ (d) $\frac{(4t^2-8t+3)^{1/2}}{t-1}\mathbf{k}$.

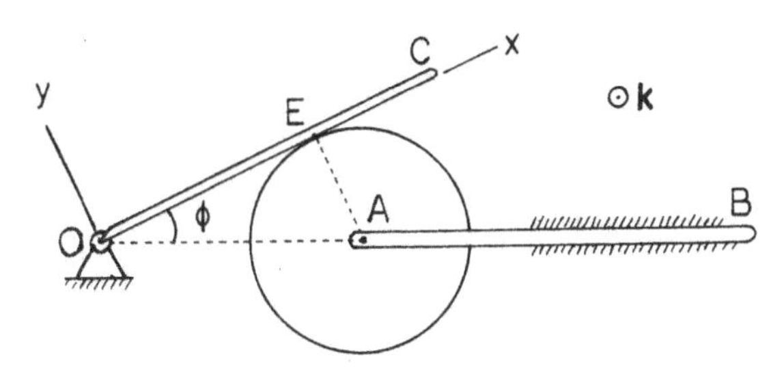

Figura 18.85

18.28 – Na Fig. 18.86 a haste OC pode girar em torno do ponto fixo O. O anel está conectado à periferia do disco através de um pino P. O disco gira em torno de seu centro fixo A, com movimento de rotação no sentido anti–horário, à razão constante de $3000/\pi$ rpm (rotações por minuto), fazendo o anel escorregar sobre OC. Achar o vetor de rotação da haste no instante em que O$\hat{A}$P mede 60°. É dado o quociente 4 entre a distância OA e o raio do disco.

Resposta: $-\frac{100}{13}\mathbf{k}$ rd/s.

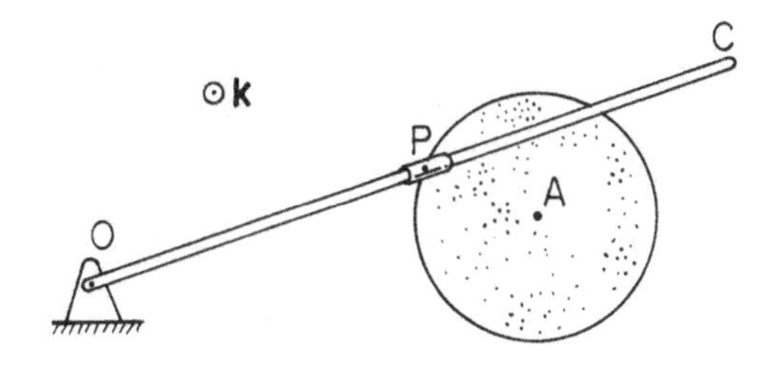

Figura 18.86

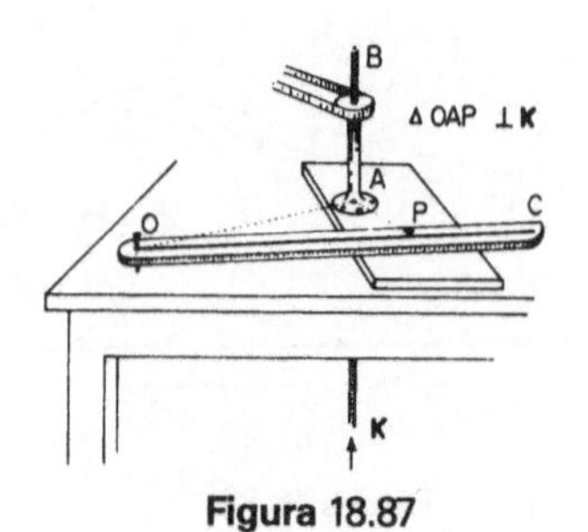

Figura 18.87

18.29 – Na Fig. 18.87 a haste fendida OC pode girar em torno do ponto fixo O paralelamente ao plano da mesa. A peça retangular tem movimento de rotação em torno do eixo AB. Um pino P que lhe é solidário e vinculado à fenda faz a haste se mover. Num certo instante, OÂP mede 90° e o vetor de rotação da peça é 2K rd/s. A distância de A a O é 4/3 da de A a P. Achar o vetor de rotação da haste OC.

Resposta: $\frac{18}{25}$K rd/s .

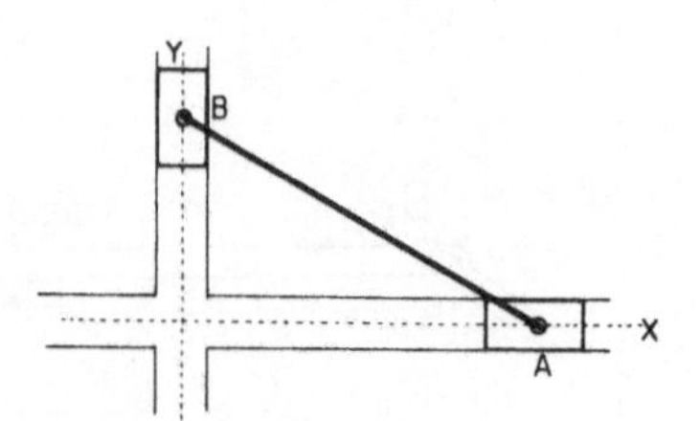

Figura 18.88

* 18.30 – Na Fig. 18.88 a haste AB tem vetor de rotação constante $\omega = \omega$K, $\omega \neq 0$. No instante t = 0, A está na origem e B tem coordenadas (0,L), L > 0. Achar as funções horárias de A e B.

Resposta: L sen ωt ; L cos ωt .

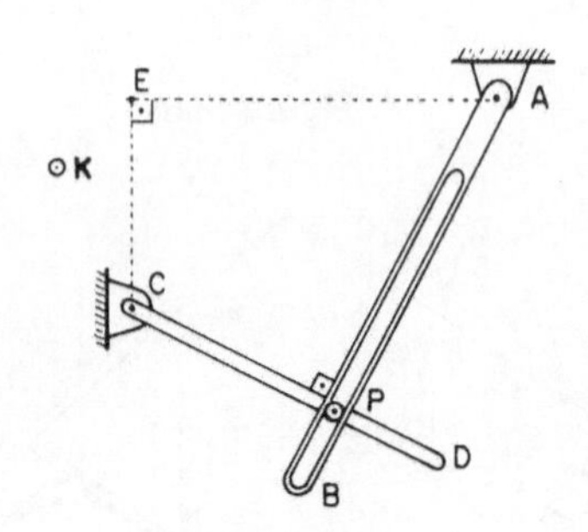

Figura 18.89

18.31 – Na Fig. 18.89, o pino P fixo na barra CD, a qual está articulada em C, é obrigado a se mover na fenda de AB, esta articulada em A. No instante representado, achar o vetor de rotação da barra AB.

Resposta: **0** rd/s.

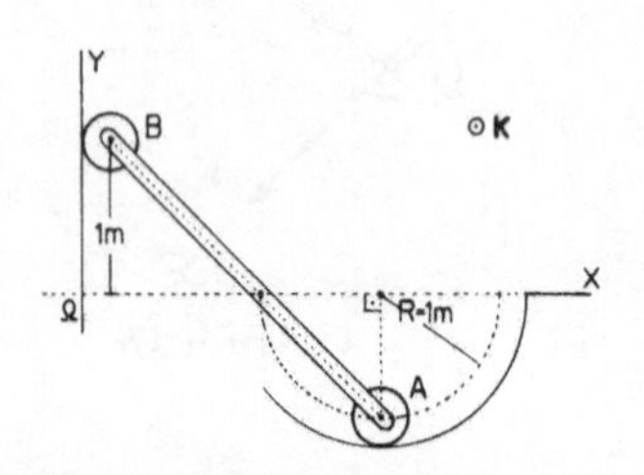

Figura 18.90

18.32 – Na Fig. 18.90, a haste AB move-se de modo que o disco de centro B rola sem escorregar sobre a parede vertical, e o de centro A o faz sobre a cavidade circular. No instante representado a aceleração de A é I+J m/s², e sua velocidade é 4I m/s. Determinar, nesse instante, a aceleração vetorial de B.

Resposta: – 16 J m/s² .

18.33 – Consideremos o Exemplo 18.5-3. Suponha a velocidade da cunha v = vJ , v = v(t). Calcular a aceleração de um ponto do cilindro que no instante t está no EIR, supondo não haver escorregamento entre o cilindro e

(a) o plano horizontal;

(b) a cunha.

Resposta: $\frac{3v^2}{R}$J (b) $-\frac{v^2 \sec\alpha \operatorname{tg}\alpha}{R}$J .

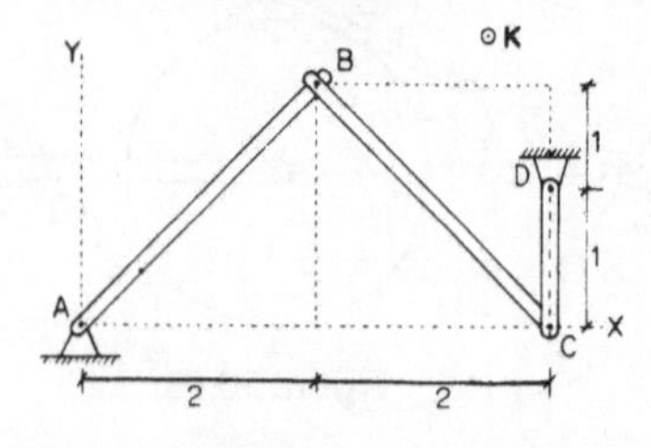

Figura 18.91

18.34 – No sistema articulado mostrado na Fig. 18.91 a barra CD tem vetor de rotação 4K e aceleração angular vetorial 6K no instante representado. Achar nesse instante a aceleração vetorial de B. (Unidades no Sistema Internacional.)

Resposta: – 5I + J m/s² .

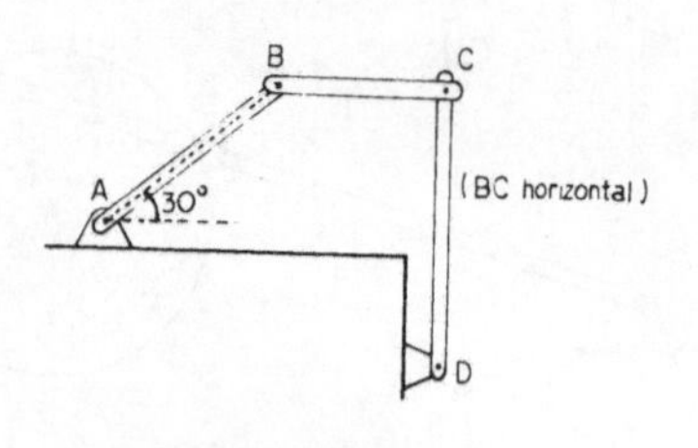

Figura 18.92

18.35 – No sistema articulado mostrado na Fig. 18.92 a barra AB tem vetor de rotação K e aceleração angular vetorial K no instante representado. Achar nesse instante a aceleração angular vetorial da barra CD, sendo AB = 2, BC = 1, CD = 2. (Unidades no Sistema Internacional.)

Resposta: $(4+\sqrt{3})/2$ rd/s² .

18.36 – No sistema articulado mostrado na Fig. 18.93, AB tem movimento de rotação em torno de ΩX, DC está vinculada ao eixo ΩY, e DE permanece no plano XY, E estando vinculado à circunferência de centro Ω e raio $\sqrt{3}$ dm.
Dados: $AB = 2$dm , $BC = 4$dm , $DC = \sqrt{3}$ dm , $ED = \sqrt{6}$ dm .
Num certo instante B está em ΩZ com cota positiva, e o vetor de rotação de AB tem norma 3rd/s. Determinar a norma da aceleração angular de DE nesse instante.
Resposta: 12rd/s^2 .

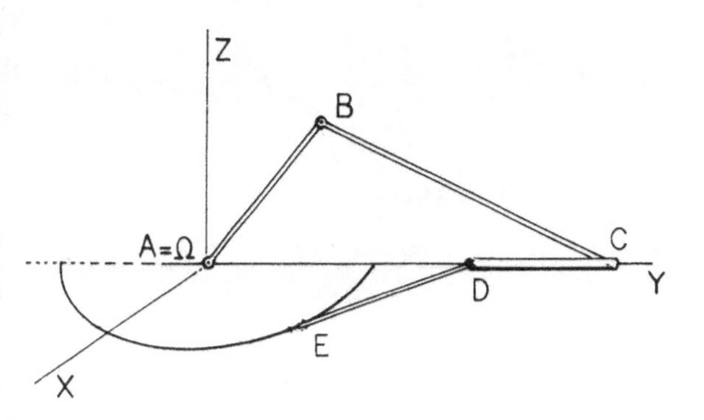

Figura 18.93

18.37 – Na Fig. 18.94, as hastes têm mesmo comprimento, e estão articuladas entre si no ponto A. A haste OA está articulada no ponto fixo O. No instante representado, tem-se

$$\|\omega_{AB}\|^2 = 3 \qquad \dot{\omega}_{AO} = \mathbf{K}$$
$$\dot{\omega}_{AB} = 5\mathbf{K} \qquad \mathbf{a}_A \perp \mathbf{a}_B$$

Determine ω_{OA} (Sistema SI).

Resposta: Valores possíveis: **K**, –**K**, 2**K**, –2**K** rd/s.

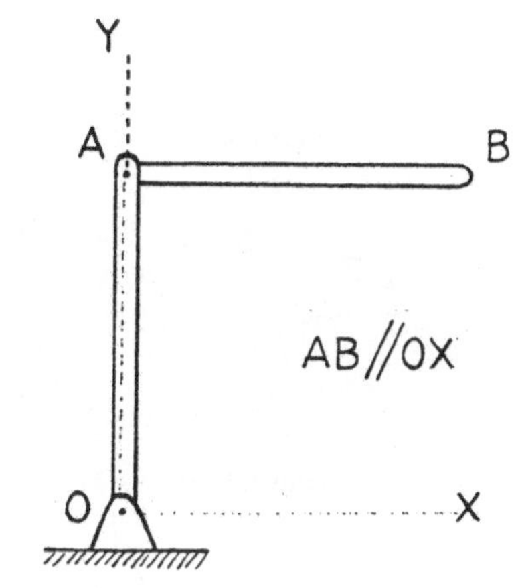

Figura 18.94

* **18.38** – Um ponto P move–se num plano sobre o traço de uma curva parametrizada com Triedro de Frenet para cada valor do parâmetro. Consideremos o movimento rígido (plano) definido por P e pelo Triedro de Frenet.

(a) Achar o vetor de rotação ω em função da velocidade escalar v de P (e dos elementos de Frenet da curva).

(b) Provar que $\|\mathbf{v}\| = \|\omega\|\,\rho$, $\mathbf{v}$ a velocidade vetorial de P , ρ o raio de curvatura.

(c) Mostrar que o CIR, quando existe, coincide com o centro de curvatura.

Resposta: (a) $\frac{v}{\rho}\mathbf{b}$.

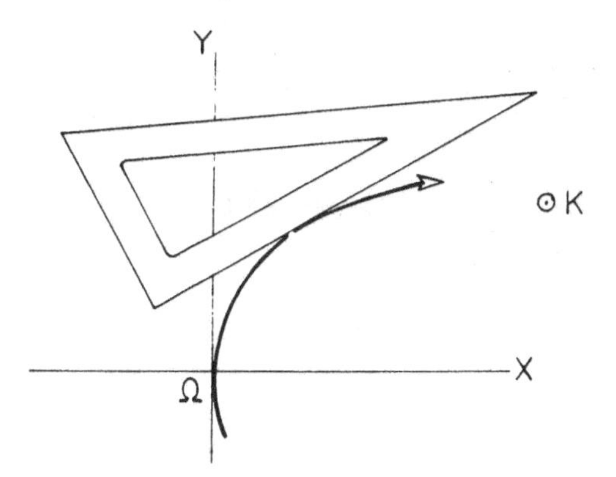

Figura 18.95

* **18.39** – É dada uma curva parametrizada cujo traço está num plano, tendo Triedro de Frenet. Uma reta move–se nesse plano, de modo a rolar sem escorregar sobre o traço. Mostrar que o vetor de rotação do movimento rígido plano definido é dado por $(v/\rho)\,\mathbf{b}$, sendo v a velocidade escalar do movimento $t \mapsto P(t)$, $P(t)$ o ponto de contato, ρ o raio de curvatura.

Aplicação. O esquadro na Fig. 18.95 rola sem escorregar sobre a parábola $X = (1/4)\,Y^2$. O ponto de contato tem abscissa $\text{sh}^2 t$, $t \geq 0$. Determinar o vetor de rotação.

Resposta: $-\frac{1}{\text{ch}\, t}\mathbf{K}$.

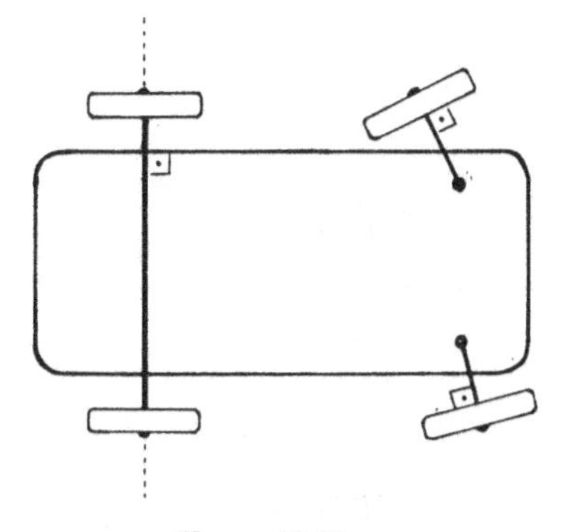

Figura 18.96

* **18.40** – A Fig. 18.96 esquematiza o chassis de um automóvel, num certo instante. As rodas traseiras têm mesmo eixo, ligado ao chassis. As quatro rodas rolam sem escorregar sobre o plano do

chão. O eixo de cada roda lhe é perpendicular pelo centro, e as quatro rodas têm mesmo raio. Provar que os eixos das rodas dianteiras passam pelo CIR do chassis (supondo o vetor de rotação do chassis não–nulo).

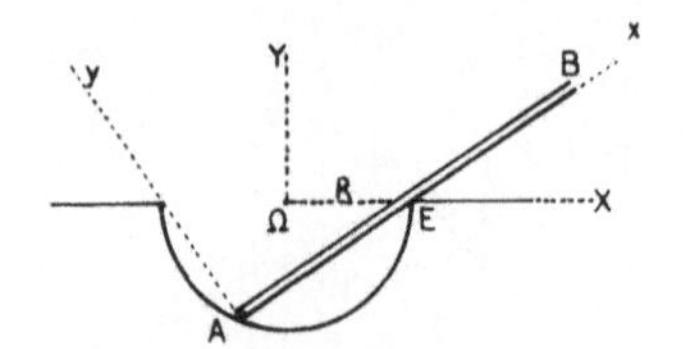

Figura 18.97

18.41 – Na Fig. 18.97 a haste AB move–se de modo que A percorre a semi–circunferência de raio R, mantendo–se apoiada em E. Dar equações cartesianas de curvas que contêm a base e a rolante, respectivamente.
Resposta: $X^2+Y^2 = R^2$, $x^2+y^2 = 4R^2$.

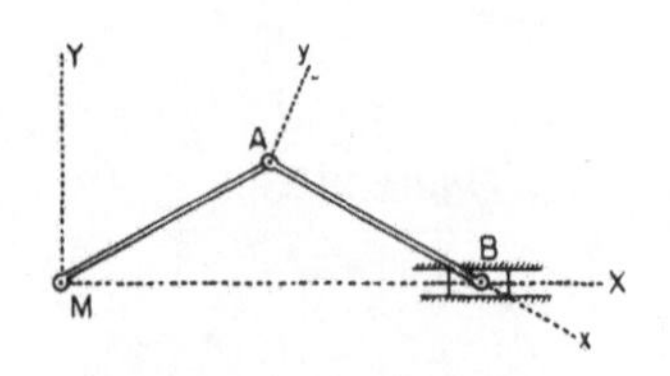

Figura 18.98

18.42 – Repetir o exercício anterior, para a haste AB do sistema mostrado na Fig. 18.98, sendo MA = AB = ℓ .
Resposta: $X^2+Y^2 = 4\ell^2$, $x^2+y^2 = \ell^2$.

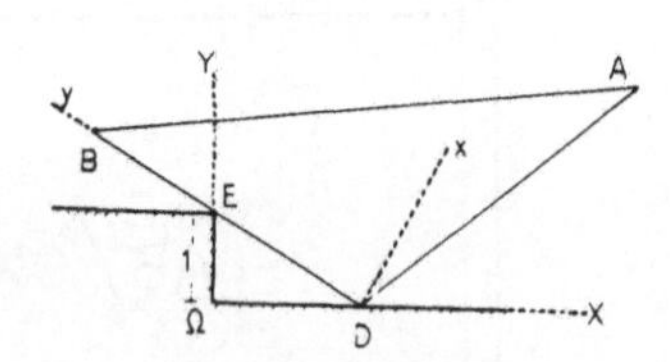

Figura 18.99

18.43 – Repetir o exercício anterior, para o triângulo ABD mostrado na Fig. 18.99, sendo que D permanece em ΩX, e o lado BD encosta sempre em E .
Resposta: $Y = X^2+1$, $x^2 = y^2(y^2-1)$.

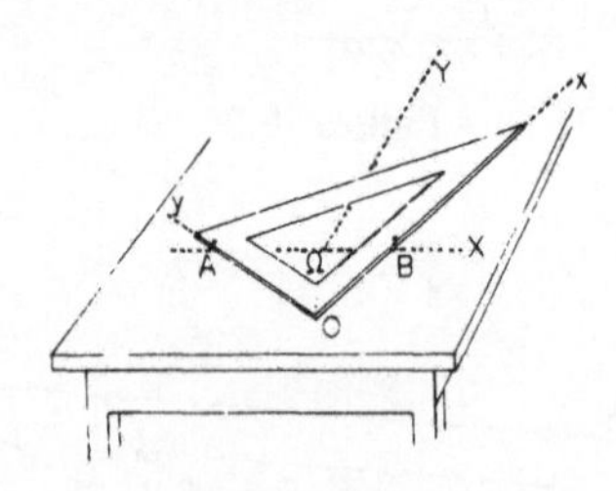

Figura 18.100

18.44 – Repetir o exercício anterior, para o movimento do esquadro sobre a mesa, os catetos mantendo–se em contato com os pregos fixos A e B, distantes d entre si (Fig. 18.100).
Resposta: $X^2+Y^2 = (d/2)^2$, $x^2+y^2 = d^2$.

* 18.45 – Repetir o exercício anterior usando o ângulo de 30° ao invés do ângulo reto do esquadro.

Resposta: $X^2 + \left(Y + \frac{\sqrt{3}}{2}d\right)^2 = d^2$, $x^2+y^2 = 4d^2$, a origem O do sistema de coordenadas móvel sendo o vértice do ângulo de 30° .

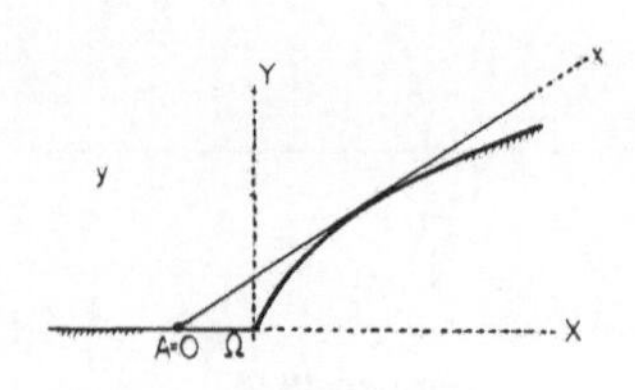

Figura 18.101

18.46 – Na Fig. 18.101 a barra AB move–se de modo que A percorre o eixo ΩX e a barra está sempre em contato com a parábola, cuja equação é $y^2 = 4x$. Dar equações cartesianas de curvas que contêm respectivamente a base e a rolante
Resposta: $Y^2 + 4X(1-x)^2 = 0$, $x^6 = 4y^2(x^2+y^2)$.

* 18.47 – Um ponto O percorre a cardióide $r = a(1+\cos\theta)$. Considere o movimento rígido plano definido por O e por e_r , e_θ . Supor que no intervalo de tempo o vetor de rotação não se anula. Obter esse movimento através de uma engrenagem composta de duas peças, uma fixa, a outra rolando sem escorregar sobre a fixa.
Resposta: Fig. 18.102 .

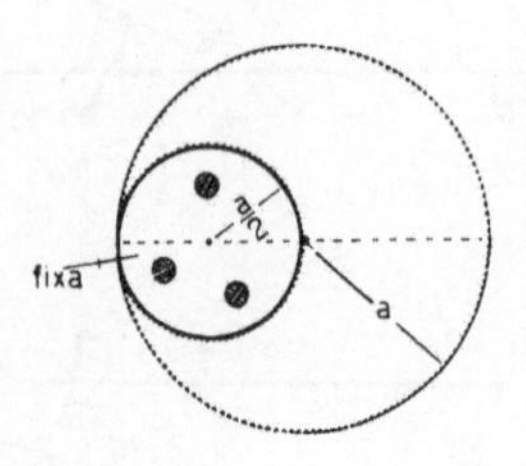

Figura 18.102

⋆ * 18.48 – Consideremos a Fig. 18.63 . M e $\overline{M}$ são escolhidos como lá, como origens para as funções horárias s_μ e s_π , escolhida uma orientação para a curva fixa, e uma consistente para a móvel, esta sendo sempre tangente à primeira. Suponhamos $s_\mu = s_\pi$ em todo instante. Provar que não há escorregamento.

Ajuda. Seja P como lá; e C o ponto do plano móvel que em t_0 é o CIR. Elabore (19) usando (7) de 18.2 para chegar a

$$\mathbf{v}_\mu = \mathbf{v}_\pi - \mathbf{v}_C + \mathbf{CP} \wedge \omega$$

Use a hipótese e faça $t = t_0$, para concluir que em t_0 $\mathbf{CP} = \mathbf{0}$.

Bibliografia

a) CÁLCULO DIFERENCIAL E INTEGRAL

[1] BOULOS, P. **Exercícios resolvidos e propostos de integração de funções de uma variável real.** São Paulo, Edgard Blücher, 1985.

[2] BOULOS, P. **Introdução ao cálculo.** São Paulo, Edgard Blücher, 1974–86. 3v.

[3] BOULOS, P.; BOUCHARA, J.; PRANDINI, J.C. **Exercícios resolvidos e propostos de limite e derivada.** São Paulo, Edgard Blücher, 1986.

[4] COURANT, R. **Cálculo diferencial e integral.** Rio de Janeiro, Globo, 1955. 2v.

[5] GUIDORIZZI, H. **Um curso de cálculo.** São Paulo, LTC, 1985–88. 4v.

[6] KLINE, M. **Calculus: an intuitive and physical approach.** New York, John Wiley, 1977.

[7] LEIGHTON, W. **Equações diferenciais ordinárias.** 2ª ed. Rio de Janeiro, Livros Técnicos e Científicos, 1981.

[8] PISKUNOV, N. **Differential and integral calculus.** Moscow, Peace, ca.1960.

[9] SPIVAK, M. **Cálculo infinitesimal.** Barcelona, Reverté, 1978.

b) CÁLCULO NUMÉRICO

[10] CONTE, S.D. **Elementos de análise numérica.** Porto Alegre, Globo, 1977.

[11] HUMES, A.; MELO, I.; YOSHIDA, L.; MARTINS, W. **Noções de cálculo numérico.** São Paulo, McGraw–Hill, 1984.

[12] MILNE,W.E. **Cálculo numérico.** São Paulo, Polígono,1968.

c) FUNDAMENTOS E HISTÓRIA

[13] BOYER, C.C. **The history of calculus and its conceptual development.** New York, Dover, 1959.

[14] CAMPBELL, N. **What is science?** New York, Dover, 1953.

[15] CARNAP, R. **The philosophy of science.** New York, Basic Books, 1958.

[16] EDWARDS JR., C.H. **The historical development of the calculus.** New York, Springer, 1979.

[17] EINSTEIN, A. **Notas biográficas.** Rio de Janeiro, Nova Fronteira, 1982.

[18] KLINE, M. **Mathematical thought from ancient to modern times.** New York, Oxford University Press, 1972.

[19] NAGEL, E. **The structure of science.** Cambridge, Hackett, 1979.

d) MECÂNICA

[20] ANTUNES, A.A.N. **Curso de física: mecânica racional.** São Paulo, McGraw–Hill, 1975.

[21] BANACH, S. **Mechanics.** New York, Hafner, 1951.

[22] BEER, F.P., JOHNSTON JR., E.R. **Mecânica vetorial para engenheiros.** São Paulo, McGraw–Hill, 1981.

[23] BOUTIGNY, J. **Mécanique 1.** Paris, Vuibert, 1984.

[24] BOUTIGNY, J. **Mécanique 2.** Paris, Vuibert, 1986.

[25] GIACAGLIA, G.E.O. **Mecânica geral.** Rio de Janeiro, Campus, 1982.

[26] GINSBERG, J.H.; GENIN, J. **Statics and dynamics:** combined version. New York, John Wiley, 1977.

[27] HIBBELER, R.C. **Engineering mechanics.** New York, Collier MacMillan, 1978.

[28] HIGDON, A; STILES, B.W.; DAVIS, A.W.; WEESE, J. A. **Mecânica.** Rio de Janeiro, Prentice–Hall, 1984.

[29] IRODOV, I.E. **Fundamental laws of mechanics.** Moscow, Mir, 1980.

[30] JANSSENS, P. **Cours de mécanique rationelle.** Paris, Dunnod, 1967–68. 2t.

[31] KARNOPP, B.H. **Introducción a la dinamica.** México, Representaciones y Servicios de Ingenieria, 1980.

[32] MERIAN, J.L. **Dinâmica.** Rio de Janeiro, Livros Técnicos e Científicos, 1981.

[33] MOREAU, J.J. **Mécanique classique.** Paris, Masson, 1968–71. 2t.

[34] NORRIS, P.W. **Mechanics via the calculus.** London, Cleaver–Hume, 1961.

[35] NUSSENSVEIG, H.M. **Curso de física básica.** São Paulo, Edgard Blücher, 1986.

[36] ROUGÉE, P. **Mécanique générale.** Paris, Vuibert, 1982.

[37] SINGER, F.L. **Mecânica para engenheiros.** São Paulo, Harper & Row, 1981.

[38] STARJINSKI, V.M. **Mecânica teórica.** Moșcow, Mir, 1986.

[39] SYNGE, J.L.; GRIFFITH, B.A. **Mecânica racional.** Porto Alegre, Globo, 1968.

[40] TARG, S. **Theoretical mechanics.** Moscow, Mir, 1980.

[41] TIMOSHENKO, S.; YOUNG, D.H. **Mecânica técnica.** Rio de Janeiro, Ao Livro Técnico, 1958.

[42] ZIEGLER, H. **Mechanics.** Reading, Addison–Wesley, 1966.